高等学校教材

电机与拖动

石光耀　主编

中国铁道出版社

2013年·北京

内容简介

本书系统地介绍了交、直流电机及变压器的基本结构、工作原理。全书共分五篇,包括直流电机、变压器、交流绕组及其电势和磁势、异步电机、同步电机。书中重点讲述了直流电机、异步电机和变压器的工作原理、分析方法为适应铁道牵引技术的需要,对铁路牵引电机也作了一定的介绍。内容由浅入深,重点突出,重点章节内容配有例题,各章附有一定的思考题与习题。

本书可作为高等院校铁道机车车辆、电气工程及其自动化、机电一体化等专业本专科学生教材,也可选取部分章节作为职业教育的教材,还可供有关工程技术人员参考。

图书在版编目(CIP)数据

电机与拖动/石光耀主编.—北京:中国铁道出版社,2013.7

高等学校教材

ISBN 978-7-113-16389-1

Ⅰ.①电… Ⅱ.①石… Ⅲ.①电机—高等学校—教材 ②电力传动—高等学校—教材 Ⅳ.①TM3②TM921

中国版本图书馆CIP数据核字(2013)第104554号

书　　名:电机与拖动
作　　者:石光耀　主编

策　　划:阚济存
责任编辑:阚济存　　**编辑部电话:**010-51873133　　**电子信箱:**td51873133@163.com
封面设计:崔　欣
责任校对:胡明锋
责任印制:李　佳

出版发行:中国铁道出版社(100054,北京市西城区右安门西街8号)
网　　址:http://www.51eds.com
印　　刷:化学工业出版社印刷厂
版　　次:2013年7月第1版　2013年7月第1次印刷
开　　本:787 mm×1 092 mm　1/16　印张:17.5　字数:450千
印　　数:1～3 000册
书　　号:ISBN 978-7-113-16389-1
定　　价:38.00元

前 言

“电机与拖动”是铁道机车车辆、电类及自动化等专业重要的基础课之一，一般各高校相关专业都将其列为必修课，该课程在后续课程体系中起着承上启下的作用。随着科学技术的不断发展，电机的设计、制造技术水平不断提高，能适应各种不同工作条件、质量性能优良，品种齐全的电机不断涌现，由于现代控制理论的创立以及大功率电力电子器件、微电子器件、变频技术以及微型计算机技术取得的一系列进展，为交流调速技术的发展创造了理论和物质基础，从而研制出多种调速性能优良、效率较高，能满足不同要求的交流电动机调速系统，代替了许多直流调速系统，克服了直流电机的缺点，利用了交流电机结构简单、价格便宜、维护方便、惯性小等一系列优点，提高了经济效益和社会效益。如按国际电工委员会(IEC)标准自行设计的满足社会一般需求的Y系列中小型感应电机，取代了JO_2系列以及从Y系列派生的YX系列节能电机，在变极节能、变频调速方面也取得了可喜成绩。轨道机车车辆牵引电机由于上述原因，也开始由直流牵引电机(脉流电机)向交流牵引电机发展，其从设计、制造到控制都与计算机技术紧密结合，而这些都需掌握扎实的电机及其拖动的基本理论知识。

鉴于此，本书在讲述电机理论知识的同时，结合轨道机车车辆牵引电机的特点对在变频条件下交流电机的调速、非正弦电压下高次谐波对电机的影响等进行了较为详细的介绍，使其更加适应当代技术发展的需要。

本书“电机”部分，在讲述电机中的基本电磁理论的同时，重点讲述了直流电机、变压器、异步电机及同步发电机的基本结构、工作原理、运行性能，同时为适应变频技术日益发展的需要，对非正弦供电以及高次谐波对电机的影响作了一定的分析；“电力拖动”部分，在讲述交直流电机拖动的基本原理及实现方法、电机的选择等知识的同时，重点讲述了变频调速，电动机的软起动的概念及方法，以适应新技术发展的需要。在电机拖动的具体原理图中，加入了控制电路部分，以使读者全面了解掌握拖动的原理及实现方法。由于轨道机车车辆牵引电机的特殊性，对轨道机车车辆牵引电机的要求、结构、工作特点也作了一定的介绍，以满足铁路技术迅速发展的需要。本书中“*”部分内容可根据不同专业及学校具体教学要求适当选择。

本书由兰州交通大学石光耀主编。参加编写的有石光耀(绪论、第十二章~第十七章)，吕小红(第一章~第七章、第二十章)，兰宏伟(第八章~第十一章)，王庆贤(第十八章),王保民(第十九章、附录A、B、C、D)。本书在编写过程中得到了兰州交通大学机电工程学院商跃进、张喜全、朱喜峰、薛海、刘万选等老师的大力支持,在此一并表示衷心感谢。

在本书的编写过程中,参考了大量文献资料,已在书后的参考文献中列出,在此谨对所有参考文献的作者致以衷心的感谢。

由于编者水平有限,经验不足,书中定有不少缺点和错误,敬请前辈、同仁们以及广大读者原谅并不吝指正。

编者

2013年7月

主要符号表

A 线负荷、截面积
a 并联支路数(交流绕组)、支路对数(直流绕组)
B 磁通密度
B_δ 气隙磁密
B_{ad} 直轴电枢磁场磁密
B_{aq} 交轴电枢磁场磁密
b 宽度
C_T 转矩常数
C_e 电动势常数
D_1 定子直径
D_a 电枢外径
E 电动势(交流表示有效值)
E_ϕ 相电动势
E_0 空载电动势
E_a 电枢电动势
E_1 变压器一次绕组(电机定子绕组)由主磁通感应的电动势的有效值
E_2 变压器二次绕组(电机转子绕组)由主磁通感应的电动势的有效值
E'_2 E_2 的折算值
$E_{\sigma1}$ 变压器一次绕组(电机定子绕组)由漏磁通感应的电动势的有效值
$E_{\sigma2}$ 变压器二次绕组(电机定子绕组)由漏磁通感应的电动势的有效值
E_{ad} 直轴电枢反应电势
E_{aq} 交轴电枢反应电势
e_x 电抗电势
e_k 换向电势
F 磁势、磁压降、力
F_f 励磁磁势
F_{f0} 空载励磁磁势
F_{fN} 额定励磁磁势
F_1 变压器一次绕组(电机定子绕组)磁势
F_2 变压器二次绕组(异步机转子绕组)磁势
F_a 电枢反应磁势
F_{ad} 直轴电枢反应磁势
F_{aq} 交轴电枢反应磁势
F_δ 气隙磁势
F_k 换向极绕组磁势
F_c 线圈磁势
F_{q1} q 个线圈所生的基波磁势
$F_{\Phi1}$ 单相绕组所生的基波磁势
$F_{\Phi\nu}$ 单相绕组所生的 ν 次谐波磁势
f 频率、磁势的瞬时值
f_1 定子频率
f_2 转子频率
f_ν ν 次谐波频率
f_N 额定频率
I 直流电流或交流电流有效值
i 交流电流瞬时值
I_N 额定电流
I_0 空载电流
I_Φ 相电流
I_1 变压器一次绕组(感应电机定子绕组)电流
I_2 变压器二次绕组(感应电机转子绕组)电流
I'_2 I_2 折算到定子侧的值
I_a 直流电机的电枢电流
I_f 励磁电流
I_{f0} 空载励磁电流
I_{fN} 额定励磁电流
I_k 堵转电流、短路电流
I_{st} 起动电流

I_o 变压器(异步电动机)交流励磁电流
I_{op} 交流励磁电流的有功分量
I_{oQ} 交流励磁电流的无功分量
J 转动惯量
K 换向片数
k 变压器的变比
k_i 异步电动机定子与转子的电流比
k_e 异步电动机定子与转子的电势比
k_y 绕组的短距系数
k_p 绕组的分布系数
k_w 绕组的系数
$k_{w\nu}$ ν 次谐波绕组的系数[$\nu=1$(基波)、3、5……]
T 转矩、时间常数、周期
T_k 换向周期
T_1 输入转矩
T_2 输出转矩
T_0 空载转矩
T_{st} 起动转矩
T_{em} 电磁转矩
T_N 额定转矩
T_L 负载转矩
T_{max} 最大转矩
m 相数
n 转速
n_1 同步转速
n_N 额定转速
n_0 空载转速
n_ν ν 次谐波合成磁场转速
P 功率
P_1 输入功率
P_2 输出功率
P_Ω 机械总功率
P_0 空载功率
p_k 短路损耗
p_Ω 机械损耗
p_s 杂散损耗
p_{Cu} 铜损耗
p_{Fe} 铁损耗
Q 无功功率
q 每极每相槽数
r 电机、变压器绕组内部电阻
R 外串电阻
r_1 变压器一次绕组(感应电机定子绕组)电阻
r_2 变压器二次绕组(感应电机转子绕组)电阻
r'_2 r_2 折算到变压器一次绕组(感应电机折算到定子绕组)的电阻
r_f 励磁绕组电阻
r_a 电枢电阻
r_m 励磁电阻
s 转差率
s_N 额定转差率
s_m 临界转差率
S 视在功率
U 电压(交流表示有效值)
U_N 额定电压(交流表示有效值)
U_Φ 相电压
I_Φ 相电流
U_1 电源电压、定子相电压(变压器一次侧电压)
U_2 转子相电压(变压器二次侧电压)
U_k 堵转电压、短路电压
U_0 空载电压
u 电压的瞬时值
Δu 电压调整率
N 绕组匝数、交流绕组的串联匝数、导体数
N_f 励磁绕组匝数
N_s 串励绕组匝数
N_k 换向极绕组匝数
N_1 定子(变压器一次侧)绕组匝数
N_2 转子(变压器二次侧)绕组匝数
N_y 一个线圈的匝数
x 电抗
x_1 定子(变压器一次侧)漏电抗
x_2 转子(变压器二次侧)漏电抗
x_{ad} 直轴电枢反应电抗
x_{aq} 交轴电枢反应电抗

x_a 电枢反应电抗
x_d 直轴同步电抗
x_q 交轴同步电抗
x_t 同步电抗
x_m 励磁电抗
x_k 短路电抗
y 合成节距
y_1 第一节距
y_2 第二节距
y_k 换向器节距
Z 槽数
Z_1 感应电机定子槽数
Z_2 感应电机转子槽数
z 阻抗
z_m 励磁阻抗
z_k 短路阻抗
α 合成节距角度、相邻两槽间的电角度
β 夹角
δ 气隙
θ 温升、功角
μ 磁导率
Λ 磁导
R_m 磁阻
Λ_σ 漏磁导
τ 极距
η 效率
η_N 额定效率
η_{max} 最大效率
Φ 线圈所交链的磁通
Φ_m 主磁通峰值、线圈交链的磁通的最大值
Φ_σ 漏磁通
Φ_v ν 次谐波磁通
Φ_0 空载磁通
Φ_{ad} 直轴电枢反应磁通
Φ_{aq} 交轴电枢反应磁通
ψ 磁链、内功率因数角
φ 功率因数角、相角
φ_0 空载功率因数角
φ_k 短路功率因数角
ψ_0 $\dot{E}_0$ 和 $\dot{I}$ 的夹角
ψ_2 感应电机转子内功率因数角
Ω 机械角速度
Ω_1 同步机械角速度
ω 角频率、电角速度

目 录

第二篇 变 压 器

第三篇 交流绕组及其电势和磁势

第四篇 异步电机

第五篇 同步电机

绪　论

一、电机在国民经济中的作用和意义

能源是国民经济发展的重要命脉,由于电能具有适宜大量生产、集中管理、远距离传输、方便使用、灵活分配和便于自动控制等优点,因而成为现代社会最常用的一种能源。而电能在产生、传输、分配和应用中与电机有着密不可分的关系,因此电机在国民经济中起着十分重要的作用,主要表现在以下几点。

(1)电机是电能生产、传输和分配中的主要设备。

在发电厂中,发电机由汽轮机、水轮机、柴油机或其他动力机械带动,这些原动机将机械能传给发电机,再由发电机将机械能转换为电能。由于绝缘水平的限制,发电机的输出电压一般为10~20 kV,为减少输电中的能量损失,经济地传输电能,需提高电压,一般为110 kV、220 kV、330 kV、500 kV、750 kV等,因此需采用变压器将发电机发出的电压升高后,再进行电能的传输。到各用电区,为了安全使用电能,各用电设备又需要不同的低电压,因此还需要各种电压等级的降压变压器将电压降低,然后供给各用户。在电力工业中,发电机和变压器是发电厂和变电站的主要设备。

(2)电机是各种生产机械和装备的主要动力设备。

在机械工业、冶金工业、化工工业、交通运输业以及其他各种工业企业中,都用电动机作为原动机;在农业生产、医疗、文教以及日常生活中,电机的应用也很广泛。

(3)电机是自动控制系统中的重要元件。

随着科学技术的发展,工农业和国防设施的自动化程度越来越高,各种各样的控制电机被用作执行、检测、放大和解算元件。这类电机一般功率小,品种繁多,用途各异,精度要求较高。如雷达、航空、无线电、计算机技术和航天技术等,需要大量的控制电机作为自动化系统的元件。

二、电机工业的发展方向

(1)发电机、变压器的单机容量不断提高。单机容量越大,单位容量的原料愈节省,电站的机组可减少,制造、运行、维护费用均可降低。世界上单机容量已突破1 000 MW,我国已能制造出600 MW的汽轮发电机、700 MW的水轮发电机、1 200 MV·A的变压器和2 000 kW的异步电机、4 700 kW的直流电动机等。

(2)中小型电机技术和经济指标不断改进。随着新材料、新技术、新工艺的不断出现,计算机对电机进行设计与分析的应用,产品更新的速度进一步加快,电机性能不断提高。

(3)电机应用范围不断扩大,类型及品种愈来愈多。

总之,为了适应新的要求和科学技术的不断发展,不仅要求电机能适应各种不同的工作条件,而且要在品种、质量性能等方面满足特定的要求,特别是由于现代控制理论的创立,以及大功率电力电子器件、微电子器件、变频技术以及微型计算机技术取得的一系列进展,为交流调速技术的发展创造了理论和物质基础,从而研制出多种调速性能优良、效率较高、能满足不同要求的交流电动机调速系统,代替了许多直流调速系统,克服了直流电机的缺点,利用了交流电机结构简单、价格便宜、维护方便、惯性小等一系列优点,提高了经济效益和社会效益,如按国际电工委员会(IEC)标准自行设计的 Y 系列中小型感应电机,取代了 JO_2系列以及从 Y 系列派生的 YX 系列节能电机,在变极节能、变频调速方面取得了可喜成绩。

三、电机的主要类型

电机是一种动力机械,其主要任务是进行能量转换,按照能量的转换方式,电机可分为:

(1)将机械能转换为电能——发电机;

(2)将电能转换为机械能——电动机;

(3)将一种电能转换为另一种电能——用来将交流变为直流的换流机;用来变化频率的变频机;用来变化电压的变压器。

应当指出,从基本原理上看,发电机和电动机只是电机的两种运行方式,它们基本是可逆的。电机的主要类别如下所示。

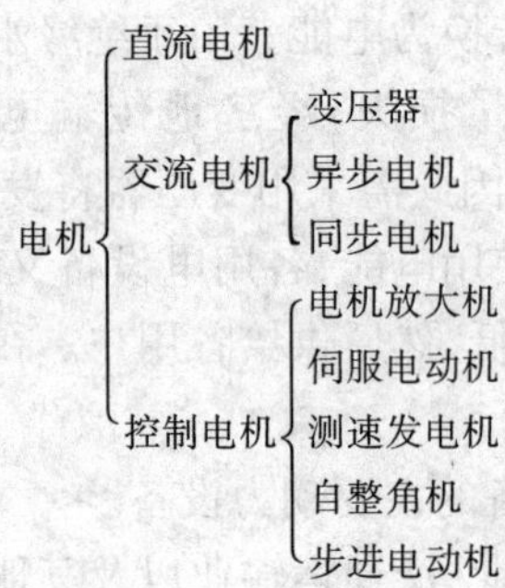

分类不是绝对的,是为了便于分析研究,它们之间有着极密切的内在关系。

四、本课程的任务和电机的研究方法

电机与拖动是机电专业的技术基础课,它与电工基础课的性质不同,在电工基础课中所研究的问题总是理想化和单纯的,在电机与拖动中要求运用理论来解决实际问题,而在实际问题中,情况往往是复杂和综合的。因此,在分析时要将问题简化,找出主要矛盾,这样能够正确地反映客观规律。在学习中要从实际出发,注意把各种电机联系起来,这样才能对各种电机有深入的了解。

1. 分析和研究电机原理的方法

(1)分析电机在空载和负载运行时电机内部的物理情况(即磁势和磁场);

(2)列出电机的电势、磁势、功率和转矩平衡方程式;

(3)求解方程,求取运行特性并加以分析。

2. 分析和研究电机的磁场和基本方程式

(1)不计饱和时,常用叠加原理来分析电机的各个磁场及相应的电势。考虑饱和时,常把主磁通和漏磁通分开处理,前者用磁化曲线来确定,后者用其效果作为漏抗压降来处理;

(2)用等效电路来表示电机需用折算法;

(3)在分析交流电机的稳态运行时,常用等效电路和相量图;

(4)分析不对称运行时常用双旋转理论和对称分量法。

研究电机的另一重要方法是科学实验,其方法基本上分为两种:直接法和间接法。直接法是将电机带上负载,在接近实际情况下进行实验,并测得数据与理论计算的结果相比较,以判定理论计算是否正确。间接法是利用空载、短路试验,测得电机的参数,然后间接算出电机的性能。

本课程的主要任务是为培养学生的专业知识,为解决实际问题打下理论基础,并学习电机实验的操作技术。

五、电机中的铁磁材料及其特性

电机是以电磁感应为基础、以磁场作为耦合媒介实现机电能量转换的装置,它主要由两大系统组成:电路系统和磁路系统。铁磁材料是组成磁路的主要部分。

所谓铁磁材料是指导磁性能好的材料,包括铁、镍、钴等以及它们的合金。铁磁材料的磁导率 μ_{Fe} 要比非铁磁材料磁导率 μ 大得多,非铁磁材料磁导率接近真空磁导率 μ_0($\mu_0 = 4\pi \times 10^{-7}$ H/m),电机中常用铁磁材料的磁导率 $\mu_{Fe} = (2\ 000 \sim 8\ 000)\mu_0$,铁磁材料能在外磁场中呈现很强的磁性,该现象称磁化,这是因为铁磁材料内部存在许多很小的被称为磁畴的天然磁化区,每个磁畴可看作一微型磁铁,其示意图如图 0-1 所示。磁化前,磁畴随机排列,铁磁材料对外不呈磁性,如图 0-1(a)所示;磁化后,在外磁场的作用下,磁畴沿磁场方向排列整齐,铁磁材料呈现较强的磁性,如图 0-1(b)所示,形成了一个附加磁场叠加在外磁场上,使合成磁场显著增强。利用这种特性,电机和变压器的铁心由磁导率较高的铁磁材料制成,以获得在一定的励磁磁动势下产生较强的磁场。

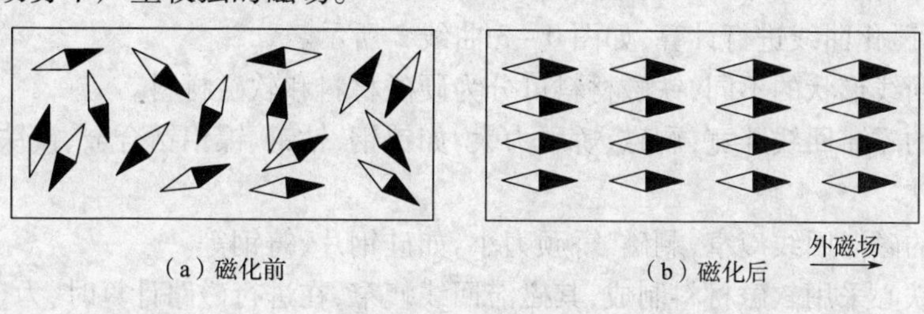

图 0-1　磁畴示意图

1. 磁化曲线

在非铁磁材料中,磁通密度 B 和磁场强度 H 之间呈线性关系,即 $B = \mu_0 H$。对于铁磁材料,磁导率 μ_{Fe} 值除了比 μ_0 大得多以外,还与磁场强度以及物质磁状态的历史有关,所以铁磁材料的磁导率 μ_{Fe} 不是常数。在工程计算时,事先将各种铁磁材料用试验的方法,测得它们在不同磁场强度 H 下对应的磁通密度 B,绘制成 $B-H$ 曲线,该 $B-H$ 曲线称为磁化曲线。将未经磁化的铁磁材料进行磁化,磁场强度 H 由零增大时,磁通密度 B 随之增大,所得的 $B = f(H)$ 曲线称为起始磁化曲线,如图 0-2 所示。

由图 0-2 可见,曲线分四段,oa 段:H 增大使得 B 增大,但 B 增大速度较慢;ab 段:B 随 H 迅速增大(呈直线段);bc 段:B 随 H 增大的速度又较慢;cd 段:磁饱和区(又呈直线段)。其中,a 点称为跗点;拐弯点 b 称为膝点;c 点为饱和点。过了饱和点 c,铁磁材料的磁导率趋近于 μ_0。

可以看出,铁磁材料具有如下特点:其磁化曲线具有饱和性,磁导率 μ_{Fe} 不是常数,且随 H 的变化而变化。

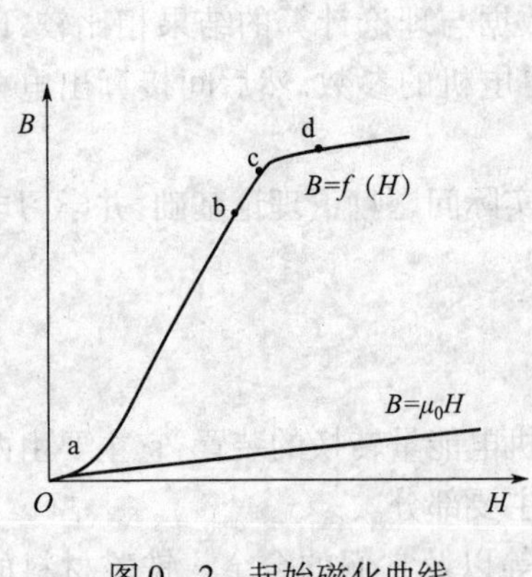

图 0－2　起始磁化曲线

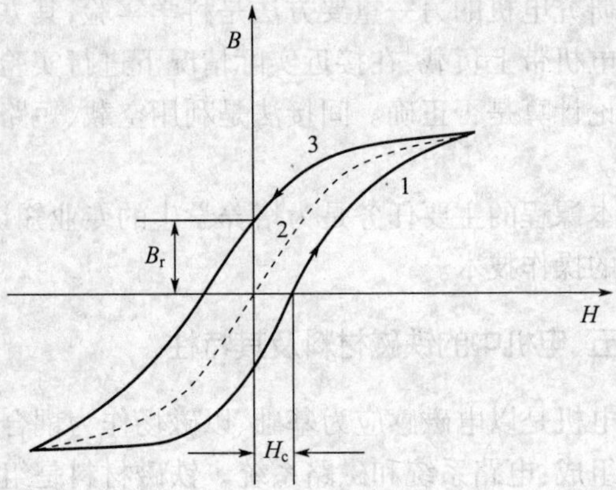

图 0－3　磁滞回线

2. 磁滞回线

铁磁材料被反复磁化时，$B-H$ 曲线不是单值，而是一条磁滞回线，如图 0－3 所示。同一 H 下，有两个 B 值与之对应。当 $H=0$ 时，$B\neq0$，$B=B_r$，B_r 称为剩磁；当 $B=0$ 时，$H=H_C$，H_C 称为矫顽力。

剩磁的意义在于，当没有外部励磁时，也能在磁路中产生磁通。剩磁广泛用在扬声器和永磁电机等装置中。

不同的铁磁物质其磁滞回线宽窄是不同的，当铁磁材料的磁滞回线较窄时，可用其平均磁化曲线，即基本磁化曲线进行计算，如图 0－3 曲线 2 所示。

根据磁滞回线形状的不同，铁磁材料可分为硬磁材料和软磁材料。

硬磁材料的磁滞回线胖宽，剩磁、矫顽力大，如钨钢、钴钢、镍铝钴合金、钕铁硼等。一般用来制造永久磁铁。

软磁材料的磁滞回线瘦窄，剩磁、矫顽力小，如硅钢片、铸钢等。

一般电机铁心采用软磁材料制成，其磁滞回线瘦窄，在进行磁路计算时，为了简化计算，不考虑磁滞现象，而用基本磁化曲线来表示 B 与 H 之间的关系，故通常所说的铁磁材料的磁化曲线是指基本磁化曲线。

3. 交流磁路中的铁心损耗

交流磁路中存在着铁心损耗，铁心损耗又分为磁滞损耗和涡流损耗。

(1)磁滞损耗

铁磁材料在交变的磁场中反复磁化，磁畴间相互摩擦，产生损耗，该损耗称为磁滞损耗。磁滞损耗与交变磁场的频率 f、铁心的体积 V、磁滞回线的面积成正比。磁滞损耗功率可用式(0－1)表示。

$$p_k = k_k f B_m^n V \tag{0-1}$$

式中，k_k 为磁滞损耗系数，其数值大小取决于材料性质；f 为磁通交变频率；B_m 为磁通密度的最大值，对一般电工钢片，$n=1.6\sim2.3$。

(2)涡流损耗

铁心是导电、有阻值的，当磁通交变时，铁心中会感应交变电动势，在导电的铁心中就会产生环流，该电流在铁心构成的回路与磁通相环链，故称涡流，涡流产生的损耗称为涡流损耗。涡流损耗功率可用式(0－2)表示。

$$p_w = k_w f^2 B_m^2 \tag{0-2}$$

式中 k_w——与材料有关的比例系数。

(3)铁心损耗

铁心中的磁滞损耗和涡流损耗之和称为铁心损耗。铁心损耗可用式(0-3)表示。

$$p_{Fe} = p_k + p_w \tag{0-3}$$

六、研究电机时常用的基本定律

1. 电路定律

(1)欧姆定律

$$\left.\begin{aligned} I &= \frac{U}{R}, \quad \text{直流电路} \\ \dot{I} &= \frac{\dot{U}}{Z}, \quad \text{交流电路} \end{aligned}\right\} \tag{0-4}$$

(2)基尔霍夫第一定律

电路中任意节点的电流代数和等于零,即

$$\left.\begin{aligned} \sum I &= 0 \quad (\text{直流电路}) \\ \sum \dot{I} &= 0 \quad (\text{交流电路}) \end{aligned}\right\} \tag{0-5}$$

(3)基尔霍夫第二定律

对电路中的任一回路,电压降的代数和等于电动势的代数和,即

$$\left.\begin{aligned} \sum U &= \sum E \quad (\text{直流电路}) \\ \sum \dot{U} &= \sum \dot{E} \quad (\text{交流电路}) \end{aligned}\right\} \tag{0-6}$$

(4)电磁感应定律

匝数为 N 的线圈,在变化的磁场中产生的感应电动势的大小与线圈匝数和线圈所铰链的磁通对时间的变化率 $\mathrm{d}\Phi/\mathrm{d}t$ 成正比,当感应电动势的正方向与产生它的磁通正方向符合右手螺旋定则时,则有

$$e = -\frac{\mathrm{d}\Psi}{\mathrm{d}t} = -N\frac{\mathrm{d}\Phi}{\mathrm{d}t} \tag{0-7}$$

(4)变压器电动势 若匝数为 N_1 的线圈不动,穿过线圈的磁通随时间变化,则线圈中感应的电动势称为变压器电动势。如图 9-1 中的 e_1、e_2,若与线圈交链的磁通是由线圈自身电流产生,则感应电动势称自感电动势,可表示为

$$e_1 = e_L = -N_1\frac{\mathrm{d}\Phi_1}{\mathrm{d}t} = -L\frac{\mathrm{d}i_1}{\mathrm{d}t} \tag{0-8}$$

式中 L——自感系数,$L = \frac{\Psi_1}{i_1} = \frac{N_1\Phi_1}{i_1} = N_1^2 \times \frac{\Phi_1}{N_i i_1} = N_1^2 \Lambda_m$。

若与线圈交链的磁通是由其他线圈电流产生,则感应电动势称互感电动势,可表示为

$$e_2 = e_M = -N_2\frac{\mathrm{d}\Phi_1}{\mathrm{d}t} = -M\frac{\mathrm{d}i_1}{\mathrm{d}t} \tag{0-9}$$

式中 M——互感系数,$M = \frac{\psi_2}{i_1} = \frac{N_2\Phi_1}{i_1} = N_1 N_2 \times \frac{\Phi_1}{N_1 i_1} = N_1 N_2 \Lambda_m$;

Λ_m——Φ_1所经路径的磁导；

N_2——线圈自身的匝数；

N_1——产生磁通的其他线圈的匝数。

2）运动电动势　若磁场恒定，构成线圈的导体切割磁力线，使线圈交链的磁链随时间变化，导体中的感应电动势称为运动电动势。若磁力线、导体和运动方向三者相互垂直，则感应电动势为：$e=Blv$，方向由右手定则确定。

2. 磁路定律

（1）磁路基尔霍夫第一定律

在磁路中根据磁通的连续性可得：穿入任一闭合面的磁通必等于穿出该闭合面的磁通，即磁路中通过任何闭合面上的磁通的代数和等于零，即

$$\sum \Phi = 0 \tag{0-10}$$

式中，一般将穿出闭合面的磁通取正号，穿入闭合面的磁通取负号。

（2）全电流定律

磁场中沿任一闭合回路的磁场强度 H 的线积分等于该闭合回路所包围的所有导体电流的代数和，即

$$\oint H \mathrm{d}l = \sum IN \tag{0-11}$$

式中，电流方向与闭合回路环绕方向符合右手螺旋关系时，取正号，反之取负号。如图 0－4 所示，I_1 和 I_2 取正，I_3 取负。

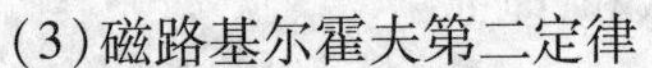

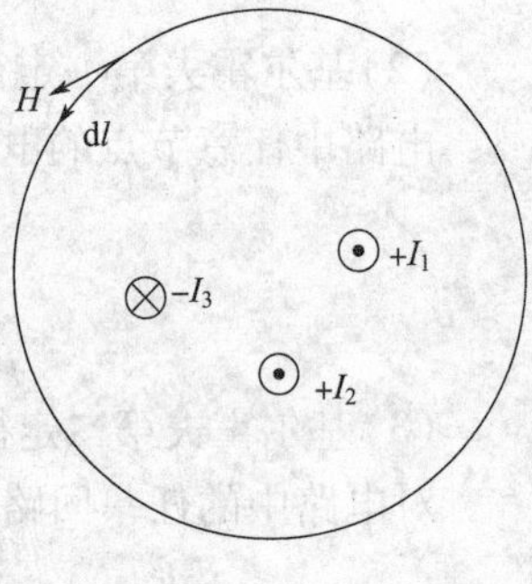

图 0－4　全电流定律

（3）磁路基尔霍夫第二定律

在闭合的磁路中，各段磁压降的代数和等于闭合磁路中磁动势的代数和，即有

$$\sum Hl = \sum IN = \sum \Phi R_m \tag{0-12}$$

式中　H——磁场强度（A/m）；

l——各段磁路的长度（m）；

N——线积分线路所包围的导体数；

I——每根导体所流过的电流（A）。

对于图 0－5 所示有分支闭合回路上，则有

$$F_1 - F_2 = N_1 i_1 - N_2 i_2 = H_1 l_1 - H_2 l_2 = \Phi_1 R_{m1} - \Phi_2 R_{m2}$$

（4）磁路欧姆定律

在无分支的磁路中，如图 0－6 所示，磁通 Φ 与磁动势 F 大小成正比，与磁路中的总磁阻 R_m 的大小成反比，即有

$$\Phi = \frac{F}{R_m} \tag{0-13}$$

对图 0－6 所示的材料相同、截面面积（A）相等的无分支闭合回路上，有

$$\oint_l H\mathrm{d}l = HL = \sum I = Ni = F$$

因为 $B=\mu H=\dfrac{\Phi}{A}$，即$\dfrac{\Phi l}{\mu A}=Ni$，于是

$$\Phi = \frac{Ni}{l/\mu A} = \frac{F}{R_m}$$

式中　R_m ——磁路的总磁阻(1/H)。

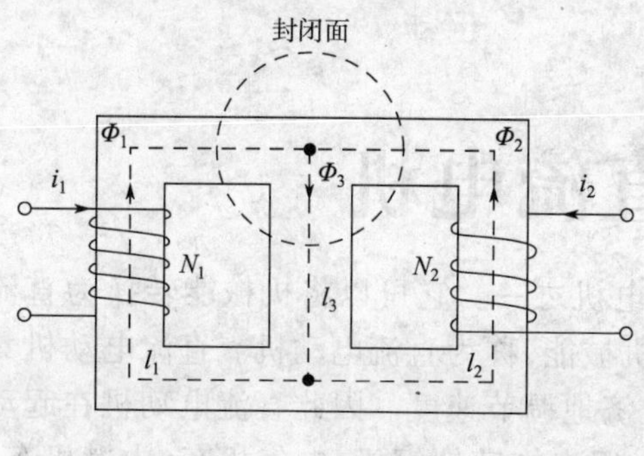

图0-5　有分支磁路

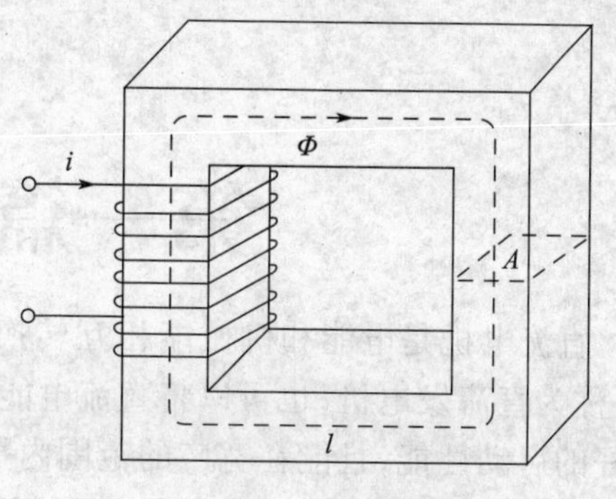

图0-6　无分支磁路

七、电路与磁路的比较

磁路与电路有许多相似之处,但磁路和电路的物理本质不同,即磁路是有限范围内的磁场,电路是有限范围内的电场,两者存在一定的差别,具体表现为:(1)电路中可以有电动势无电流,磁路中有磁动势必有磁通;(2)电路中有电流就有功率损耗,而在恒定磁通下,磁路无损耗;(3)可以认为电流只在导体中流过,而磁路中除主磁通外还必须考虑漏磁通;(4)电路中的电阻率ρ在一定温度下恒定不变,而由铁磁材料构成的磁路中,磁导率μ随B变化,即磁阻R_m随磁路饱和度增加而加大。

八、交流磁路的特点

交流磁路中,励磁电流是交流,因此磁路中的磁动势及其所激励的磁通均随时间变化,但每一瞬时仍和直流磁路一样,遵循磁路的基本定律。就瞬时值而言,通常情况下,可以使用相同的基本磁化曲线。

交变磁通除了引起铁心损耗之外,还有以下效应:

(1)磁通量随时间交变,必然会在励磁线圈内产生感应电动势;

(2)磁路饱和现象会导致电流、磁通和电动势波形的畸变。

交流磁路的分析将在变压器一章内作进一步的说明。

思考题与习题

1. 磁路的磁阻如何计算?磁阻的单位是什么?
2. 磁路的基本定律有哪几条?
3. 铁心中的磁滞损耗和涡流损耗是怎样产生的?它与哪些因素有关?
4. 说明交流磁路与直流磁路的不同点。

第一篇 直流电机

直流电机是电能和机械能相互转换的旋转电机之一。它可以将机械能转换为直流电能,称为直流发电机;也可以将直流电能转换为机械能,称为直流电动机。直流电动机具有良好的启动性能,且能在宽广的范围内平滑而经济地调节速度。因此直流电动机在起动和调节速度要求较高的机械上被广泛使用。例如,用来拖动轧钢机、电气机车、内燃机车、船舶机械、矿井卷扬机和切削机床等。直流发电机可作为各种直流电源,但直流电机的结构较交流复杂,消耗较多的有色金属,运行中维修比较麻烦,致使直流电机的应用受到一定的限制。随着电力电子技术的迅速发展,与电力电子装置结合具有高性能的交流电机不断涌现,直流电机有被取代的趋势。但在目前,有些直流电源,如大型同步发电机的励磁电源以及化学工业中的电镀、电解等设备的电源还是采用直流发电机供电方式,铁路上还有相当数量的用直流电动机驱动的电力机车。尽管如此,研究直流电机仍有相当的理论意义和实用价值。

第一章 直流电机的基本原理和结构

本章将说明直流电机的基本原理、主要结构、部件和直流电机的主要类型。

第一节 直流电机的基本原理

一般所讲的直流电机均系对换向器式直流电机而言,它实质上是交流电机,只是具有一个专门的装置——换向器,使其在一定条件下变交流为直流。

一、直流发电机原理

图 1-1 表示直流发电机模型。电机的磁场是由在空间上静止的磁极 N、S 所建立,并能产生恒定的磁通量,磁极之间的空间内,装置一个能转动的电枢,在电枢铁心直径平面的表面上安置一个导体线匝 ab-cd,简称电枢元件。元件 ab 和 cd 的两线端分别接在互相绝缘的两个铜换向片Ⅰ和Ⅱ上,并将电刷 A、B 移至磁极中心线的位置而与换向器保持滑动接触。

当电枢表面以速度 v 逆时针方向旋转时,在图 1-1(a)所示瞬间,电刷 A 是通过换向片Ⅰ与 N 极下的元件边 ab 相连,电刷 B 通过换向片Ⅱ与 S 极下的 cd 相连,根据右手定则,元件中的电势方向是由 d 到 a,故电刷 A 的极性为“+”,电刷 B 的极性为“-”,负载上的电流方向是由 A 流向 B 当电枢转过 180°时,元件的两个有效边的位置互相调换,如图 1-1(b)所示,此时电刷 A 通过换向片Ⅱ与 N 极下的元件边 cd 相连,电刷 B 通过换向片Ⅰ与 S 极下的元件边 ab 相连,此时元件中的电势方向相反了(从 a 到 d),但电刷的极性还是不变。由此可见,通过换向器的作用,使电刷 A 始终与 N 极下的元件边相连,电刷 B 始终与 S 极下的元件边相连,所以

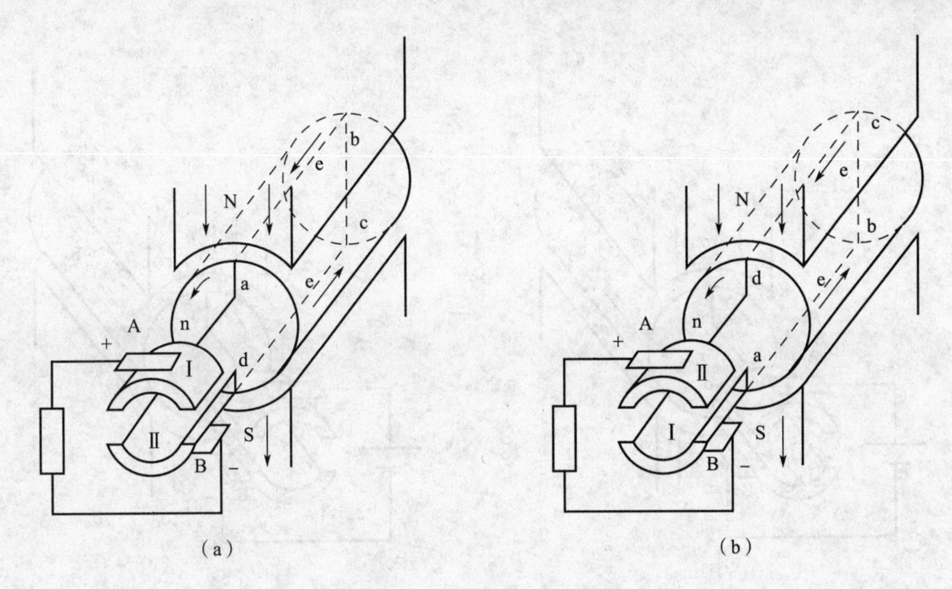

图 1-1　直流发电机原理

当电枢在磁场中继续旋转时,元件中的电势虽是交流电,每个元件在转过一对磁极(N 和 S)时,电势方向改变一次,图 1-2(a)为电机磁极下的磁密分布曲线,则在电刷 A 和 B 之间的电势却是一个方向不变的脉振电势,如图 1-2(b)实线所示,这就是直流发电机原理。

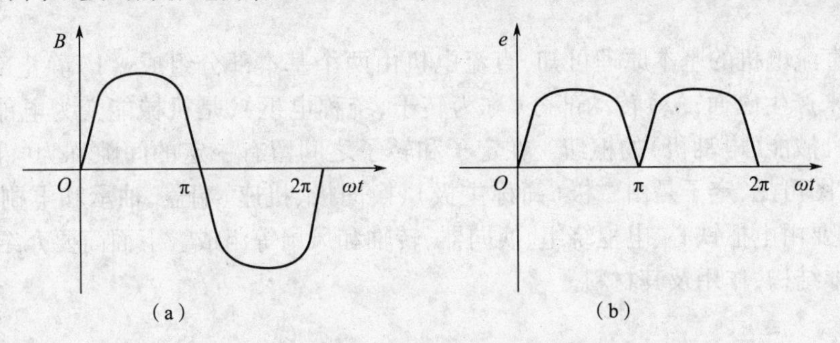

图 1-2　磁极下磁密分布和输出电势波形

从图 1-2 可以看出,电刷 A 和 B 之间的电势在零和最大值之间脉动,这种电势,称为脉振电势,因为电势波动太大,不能用作直流电源,如果将电枢铁心上的元件数和相应的换向片增加,就可以减少电势的脉振程度,在实际应用的直流电机中,由于元件数较多,电势脉振已很小,可以认为是恒定电势了。

二、直流电动机原理

如图 1-3(a)所示,电机的电刷 A 和 B 上外加直流电压,这时元件中的电流就由 a 流向 d,于是载流导体在磁场中就会受到电磁力的作用,其大小为

$$F = B_x l i \tag{1-1}$$

式中,l 为导体有效长度; B_x 为气隙磁场密度;i 为流过元件中的电流。

电磁力的方向可用左手定则确定,从图可知电枢上受到逆时针方向的力矩,称为电磁转矩。当电枢转过 180°时,如图 1-3(b)所示,这时元件中的电流从 d 流向 a,元件中的电流改变了方向,但电磁转矩的方向仍旧不变,保持电枢始终向一个方向旋转,这就是直流电动机原理。

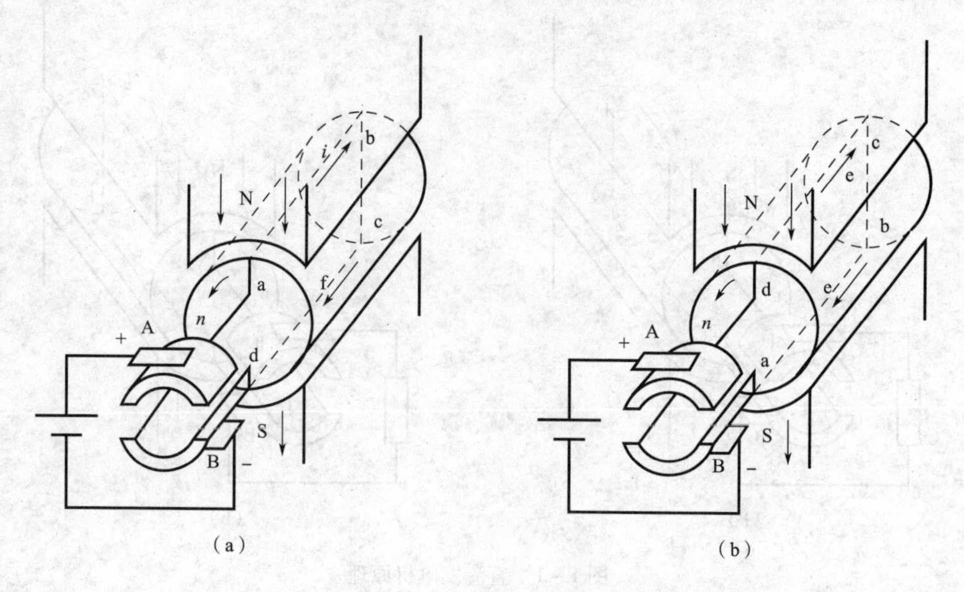

图 1 - 3　直流电动机原理

第二节　直流电机的基本结构

从上述直流电机的基本原理可知，直流电机由两个基本部分组成：(1)静止部分(称为定子)，主要用来产生磁通；(2)转动部分(称为转子，统称电枢)，是机械能变为电能(发电机)，或电能变为机械能(电动机)的枢纽。在定子和转子之间留有一定的间隙称为气隙。图 1 - 4 是结构图，由图可见，定子是由磁极(简称主极)、换向极、机座、端盖、轴承和电刷装置等部件组成；转子主要由电枢铁心、电枢绕组、换向器、转轴和风扇等组成。下面简要介绍直流电机主要零件的基本结构、作用及其材料。

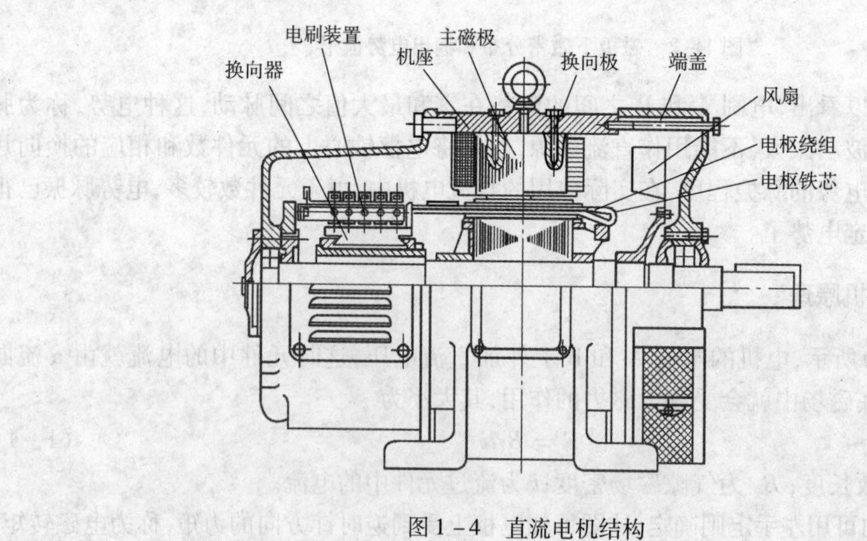

图 1 - 4　直流电机结构

一、主磁极

主磁极的作用是产生主磁通。它由主极铁心和励磁绕组两部分组成，如图 1－5 所示，主极铁心一般由 1～1.5 mm 的钢板冲片叠压而成。主磁极总是成对的，各主极上的励磁绕组连接时要能保证相邻磁极的极性按 N 和 S 极依次排列。为了减小气隙中有效磁通的磁阻，改善气隙的磁密分布，磁极下的极掌（或称极靴）较极身宽，这样还可以使励磁绕组牢固地套在磁极上。整个磁极用螺钉固定在机座上。

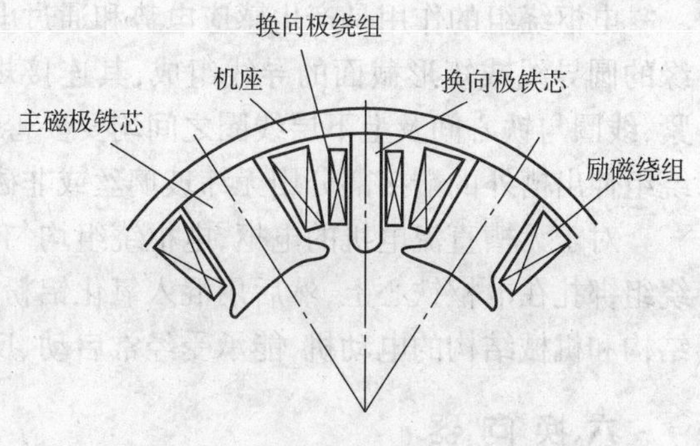

图 1－5　主磁极和换向极示意图

二、换向极（附加极）

换向极用来改善电机的换向，其原理将在以后章节中说明。换向极由铁心和套在铁心上的绕组组成，如图 1－5 所示。大容量直流电机的换向极铁心用互相绝缘的薄钢片叠成，以更有利于换向；中小容量直流电机的换向极铁心，由整块钢制成。换向极绕组和电枢电路串联，其极性根据换向要求决定。换向极装置在相邻二主极之间的几何中心线上，并用螺钉固定在机座上。

三、机　　座

机座一方面用来固定主极、换向极和端盖等部件，并借助于底脚将电机固定在基础上；另一方面作为电机磁路的一部分，机座中有磁通经过的地方称为磁轭。隐极式直流电机采用全叠片定子磁轭。主磁极、换向极用硅钢片一次冲出，然后叠压而成，不需分别加工制造，不仅适应可控硅整流电源，而且节约用铜，缩小体积，减轻重量。

四、电枢铁心

电枢铁心的作用是通过主磁通和固定电枢绕组。为了减少磁滞和涡流消耗，电枢铁心一般用 0.5 mm 厚、涂过绝缘漆的硅钢板冲片叠成，固定在电枢支架式转轴上。为了加强通风冷却，有的电枢铁心冲有轴向通风孔，较大容量的电机还有径向通风槽。图 1－6 所示为电枢铁心冲片和铁心。

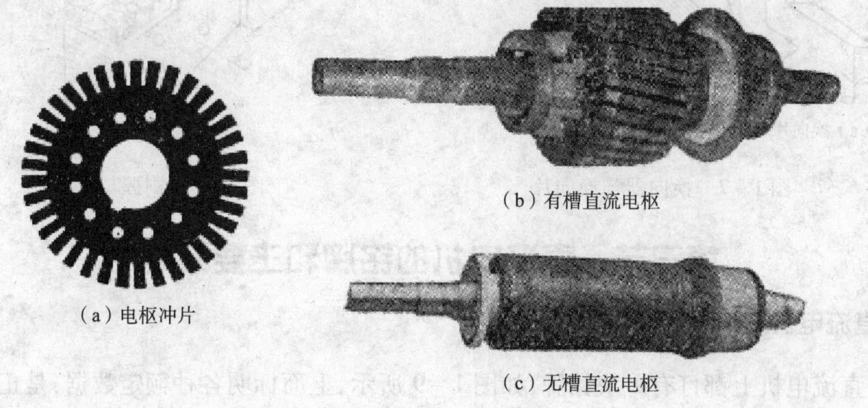

（a）电枢冲片

（b）有槽直流电枢

（c）无槽直流电枢

图 1－6　电枢铁心冲片和铁心

五、电枢绕组

电枢绕组的作用是产生感应电势和通过电流，使电机实现能量转换。电枢绕组用带有绝缘的圆导线或矩形截面的导线组成，其连接规律将在后面说明。绕组嵌入槽内后，用槽契压紧，线圈与铁心间及上下层线圈之间均要妥善绝缘。为防止电枢旋转时的离心力将导线甩出，绕组伸出槽外的端接部分用无纬玻璃丝或非磁性钢丝扎紧。

对于无槽直流电机的电枢，电枢绕组均匀地排列在电枢铁心表面，用无纬玻璃丝带将电枢绕组绑扎在电枢铁心上，然后用混入氧化铝粉末的环氧树脂浇注成整体，这种采用特殊的绝缘结构和机械结构的电动机，能承受经常启动、反转和制动的冲击，有很好的快速反应性能。

六、换 向 器

在发电机中，换向器能使元件中的交变电势变为电刷间直流电势；在电动机中它能使外加直流电流变为元件中的交流电流，产生恒定方向的转矩。图 1 - 7 为拱型换向器的结构图，它是由许多带有燕尾形的梯形铜片组成的一个圆筒，片间用 0.4 ~ 1.2 mm 厚的云母绝缘。两端用两个 V 型钢环借金属套筒和螺旋压圈拧紧成一整体，在圆筒之间，用两个特制的 V 型云母环进行绝缘。每一换向片上刻有小槽，以便焊接元件的引出线。现在小型直流电机已广泛采用塑料换向器，这种换向器用特殊塑料热压成型，简化了换向器制造工艺，节约了金属材料。

七、电刷装置

电刷装置是直流电压、电流引出（或引入）装置。它由电刷、刷握、刷杆、刷杆座和汇流条等所组成。根据电流的大小，每一刷杆有几个电刷组成电刷组，电刷组的数目一般等于主磁极的数目，各电刷组在换向器上的距离是相等的。图 1 - 8 为刷握与电刷装置，电刷放在刷握的刷盒内，用弹簧压在换向器上。刷握固定在刷杆上，刷杆与刷杆座应有良好的绝缘，同极性各刷杆上的导线用汇流条接在一起。刷杆座应能转动，用以调整电刷位置。

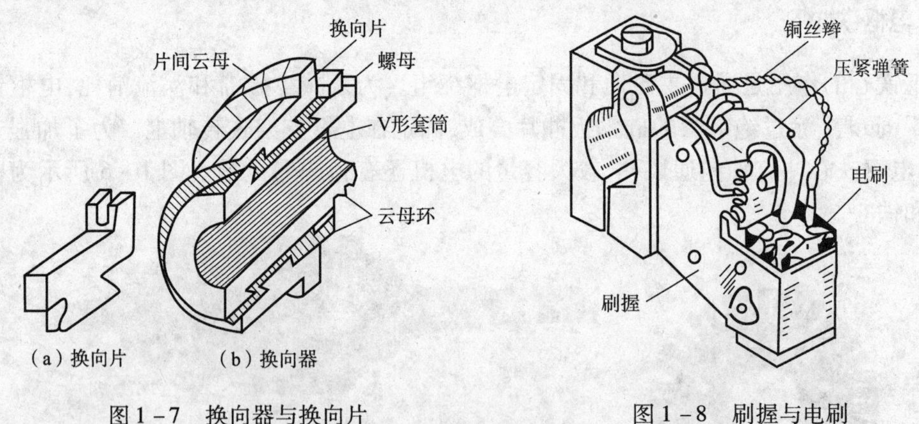

（a）换向片　（b）换向器

图 1 - 7　换向器与换向片

图 1 - 8　刷握与电刷

第三节　直流电机的铭牌和主要系列

一、直流电机的铭牌数据

每台直流电机上都订有一块铭牌，如图 1 - 9 所示，上面标明各种额定数据，是正确使用电机的依据。

型号	Z_2-72	励磁方式	并励
功率	22 kW	励磁电压	220 V
电压	220 V	励磁电流	2.06 A
电流	116 A	定额	连续
转速	1 500 r/min	温升	80 ℃
出品号数	××××	出厂日期	××××年×月

图1-9　直流电机的铭牌

铭牌中的型号 Z_2-72，其中，Z 表示直流电机，Z 的注脚2表示我国第二次改型设计；"-"后面的第一数字代表机座号（本例为7号机座），第二数字代表电枢铁心长度序号（本例为2号铁心长度）。铭牌上的额定值有：额定功率 P_N（kW）、额定电压 U（V）、额定电流 I（A）、额定转速 n_N（r/min）、额定励磁电压 U_f（V）和励磁方式等数据。额定值是一台电机设计制造时，在达到国家标准规定条件下的正常允许值。额定功率是指电机在实现能量转换时输出功率的大小，对发电机是指出线端输出的电功率，它等于铭牌上额定电压和电流的乘积，即

$$P_N = U_N I_N \eta_N$$

对电动机，额定功率则指轴上输出的机械功率。

铭牌上的各个额定数据是使用或选用电机时的主要依据。电机在运行时，其各数值可能与额定值不同，它们将由负载的大小来决定。一般不允许较长时间地超过额定值运行。因为过载将要降低电机的寿命，甚至损坏电机，但电机长期处于低负载运行，则没有得到充分利用，经济性较差，所以按接近电机上的铭牌选用是比较经济合理的。生产机械对电机的要求是各种各样的，为了合理使用电机和不断提高产品的标准化和通用化程度，需要生产各种不同型号的系列电机。

二、直流电机的主要系列

所谓系列电机，就是在应用范围、结构形式、性能水平、生产工艺等方面有共同性，功率按某一系数递增的成批生产电机。系列化的目的是为了产品的标准化和通用化。我国的直流电机系列主要有：

（1）Z_2 系列　一般用途的中小型直流电机。

（2）Z 和 ZF 系列　一般用途的大中型直流电机，其中"Z"为直流电动机系列，"ZF"为直流发电机系列。

（3）ZT 系列　用于恒功率范围较宽的宽调速直流电动机。

（4）ZQ 系列　电力机车、工况电机车用直流牵引电动机。

（5）ZZJ 系列　冶金起重直流电动机，它具有快速启动和承受较大过载能力的特性。

（6）ZA 系列　用于矿井和易爆气体场合的防爆安全型直流电机。

还有其他各种系列直流电机，其规格、技术数据等可查阅有关产品目录或电机工程手册，在此不再赘述。

第四节　直流电机的励磁方式

直流电机的主极励磁绕组与电枢回路之间有几种连接方式，不同的连接方式对电机的运

行特性产生较大的差异。电机的励磁方式可分为以下几种。

(1)他励电机　励磁绕组和电枢回路是各自分开的,励磁绕组由独立的直流电源供电,如图 1-10(a)所示。用永久磁铁作为主极磁场的电机也可以当作他励电机。

(2)并励电机　励磁绕组回路和电枢回路并联连接,如图 1-10(b)所示。励磁绕组回路的电流与电枢两端的电压有关。

(3)串励电机　励磁绕组与电枢回路是串联的,如图 1-10(c)所示,励磁绕组的电流与电枢回路的电流相等。

(4)复励电机　有两个励磁绕组,一个和电枢回路并联(即并励绕组);另一个和电枢回路串联(即串励绕组),如图 1-10(d)(短分接法)、图 1-10(e)(长分接法)所示。当串励绕组产生的磁势和并励绕组产生的磁势方向相同,即两者相加时,称为积复励;当串励绕组产生的磁势与并励绕组产生的磁势方向相反,即两者相减时,称为差复励。

一般直流发电机的主要励磁方式是他励、并励和复励,串励发电机很少应用。

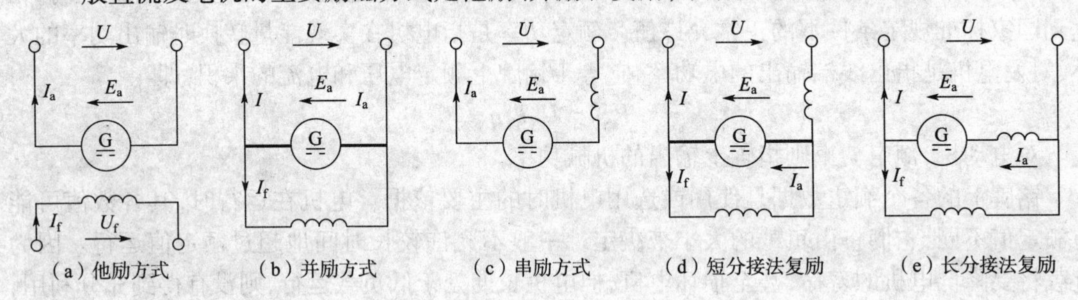

图 1-10　直流电机的励磁方式

思考题与习题

1. 直流电机有哪些主要部件? 各有何作用? 并说明一般用什么材料制造。

2. 判断直流电机在下列情况下电刷两端电压的性质:

(1)磁极固定,电刷与电枢同向同速旋转;

(2)电枢固定,电刷与磁极同向同速旋转。

3. 已知某直流电动机铭牌数据如下:额定功率 $P_N = 75$ kW,额定电压 $U_N = 220$ V,额定转速 $n_N = 1\,500$ r/min,额定效率 $\eta_N = 90\%$,试求电机的额定电流 I_N。(答案:$I_N = 378.8$ A)

4. 已知某直流发电机铭牌数据如下:额定功率 $P_N = 250$ kW,额定电压 $U_N = 460$ V,额定转速 $n_N = 1\,500$ r/min,试求电机的额定电流 I_N。(答案:$I_N = 543.5$ A)

第二章 直流电机的电枢绕组

电枢绕组是直流电机的主要部分，它由若干绕组元件和换向器组成。我们研究直流电枢绕组的基本原理，主要是找出绕组元件相互之间和元件与换向片之间的连接规律。不同类型的电枢绕组，关键在于它们的连接规律不同。直流电机的电枢绕组可分为叠绕组和波绕组两种类型。叠绕组有单叠绕组和复叠绕组；波绕组也有单波绕组和复波绕组；还有叠绕组和波绕组组成的混合绕组，简称蛙形绕组。本章着重讨论单叠绕组，对单波、复叠、复波绕组、蛙形绕组可参看有关资料。

第一节 电枢绕组的构成原则和节距

直流电机的电枢绕组从原理上讲，即可采用单层绕组，也可采用双层绕组。实际上，为充分提高槽的利用率，减轻电机重量，一般都使用双层绕组。所谓双层绕组即元件的一个有效边放在槽的上层边，叫做上层边，另一个有效边放在相邻磁极下槽的下层，叫做下层边，如图2-1所示。元件的两个出线端分别焊接在两个换向片上，与上层边相连的出线端称为始端，与下层边相连的出线端称为末端，伸出槽外的部分叫做端部，在换向器一端的叫前端部，在另一端叫做后端部。在槽内部分叫做有效部分。

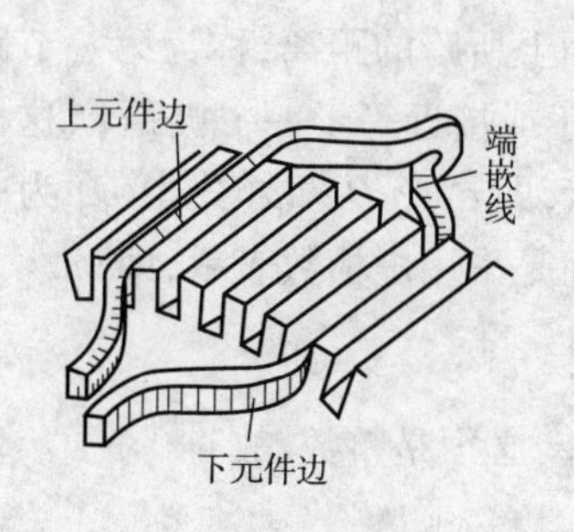

图2-1 元件在槽中的嵌放情况

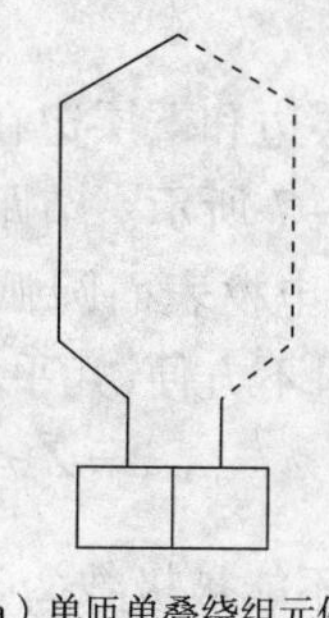

（a）单匝单叠绕组元件

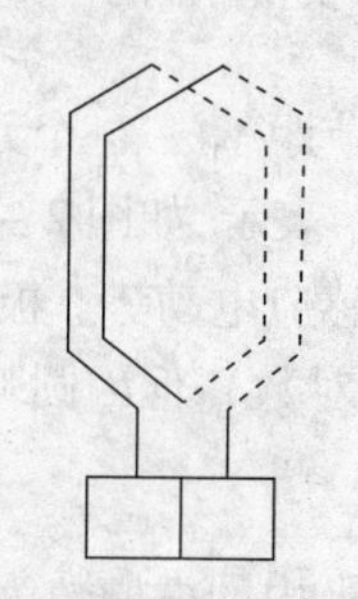

（b）双匝单叠绕组元件

图2-2 叠绕组元件

绕组元件由一匝或多匝（N_u 匝）组成。图2-2表示 $N_u=1,2$ 的叠绕组元件；图2-3表示 $N_u=1,2$ 的波绕组元件。在实际绘制电枢绕组展开图时，多匝元件依图2-4绘制，具体匝数由文字给出。实线部分表示上层边，虚线部分表示下层边。从图2-1可知，当电枢铁心上有 Z 个槽时，每个槽中嵌放上、下两个元件边，所以元件数 S 等于槽数 Z。一般电机中，元件数是实际槽数的 u 倍（u 为整数），即每个实槽中有 u 个虚槽组成，如图2-5(a)、(b)所示，因此虚槽数 Z_u 等于实槽数的 u 倍。很明显，元件数 S、实槽数 Z、虚槽数 Z_u 存在以下的关系，即

$$S = Z_u = uZ \tag{2-1}$$

如果 u 个元件的上层边都在一个实槽内的上层，而他们的 u 个下层边也都在另一个实槽的下层，将这 u 个元件包扎成一个整体，称为线圈，所有绕组元件都具有相同的尺寸，叫做同槽

式绕组；如果 u 个元件的上层边同在一个实槽内，而其下层边不同在一个实槽内，则这些元件端部不相等，叫做异槽式绕组，如在直流传动的电气机车用牵引电动机就采用这种绕组。

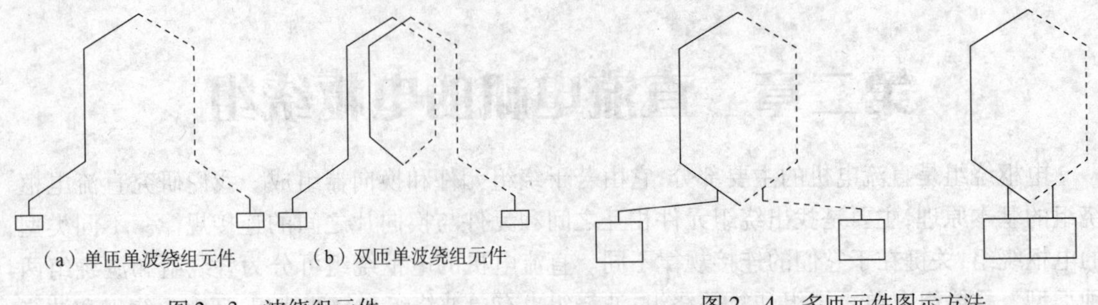

图 2－3　波绕组元件

图 2－4　多匝元件图示方法

为了正确地将绕组元件嵌放在电枢槽内和将出线端连接在换向片上，还必须知道绕组元件和元件相互之间的各个节距。图 2－6 和图 2－7 分别表示单叠绕组和单波绕组部分元件的连接规律，下面分别叙述各个节距的定义和计算方法。

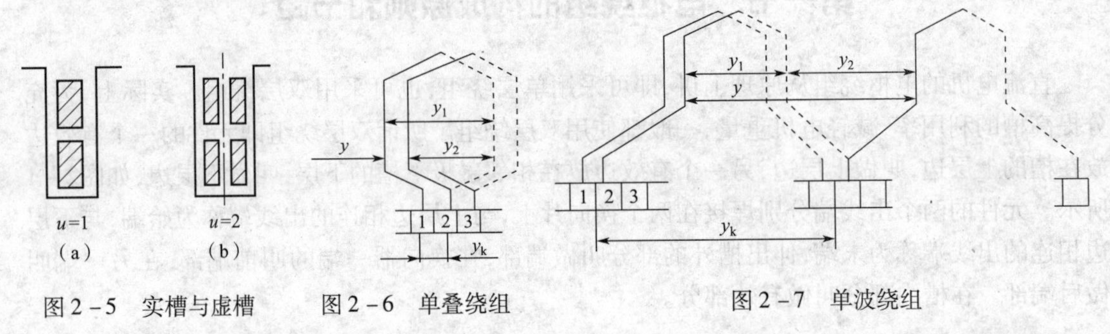

图 2－5　实槽与虚槽　　图 2－6　单叠绕组　　图 2－7　单波绕组

第一节距 y_1　一个元件的上层边和下层边在电枢表面上所跨的距离，称为第一节距或后节距，用 y_1 表示，如图 2－6 和图 2－7 所示。节距 y_1 应等于或接近等于一个极距 τ，这样才能得到大的感应电动势。极距可以用电枢表面圆弧长度表示，即 $\tau=\pi D_a/2p$（式中 D_a 为电枢直径，p 为极对数），但因圆弧长度测量不方便，几乎不采用，而是采用虚槽数表示，即

$$\tau = Z_u/2p \tag{2-2}$$

每一极内的虚槽数为 $\frac{Z_u}{2p}$，但常不能被极数 $2p$ 除尽，而 y_1 必须是整数，故

$$y_1=\frac{Z_u}{2p}\pm\varepsilon \tag{2-3}$$

式中，ε 是为使 y_1 凑成整数的一个小数或整数。

当 $y_1=\tau$ 时，叫做全距绕组；当 $y_1<\tau$ 时，叫做短距绕组；$y_1>\tau$ 时，叫做长距绕组。采用全距绕组，可以获得最大的电势，但为了改善换向和减少用铜，一般采用短距绕组。

在实际绕线时，节距 y_1 用实槽数计算，但在计算节距时，用虚槽数较为方便。

合成节距 y　相串联的两个元件的对应元件边在电枢表面上的距离，称为合成节距，用 y 表示，也用虚槽数计算。合成节距表示每串联一个元件后，绕组在电枢表面前进或倒退了多少槽距。不同类型的绕组，主要表现在合成节距上。

换向器节距 y_k　一个元件的两个出线端所接连的换向片在换向器表面上的距离称为换向器节距，用 y_k 表示，y_k 的大小用换向片数来计算。由于元件数等于换向片数，元件边在电枢

表面前进了多少个虚槽，其出线端在换向器上必须同时前进相同的换向片数，所以换向器节距应该等于合成节距，即

$$y_k = y \tag{2-4}$$

有了以上三个节距，绕组的连接规律已经完全确定，但在制造线圈和嵌线时，还常用到另一个辅助节距，叫做第二节距。第二节距是指相串联的两个元件中，第一个元件的下层边与第二个元件的上层边之间在电枢表面的距离，用 y_2 表示，也用虚槽数计算。从图 2-6 和图 2-7 可知，y_1、y_2 和 y 存在如下关系：

对叠绕组　$$y_2 = y_1 - y \tag{2-5}$$

对波绕组　$$y_2 = y - y_1 \tag{2-6}$$

第二节　单叠绕组

所谓单叠绕组是指合成节距 $y = y_1 - y = \pm 1$ 的绕组。这种绕组的连接规律是：每连接一个元件，在电枢表面就要移过一个虚槽。若取 $y = +1$，绕组向右移动一个虚槽，称为右行绕组，如图 2-6 所示；如取 $y = -1$，绕组向左移动一个虚槽，称为左行绕组。左行绕组元件的两个出线端交叉，用铜较多，很少采用。下面以 $2p = 4$，$Z = Z_u = S = K = 16$ 为例，说明单叠绕组的连接方法和特点。

一、绕组节距和展开图

若采用全节距绕组，根据式(2-3)有

$$y_1 = Z_u/2p + \varepsilon = Z_u/2p + 0 = 4$$

根据式(2-4)，采用右行绕组，则有

$$y = y_k = 1$$

先按照单叠绕组的连接规律画图 2-8，图中 1、2、3 等表示元件的上层边所嵌放的位置，1′、2′、3′等表示下层边嵌放的位置，实线表示一个元件虚线表示通过换向片把两个元件连接起来。

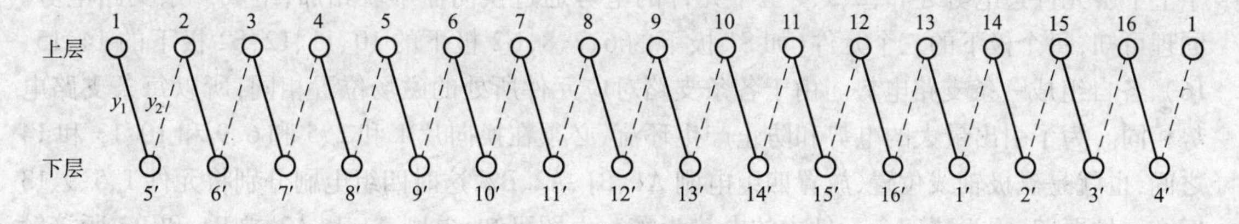

图 2-8　元件的串联顺序

据此可画出绕组展开图如图 2-9 所示。

画图的步骤如下：先画 16 个槽和 16 个换向片，将 1 号元件的上层边放在 1 号槽的上层（实线），下层边放入 5 号槽的下层（虚线用 5′表示）；1 号元件的始端连接在 1 号换向片上，因 $y = y_k = 1$，1 号元件的末端应连接在 2 号换向片上。为使元件前端部左右对称，1、2 号换向片的中心线应与元件的中心线重合（称为对称元件）。然后将 2 号元件的上层边放入 2 号槽的上层，下层边放入 6 号槽的下层；2 号元件的始端连接在 2 号换向片上，末端连接在 3 号换向片上，其余类推。最后将 16 号元件的末端连接在 1 号换向片上形成一个闭合回路，绕组连接完毕，再在展开图上均匀放置 4 个磁极，并假定 N 极的磁通进入纸面，S 极的磁通从纸面穿出。

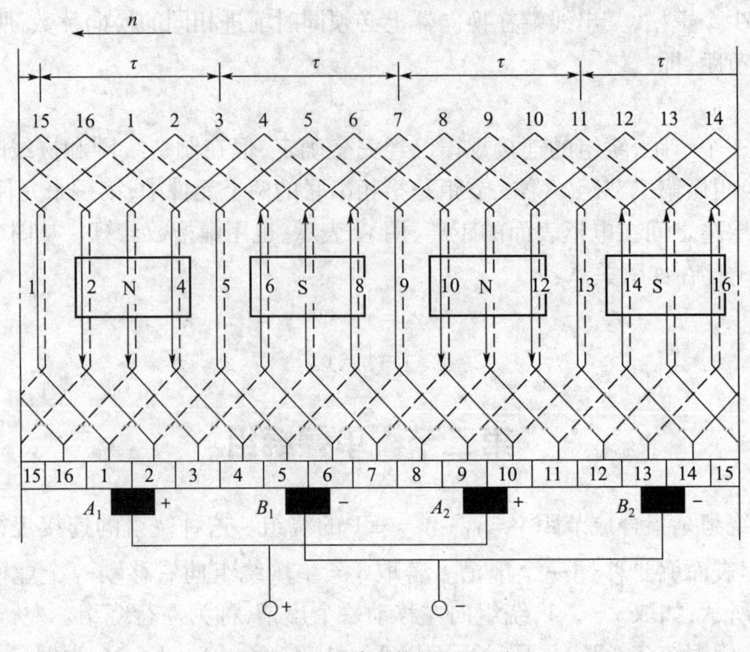

图 2-9 单叠绕组展开图

($2P=4$ $S=K=Z=16$)

元件的串联顺序如图 2-8 所示。

二、单叠绕组的电刷位置和并联支路数

在图 2-9 中,假定磁场不动,电枢绕组按图中方向旋转时,由右手定则可以确定各个磁极下元件的电势方向如图中箭头所示。从图中可见:1、5、9、13 四个元件刚好处在磁极的几何中性线上,因该处磁场为零,所以这四个元件的感应电势为零。2、3、4 三个元件的上层边同处在 N1 极下,电势方向相同,下层边同处在 S1 极下,电势方向也相同。每个元件电势的瞬时值等于上下层元件边电势之和,2、3、4 三个元件的电势通过换向器串联相加,组成一条支路电势。同理可知,每个极下的三个元件(如 S1 极下的 6、7、8,N2 极下的 10、11、12,S2 极下的 14、15、16),各自组成一条支路电势。由于各条支路对应元件所处的磁场位置相同,所以每条支路电势相同。为了引出最大的电势和防止产生环流,必须在换向片 1 和 2、5 和 6、9 和 10、13 和 14 之间,也就是磁极轴线位置,放置四组电刷 A1、B1、A2、B2,这时四组电刷分别将元件 1、5、9、13 四个元件短路,因为这四个元件中的电势为零。由图可知,电刷 A1 和 A2 或 B1 和 B2 所接触的元件,刚好相隔两个极距,电刷 A1、A2 的极性为“+”,B1、B2 为“-”,因此 A1 和 A2、B1 和 B2 极性相同,电位相等,可以用导线连接起来。正负电刷之间的电势称为电枢电势,它的大小等于支路电势。为了更清楚起见,将图 2-9 瞬间各支路元件的连接与电刷间的关系整理排列出来,可以得到如图 2-10 所示的电路图。

从图可见,电枢电路由四条并联支路电势组成,即处在同一个极下的各元件的电势方向相同,通过换向片串联相加,组成一条支路电势,若以 a 表示支路对数,则

$$2a=2p \tag{2-7}$$

综上所述,电刷位置不能随意放置,为了在正负电刷间引出最大的电势和防止产生环流,电刷应当放在处于磁极几何中性线上的元件所连接的换向片上。对于端部对称的元件,电刷

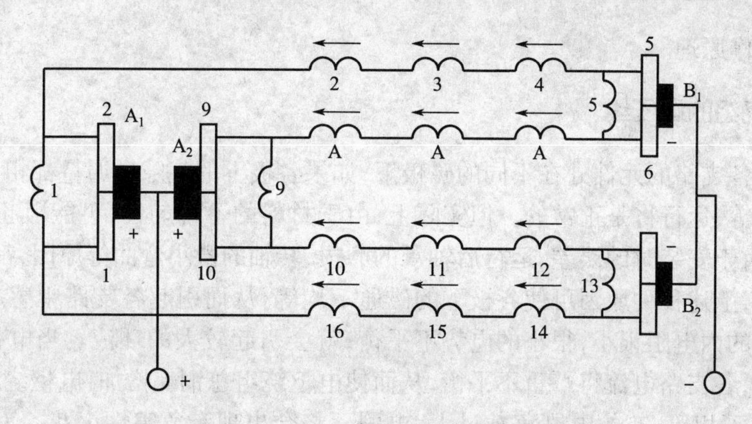

图2-10　图2-9所示瞬间的电路图

的位置必须放在磁极轴线上。如果电刷位置偏离磁极轴线,一方面被电刷短路的元件有电势,元件中产生短路电流;另一方面,每条支路中有少部分元件的电势被抵消,电枢电势有所下降。

关于电刷宽度,可以根据电刷的电流密度、机械强度和换向情况来决定,一般为换向片宽度的1.5~3倍。为了说明问题方便起见,在本书的图中,电刷宽度均取等于换向片宽度。

必须指出,有些直流电机的元件不是对称的,交流直流两用手电钻电动机就是这样的,因此这类电机的电刷位置应位于磁极几何中性线的换向片上。

有关单波绕组、复叠绕组、复波绕组和蛙形绕组的连接可参看有关电机书籍,在此不再阐述。

第三节　直流电枢绕组的对称条件*

电枢绕组各对支路的对应元件在磁场中的位置都相同时,就称为对称绕组。对称绕组的特点是:在磁极对称分布的情况下,各支路的电势都相等,每对支路电势的总和等于零,因此空载时绕组内没有环流,有利于电机的运行。要获得对称绕组必须满足:

$$\left.\begin{aligned}\frac{S}{a}&=\text{整数}\\\frac{Z}{a}&=\text{整数}\\\frac{p}{a}&=\text{整数}\end{aligned}\right\}\qquad(2-8)$$

上式中第一、二两个条件使各支路具有同样的槽数和元件数,第三个条件保证了各支路中的对应元件在磁场种中占有同样的位置。设计绕组时,最好使绕组满足对称条件,但也不能绝对化。实践证明,有些不对称绕组,工作情况也还令人满意。

第四节　均 压 线*

直流电枢是由几条并联支路组成的。在正常情况下,各并联支路内感应电势的大小是相等的,在有负载时,电枢电流也将均匀分配在各支路中,如果由于某种原因,造成各支路的电流不均匀分布,将对电机的运行带来不利的影响。为了避免这种不利情况,在容量较大的电机中,在电枢绕组内部加上"均压线",它们的作用是能保障各支路电流均匀分配。下面简单说明均压线的工作原理。

一、单叠绕组的均压线

单叠绕组各支路的元件处在不同的磁极下，如果各极下的气隙磁通量都相等，各支路的感应电势也将相等，运行将是正常的。但实际上，由于材料的不均匀性，可能引起各磁路的磁阻不相同；或者由于安装时的误差、运行后轴承的磨损、转轴的微小弯曲等原因，都有可能导致各极下气隙不等，上述种种原因可使各极下的磁通不均等，从而引起各支路中感应电势不平衡。由于电枢绕组的内电阻很小，很小的电势不平衡，就会引起较大的环流。当电机带负载时，由于环流的影响，各支路电流将严重不平衡，从而使电枢绕组总铜耗增加，电枢绕组过热，各电刷通过的电流也不相等，有的电刷负载过大，电刷下将会出现有危害性火花。为了解决这个问题，可以将电枢绕组中理论上电位相等的“等位点”[如图 2－11(a)中的 a、b 两点]用导线连接起来，这样的连线就称为均压线。

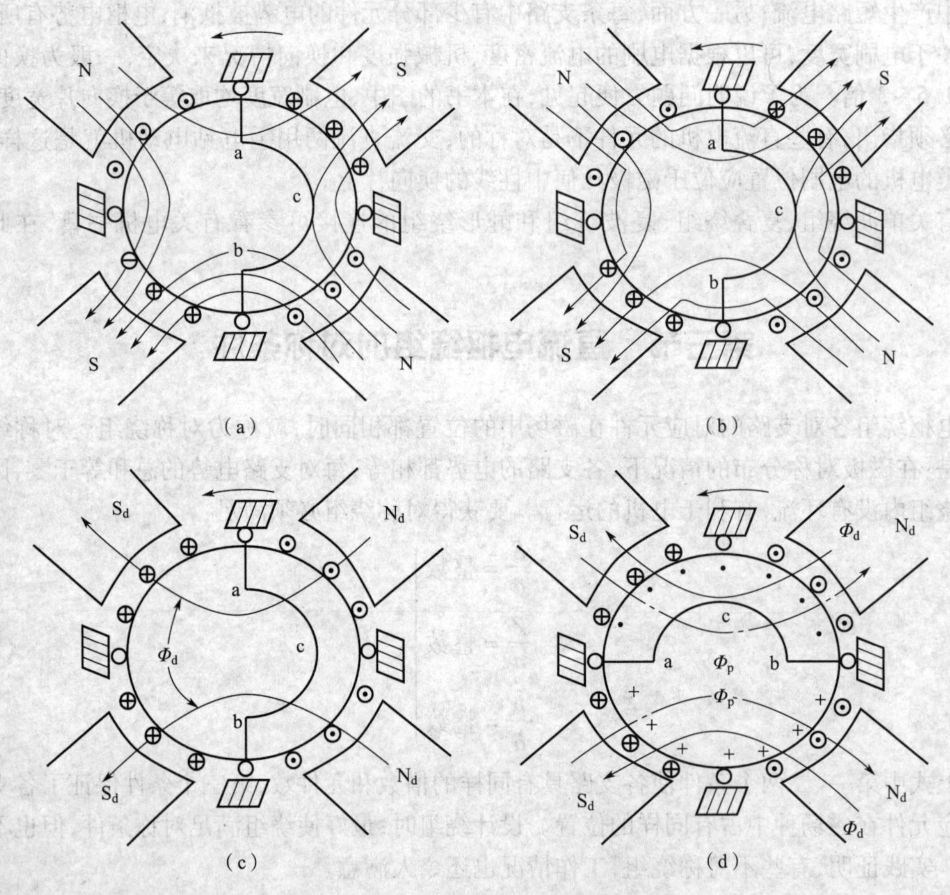

图 2－11 单叠绕组中均压线的作用

二、均压线的工作原理

若主极磁场为对称分布，电枢旋转时，a、b 间的电位差等于零，均压线中没有电流。当磁场不对称时，可把不对称磁场看成为原先对称的主磁极，如图 2－11(b)所示。再叠加上一个二极的附加磁场 N_d、S_d，如图 2－11(c)所示。当电枢旋转时，此二极磁通 Φ_d 将在绕组中感应电势，于是 a、b 间将出现电位差。若在 a、b 间连接均压线，则绕组中将流过均压电流。由于 a、b 间的电枢绕组交替地处于 N 极和 S 极下，所以均压线中的电流是交变电流。而且由于电枢回路中电感较大、电阻较小，电流几乎落后电势 90°，因此当电枢转到图 2－11(d)所示位置时，电流才达到最大值。这时均压电流的方向用“·”和“+”表示在电枢圆周内，此电流将产生一个与附加磁场方向相反的均压磁通 Φ_p，如图 2－11 中虚线所示。连接其他点的均压线，也将产生同样的结果。因此附加磁通 Φ_d 被大大削弱，基本上消除了磁场的不对称。因电感很大，产生的 Φ_p 的电流很小，不会影响电机的正常运行。

均压线所连接的两点是理论上的等电位点，两点间的距离应等于一对极距，故均压线的节距 $y_p=\frac{K}{p}$。若各对支路间的等位点都用均压线连接起来，共有 K/a 条，称为全额均压线。对换向不太困难的电机，可以采用 1/2 或 1/3 全额均压线。单叠绕组中采用的用以消除磁通不平衡的均压线称为甲种均压线，双波绕组中的均压线称乙种均压线，可参看有关书籍。

第五节　电枢绕组的感应电势

当主极绕组通入直流电流(统称为励磁电流)并保持为常值时，将在气隙中产生恒定的主磁通，气隙磁密分布是如图 2－12 所示的平顶波。

不论是发电机还是电动机，只要电枢旋转时，电枢上的导体就要切割主磁通而感应电势。由于气隙磁密分布不是均匀的，所以磁极下各个导体中感应电势的大小($e_x=B_xlv$)是不相等的。从图 2－10 中可以看出，正负电刷间的电势等于一条支路内各导体感应电势的总和，称为电枢电势。如果电枢上的总导体数为 N，支路数为 $2a$，则一条支路中串联的导体数为 $N/2a$，可得电枢电势为

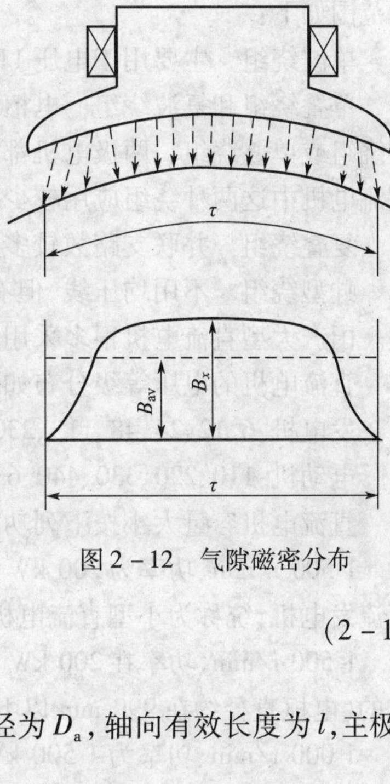

$$E_a=\sum_{1}^{\frac{N}{2a}}e_x=\frac{N}{2a}e_{av} \qquad (2-9)$$

图 2－12　气隙磁密分布

式中，e_{av} 表示一根导体的平均电势，即

$$e_{av}=B_{av}lv \qquad (2-10)$$

式中，B_{av} 是主极气隙磁场的平均磁密。

图 2－12 所示为气隙磁密分布与 B_{av}，若电枢铁心的直径为 D_a，轴向有效长度为 l，主极数为 $2p$，电枢表面的极距为 τ，则每极磁通量为

$$\Phi=B_{av}l\tau \qquad (2-11)$$

所以可用下式计算气隙平均磁密

$$B_{av}=\frac{\Phi}{l\tau} \qquad (2-12)$$

因电枢圆周长 $\pi D_a=2p\tau$，若电枢转速为 n(r/min)，则电枢表面线速度

$$v=2p\tau\frac{n}{60} \qquad (2-13)$$

将式(2－10)、式(2－11)和式(2－12)带入式(2－9)得：

$$E_a = \frac{N}{2a}\frac{\Phi}{l\tau}l2p\tau\frac{n}{60} = \frac{pN}{60a}\Phi n = C_e\Phi n\ (\text{V}) \tag{2-14}$$

式中，$C_e = \dfrac{pN}{60a}$，称为电机的电势常数，每极磁通 Φ 的单位为韦伯(Wb)。

由式(2-14)可知：

(1)对已制成的电机，如每极磁通 Φ 保持不变，则电枢电势 E_a 与转速 n 成正比；

(2) E_a 与每极磁通 Φ 有关，和磁场分布的形状无关；

(3)当线圈为短距时，电枢电势将比上述的结果稍小，但因直流电机中短距的影响较小，一般不考虑。

第六节　各种绕组的应用范围及电压功率的划分

选用绕组时要考虑多种因素。原则上，凡电流较大、电压较低的电机，应选用并联支路较多、串联较少的绕组；电流较小、电压较高的电机，应选用并联支路数少、串联匝数较多的绕组。每条支路的电流一般不超过300~400 A，否则电流太大，导线太粗，制造困难。各种绕组的应用范围如下：

单波绕组　主要用于电压110V或220 V，电枢电流小于700~1 000 A的中、小型电机中。

单叠绕组和复波绕组　电枢电流大于700~1 000 A、容量为几百kW的电机，可以采用复波绕组或单叠绕组。两极电机都用单叠绕组，此时 $2a=2$，不用均压线，工作情况较好。国产直流电机中这两种绕组应用较少。

复叠绕组　并联支路数较多，用于低电压(几十伏)、大电流(几千安)的直流电机中。

蛙型绕组　不用均压线，但有很好的均压作用，换向较好，虽然制造稍复杂，应用仍很普遍。国产大型直流电机很多采用蛙型绕组。

直流电机的电压等级分布如下(V)：

发电机：6、12、24、48、115、230(330)、460、630(660)、800、1 000。

电动机：110、220、330、440、630(660)、800、1 000。

直流电机容量大小按下列功率划分为：

1 500 r/min、功率为200 kW及以下的直流电动机和相应的(电枢直径约在368 mm以下)直流发电机，统称为小型直流电机。

1 500 r/min、功率在200 kW以上至1 000 r/min、功率为1 500 kW以下的直流电动机和相应的(电枢直径约在990 mm以下)直流发电机，统称为中型直流电机。

1 000 r/min、功率为1 500 kW以上的直流电动机和相应的(电枢直径大于990 mm)直流发电机，统称为大型直流电机。

1 500 r/min、功率在0.5 kW及以下的直流电动机，统称为分数千瓦直流电机。

思考题与习题

1. 电枢绕组元件的跨距的大小为什么要等于或接近于一个极距？大于或小于一个极距对电磁转矩和电枢电流有什么影响？

2. 一单叠绕组，槽数 $Z=24$，极数 $2p=4$，试绘出绕组展开图及相应的并联支路图。

3. 一台四极单叠绕组的直流电机,(1) 如果取出相邻的两组电刷,只用另外剩下的两组电刷是否可以?端电压、电流及功率如何变化?(2) 如有一元件断线,端电压和电流有何变化?(3) 若只用相对的两组电刷是否能够运行?

4. 直流电机中感应电动势是怎样产生的?它与哪些量有关?在发电机和电动机中感应电动势各起什么作用?

5. 电枢绕组元件端部对称时,电刷位置为什么要处于磁极轴线上?电刷位置若有偏差会产生什么影响?

6. 直流电机有哪些励磁方式?各种励磁方式有什么特点?

第三章 直流电机的运行原理

本章主要研究直流电机空载和负载时电机内部的电磁关系和稳态运行时直流电机的基本方程式,最后说明直流电机的可逆性。为了叙述方便,多数场合以发电机作为分析对象,但其基本原理和分析方法,对电动机同样适用。

第一节 直流电机空载时的磁场和磁动势

直流电机空载时主极绕组通入励磁电流 I_f 后,各主磁极应依次为 N 极和 S 极,由于电机磁路结构对称,不论极对数是多少,每对极的磁路是相同的,因此我们只要讨论一对极的情况就可以了。

从一对极来看,如图 3-1 所示,磁通由一个主磁极(N 极)出发,经过气隙和电枢齿,分两路经过电枢轭,这两路磁通是相等的,再经过电枢齿和气隙,进入相邻的主磁极(S 极)然后经过定子轭,两路磁通会回到原来出发的主磁极(N 极)成为闭合回路。这部分磁通和定转子绕组相匝链称为主磁通 Φ_0,如图 3-1 中曲线 1 所示,电枢旋转时,电枢绕组切割主磁通感应电势;电枢绕组有电流通过时,则主磁通与电枢上载流导体相互作用就产生转矩称为电磁转矩。由图可见,在 N 极与 S 极间,还存在着一小部分磁通,不进入电枢铁心,不和电枢绕组相匝链,因而对电枢绕组不感应电势,也不产生电磁转矩,这部分磁通称为主极漏磁通 Φ_σ,如图 3-1 中曲线 2 所示。由于主磁通回路的空气隙较小,所以磁导较大,而漏磁通路径的空间较大,其磁导很小,所以在同样磁势 F_f 作用下,主极漏磁通比主磁通要小得多,一般主极漏磁通约为主磁通的 15%~20%。

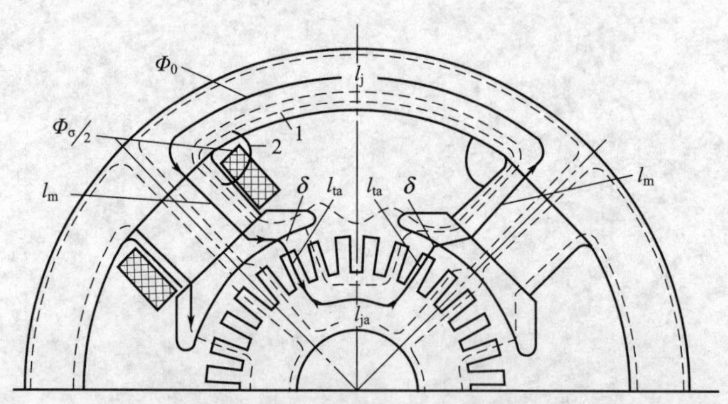

图 3-1 直流电机主极磁路

每极气隙磁通 Φ_0(即主磁通)是电机的重要数据之一,在设计励磁绕组或计算电机特性时需要算出产生主磁通 Φ_0 所需的励磁磁势 F_f。根据全电流定律,一个闭合磁回路中的总磁势等于沿闭合回路中磁场强度的线积分,即

$$\sum I_f N_f = \oint H \mathrm{d}l \tag{3-1}$$

在实际中，直接用这个公式来计算是困难的。因为电机内的磁路很不规则，各部分的磁场强度很难准确确定。在实际计算中常把电机的磁路分成几段，在每一段内有一定的长度，它的几何形状比较规矩，可以求出各段的平均磁场强度，因此可以求出各段的磁压降，然后把各段的磁压降加起来求出所需的总磁势，即

$$F_f = 2I_f N_f = \sum H_k l_k \tag{3-2}$$

式中　I_f——励磁电流；

N_f——每极励磁绕组的匝数；

H_k、l_k——第 K 段磁路中的平均磁场强度和磁路长度。

从图 3-1 中可知，直流电机的磁路通常分为空气隙、电枢齿、电枢轭、磁极和磁路五段，因此每一对极所需的总磁势 F_f 可用下式计算：

$$\begin{aligned} F_f &= \sum H_K l_K = 2H_\delta \delta + 2H_{ta} l_{ta} + H_{ja} l_{ja} + 2H_m l_m + H_j l_j \\ &= F_\delta + F_{ta} + F_{ja} + F_m + F_j \end{aligned} \tag{3-3}$$

式中　H_δ、H_{ta}、H_{ja}、H_m、H_j——气隙、电枢齿、电枢轭、主极铁心和磁轭中磁场强度的平均值；

δ、l_{ta}、l_{ja}、l_m、l_j相应段的磁路平均长度，如图 3-1 所示。

各部分的平均磁场强度，原则上按照下列公式计算：

$$H = \frac{B}{\mu} \tag{3-4}$$

$$B = \frac{\Phi}{S} \tag{3-5}$$

式中　Φ——通过该部分的磁通量(Wb)；

S——该部分的截面积(m^2)；

μ——该部分材料的磁导系数。

在空气隙中，$\mu = \mu_0 = 0.4\pi \times 10^{-6}$(H/m)，所以两个空气隙所需的磁势为

$$F_\delta = 2 \times \frac{B_\delta}{\mu_0} k_\delta \delta = 1.6 k_\delta B_\delta \times 10^6 \tag{3-6}$$

式中　B_δ——气隙密度，单位为特斯拉(T)，$1\text{T} = 10^4$ Gs；

δ——气隙长度(m)；

k_δ——气隙系数。

气隙系数也称卡特系数，是电枢有了槽以后，使气隙中的实际磁密和实际磁场强度较没有槽时为高，气隙磁阻增大，所需气隙磁势应增大。为了简化计算，我们可用一个大于实际气隙长度的计算气隙长度 δ' 来等效气隙磁阻增大而引起的气隙磁势增大。即 $\delta' = k_\delta \delta$，$k_\delta$ 的准确计算是较复杂的，一般用如下经验公式计算：

$$k_\delta = \frac{t_a + 10\delta}{b_{ta} + 10\delta} \tag{3-7}$$

式中　δ——气隙长度(m)；

t_a——电枢齿距(m)；

b_{ta}——电枢外径处齿宽(m)。

在磁路的其他部分 μ 不是常数，一般不直接按式(3-4)计算，而是根据主磁通 Φ_0 的大小

及其分布情况和各段磁路的截面积 S，求出各段磁密 B，再根据各段磁路的磁密 B，查取该段磁路所用磁性材料的磁化曲线或数据表，求出对应于某一 B 值的 H 值，从而计算出各段所需的磁势，最后用式(3－3)求得总磁势 F_f。各段磁势的具体计算方法参看电机设计。

在直流电机空载时，一定的励磁磁势 F_f 产生一定的空载磁通 Φ_0，如果改变励磁磁势，则磁通亦随之相应改变，把 Φ_0 和 F_f 的变化关系用曲线表示，即得电机的磁化曲线，如图 3－2 中曲线 2 所示。

由于铁磁材料的磁导系数不是常数，因而磁阻 R_m 也不是常数，这就使 F_f 和 Φ_0 的关系不是正比的关系。对一台电机而言，磁路长度 l 和横截面 S 都是一定的。因为 $F=Hl\propto H$，$\Phi_0=BS\propto B$；，所以电机中的 $\Phi_0=f(F_f)$ 曲线和磁路所用铁磁材料的 $B-H$ 曲线形状相似。

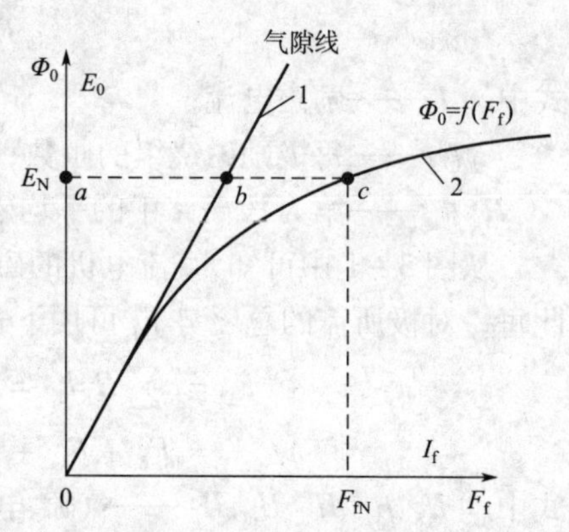

图 3－2　直流电机磁化曲线

又因 $E_a=C_e\Phi n$，则当电机的转速 n 一定时，空载时电枢绕组的感应电势 $E_0\propto B\propto\Phi_0$，励磁绕组的匝数是一定的，所以励磁磁势与励磁电流 I_f 成正比，故电机的磁化曲线在另一种比例尺下，又代表着 $E_0=f(I_f)$ 关系，故称电机的空载特性。空载特性可以通过实验方法求得。

电机的磁化曲线起始一段是直线，这是因为当主磁通小时，铁磁材料的磁通没有饱和，μ 为常数，而且数值很大，所以励磁磁势几乎全部消耗在空气隙中，而气隙的磁阻是常数，故 Φ_0 与 I_f 成正比。因此气隙磁势是一段通过原点且与磁化曲线起始部分相切的直线，称为气隙磁势线(图 3－2 中的曲线 1)。当磁通增大时，电机磁路逐渐饱和，磁通的增加比磁势的增加为慢，于是电机的磁化曲线便偏离气隙线而逐渐弯曲。磁通更大时，磁势增加更剧烈，说明电机的饱和程度更高。为了判断一台电机的饱和程度，引用一个饱和系数 K_S，是指电机在额定转速下发电机作空载运行时铁磁材料中所消耗的磁势(图 3－2 中的 bc)与产生额定电势所需的总磁势(图 3－2 中的 ac)之比，即

$$K_S=\frac{F_{fN}-F_\delta}{F_{fN}}=\frac{ac-ab}{ac}=\frac{bc}{ac}$$

为了最经济的利用材料，现代的直流电机其饱和系数 K_S 处于 0.33～0.42 之间。磁路的饱和程度对电机的运行性能有很大的影响。

根据磁路欧姆定律，气隙某处磁通或磁密的大小，取决于该处磁势和磁阻的大小。如果忽略铁磁材料中所消耗的磁势，则根据全电流定律，励磁绕组通过励磁电流后，建立的总磁势就全部消耗在气隙中。在均匀气隙电机中，极弧范围以内的气隙大小相等，各点的磁阻相同，因而各点的磁密大小相等；而在极弧范围以外，磁路的气隙长度增加，因而磁密显著减小，到两极之间的几何中性线上，磁密为零，整个磁极下磁密的分布为接近于矩形的平顶波，如图 2－12 所示。

第二节　直流电机负载时的磁场和磁动势

从上节分析可知，直流电机空载时的气隙磁场仅由主极磁势建立，称为主极磁场，其分布如图 3－3 和图 2－12 所示，对称于主极轴线，当电机有负载后，电枢绕组中有电流流过，并产生电枢磁势，称为电枢磁场，如图 3－4(a)所示。电枢磁动势不仅与电枢电流大小有关，它还

受电刷位置的影响。下面就电刷在几何中性线上和不在几何中性线上两种情况分析电枢磁场的大小和分布。

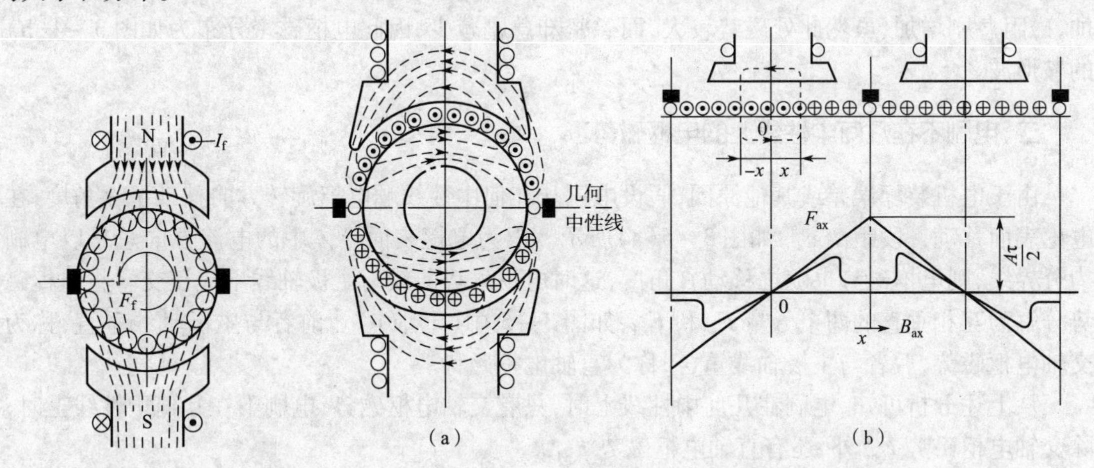

图 3－3　直流电机空载磁场　　　　图 3－4　电刷在几何中性线上的电枢磁场

一、电刷在几何中性线上的电枢磁势

由于电机磁场的对称性,所以只需分析两极直流电机即可,图 3－4 绘出了一个两极电机电刷在几何中性线上的电枢磁场分布图,图中电刷在几何中性线上(实际上电刷在磁极轴线位置的换向器上,但被电刷短路的元件位于几何中性线上),图中为简化分析,没画换向器。绕组只画一层,且绕组为全节距,电枢绕组产生的磁力线方向符合右手螺旋定则,磁力线方向如图中箭头所示,从图中可以看出,电枢磁场的方向与主极磁场的方向垂直,称为交轴电枢磁动势。

若设电枢绕组总导体数为 N, 电枢铁心无齿无槽,导体均匀分布在电枢表面上,导体电流为 i_a, 电枢直径为 D_a, 则有

$$A = \frac{Ni_a}{\pi D_a} \tag{3-8}$$

A 称为电枢线负荷,我们把电枢圆周从电刷处切开展成直线,如图 3－4(b) 所示,并以主极轴线与电枢表面的交点 0 为空间坐标的起点,距 0 点 $\pm x$ 处取一闭合回路,根据全电流定律可知:作用在这个闭合回路上的磁势是 $A \cdot 2x$, 由于铁心的磁阻很小,我们认为磁势全部消耗在两个气隙中,若记距 0 点 $\pm x$ 处一个气隙所消耗的电枢磁动势为 F_{ax}, 则

$$F_{ax} = \frac{A \cdot 2x}{2} = Ax \tag{3-9}$$

因 A 为常数,所以 F_{ax} 与 x 成正比,若规定气隙磁动势的方向为从转子指向主极为正,反之为负,则根据式(3－9)可以画出电枢磁动势沿电枢圆周的分布曲线如图 3－4(b) 中的三角波,在主磁极轴线处 $x=0$, $F_{ax}=0$, 在几何中性线处,$x\ \frac{\tau}{2}$,电枢磁动势有最大值 $F_{amax} = \frac{A\tau}{2}$。知道了电枢磁动势沿电枢圆周分布规律后,就可以求出气隙磁通密度沿电枢圆周各点的分布曲线。在极靴下任一点的电枢磁密为

$$B_{ax} = \mu_0 H_{ax} = \mu_0 \frac{F_{ax}}{\delta} \tag{3-10}$$

因为主磁极极靴下气隙 δ 基本上均匀，所以 B_{ax} 基本与 F_{ax} 成正比。所以，在极弧范围内的磁密分布是一条通过原点的直线，但在两极之间的空间内，由于磁路在空气中的长度大为增加，磁阻急剧增加，虽然此处磁势较大，而磁密却急剧减少，因此电枢磁密分布为如图 3－4(b) 的鞍形波。

二、电刷不在几何中性线上的电枢磁势

由于电机装配误差或其他原因，假设电刷从几何中性线顺电枢旋转方向移动了 β 角度，在电枢表面移动一段距离 b_s，如图 3－5(a)所示。因为电枢表面导体中的电流方向总是以电刷为分界线，则电枢磁势也随之移动 β 角度，这时电枢磁势曲线与主极轴线不成正交。将电枢磁势分解为互相垂直的两个分量 F_{aq} 和 F_{ad}，如图 3－5 中(b)、(c)。前者与主极轴线垂直，称为交轴电枢磁势，后者与主极轴线重合，称为直轴电枢磁势。

从上述分析可知，电刷在几何中性线上时，只有交轴电枢磁势；电刷不在几何中性线上时，除交轴电枢磁势 F_{aq} 外，还有直轴电枢磁势 F_{ad}。

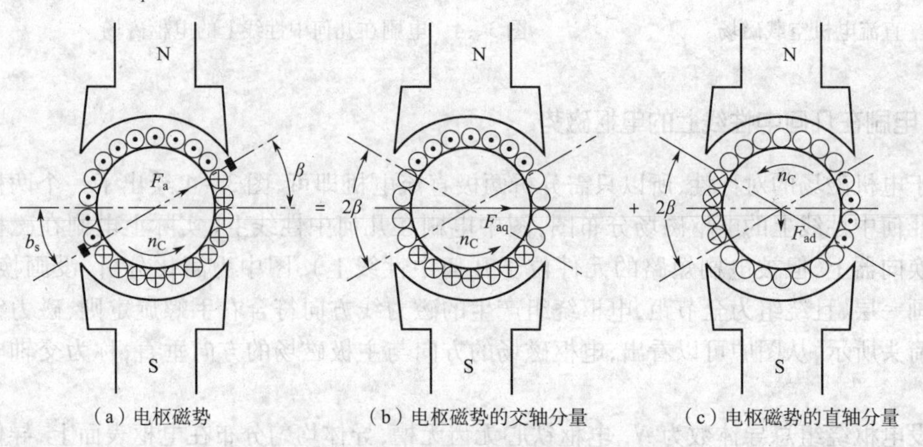

(a) 电枢磁势　(b) 电枢磁势的交轴分量　(c) 电枢磁势的直轴分量

图 3－5　电刷不在几何中性线上的电枢磁势

第三节　直流电机的电枢反应

负载时电枢磁势对主磁场的影响称为电枢反应。交轴电枢磁势对主磁场的影响，称为交轴电枢反应；直轴电枢磁势对主磁场的影响，称为直轴电枢反应。

一、电刷在几何中性线上时的电枢反应

不论是直流发电机还是电动机，负载时的气隙磁场是由主机磁场和电枢磁场共同建立的，就同一台直流电机而言，如果主磁场的极性相同，则同极性极下的导体中电流方向也相同。作发电机运行或作电动机运行时，电枢磁势对主极磁场的作用是相同的，因此可以用同一图进行分析，如图 3－6(a)所示，所不同的只是旋转方向不同而已。因电刷放在几何中性线上，电枢磁势全部为交轴电枢磁势，所以只存在交轴电枢反应。若磁路不饱和，可用叠加原理求出气隙磁场。图 3－6(b)是 3－6(a)的展开图，图中 B_{0x} 表示电机空载时的主极磁场(平顶波)，B_{ax} 表示负载时由电枢磁势单独建立的电枢磁场(马鞍形波)。将 B_{0x} 与 B_{ax} 沿电枢表面逐点相加，便得负载时气隙内的合成磁场 $B_{\delta x}$ 的分布曲线(图中粗实线)。比较 $B_{\delta x}$ 与 B_{0x} 曲线，可以看出

交轴电枢反应的性质:使气隙磁场发生畸变,每一个磁极下,主极磁场的一半被削弱,另一半被加强。对发电机而言,前极尖(电枢进入磁极边)的磁场被削弱,后端尖(电枢退出磁极边)的磁场被加强。对电动机而言,若电枢电流的方向仍如图中所示,电动机的旋转方向与发电机相反,所以是前极尖的磁场被加强,后极尖被削弱,恰好与发电机相反。空载时,几何中性线处主极磁场为零,电机中磁场为零的位置统称为物理中性线。故物理中性线与几何中性线重合;负载时,由于交轴电枢反应的影响,使气隙磁场发生畸变,电枢表面上磁密为零点的位置也随着移动,物理中性线与几何中性线不再重合。对发电机,物理中性线将顺着电枢旋转方向从几何中性线处前移 α 角。对电动机,则后移 α 角。

对主磁通的影响:在磁路不饱和时,主极磁场被削弱的数量[图 3-6(b)中面积 S_1]恰好等于被加强的数量(面积 S_2),因此负载时每极下的合成磁通量仍与空载时相同。不过在实际情况下,电机的磁路总是饱和的。对发电机来说,负载时主极的后极尖由于交轴电枢反应的增磁作用,使饱和程度提高,于是铁心的磁阻增大,使后极尖处实际的合成磁场曲线比不计饱和时略低(面积 S_3);主极的前极尖,由于交轴电枢反应的去磁作用,磁密将比空载时低,使饱和程度降低,磁阻略有减少,使前极尖处的实际磁场曲线比不计饱和时略有升高(面积 S_4)。考虑饱和时,气隙合成磁密的分布曲线如图 3-6(b)中虚线所示,与不计饱和时的曲线相比,后极尖磁密增加的数量,小于前极尖磁密减少的数量(即面积 $S_4 < S_3$),因此负载时每极的合成磁通比空载时每极磁通略小,所以当磁通饱和时,交轴电枢磁势不但使气隙磁场发生畸变,而且还有去磁作用。

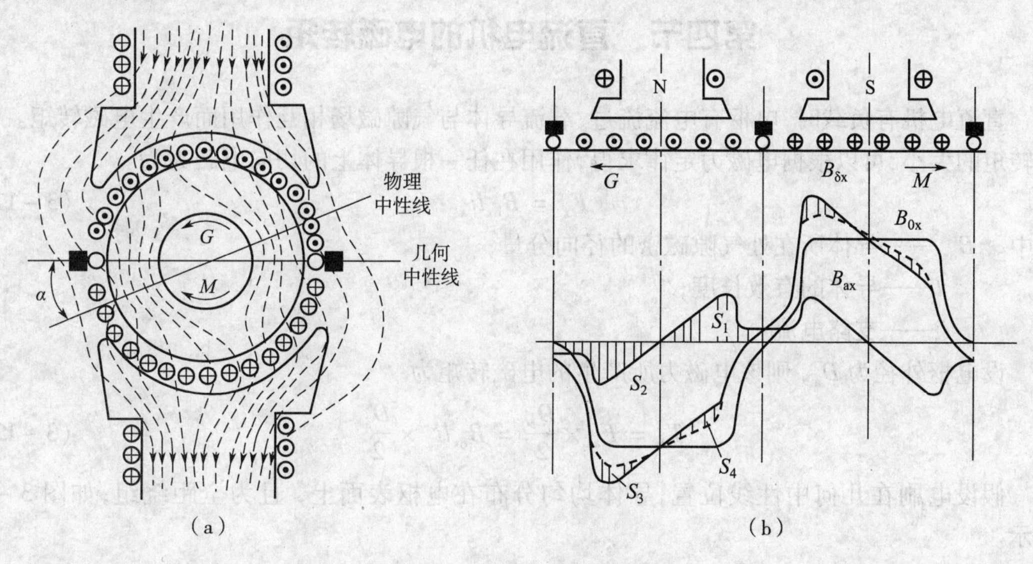

图 3-6　负载时的气隙磁场

二、电刷不在几何中性线时的电枢反应

电刷不在几何中性线上时,电枢磁势由交轴和直轴电枢磁势两个分量组成。交轴电枢磁势产生的电枢反应与上述相同;直轴电枢磁势和主极轴线重合。若 F_{ad} 与 F_f 方向相同,则起加磁作用;若 F_{ad} 与 F_f 方向相反,则起去磁作用。综合电刷移动方向和电机运行状态,可得以下结论:

当电机作为发电机运行时,若电刷顺着电枢旋转方向从几何中性线上移动,则直轴电枢反

应起去磁作用，如图 3-7(a) 所示；若逆着电枢旋转方向移动，则起增磁作用，如图 3-7(b) 所示。

当电机作为电动机运行时，则恰好与发电机时的结论相反。

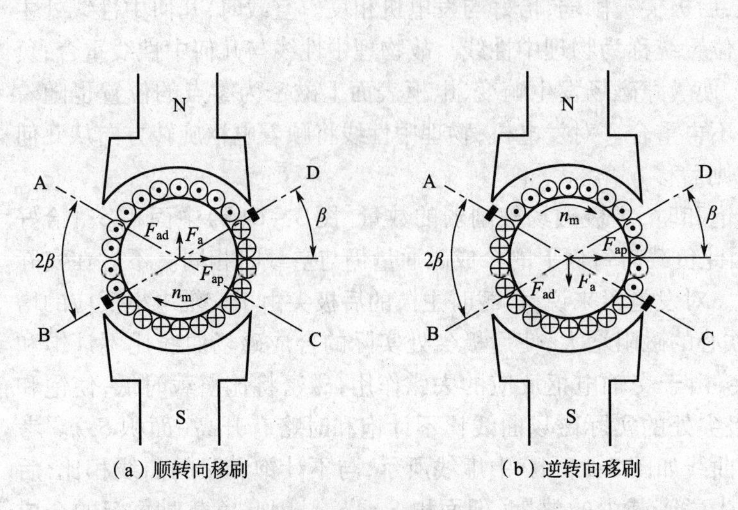

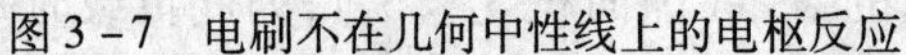

图 3-7　电刷不在几何中性线上的电枢反应

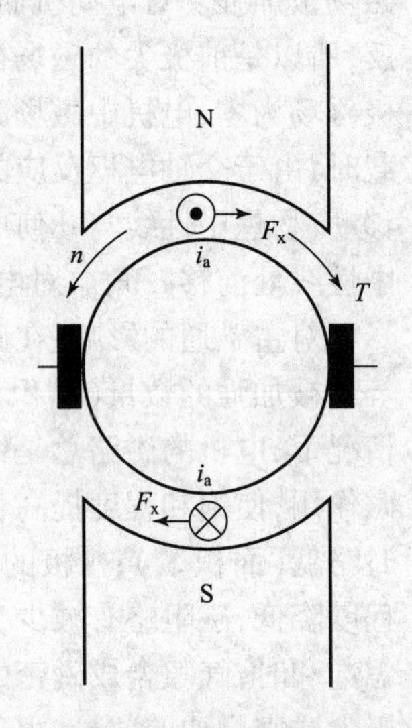

图 3-8　电磁转矩的方向

第四节　直流电机的电磁转矩

直流电机有负载时，电枢有电流流过，载流导体与气隙磁场相互作用而产生电磁转矩。电磁转矩的大小，可以根据电磁力定律求得，作用在任一根导体上的切向电磁力为

$$F_x = B_{\delta x} l i_a \tag{3-11}$$

式中　$B_{\delta x}$——导体所在处气隙磁密的径向分量；

l——导体的有效长度；

i_a——支路电流。

设电枢外径为 D_a，则该电磁力所产生的电磁转矩为

$$T_x = F_x \times \frac{D_a}{2} = B_{\delta x} l i_a \times \frac{D_a}{2} \tag{3-12}$$

假设电刷在几何中性线位置，导体均匀分布在电枢表面上，且为全距绕组，如图 3-8 所示。

由于所有 N 极下的导体中的电流 i_a 均为同一方向，而所有 S 极下的导体电流则为另一方向，因此整个电枢上的导体所产生的电磁转矩方向均相同，故得整个电枢绕组所产生的电磁转矩为

$$T = 2p\sum_{1}^{N/2p} T_x = 2pli_a \times \frac{D_a}{2}\sum_{1}^{N/2p} B_{\delta x} \tag{3-13}$$

在实际的电机中，每极下的导体数比较多，所以尽管导体在运行，由于换向器的作用，对应于每极下面的导体总数、导体位置、导体中的电流大小及方向都是不变的，因此电磁转矩是一个常数。且 $\sum_{1}^{N/2p} B_{\delta x}$ 等于磁通密度的平均值 B_{av} 乘以一个极距下的导体数，即

$$\sum_{1}^{N/2p} B_{\delta x} = B_{av}\frac{N}{2p}$$

所以

$$T = 2p\sum_{1}^{N/2p} T_x = 2pli_a\frac{D_a}{2}B_{av}\frac{N}{2p} \tag{3-14}$$

考虑到 $\pi D_a = 2p\tau$，$B_{av}l\tau = \Phi$ 和 $i_a = \frac{I_a}{2a}$，故式(3-14)可改写成

$$T = \frac{1}{\pi}(Ni_a)(p\Phi) = \frac{pN}{2\pi a}\Phi I_a = C_T\Phi I_a \tag{3-15}$$

式中，$C_T = \frac{pN}{2\pi a}$ 称为转矩常数；Φ 是每极磁通，单位为韦伯(Wb)，I_a 是电枢电流，单位是安(A)；T 的单位为牛顿·米(N·m)；我们很容易导出 $C_T = 9.55C_e$。

这是我们以后经常要用到的一个重要关系式。

第五节　直流电机的基本方程式

直流电机的基本方程式与励磁方式有关，下面以并磁发电机为例加以说明。

一、电势方程式

无论是发电机还是电动机，当电枢旋转时，电枢绕组中将产生感应电势，电势的大小为 $E_a = C_e\Phi n$，其方向可用右手定则判定。

在发电机中，原动机拖动电枢旋转，绕组中产生感应电势，电枢两端接上负载后，便有电流流经负载，设 U 为电机的端电压，I_a 为电枢电流，以 U、E_a、I_a 的实际方向为正方向，如图3-9(b)所示。

可得电枢回路电势方程式为

$$E_a = U + I_a r_a + 2\Delta U_b \tag{3-16}$$

式中，r_a 为电枢回路的电阻，包括电枢绕组本身的电阻和串励绕组、换向极绕组及补偿绕组的电阻；$2\Delta U_b$ 为一对电刷下的接触压降，根据不同的电刷牌号，每对电刷压降约为0.6~2V。

对并励发电机，

$$I_a = I + I_f \tag{3-17}$$

式中　I_a——输出的线路电流；

I_f——励磁电流，$I_f = \frac{U}{R_f}$。

在电动机中，电枢两端接在外电源上，电枢电流由电源输入，其方向与电源电压一致，如图3-9(b)所示。电枢电流与气隙磁场相互作用产生电磁转矩，使电枢旋转。旋转的电枢绕组，切割气隙磁通感生电势。由图3-9(b)可见，电动机中电流和电势的方向是相反的，故电动机中的感应电势称为反电势。仍以 U、E_a、I_a 的实际方向作为正方向，可得电动机的电势方程式为

$$U = E_a + I_a R_a + 2\Delta U_b \tag{3-18}$$

对电动机、电枢电流与励磁电流都由电源输入，故

$$I = I_a + I_f \tag{3-19}$$

综合上面的分析可知，在直流发电机和电动机中都同时存在着电势和电压。在发电机中，

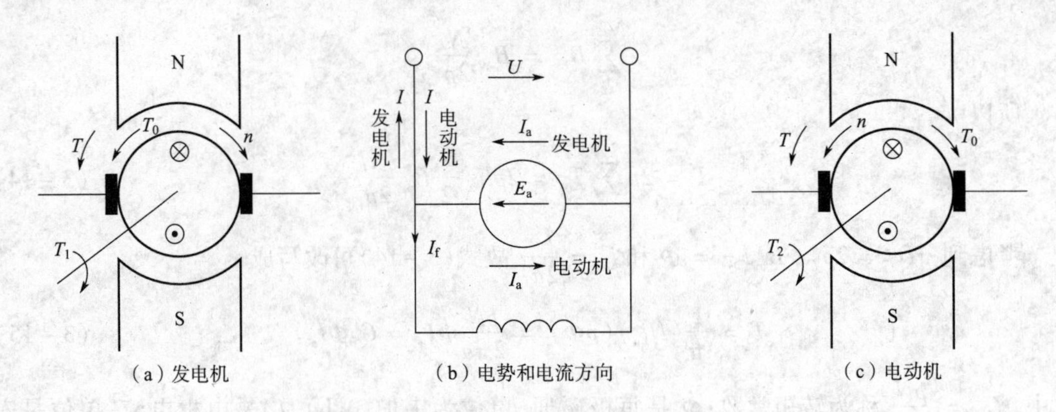

(a) 发电机　(b) 电势和电流方向　(c) 电动机

图 3-9　直流电机的电势和电磁转矩

由于 $E_a > U$，电势的方向决定了电枢电流的方向，故 I_a 与 E_a 同方向；在电动机中，$E_a < U$，电压的方向决定了电枢电流的方向，故 I_a 与 U 同方向。

从以上分析可见，在发电机中，$T_1 > T$，电机转向取决于 T_1 的方向；在电动机中，$T > T_2$，电机转向取决于电磁转矩 T 的方向。

二、转矩方程式

无论是发电机还是电动机，当电枢中流过电流时，便产生转矩。转矩的大小可用式(3-15)计算，电磁力的方向可用左手定则确定。

对发电机，从图 3-9(a)可见，电磁转矩 T 与电枢转向相反，即发电机中的电磁转矩 T 是制动性质的。设原动机转矩为 T_1，电机的空载转矩为 T_0，则发电机的转矩方程式为

$$T_1 = T + T_0 \tag{3-20}$$

对电动机，从图 3-9(c)可见，电磁转矩的方向与电枢转向相同，故电磁转矩为驱动性质的转矩，轴上的机械负载为制动性质的转矩，设负载转矩为 T_2，则电动机的转矩方程式为

$$T = T_2 + T_0 \tag{3-21}$$

三、直流电机的电磁功率

负载运行时，电枢的感应电势 E_a 乘以电枢电流 I_a 称为电机的电磁功率 P_{em}，即

$$P_{em} = E_a I_a = \frac{pN}{60a}\Phi n I_a = \frac{p}{2\pi}\frac{N}{a}\Phi I_a \frac{2\pi n}{60} = T\Omega \tag{3-22}$$

不难看出，对发电机，$T\Omega$ 是原动机为克服制动性质的电磁转矩所需输入的机械功率，$E_a I_a$ 则为发电机电枢发出的电功率，由于能量守恒，所以两者相等。对电动机，$E_a I_a$ 为电枢从电源吸收的电功率，$T\Omega$ 则为电动机的电磁转矩对机械负载所作的机械功率，由于能量守恒，两者亦相等。所以无论是发电机还是电动机，电磁功率均指能量转化过程中机械能转换为电能或电能转换为机械能的这部分功率，它是从机械量计算电磁量或从电磁量计算机械量的桥梁。

四、功率方程式

根据电势方程式和转矩方程式，即可导出功率方程式。对发电机，把转矩方程式(3-20)乘以 Ω 可得

$$T_1\Omega = T\Omega + T_0\Omega$$

式中，$T_1\Omega$ 为原动机的输入功率 P_1；$T\Omega$ 为电磁功率 P_{em}；$T_0\Omega$ 为克服空载转矩所需要的功率 p_0，p_0 包括铁耗 p_{Fe}、机械损耗 p_Ω 和杂散损耗 p_s。于是上式可改写为

$$P_1 = P_{em} + p_{Fe} + p_\Omega + p_s \tag{3-23}$$

因 $P_{em} = E_aI_a$，$E_a = U + I_ar_a + 2\Delta U_b$，$I_a = I + I_f$，所以电磁功率为

$$\begin{aligned} P_{em} = E_aI_a &= (U + I_aR_a + 2\Delta U_b)I_a \\ &= UI + UI_f + I_a^2r_a + I_a2\Delta U_b \\ &= P_2 + p_{cuf} + p_{cua} + p_{cub} \end{aligned} \tag{3-24}$$

式中　P_2 ——发电机输出功率；

p_{cuf} ——励磁铜耗；

p_{cua} ——电枢铜耗；

p_{cub} ——电刷接触压降损耗。

式(3-23)和式(3-24)就是直流发电机的功率方程式，相应的功率流程图如图3-10(a)所示。从发电机的功率方程式可见，原动机的驱动转矩克服了电机的制动转矩和其他损耗转矩后，输入机械功率中相当于 P_{em} 的一部分，就转换为电功率。

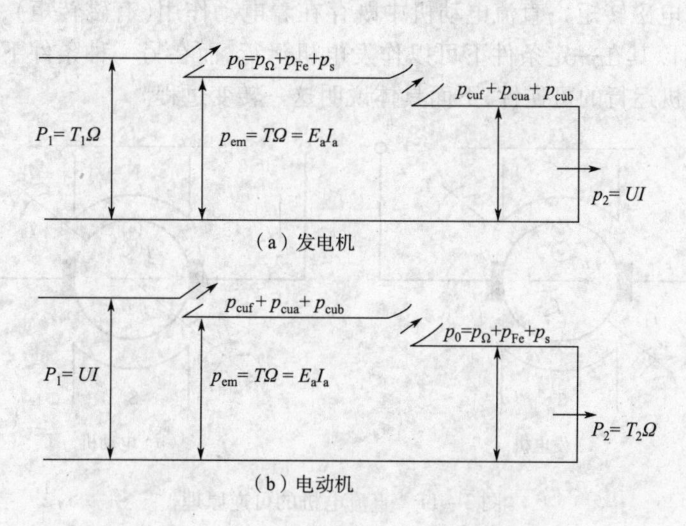

图3-10　并励直流电机功率流程图

对电动机，因 $I = I_a + I_f$，$U = E_a + I_ar_a + 2\Delta U_b$，将 $I = I_a + I_f$ 等式两边乘以电压 U，可得

$$\begin{aligned} UI &= UI_a + UI_f \\ &= (E_a + I_ar_a + 2\Delta U_b)I_a + UI_f \\ &= E_aI_a + I_a^2r_a + 2\Delta U_bI_a + UI_f \end{aligned}$$

上式可改写成

$$P_1 = P_{em} + p_{cua} + p_{cub} + p_{cuf}$$

式中，$P_1 = UI$ 为电动机输入的电功率，其他符号的意义同前。

再考虑到 $P_{em} = T\Omega$，$T = T_2 + T_0$，所以电磁功率为

$$P_{em} = (T_2 + T_0)\Omega = p_2 + p_0 = p_{Fe} + p_\Omega + p_s + P_2 \tag{3-25}$$

式中　$P_2 = T_2\Omega$ ——电动机输出的机械功率；

p_Ω ——电动机的机械损耗。

与式(3－24)、式(3－25)相应的功率流程图如图3－10(b)所示。从电动机的功率方程式可见,电动机的电枢中建立起反电势,从电源吸收的电磁功率 P_{em} 在扣除铁耗和空载损耗后转换为机械功率。

电刷下的接触压降 ΔU_b 和电刷接触压降损耗 p_{cub} 数值小,常忽略不计。

五、直流电机的效率

直流电机的效率是指输出功率 P_2 与输入功率 P_1 之比,用百分值表示为:

$$\eta=\frac{P_2}{P_1}\times100\%=\left(1-\frac{\sum p}{P_1}\right)\times100\%=\frac{P_2}{P_2+\sum p}\times100\% \tag{3-26}$$

式中 $\sum p$ ——总损耗,在直流并励电机中,$\sum p=p_{Fe}+p_{Cuf}+p_{Cub}+p_{Cua}+p_{\Omega}+p_s$。

第六节 直流电机的可逆性

从上所述可知,直流电机正常运行时,直流发电机中既存在着发电作用(有感应电势),又存在电动作用(有电磁转矩);直流电动机中既存在着电动作用(有磁转矩),又存在着发电作用(有反电势),所以其在一定条件下可以作发电机运行,而在另一种条件下可作为电动机运行,这就是直流电机运行的可逆性,下面具体说明这一转变过程。

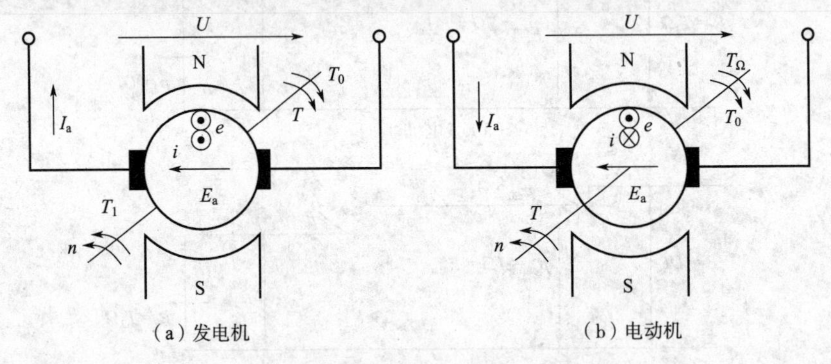

图3－11 直流电机的可逆原理

图3－11(a)表示一台直流他励发电机,在 $U=$常值的电网上作为发电机运行,其电流 I_a 与电势 E_a 同方向,向电网输出电功率,电磁转矩 T 与原动机的转向相反,是制动转矩。现若减少驱动转矩 T_1,则电机必将减速,于是电势 E_a 就下降。当 E_a 减小到 $E_a=U$ 时,$I_a=0$,电机变成空载运行的发电机。若进一步使 $T_1=0$,则转速 n 继续下降,电势 E_a 也随着减小。当 $E_a\leqslant U$ 时,电流 I_a 反向,主极磁场不变,电磁转矩 T 就反向,变成与电枢旋转方向一致,即由制动转矩变为驱动转矩,电机从电网输入电能,这时电机就成为直流电动机运行状态。若在电机轴上不加机械负载,则 $T=T_0$,电动机稳定运行在空载状态,若在电机轴上再加上机械负载 T_Ω,则 $T=T_\Omega+T_0$ 时,电机稳定运行在带负荷的电动机状态。

例3－1 一台他励直流电动机,$P_N=40$ kW,$U_N=220$ V,$I_N=210$ A,$n_N=1\,000$ r/min,$r_a=0.078\ \Omega$,$p_s=1\%\ P_N$。求额定状态下:

(1)输入功率 P_1 和总损耗 $\sum p$;

(2)电枢铜损耗 p_{Cua},电磁功率 P_{em} 和铁损耗与机械损耗之和 $p_{Fe}+p_{\Omega}$;

(3)额定电磁转矩 T_{em}，输出转矩 T_2 和空载转矩 T_0。

解 (1)输入功率

$$P_1 = U_N I_N = 46\ 200 \quad (\mathrm{W})$$

总损耗

$$\sum p = P_1 - P_N = 6\ 200 \quad (\mathrm{W})$$

(2)铜损耗

$$p_{Cua} = I_a{}^2 r_a = 3\ 440 \quad (\mathrm{W})$$

电磁功率

$$P_{em} = P_1 - p_{Cua} = 42\ 760 \quad (\mathrm{W})$$

或

$$P_{em} = E_a I_a = (U - I_a R_a) I_a = 42\ 760 \quad (\mathrm{W})$$

$$p_{Fe} + p_{\Omega} = P_{em} - P_N - p_s = 2\ 360 \quad (\mathrm{W})$$

(3)电磁转矩

$$T_{em} = \frac{P_{em}}{\Omega} = 480 \quad (\mathrm{N \cdot m})$$

输出转矩

$$T_2 = \frac{P_N}{\Omega} = 382 \quad (\mathrm{N \cdot m})$$

空载转矩

$$T_0 = T_{em} - T_2 = 26 \quad (\mathrm{N \cdot m})$$

或

$$T_0 = \frac{p_0}{\Omega} = \frac{p_{Fe} + p_{\Omega} + p_s}{\Omega} = 26.4 \quad (\mathrm{N \cdot m})$$

第七节 直流发电机的特性

本节主要分析他励直流发电机的运行特性。发电机的特性一般是指发电机运行时，端电压 U、负载电流 I 和励磁电流 I_f 这三个基本物理量之间的关系，依次保持其中一个量不变，其余两个量就构成一种特性，因此有：(1)空载特性 $U_0 = f(I_f)$；(2)负载特性 $U = f(I_f)$；(3)外特性 $U = f(I)$；(4)调整特性 $I_f = f(I)$；(5)效率特性 $\eta = f(P_2)$。有的特性与励磁方式有关，并励、复励两种的特性可参看有关书籍。在分析中，均认为原动机转速不变，即 $n = n_N$ = 常数，电刷位于几何中性线上。下面以他励发电机为例说明

他励发电机的励磁电流由其他的电流电源供给，所以电枢电流等于负载电流，即 $I_a = I$，此外，励磁电流不因负载的变化而变化。

一、空载特性

空载特性是指 $n = n_N$ = 常数，电枢空载(即 $I_a = 0$)时，输出电压与励磁电流的关系，即 $U_0 = E_0 = f(I_f)$。

用实验方法求取空载特性时，其接线如图 3 - 12 所示。

发电机由原动机拖动，合上励磁电源开关 Q_1。调节励磁电路的电阻(称为励磁电阻)，使励磁电流 I_f 从零开始逐渐增加，直到电枢空载电压 $U_0 = (1.1 \sim 1.3) U_N$ 为止。然后逐渐减小 I_f，U_0 也随着减小。但当 $I_f = 0$ 时，U_0 并不等于零，其大小就是剩磁电势，约为额定电压的

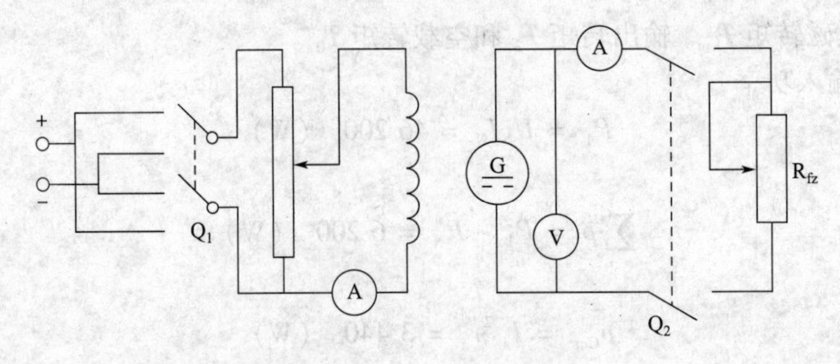

图 3－12 实验线路

2%～5%，改变励磁电流的方向，而且逐渐增大，则空载电压由剩磁电势减小到零后又逐渐升高，但极性相反（电压表的极性必须改接），直到 $U_0=(1.1\sim1.3)U_N$，即可得到磁滞回线的一半，如图 3－13 所示。然后根据对称的关系画出磁滞回线的另一半，并找出整个磁滞回线的平均曲线如图 3－13 中的虚线，即为发电机的空载特性曲线。

空载特性曲线的形状与铁磁材料的磁化曲线相似，起始部分基本上是一条直线。当 I_f 逐渐增加时，磁路逐渐饱和，曲线弯曲，直到高度饱和时，曲线趋近于与横轴平行的直线。

通常，额定电压位于空载特性的弯曲部分（称为膝部）如图 3－13 中的 C 点。若额定电压在 C 点以下，说明磁路未饱和，铁心没有得到充分利用，不经济；同时，励磁电流稍微变化，就会引起电势和端电压的较大变动，使电压不稳定；若在 C 点以上，磁路较饱和，要获得额定电压就需要较多的励磁安匝，这样铜耗和用铜量都增加，也不经济。

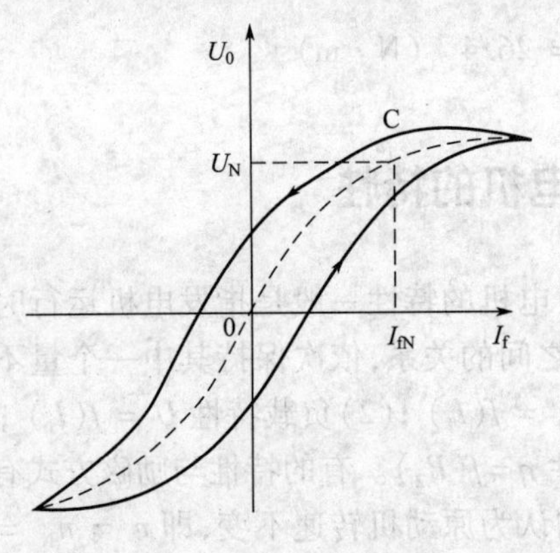

图 3－13 空载特性曲线

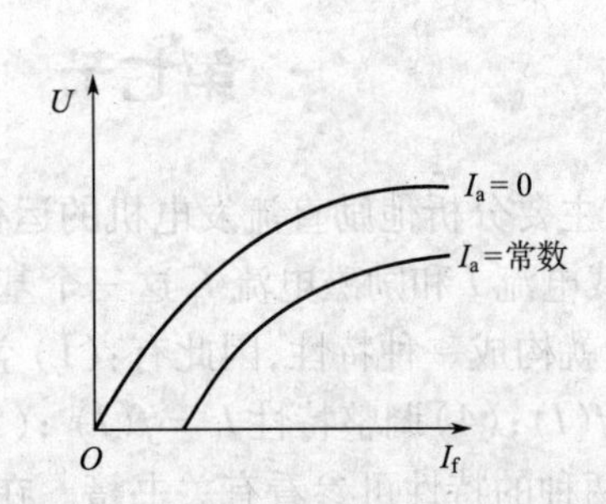

图 3－14 他励发电机负载特性曲线

二、负载特性

负载特性是指发电机带上负载后，保持负载电流恒定不变，励磁电流增大时，发电机端电压随励磁电流变化的关系，即 $n=n_N$，$I_a=I=$ 常值，$U=f(I_f)$。

试验时，实验线路仍按图 3－12 接线。先将磁场电阻调至最大，合上 Q_1，同时调节磁场电阻和 R_{fz}，以保持 $I_a=I=$ 常值。使电压逐渐升高，即可得负载特性曲线，如图 3－14 所示。

从图 3－14 可见，负载特性和空载特性（$I_a=0$）相似，但在同一 I_f 时，负载特性低于空载特性。此时 $I_a\neq0$。由于电枢反应的附加去磁作用，使电势的 E_a 的数值较空载时的 E_a 为小。又因电枢中产生的电压降 I_ar_a，使 $U=E_a-I_ar_a$，故 U 值更小于空载时的 U_0 的值。

三、外 特 性

他励发电机的外特性是指发电机接上负载后，在保持励磁电流不变的情况下，负载电流变化时，端电压 U 变化的规律，即 $n = n_N$，$I_f = I_{fN}$ = 常值，$U = f(I)$。

用实验方法求取外特性时，按图3－12接线。合上负载开关，调节发电机的负载电流和励磁电流，使发电机达到额定状态（即 $U = U_N$、$I = I_N$、$n = n_N$），此时发电机的励磁电流称为额定励磁电流 I_{fN}。然后保持 I_{fN} 不变，逐渐增大负载电阻，使负载电流减小，直到负载断开（$I = 0$），在每一个负载下，同时测取端电压 U 和电流 I_a，即得发电机的外特性曲线，如图3－15所示。

从图可知，他励发电机的外特性曲线是一条略微向下倾斜的曲线，即随着负载电流的增大，端电压稍有下降。从电势方程 $U = E_a - I_a r_a$ 和电势公式 $E_a = C_e \Phi n$ 可知，引起端电压下降的因素主要有两个：（1）发电机有负载后，电枢反应的去磁作用引起气隙合成磁通的减小，从而使 E_a 有所减少；（2）由于负载电流增加时，电枢回路的电阻压降 $I_a R_a$ 增大。这两个因素大体上都随负载的增大而增大，所以负载增大时，发电机的端电压将逐渐下降。

发电机的端电压随负载变化的程度，可用电压变化关系——即电压变化率 ΔU 来衡量。根据国标规定，直流发电机的电压变化率是指当 $n = n_N$，$I_f = I_{fN}$ = 常值时，发电机从额定负载（$U = U_N$、$I = I_N$）过渡到空载（$I = 0$）时，端电压变化的数值与额定电压的比值的百分数为

$$\Delta U = \frac{U_0 - U_N}{U_N} \times 100\% \qquad (3-27)$$

一般他励发电机的 ΔU 约为5%～10%，可认为是恒压电源。

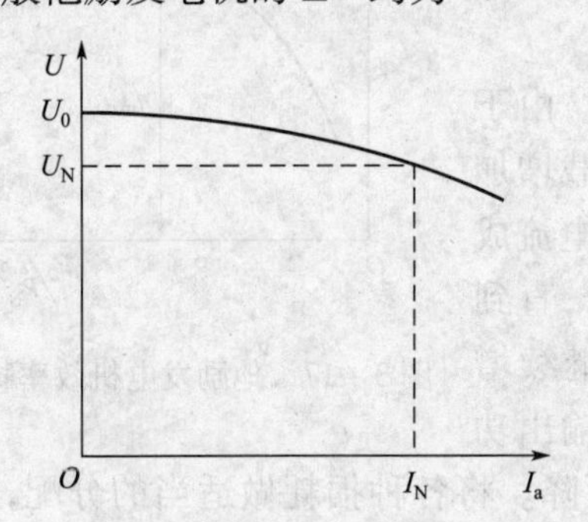

图3－15　他励发电机外特性曲线

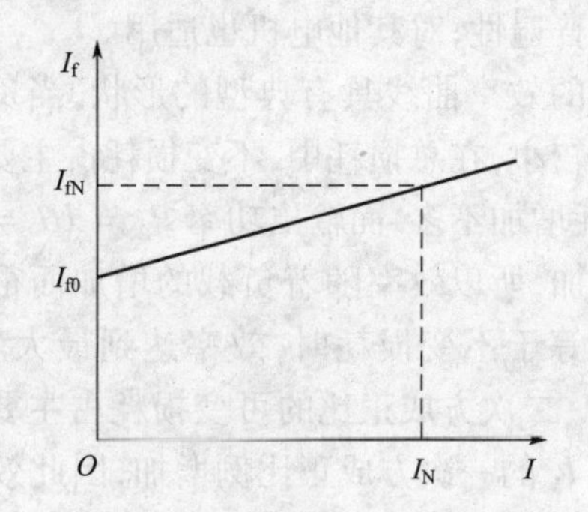

图3－16　他励发电机调整特性曲线

四、调整特性

调整特性是指保持发电机的端电压为定值，转速为额定转速时，负载变化时，励磁电流的调节规律，即 $n = n_N$、$U = U_N$ 时，$I_f = f(I)$。

他励发电机的调节特性曲线如图3－16所示，是一条上升的曲线。从外特性可知，如励磁电流不变，负载电流增加时，发电机的端电压会降低。为了保持端电压不变，必须增加励磁电流来补偿去磁的电枢反应和电机内部的电阻压降。因此负载电流增大时，励磁电流也要相应的增加，才能保持端电压不变。

通过调整特性实验可以求得空载时和额定负载时的励磁电流 I_{f0}、I_{fN}。

五、效率特性

效率特性曲线是指 $n=n_N$、$U=U_N$ 时，发电机的效率随负载变化而变化的关系，即 $\eta=f(I_a)$。

从图 3－10(a)可知，他励发电机的输出功率 $P_2=UI=UI_a$，总损耗 $\sum p=p_{Fe}+p_{Cuf}+p_{Cub}+p_{Cua}+p_{\Omega}+p_s$。

由式(3－26)可得

$$\eta=\frac{P_2}{P_1}\times 100\% =\left(1-\frac{\sum p}{P_1}\right)\times 100\% \quad \frac{P_2}{P_2+\sum p}\times 100\% \qquad (3-28)$$

由于运行中，转速 n、励磁电流 I_f 不变，故空载损耗约为常值，如果忽略杂散损耗 p_s，则有

$$\eta=\frac{UI_a}{UI_a+p_0+p_{Cuf}+I_a^2r_a+2\Delta U_bI_a}\times 100\%$$

式中，p_0+p_{Cuf} 是不随负载变化的量，称为不变损耗；而电枢回路中铜耗 $I_a^2r_a$ 和电刷损耗 $2\Delta U_bI_a$ 是随负载变化的量，称为可变损耗。

他励发电机的效率特性曲线如图 3－17 所示。从图看出发电机在某一负载时效率最大，故用数学中求函数最大值的方法，令 $\frac{d\eta}{dI_a}=0$，则可求得他励发电机效率最大值的条件为

$$p_0+p_{Cuf}=I_a^2r_a$$

由上式可知，当损耗中随负载电流的平方而变化的可变损耗达到与不变损耗相等时，电机的效率达到最大值。这个结论具有普遍性，对其他电机也适用。

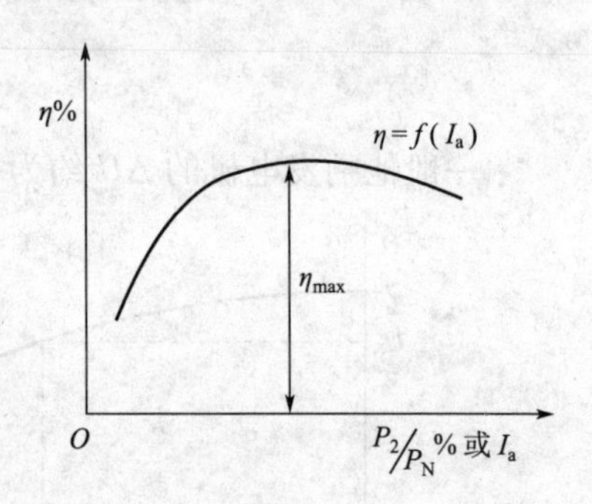

图 3－17 他励发电机效率特性曲线

电机的效率曲线具有典型的形状，当负载较小时，由于可变损耗较小，在总损耗中，不变损耗占主要地位；负载增加时，总损耗增加不多，而输出功率 $P_2=UI=UI_a$ 是随电流成正比例增加，所以效率随着负载的增加而很快地上升，直到可变损耗等于不变损耗时，效率达到最大。若负载继续增大，则与 I_a 二次方成正比的可变损耗占主要地位，而输出功率始终与 I_a 的一次方成正比例增加，因此效率反而下降。将各种损耗做适当的分配，我们就会在给定的负载下得到最大效率。一般设计在 $\frac{3}{4}P_N$ 左右具有最大效率值。

直流电机的额定效率与容量有关，通常在下述范围内：10kW 以下的，$\eta_N=70\%\sim86\%$；10～100 kW的，$\eta_N=80\%\sim91\%$；100～1 000 kW 的，$\eta_N=91\%\sim96\%$。

他励发电机的电压变化较小，励磁电流的调节亦不受电枢端电压的限制，因此其控制较为方便，电压可在很大范围内调节，常用于实验室和需要在较大范围内调压的大型电机。如在直流传动的铁路内燃机车和电力机车上，在进行电阻制动时，就广泛使用他励发电机状态。

思考题与习题

1. 直流电机的励磁磁动势是怎样产生的？它与哪些量有关？电机空载时气隙磁通密度是如何分布的？

2. 何谓主磁通？何谓漏磁通？漏磁通的大小与哪些因素有关？

3. 何谓电枢反应？直流电机交轴反应对磁场波形有何影响？考虑磁路饱和时和不考虑磁路饱和时，交轴反应有何不同？

4. 什么因素决定直流电机电磁转矩的大小？电磁转矩的性质和电机运行方式有何关系？

5. 怎样判断一台直流电机工作在发电机状态还是工作在电动机状态？他们的电磁转矩、转速、电压、电动势和电枢电流的方向有何不同？能量转换关系如何？

6. 在直流电机中，证明 $E_aI_a = T\Omega$，从机电能量转换的角度说明该式的物理意义。

7. 直流电机的主磁路包括哪几部分？磁路未饱和时，励磁磁动势主要消耗在此路的哪一部分？

8. 直流发电机中是否有电磁转矩？如果有，它的方向怎样？直流电动机中是否有感应电动势？如果有，它的方向怎样？

9. 一台直流电动机拖动一台直流发电机，当发电机负载增加时，电动机的电流和机组转速如何变化？说明其物理过程。

10. 判断下列两种情况下哪一种可以使接在电网上的直流电动机变为发电机：(1) 加大励磁电流 I_f，使 Φ 增加，试图使 $E_a > U_0$。(2) 在电动机轴上外加一个转矩使旋转速度上升，使 $E_a > U_0$。

11. 一台他励直流电动机，$P_N = 1.1$ kW，$U_N = 110$ V，$I_N = 13$ A，$n_N = 1\,500$ r/min，电枢回路电阻 $R_a = 1\ \Omega$，将它用作他励直流发电机，并保持 $n = n_N$、$\Phi = \Phi_N$、$I_a = I_{aN}$ 时，求电机的输出电压。(答案：$U_G = 84$ V)

12. 同一台发电机，在同一转速下，分别把它接成他励、并励和复励发电机运行时，其电压变化率是否相同？为什么？

13. 直流发电机负载运行时，电枢电势与空载电势是否相同？为什么？

14. 何谓磁路饱和现象？电机的磁路为什么会出现饱和现象？

15. 直流电机交轴反应对磁场波形有何影响？考虑磁路饱和时和不考虑磁路饱和时，交轴反应有何不同？

第四章　直流电机的换向

直流电机运行时，旋转着的电枢绕组元件从一条支路经过换向器和电刷进入另一条支路，元件中电流改变一次方向，称为换向。换向不良，将使电刷下产生火花，当火花超过一定程度，就会烧坏电刷和换向器，使电机不能继续运行。应用可控硅供电的电动机，对换向的要求较高，所以换向问题是直流电机的关键问题之一。换向问题是很复杂的，牵涉到机械、电磁、电化学等各方面的因素，本章主要阐述换向理论及改善换向的方法。

第一节　换向的电磁理论

图 4-1 表示一个单叠绕组元件的换向过程，为简单起见，假设电刷宽度 t 等于换向片宽度 t_k，电刷不动，换向器从右向左运行。如图 4-1(a)所示，当电刷和换向片 1 接触时，元件 1 属于电刷右边一条支路，其电流方向为 $+i_a$，当电刷与换向片 1 和 2 同时接触时，如图 4-1(b)所示，元件 1 被电刷短路；当电刷离开换向片 1 而仅与换向片 2 接触时，如图 4-1(c)所示，元件 1 进入电刷左边一条支路，电流方向变为 $-i_a$，元件中电流由 $+i_a$ 变为 $-i_a$ 的整个变化过程，称为换向过程，电流变化如图 4-2 所示。从换向开始到换向结束所需的时间称为换向周期，以 T_k 表示，T_k 通常只有千分之一秒。正在进行换向的元件称为换向元件，如图 4-1 中的元件 1；换向元件中的电流称为换向电流，用 i 表示。下面利用基本的电磁定律来研究换向元件内所产生的电势、电势方程和换向元件内电流变化的规律。

换向元件中的电势可分为两类：一类是因换向元件中电流变化而引起的电抗电势，另一类是由换向元件切割换向区的磁场产生的换向电势。

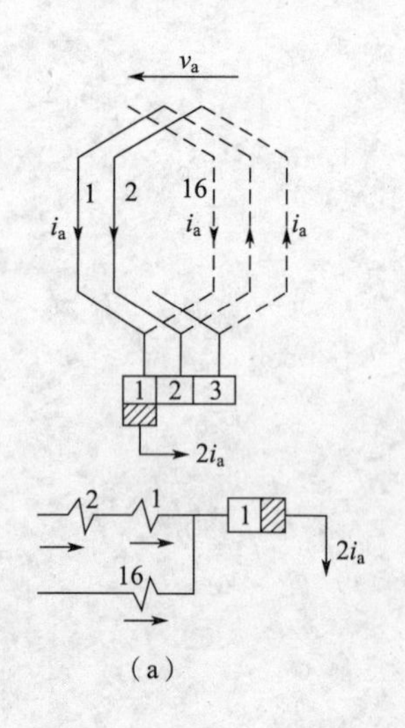

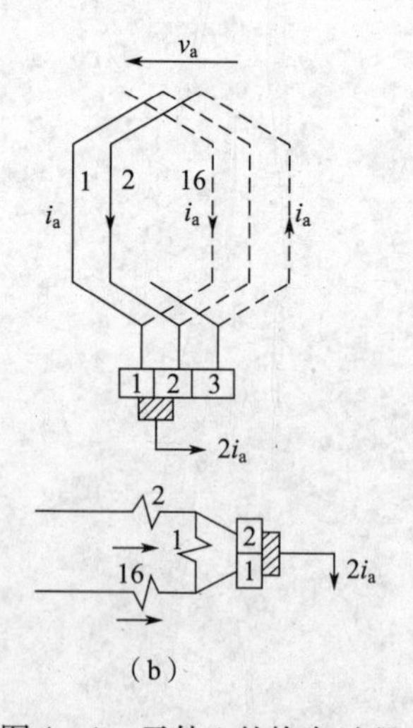

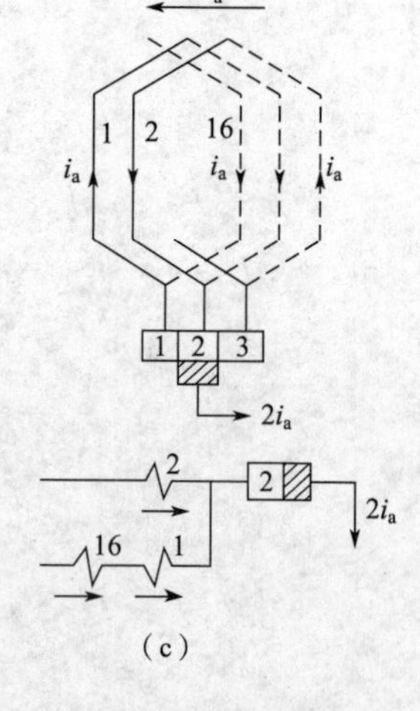

图 4-1　元件 1 的换向过程

(1)电抗电势 由于换向过程中,换向元件的电流由 $+i_a$ 变为 $-i_a$,且换向元件本身具有自感,所以要在换向元件中产生自感电势 e_L 。此外,由于电刷通常覆盖几个换向片,因此就有几个元件同时进行换向,这几个元件的电流都在变化,因而换向元件内除产生自感电势外,还有同时进行换向的其他元件产生的互感电势 e_M,在实际计算中,通常将自感电势 e_L 和互感电势 e_M 合并一起,称为电抗电势,即

$$e_x = e_L + e_M = L_x \frac{di}{dt} \tag{4-1}$$

式中 i——换向电流;

L_x——合成等效漏磁电感。

根据楞茨定律,电抗电势的方向总是阻碍换向元件中电流变化的方向;电抗电势的大小正比于负载电流,转速愈高,元件匝数愈多,容量愈大的电机,电抗电势愈大,换向就比较困难。

(2)运动电动势(电枢反应电动势)e_c 在几何中性线附近,主极磁场虽接近于0,但电枢磁场却有一定的值,因此换向元件切割电枢磁场后,将会产生运动电势 e_c,分析表明,不论是发电机或是电动机,其方向总与电抗电势的方向一致。

(3)换向电势 e_k 为了改善换向,在容量较大的电机中,在几何中性线处装设换向极,在有换向极的电机中,该处存在换向磁场和交轴电枢磁场。为了改善换向,换向磁场总是和交轴电枢磁场方向相反,且前者比后者稍强。这两个磁场合成后,形成了换向区磁场 B_k。电枢旋转时,换向元件切割 B_k 而产生感应电势,称为换向电势,用 e_k 表示,其大小为

$$e_k = B_k l_{pk} v_k \tag{4-2}$$

式中 l_{pk}——换向极极靴长度。

一、换向元件中的电势方程

为了清楚起见,将图4-1(b)的元件单独画出,如图4-3所示。

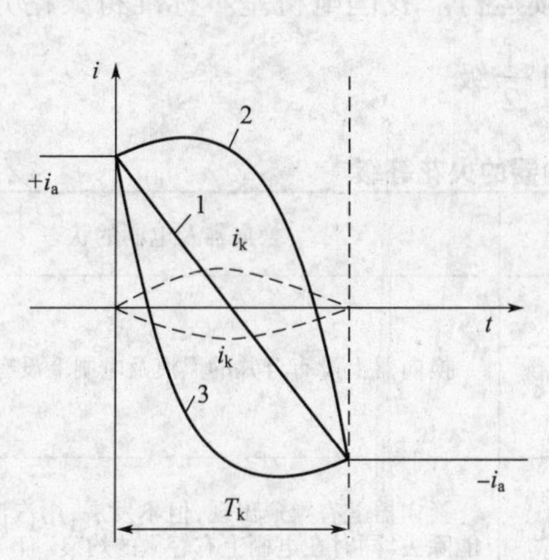

图4-2 各种换向时的电流变化波形

1—直线换向;2—延迟换向;3—超越换向

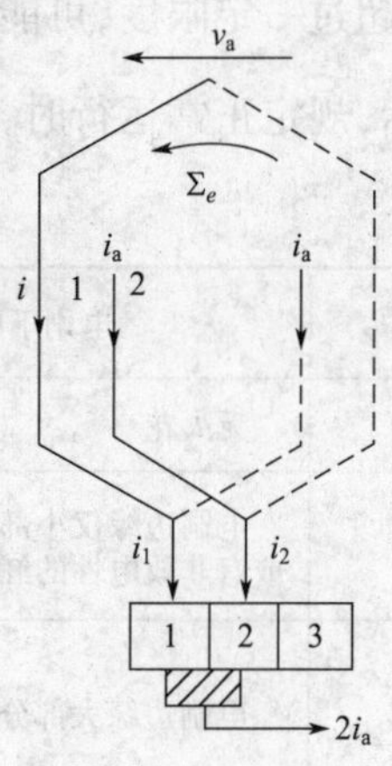

图4-3 换向元件

以 i 表示换向电流,i_1、i_2 分别表示元件出线端1和2中的电流,亦即通过换向片1和2的电流,r_{a1}、r_{a2} 分别为换向片1、2与电刷间的接触电阻。如果忽略换向元件本身的电阻,按图4-3所示的电流及电势的正方向为参考,应用基尔霍夫定律写出换向元件的电势方程式为

$$i_1 r_{a1} + i_2 r_{a2} = \sum e = e_x + e_k \tag{4-3}$$

二、换向元件中电流的变化规律

(1)直线换向$\sum e=0$，在理想情况下，如果在设计换向极时，正确选择换向极绕组的匝数和适当控制换向极、电枢间气隙的大小，则$\sum e=0$，此时的换向称为直线换向，电流i与时间t为线性关系，如图4-2中曲线1所示，称为直线换向。直线换向时，电流变化均匀，在整个换向过程中电刷各处电流密度相等，基本上可实现无火花换向，这是一种最理想的情况。

(2)延迟换向($\sum e>0$时的换向)如果换向电势小于电抗电势，即$e_x > e_k$，则$\sum e>0$，这时换向电流为直线换向电流i_L和附加换向电流i_k两部分叠加，于是换向电流如图4-2中曲线2所示。由于此时附加电流i_k是由电抗电势e_x所引起，根据楞次定律，电抗电势总是企图阻止附加电流的改变，i_k将与开始换向时元件中的电流方向相同，因此换向电流改变方向的时刻将比直线换向时延迟一段时间(大于$T_k/2$)，故称之为延迟换向。由于i_k的出现，使后刷边(滑出换向器的一边)的电流密度增大，前刷边(进入换向器的一边)的电流密度减小。e_x比e_k大得越多，i_k也越大，换向延迟的更厉害，后刷边的电流密度也就越大，对换向极为不利。

(3)超越换向($\sum e<0$时的换向)如果换向极磁场过强，使$e_x < e_k$，这时$\sum e<0$，于是附加电流i_k反向，而换向电流将如图4-2中曲线3所示。由图可见，换向电流改变方向的时刻较直线换向时提前(小于$T_k/2$)，所以称为超越换向。超越换向时，由于($-i_k$)的出现，使前刷边电流密度增大，后刷边电流密度减小，也会对换向不利。

第二节　火花及其产生的原因

一、火花等级的规定

实践证明，直流电机运行时往往有火花发生，电刷下发生微弱的火花，对电机运行并无危害。但火花超过一定限度，可能使电机不能继续运行。我国电机基本标准将火花分为五级，如表4-1所示，规定正常运行时，火花不能超过$1\frac{1}{2}$级。

表4-1　换向器的火花等级

火花等级	电刷下的火花速度	换向器及电刷的状态
1	无火花	换向器上没有合并的黑痕及电刷上没有灼痕
$1\frac{1}{4}$	电刷边缘仅小部分有微弱的点状火花，或有非放电性的红色小火花	
$1\frac{1}{2}$	电刷边缘大部分或全部有轻微的火花	换向器上有黑痕出现，但不发展，用汽油擦其表面即能除去，同时在电刷上有轻微的灼痕
2	电刷边缘全部或大部分有较强烈的火花	换向器上有黑痕出现，用汽油不能擦除，同时电刷上有灼痕。如短时出现这一级火花，换向器上不出现灼痕，电刷不能被烧焦或损坏
3	电刷整个边缘有强烈的火花，同时有大火花飞出	换向器上的黑痕相当严重，用汽油不能擦除，同时电刷上有灼痕。如在这一火花等级下短时运行，则换向器上出现灼痕，同时电刷被烧焦或损坏

二、火花产生的原因

产生火花的原因，目前认为有以下几个方面。

1. 电磁原因

(1) 直线换向时，$\sum e = 0$，$i_k = 0$，是纯电阻电路，不会产生火花。

(2) 延迟换向时，如$\sum e$不大，因而i_k不大时，换向元件中的电流基本按图4-2曲线2变化，在$t = T_k$时，$i_k = 0$，因此也不会产生火花。如果$\sum e$较大时，$t = T_k$时，i_k不等于零而等于某一i_{kx}值，由其所建立的电磁能量$\frac{1}{2}L_x i_{kx}^2$要释放出来，当后刷边离开换向片的瞬间，换向元件中还储存的这部分磁场能量将以火花的形式释放出来，因而后刷边可能出现火花。

(3) 强烈的超越换向时，因为前刷边电流密度很大，而前刷边刚接触换向片，接触面积很小且实际上只有少数的点接触，可能因为接触面上出现很高的电压降和产生很大的热量而在前刷边下出现火花。

2. 机械原因

产生火花的机械原因主要是换向器、电刷和换向极的机械故障。例如，换向器偏心，片间绝缘突出，换向片突出，电刷压力不合适，电刷在刷握内太松而发生跳动或太紧而卡死，换向器表面不清洁等。又如各电刷杆之间的距离不相等，以致有些电刷所短路的元件不在几何中心线上；各换向器的气隙不均匀，转子平衡不好等。这些因素将使电刷与换向器接触不良，或发生振动，或使短路元件中出现附加电流，从而导致火花。

3. 化学原因

实践证明，电机正常工作时，换向器与电刷的表面上有一层氧化亚铜薄膜，薄膜的电阻较大时，使换向器近于电阻换向。当电刷压力过大，或在高空缺乏氧气和水蒸气以及在某些化学工厂工作时，氧化亚铜薄膜遭到破坏，电刷下就会发生火花。

第三节　改善换向的方法

从上节分析可知，火花产生的电磁原因是换向元件中出现了附加电流i_k，因此改善换向的方法，都是力求使$i_k = 0$，或使i_k尽可能小，下面介绍具体措施。

一、装置换向极

近代生产的直流电机广泛采用换向极改善换向，如图4-4所示。换向极装在相邻两主极之间的几何中性线上，并在身上套有换向极绕组，此绕组与电枢串联。换向极的作用是当电机有负载时，电枢电流流过换向极绕组产生磁势F_k，其方向与交轴电枢磁场F_{aq}相反，其大小则应除抵消换向极下交轴电枢磁势外还要建立一个换向磁场B_k，使换向元件切割B_k而感应电势e_k去抵消电抗电势e_x和运动电动势e_c，保证$\sum e = 0$，或尽量最小。因此换向极的极性必须正确。图4-4所示当电机作为发电机运行，电枢反时针方向旋转时，则上半部导体中电流方向为穿出纸面(·)，下半部分进入纸面(⊗)。电抗电势总是阻碍电流变化的，故e_x的方向应与换向前元件中的电流一致。故欲使换向极磁场在元件中产生与e_x方向相反的电势e_k，则左边的换向极应是S极，右边的换向极是N极，即在发电机中，换向极的极性应与沿电枢旋转方向下一个主极的极性相同，其排列顺序为N_k、N、S_k、S。同理，电动机中换向极的极性应与沿电枢旋转方向下一个主极的极性相反，其排列顺序为 N_k、S、S_k、N。

同时换向极绕组必须和电枢串联，为保证换向的效果，应保证换向极磁路不饱和。

实践证明，只要换向极的设计和调整良好，就能达到无火花换向，直流电机容量大于 1kW 基本要装设换向极。

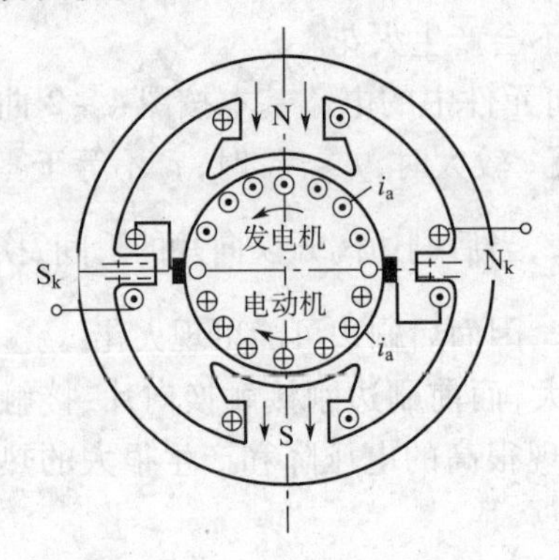

图 4－4　用换向极改善换向

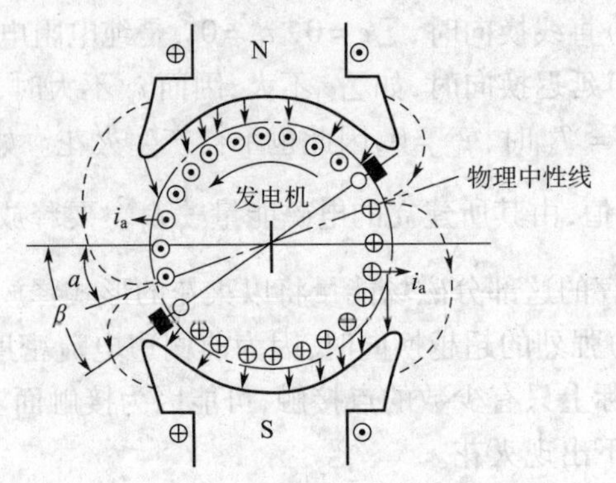

图 4－5　移动电刷改善换向

二、移动电刷位置

在小容量的直流电机中，可不装置换向极，而用移动电刷的方法来减少 $\sum e$，如图 4－5 所示。例如，在发电机中将电刷从几何中性线上沿电枢旋转方向移动 β 角，$\beta > \alpha$（α 为物理中性线与几何中性线的夹角），这时，换向元件切割主磁场产生的感应电动势与切割电枢磁场所产生的感应电动势方向相反，起到抵消电抗电势的作用，使换向元件中总的电动势尽量 $\sum e \approx 0$ 为零。同理，在电动机中，电刷逆着电枢旋转方向移动一个角度 β，也可使换向元件中总的电动势尽量为零，即 $\sum e \approx 0$。此法的缺点是：由于电抗电势值随负载变动而变化，而电刷移动一个角度仅能适应某一个负载，负载改变时，电刷的位置又要相应的移动，很不方便。此外，电刷移动后产生直轴电枢去磁磁势，使气隙磁场减弱，因而使发电机的外特性下降，影响端电压下降；电动机的机械特性上翘，造成运行不稳定，故生产中很少应用。

三、增加换向回路的电阻（正确选择电刷牌号）

换向回路的电阻主要是电刷的接触电阻，而接触电阻受到很多因素的影响，其中主要有电刷和换向器的材料、电流密度、电流的方向等。由于电流从金属流向电刷时的接触电阻大于相反方向的接触电阻，所以正负电刷下的接触压降不同。通常所指接触压降 $2\Delta U$ 是指一对电刷下的总接触压降。当电刷上的电流密度较低时，接触电阻大体不变；当电流密度达到一定数值后，接触电阻随电流密度的增加反而减少。此外电刷的压力、换向器表面的温度、化学状态和机械因素发生变化时，接触电阻也要变化。一般来说，国产电刷中，碳－石墨电刷接触电阻最大，石墨和电化－石墨电刷接触电阻次之，青铜－石墨电刷和紫铜－石墨电刷接触电阻最小。

从改善换向的观点来看，应选择接触电阻较大的电刷，但接触电压降较大时，能量损耗和换向器发热也加剧；另一方面，接触电阻较大的电刷其允许的电流密度一般较小，因而增加了电刷的接触面积和换向器的尺寸，所以选用电刷是一个较复杂的问题，必须根据实际情况全面考虑。一般情况下，对换向正常，电压在 80 ~ 120 V 的直流电动机，通常采用石墨电刷或电化 - 石墨电刷；对于换向困难、电压在 220 V 以上的直流电动机，采用接触电阻较小的金属石墨电刷；对于换向困难和较重要的大型直流电机，选择电刷应以制造厂长期试验和运行经验为依据。

四、采用叠片换向极和机座

在负载经常变动的电机中，当电流迅速变化时，由于换向极磁路涡流的阻尼作用，使换向极的磁场跟不上电流的变化，导致 e_k 不能抵消 e_x，造成延迟换向或超越换向。因此对换向要求较高的电机，可采用叠片换向极和机座（稳极式直流电机），以消除涡流的影响。

五、电刷与换向极之间的滑动接触

电刷与换向极之间的滑动接触对换向有重大的影响，因此有必要对其本质进行深入的研究，为进一步改善换向提供指导。

实践证明，电机工作时，换向器表面有一层薄膜，此薄膜对于换向具有重要影响。

有一种观点认为，薄膜实际上是绝缘的，薄膜的破坏和导电是溶穿作用的结果，其基本原理可用图 4 - 6 来说明。在正常环境下，换向器表面覆盖着一层氧化层薄膜，由于各种原因，电刷表面不可能与换向器表面严密吻合，两者之间通过一些机械接触点（如图 4 - 6 中 a 点）相接触，触电的面积为 10^{-4} mm^2（0.1 nm^2），总的接触面积占电刷表面积的很小一部分。当电机旋转时，这些触点的位置和数量不断发生变化，各接触点之间形成了楔形空间，空间的一部分被粘在换向器表面的灰粒、石墨粉和金属粉末所填充，余下部分成为气隙。当电刷电流较小时，电流主要通过触点传导，触点 a 处的氧化层很薄（只有 5 nm），根据电子通道现象，电子可以穿过。氧化层薄膜的其他地方厚度在 200 埃左右，电子不能通过，基本上不导电。当电刷电流较大时，例如触点上的电流密度达到每平方厘米几千安时，触点烧到红热，产生热游离和正离子发射；当温度达到白热时，将形成大量的电子和正离子，如果离子速度足够高，还会发生碰撞电离，在接触点之间的空气隙内形成电弧导电。这种观点可以说明接触电阻与电流密度之间的非线性关系。当电流较小时，主要是传导导电，因此接触压降随电流密度的增加而正比增加，接触电阻的数值基本保持不变；当电流密度较大时，发生溶穿现象，主要靠离子导电，接触压降几乎不变，所以接触电阻随电流密度增加而反比减少。

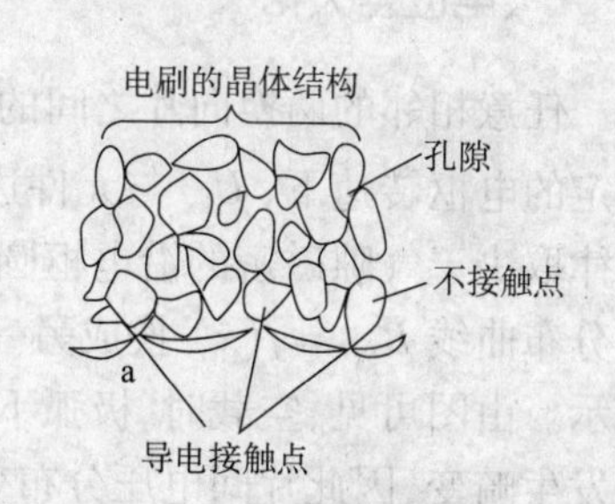

图 4 - 6　电刷下滑动接触的示意图

另一种观点认为，电刷与换向片之间有一层氧化层，该氧化层主要是由氧化亚铜和碳粉组成，如图 4 - 7 所示，氧化亚铜是一种红褐色的半导体，能以空穴形式导电，其导电性能与一般半导体相似，具有单向导电的特性，并受温度影响很大。这种观点从氧化亚铜的单向导电性能出发，解释了正负电刷接触压降不同。

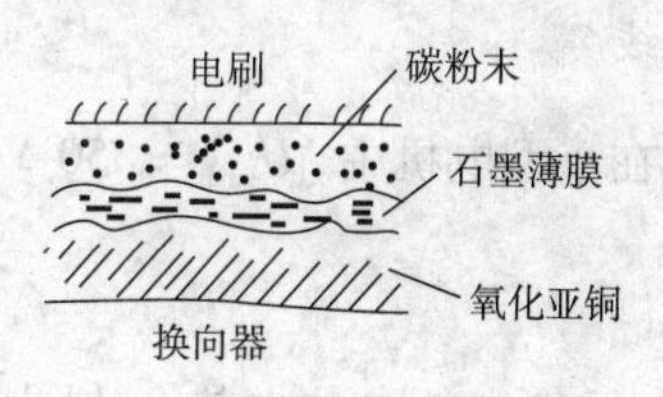

图 4 - 7　电刷和换向器间的薄膜

通常认为，在空气中时，电刷与换向器表面之间存在着水蒸气，当电流通过时发生电解，正极产生氧，负极产生氢。当电流从换向器流向电刷时，铜排为正极，与氧作用产生了氧化膜。另外，铜在大气中慢慢氧化也会形成氧化膜。电机工作时，由于电刷的摩擦作用，可以把换向器的氧化膜破坏。但由于电流通过时，温度升高，空气中又有水分，将使铜表面很快氧化。这种铜表面的氧化亚铜的破坏和再生，交替进行，维持动态平衡。氧化亚铜薄膜电阻较大，有利于换向。氧化膜还起润滑作用，可以保护电刷。如果电刷压力过大，或高空缺乏氧气和水分，可能使氧化膜破坏，使电刷下发生火花。

按上述原则设计的电机，生产时多数要经过试验调整，才能确定换向极的准确数据，通常用无火花区试验来调整换向极。

第四节　电位差火花、环火及其防治方法*

除电刷下的火花外，有时还因某些换向片的片间电压过高而产生所谓的“电位差火花”。在最不利的情况下，电刷下的火花和电位差火花连成一串，变成一条长电弧沿换向器圆周将正负电刷连通，造成所谓“环火”现象，使电机实际处于短路状态，这是一种十分危险的现象，下面对这一现象的起因及防治方法加以探究。

一、电位差火花

任意相邻的两换向片之间的片间电压 U_{kx} 等于连到这两换向片的元件中的感应电势。在一定的电枢转速下，U_{kx} 与元件边所处的气隙磁密 $B_{\delta x}$ 成正比，因此相邻换向片间电压分布的规律取决于气隙磁密的沿电枢圆周的分布规律。一般电枢的换向片数很多，可认为气隙磁密的分布曲线 $B_{\delta x}=f(x)$ 换成另一比例尺便是片间电压的分布曲线 $U_{kx}=f(x)$，如图 4－8(a)所示。由图可见，空载时，极弧下气隙磁场分布比较均匀；负载时，由于交轴电枢反应使气隙磁场发生畸变，因此片间电压分布变为不均匀，出现最大值 U_{kmax}，如图 4－8(b)所示。由于换向片间总是存在着电刷磨下的碳粉和金属粉末，因此片间电压最大值 U_{kmax} 超过一定限度时，换向片间便会产生电位差火花。经验证明，为避免电位差火花，最高片间电压不应超过下列数值：

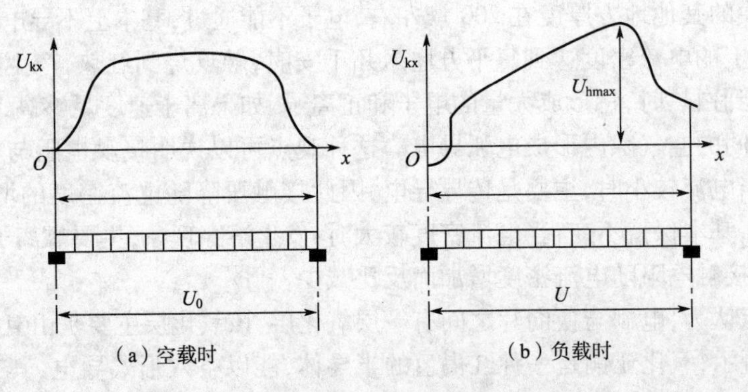

(a) 空载时　　(b) 负载时

图 4－8　片间电压沿换向器圆周的分布曲线

在大型电机中，$U_{kmax}\leqslant 25$ V；在中型电机中，$U_{kmax}\leqslant 30$ V；在小型电机中，$U_{kmax}\leqslant 50$ V。

二、环　火

当电机受到冲击负载的作用而使电枢电流急剧增加时，换向元件中的电抗电势 e_x 增大，但由于换向极中涡流的阻尼作用，换向极 B_k 不能随电枢电流的急剧变化而同时增大，于是 e_x 远大于 e_k，造成过分延迟换向，使后刷边出现强烈的火花和电弧。由于电枢的旋转作用和电动力的作用，火花和电弧将被拉长(其拉长速度可以超过换向器的周速)，使电枢向外扩张，如图4－9和图4－10所示。另一方面电流急剧变化时，气隙磁场将严重畸变，换向器的片间电压显著增加而发生电位差火花。这样，电刷下的火花和电位差火花汇合在一起，最后有可能成为一股跨越正、负电刷之间的电弧，是整个换向器被一圈火环所包围，这种现象称为环火。环火不仅可以把换向器和电刷烧坏，而且将使电枢绕组受到损害。

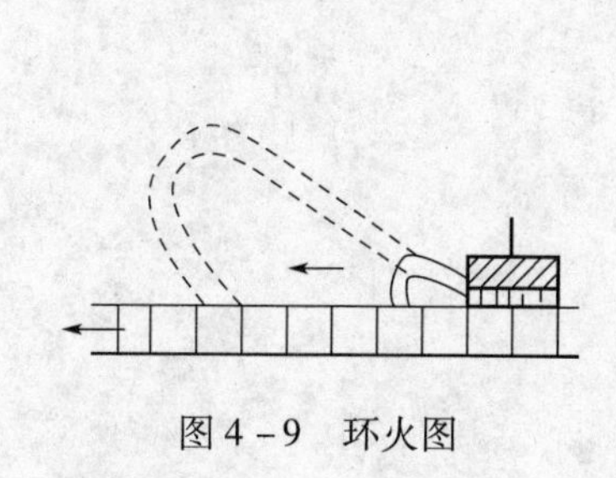
图4－9 环火图

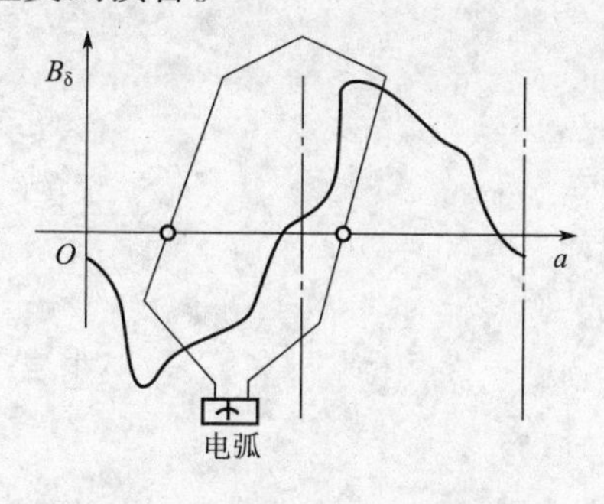

图4－10 产生环火的片间电压

三、补偿绕组

为了防止电位差火花和环火现象，大型电机中都装有补偿绕组。补偿绕组嵌放在主极极靴上专门冲出的槽内，如图4－11所示。补偿绕组与电枢串联，其线负载(即每单位极弧长度的安培导体数)和电枢的线负载相等，但方向相反，两者互相抵消，从而减少了产生电位差火花和环火的可能性。当电机装有补偿绕组时，由于交轴电枢磁势大部分被抵消，因此换向极所需磁势可相应地减少。

补偿绕组虽有上述良好的作用，但是电枢结构复杂、成本增高，因此仅在负载经常变化的大、中型电机(如直流传动的电力机车、轧钢电机)中采用。

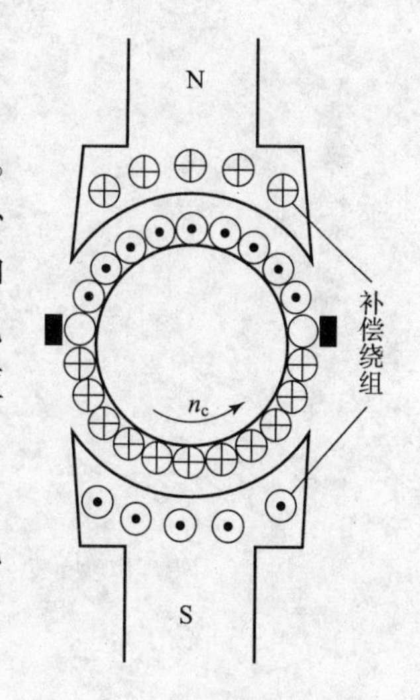

图4－11 补偿绕组的放置

思考题与习题

1. 换向元件在换向过程中，可能产生哪些电势？是什么原因引起的？它们对换向各有什么影响？

2. 产生火花的原因有哪些？消除电磁性火花的原因有哪些？

3. 换向极的作用何在？它装在何处？它的绕组如何连线？发电机和电动机的换向极极性应怎么样排列？如换向极绕组的极性接反了，运行时会出现什么现象？

4. 无换向极的直流电动机往往标明转向，如果转向反了会出现什么现象？如果将这台电动机改为发电机(电刷位置不动)，其转向是否应照原来的标明的方向一样？

5. 接在电网上运行的并励电动机，如果改变电枢端电压的极性来改变转向，换向极绕组不改接，换向情况有没有变化？

6. 有一些小容量的两极直流电动机，往往只装一个换向极，是否会造成一组电刷换向好，一组电刷换向不好？

7. 选择电刷应考虑哪些因素？低压大电流的直流电机应选择什么样的电刷？

8. 当(1)电刷在几何中性线上，(2)电刷顺转向略有偏移，这时发电机及电动机的电枢反应磁场对主磁极的磁场作用如何(去磁、助磁或交磁)？

9. 怎样安装补偿绕组？它的作用是什么？

第五章　电力拖动系统基础

第一节　电力拖动系统的运动方程式

由电动机作为原动机拖动生产机械运转的拖动方式称为电力拖动或电气传动，在现代化生产中，绝大多数生产机械都采用电力拖动。将电能转换成机械能，拖动生产机械，并完成一定工艺要求的系统称为电力拖动系统。电力拖动系统一般由电动机、传动机构、电源、控制设备和生产机械这几部分组成，如图 5－1 所示。

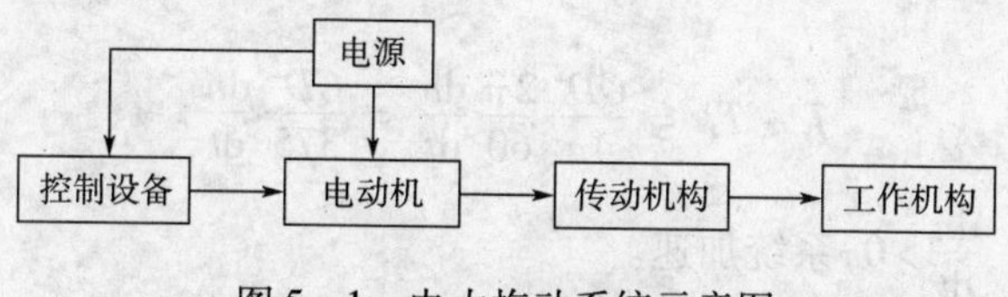

图 5－1　电力拖动系统示意图

在分析研究电力拖动系统的运动规律时，主要研究作用在电动机转轴上的转矩与电动机转速变化之间的关系，即运动方程式。单轴运动系统比较简单，但实际的电力拖动系统多数是多轴系统，各轴的转速和转矩各不相同，情况往往较为复杂。为此，在工程实际中采取的办法是：先将多轴运动系统折算成单轴运动系统，然后再对单轴运动系统进行运动规律分析。下面就单轴和多轴运动系统的运动方程式作一简单介绍。

一、单轴电力拖动系统的运动方程式

1. 运动方程式

电力拖动系统有各种结构形式，最简单的是单轴电力拖动系统，即电动机直接与负载同轴，在此假定两轴之间为刚性连接，如图 5－2 所示。图中 T 为电动机的电磁转矩，T_L 为电动机的负载转矩，电动机的转速为 n，角速度为 Ω，电动机转子的转动惯量为 J_R，生产机械的转动惯量为 J_m，因联轴器的转动惯量相比电动机和生产机械的转动惯量小很多，将其忽略，因此单轴拖动系统的总转动惯量 $J = J_R + J_m$。由牛顿第二定律可知，做旋转运动的物体，其运动方程为

$$T - T_L = J\frac{d\Omega}{dt} \tag{5-1}$$

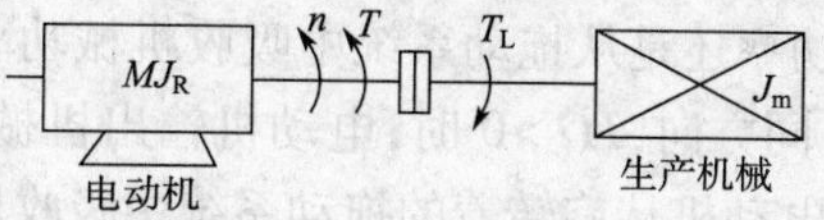

图 5－2　单轴电力拖动系统及各量的参考方向

工程中，常用转速 n 代替角速度 Ω，用飞轮力矩 GD^2 代替转动惯量 J，n 与 Ω 的关系为

$$\Omega = \frac{2\pi}{60}n \tag{5-2}$$

GD^2 与 J 的关系为

$$J = m\rho^2 = \frac{G}{g}\left(\frac{D}{2}\right)^2 = \frac{GD^2}{4g} \tag{5-3}$$

式中 m ——系统转动部分的质量,kg;

G ——转动物体的重量,N;

ρ ——系统转动部分的回转半径,m;

D ——系统转动部分的回转直径,m;

g ——重力加速度。

GD^2 的值可以从机械设计部门获得。

对于一些几何形状简单的旋转部件可用解析法计算,这样旋转物体运动方程的实用公式就变为

$$T - T_L = \frac{GD^2}{4g}\frac{2\pi}{60}\frac{dn}{dt} = \frac{GD^2}{375}\frac{dn}{dt} \tag{5-4}$$

(1) 当 $T > T_L$ 时,$\frac{dn}{dt}>0$,系统加速。

(2) 当 $T = T_L$ 时,$\frac{dn}{dt}=0$,匀速运转(n =常数)或静止(n =0)。

(3)当 $T < T_L$ 时,$\frac{dn}{dt}<0$,系统系统减速。

式(5-3)中的 T、T_L 及 n 都是有方向的。为了计算方便,要定正方向。一般先确定转速 n 的正方向,习惯上设 n 顺时针为正,若电磁转矩的方向与 n 方向相同,T 前取正号,相反则取负号;若负载转矩 T_L 的方向与转速 n 的正方向相反,T_L 前取正号,相同则取负号;惯性转矩$\frac{GD^2}{375}\frac{dn}{dt}$的大小及方向,由电磁转矩与负载转矩的代数和决定。

2. 功率方程式

对式(5-1)两边同乘角速度 Ω 就得到单轴电力拖动系统的功率平衡方程式

$$T\Omega - T_L\Omega = J\Omega\frac{d\Omega}{dt} = \frac{d}{dt}\left(\frac{1}{2}J\Omega^2\right) \tag{5-5}$$

式中 $T\Omega$ ——电动机产生或吸收的机械功率;

$T_L\Omega$ ——机械负载吸收或释放的机械功率;

$\frac{d}{dt}\left(\frac{1}{2}J\Omega^2\right)$——拖动系统动能的变化。

判断电动机是输出机械功率还是从拖动系统中吸收机械功率,完全取决于电磁转矩 T 和角速度 Ω 的方向。当 T 和 Ω 同方向,$T\Omega>0$ 时,电动机输出机械功率。若电磁转矩 T 和角速度 Ω 的方向相反,$T\Omega<0$ 时,电动机从旋转着的拖动系统中吸收机械功率,转换为电功率。

生产机械的负载转矩 T_L 和 Ω 反方向时,$T_L\Omega>0$ 时,生产机械从旋转着的拖动系统中吸收机械功率,电动机输出机械功率。若电磁转矩 T_L 和角速度 Ω 的方向相同,$T_L\Omega<0$ 时,表示放出机械功率给拖动系统。

从式(5-5)可以看出,拖动系统的速度是不能突变的,因要突变,只有输入的机械功率

$T\Omega$ 无穷大，这显然是不可能的，这个概念要在分析电力拖动系统运行状态时常用到。

3. 调速的性能指标

电动机的调速方式有多种，为了比较各种调速方法的优劣，要用调速的性能指标来评价。主要的调速的性能指标有以下几项。

(1)调速范围

调速范围是指电动机在额定负载下调节转速时，其最高转速 n_{max} 与最低转速 n_{min} 的之比，用 D 表示为

$$D = \frac{n_{max}}{n_{min}} \tag{5-6}$$

最高转速 n_{max} 受电动机机械强度、绝缘、发热及换向(对直流电动机)等的限制，最低转速 n_{min} 受生产机械对转速的相对稳定性的限制。

(2)静差率

静差率是指在某一调节转速下，电动机从理想空载到额定负载的变化率，用 δ 表示。

$$\delta\% = \frac{n_0 - n}{n_0} \times 100\% \tag{5-7}$$

静差率越小，负载变动时的转速变化就越小，转速的相对稳定性也就越好。

二、多轴电力拖动系统

实际生产中，许多生产机械的转速往往与电动机的转速不同，电动机与生产机械之间要加变速机构，就形成了多轴系统，如图 5-3 所示。工程上，往往用单轴系统去等效代替实际的多轴系统，等效的单轴系统其负载转矩和飞轮力矩是实际负载转矩和各传动轴的飞轮矩折算到电动机轴上的折算值，折算的原则：折算前后系统传递的功率不变，系统的动能不变。关于负载转矩和飞轮力矩的折算，读者可查阅相关书籍。任何一个复杂系统都可以简化成由电动机与负载组成的等效单轴系统。

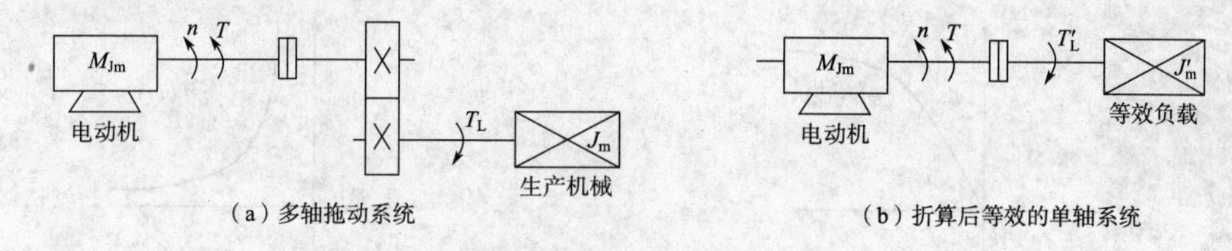

图 5-3 多轴拖动系统折算成单轴拖动系统的过程

第二节 典型生产机械的运动形式和负载特性

在实际生产中，生产机械的种类繁多，其运动形式也是各种各样的，下面介绍几种运动形式及负载特性比较典型的生产机械。

负载转矩特性是指：生产机械的负载转矩 T_L 与转速 n 之间的关系，即 $n = f(T_L)$，简称负载特性。

1. 恒转矩负载特性

恒转矩负载特性的特点：负载转矩 T_L 为常数，与转速 n 的大小无关。根据负载转矩与运动方向的关系，恒转矩负载特性又可分为位能性恒转矩负载特性和反抗性恒转矩负载特性。

(1)位能性恒转矩负载特性

位能性恒转矩负载特性的特点：负载转矩 T_L 的大小不变，方向固定，不随转速的变化而变化，如图 5－4 所示，特性在第Ⅰ、Ⅳ象限。属于此类负载的生产机械有：电梯、起重机等。

(2)反抗性恒转矩负载特性

反抗性恒转矩负载特性的特点：负载转矩 T_L 方向总是与转速 n 的方向相反，T_L 的作用方向总是阻碍系统运动的方向，如图 5－5 所示，特性在第Ⅰ、Ⅲ象限。属于此类负载的生产机械有：轧机、机床刀架平移机构等。

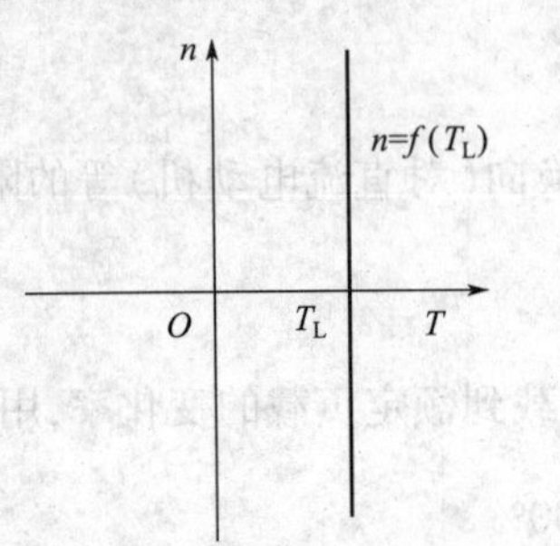

图5－4 位能性恒转矩负载特性

n

n=f(T_L)

O T_L T

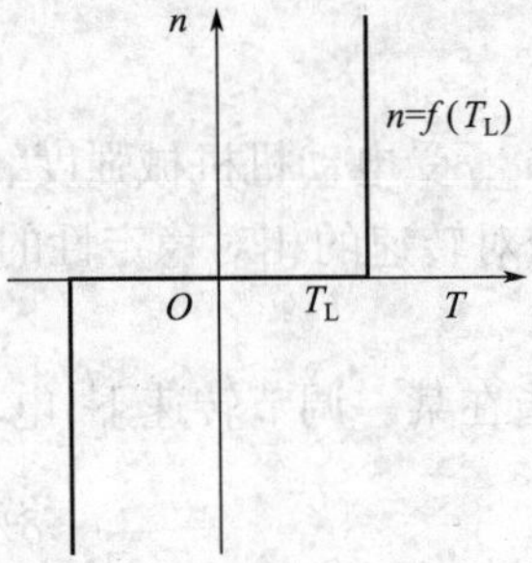

图 5－5 反抗性恒转矩负载特性

2. 风机、泵类负载转矩特性

风机、泵类负载转矩特性的特点：负载转矩 T_L 与转速平方成正比，即 $T_L=n^2$，负载转矩特性如图 5－6 所示。属于此类负载的生产机械有：各种泵类、通风机、鼓风机等。

3. 恒功率负载转矩特性

恒功率负载转矩特性的特点：负载功率 P_L 不随转速 n 而变化，负载转矩 T_L 与转速 n 成反比关系，即有 P_L = 常数，负载转矩特性如图 5－7 所示。属于此类负载的生产机械有：金属切削类机床等。

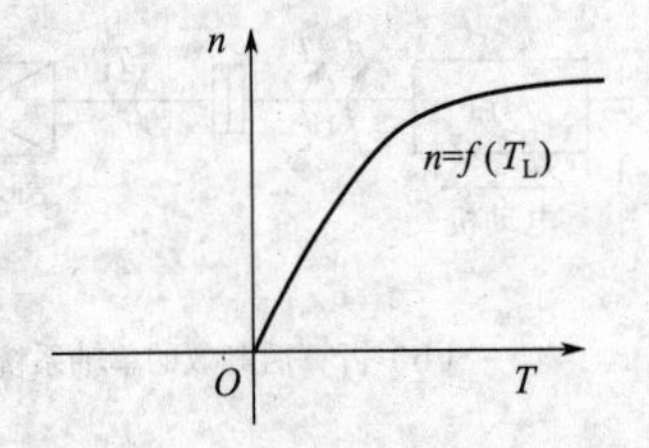

图 5－6 风机、泵类负载转矩特性

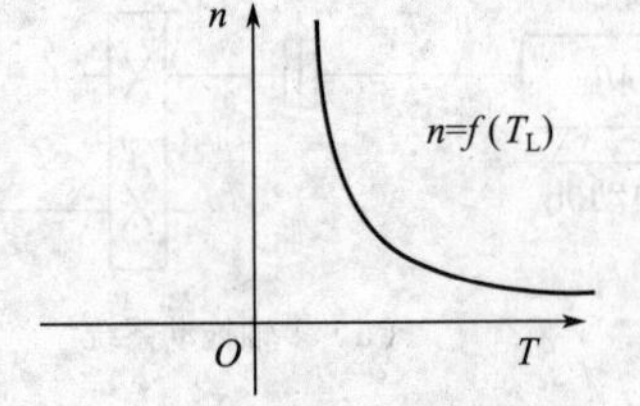

图 5－7 恒功率负载转矩特性

需要指出，实际负载可能是上述单一类型，也可能是几种典型负载转矩特性的综合，应视情况具体分析。

第三节 电力拖动系统稳定运行的条件

一、稳定运行的概念

从前面对旋转运动方程式的分析可知，当 $T=T_L$ 时，$\frac{dn}{dt}=0$，则系统匀速运行。电动机的转速与转矩的关系，即 $n=f(T)$ 称为机械特性，机械特性是电动机的重要特性。如果把电动机的机械特性与负载转矩特性 $n=f(T_L)$ 画在同一坐标系中，如图 5－8 所示，图中曲线 1 为电动机机械特性，曲线 3 为负载特性，A、C 为两特性的交点，显然在交点 C 处存在 $T = T_L$，转速 $n=n_C$ 为常数，A、C 点是工作点，那么 A 点是不是就是一个合适的工作点呢？这就需要探讨电力拖动系统稳定性的概念，稳定性包含两个方面：一是系统在一定工况下，有一匀速转动速度，二是当系统出现扰动（如电压降低或负载转矩发生变化）时，能在新的平衡点稳定运行，当扰动消失后，又能回到原来的平衡点继续稳定运行。下面讨论此问题。

在图 5－8 中，系统运行在工作点 A，若此时电源电压突然降低，使电动机的机械特性从曲线 1 变为曲线 2，由于机械惯性，在电源电压突变的瞬间，电动机转速来不及变化，工作点从 A 点突变到 B 点，这时电动机的电磁转矩 $T_B < T_L$，使系统从 B 点沿曲线 2 减速，随着转速的下降，电磁转矩逐渐增大。当减速到 C 点时，$T_B = T_L$，系统运行在 C 点处于新的平衡状态。若此后电源电压又回升到额定电压，则电动机的机械特性从曲线 2 变为曲线 1。同理，由于机械惯性，转速不能突变，工作点从 C 点突变到 D 点，此时 $T_D > T_L$，系统从 D 点开始沿曲线 1 加速，直至 A 点，系统又达到平衡。

又如图 5－9 所示的系统，系统原运行在 A 点，若负载转矩减少 ΔT，负载特性曲线由变为 1，由于机械惯性，转速不能突变，可以看出 $T > T'_L$，系统加速，直至 1 曲线与电机特性曲线交于 C 点，系统将在新的平衡点稳定运行。而对于 B 点，$T > T'_L$ 系统加速，随着系统加速，T 比 T'_L 越来越大，则 1 曲线与电机特性曲线没有交点，电磁转矩将越来越大，所以系统不可能到达新的平衡点。

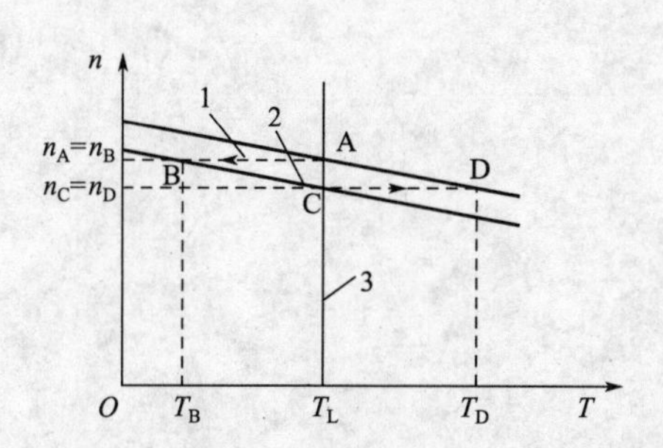

图 5－8　电力拖动系统稳定运行分析

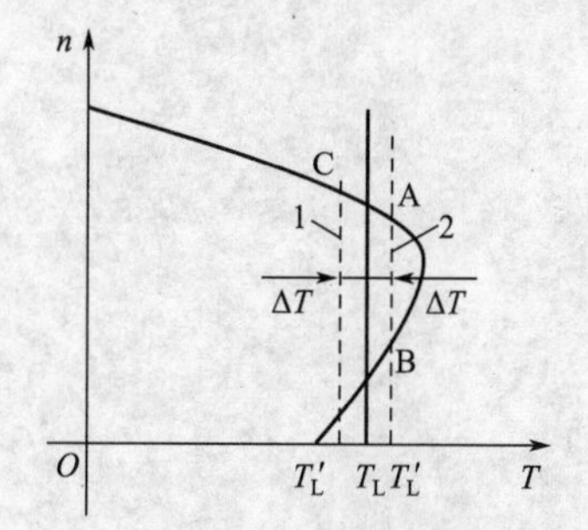

图 5－9　电力拖动系统不稳定运行分析

二、系统稳定运行的条件

从上述分析可知，电力拖动系统稳定平衡运行的充分必要条件为：

（1）电动机的机械特性曲线与负载的机械特性曲线必须相交，在交点处 $T = T_L$。

（2）在交点 $T = T_L$ 处，$\frac{dT}{dn} < \frac{dT_L}{dn}$。对于图 5－8 所示的系统中，负载为恒转矩负载，由于 $\frac{dT_L}{dn} = 0$，在两曲线的交点 A 处，$\frac{dT}{dn} < 0$，即 $\frac{dT}{dn} < \frac{dT_L}{dn}$，所以系统能在 A 点稳定运行。而在图 5－9所示的系统中，负载仍为恒转矩负载，$\frac{dT_L}{dn} = 0$，但在两曲线的交点 B 处，$\frac{dT}{dn} > 0$，即 $\frac{dT}{dn} > \frac{dT_L}{dn}$，不符合上述第二个条件，所以系统不能稳定运行。

思考题与习题

1. 什么是电力拖动系统？它包括哪几部分？都起什么作用？请举例说明。

2. 电力拖动系统运动方程式中，T、T_L 及 n 的正方向是如何规定的？如何表示它们的实际方向？

3. 试说明 GD^2 与 J 的概念。它们之间有什么关系？

4. 从运动方程式如何看出系统是处于加速、减速、稳速或静止等运动状态？

5. 在一个单轴拖动系统中，怎样判断系统储存的动能是增加还是减少？

6. 多轴拖动系统为什么要折算成等效单轴系统？

7. 把多轴电力拖动系统折算为等效单轴系统时负载转矩按什么原则折算？各轴的飞轮力矩按什么原则折算？

8. 什么是动态转矩？它与电动机的负载转矩有什么区别和联系？

9. 负载的机械特性有哪几种主要类型？各有什么特点？

第六章　直流电动机的电力拖动

直流电动机具有良好的启动和调速性能,因此被广泛用在对启动和调速性能要求高的场合。例如电车、电传动机车、轧钢机、龙门刨床及起重机用的电动机。但由于直流电动机存在机械换向、换向火花、维护保养麻烦、单位重量功率小和用铜多等缺点,所以随着电力电子技术、计算机技术和现代控制理论的发展,许多直流电动机拖动系统也正在被结构简单、无换向火花、几乎免维护和单位重量功率大等优点的高性能交流电动机拖动系统所代替。尽管如此,在某些工业中还常见应用,且直流电机仍有相当的理论意义和一定的实用价值。

直流电动机的特性与励磁方式有关,因此电动机也有他励、并励、串励和复励四种。本章以并励和串励电动机为重点,研究直流电动机的各种特性,包括起动性能、工作特性、机械特性和调速性能。

第一节　直流电动机的工作特性

直流电动机稳态运行的工作特性是指 $U = U_N =$ 常值,电枢回路不串入附加电阻,励磁电流 $I = I_{fN}$ 时,电动机的转速 n、电磁转矩 T 和效率 η 三者与输出功率 P_2 之间的关系,即 n、T、$\eta = f(P_2)$。在实际运行中,由于 I_a 较易测到,且 I_a 随着 P_2 的增加而增大,故也有将工作特性表示为 n、T、$\eta = f(I_a)$。

由于工作特性因励磁方式不同而有很大差别,因此下面对并励、串励和复励电动机分别进行研究。

一、并励电动机的工作特性

用实验方法求取工作特性时,接线图如图 6-1 所示。使 $U = U_N$,并调节励磁电流,使输出功率为额定功率 P_N 时,转速为额定转速 n_N,此励磁电流就称为额定励磁电流 I_{fN}。保持 $U = U_N$、$I_f = I_{fN}$ 不变,改变电动机的负载,每次记下转速 n、负载转矩 T_2 和电枢电流 I_a,就可画出图 6-2 所示工作特性。

(1)速度特性　速度特性是指 $U = U_N =$ 常值,$I_f = I_{fN}$ 常值时,$n = f(I_a)$ 的关系曲线。以 $E_a = C_e\Phi n$ 代入 $U = E_a + I_aR_a$ 中,即得

$$n = \frac{U - I_aR_a}{C_e\Phi n} \tag{6-1}$$

这就是电动机的速度特性的表达式。从上式可见,在 U 和 I_f 均为常值的条件下,影响电动机的因素有两个:(1)电枢回路的电阻压降;(2)电枢反应去磁的影响。当电枢电流增加时,I_ar_a 使转速趋于下降,去磁的电枢反应则使转速趋于上升,因此电动机的速度变化很小。实用上,为保证稳定运行,常使并励电动机具有略微下降的速度特性,这样才能有稳定的机械特性。

空载转速 n_0 与额定转速 n_N 之差用额定转速的百分数表示,称为电动机的速度变化率 $\triangle n^*$,即

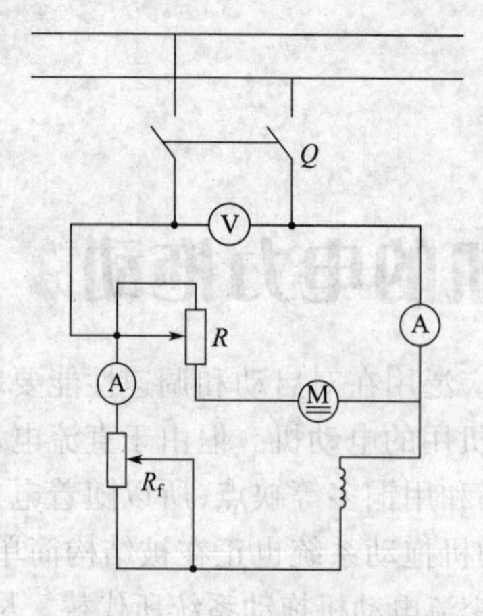

图 6－1　并励电动机接线图

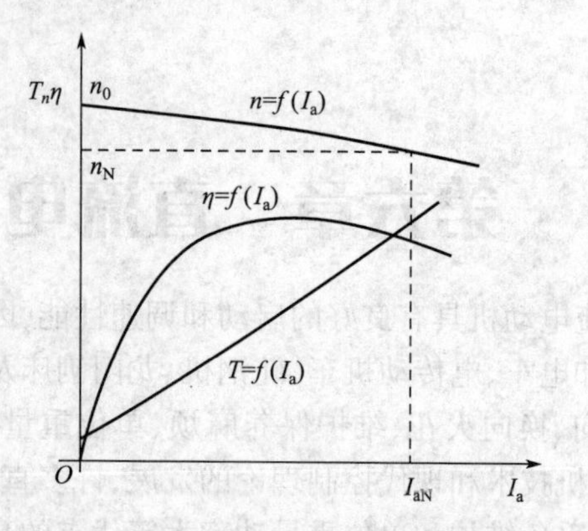

图 6－2　并励电动机的工作特性

$$\Delta n^{*} = \frac{n_0 - n_N}{n_N} \times 100\% \tag{6－2}$$

并励电动机的速度变化率很小，通常只有 2% ~8% ，所以它基本上是一种恒速电动机。

并励电动机运行时，应注意励磁绕组绝对不许断开。如励磁绕组断开，则主磁通迅速下降到剩磁磁通值，而电枢电流将迅速增大，电磁转矩 $T = C_T \Phi I_a$ 可能减小，也可能增大，若 T 减小，它就不足以克服负载转矩，电动机就要停转，于是电枢电流将达到起动电流值，时间一长容易把电机烧毁。如果 T 增加，则转速迅速上升，可能大大超过额定转速，造成"飞车"，使换向器、电枢绕组和转动部件损坏，甚至造成人身事故。电机空载时励磁绕组断开最容易发生这种危险情况。为防止这种现象的发生，可在控制电路中加装失磁保护。

（2）转矩特性　转矩特性是指 $U = U_N$ = 常值，$I_f = I_{fN}$ = 常值时，$T = f(I_a)$ 的关系曲线。由式 $T = C_T \Phi I_a = T_2 + T_0 = \frac{P_2}{\Omega} + T_0$ 可见，当转速为常值时，是一条直线，但实际上 I_a 增大时，转速略有下降，故 $T = f(I_a)$ 是略为向上弯曲的，如图 6－2 所示。由于 $I_a = 0$ 时，$T = T_0$，故转矩特性将与纵坐标不交坐标原点处。

（3）效率特性　效率特性是指 $U = U_N$ = 常值，$I_f = I_{fN}$ = 常值时，$\eta = f(I_a)$ 的关系曲线。并励电动机的效率为：

$$\eta = \frac{P_2}{P_1} \times 100\% = \left(1 - \frac{\sum p}{P_1}\right) \times 100\%$$

$$= \left[1 - \frac{p_\Omega + p_{Fe} + UI_f + I_a^2 r_a + 2\Delta U_b I_a + p_s}{U(I_a + I_f)}\right] \times 100\% \tag{6－3}$$

利用上式，给定不同的 I_a 值进行计算，即可得到如图 6－2 所示效率特性，和他励发电机的效率特性相似。对小容量并励电动机，$\eta_N = 75\% \sim 85\%$；大容量的 $\eta_N = 85\% \sim 94\%$。

二、串励电动机的工作特性

串励电动机的接线图如图 6－3 所示，串励电动机的特点是励磁绕组与电枢绕组串联，$I_a = I_f$。在求取工作特性时，应保持 U= 常数及 $R_f = 0$。

（1）速度特性 $n = f(I_a)$　因串励电动机的励磁电流等于电枢电流，即 $I_a = I_f$，所以当 P_2 增大时，I_a 亦增大。一方面电枢回路的总电阻压降 $I_a r_a$ 增大，另一方面使磁通 Φ 增大。由转速公式可知，这两方面的作用都使转速降低，因此转速随输出功率的增加而迅速下降，这是串励电动机特点之一。

当 P_2 很小时，I_a 和 Φ 都很小，电动机转速将很高，当空载时，$\Phi \approx 0$，理论上，电动机的转速将趋于无穷大，可使转子遭到破坏，甚至造成人身事故，因此串励电动机不允许空载启动或空载运行。

（2）转矩特性 $T = f(I_a)$　因为 $T = C_T \Phi I_a$，当磁路未饱和时，$\Phi \propto I_a$，因此 $T \propto I_a^2$，说明串励电动机的转矩随着 P_2 的增加而迅速上升，故 $T = f(I_a)$，是一条抛物线。随着 I_a 的继续增加，磁路逐渐饱和，$T \propto I_a$，因此转矩特性又接近直线。

综合以上分析，串励电动机具有较大的起动转矩；当负载转矩增加时，电动机转速会自动下降，从而使功率 $P_2 = T_2 \Omega$ 变化不大，电动机就不致于因负载转矩增大而过载太多，因此串励电动机常用在直流传动的内燃和电力机车上。

（3）效率特性 $\eta = f(I_a)$　串励电动机的效率特性和并励电动机相似。但必须指出，串励电动机的铁耗将随 I_a（$B \propto \Phi \propto I_a$）的增大而略增大，而机械损耗则随 I_a 的增大时转速降低而减小，因此，$p_0 = p_\Omega + p_{Fe}$ 基本上仍保持不变；但励磁损耗变随 I_a 的平方面变化，并列入可变损耗 $I_a^2 r_a$ 中去，故当 $p_0 = p_\Omega + p_{Fe} = I_a^2 r_a$ 时串励电机的效率达到最大值。

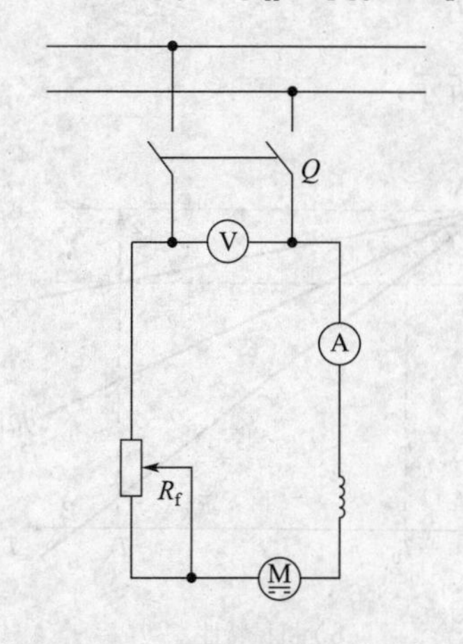

图6－3　串励电动机接线图

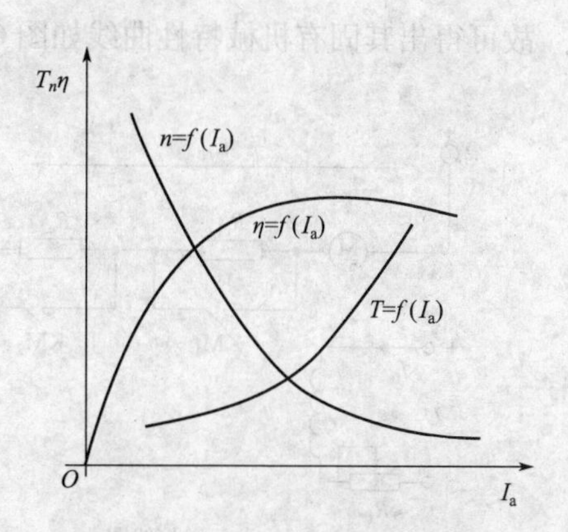

图6－4　串励电动机的工作特性

三、复励电动机的工作特性

复励电动机的励磁绕组包括并励和串励两部分。当并励和串励磁势两者方向相同时称为积（或加）复励电动机，两者方向相反时称为差复励电动机。

复励电动机的工作特性介于并励和串励电动机之间，如果并励磁势起主要作用时，它的工作特性就接近于并励电动机，且当电枢反应的去磁作用较强时，仍能获得下降的速度特性，如图6－5所示，从而保证电动机的稳定运行。如果串励磁势起主要作用时，它的工作特性就接近于串励电动机，但由于并励磁势的存在，在空载下起动和运行时，不再有危险的高速出现。

为避免运行时产生不稳定现象，差复励电动机很少应用。

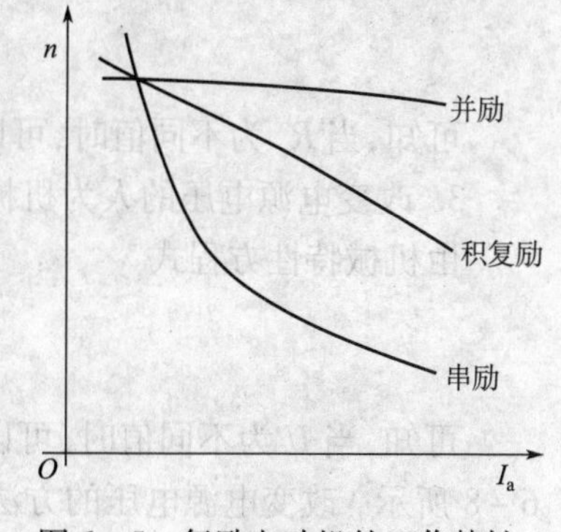

图6－5　复励电动机的工作特性

第二节 直流电动机的机械特性

直流电动机的机械特性和负载的机械特性是决定电动机组能否稳定运行的依据，电动机运行在哪一转速和转矩也由两者共同决定。因此机械特性在电力拖动中具有重要意义。机械特性包括固有机械特性和人为机械特性。

直流电动机的固有机械特性（也称自然特性）是指 $U=U_N=$ 常值，$I=I_{fN}=$ 常值时，励磁和电枢回路均不串电阻时，电动机的转速与电磁转矩之间的关系，即 $n=f(T)$ 的关系曲线。

人为机械特性是指当改变电源电压、磁通以及电枢回路电阻这些参数时，电动机的转速与电磁转矩之间的关系，即 $n=f(T)$。

一、他励直流电动机

1. 固有机械特性

因 r_a 为电枢绕组电阻，所以此时机械特性方程式为

$$n=\frac{U}{C_e\Phi}-\frac{r_a}{C_eC_T\Phi^2}T$$

故可得出其固有机械特性曲线如图 6－6(b)中 r_a 所示。

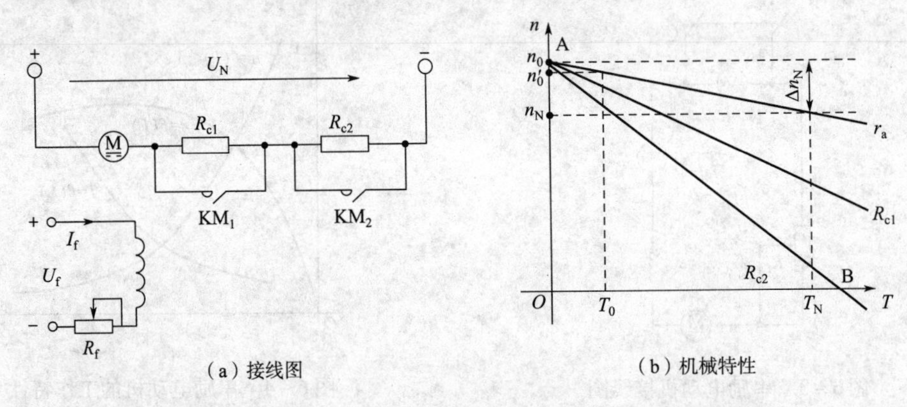

图 6－6 他励直流电动机电枢回路串电阻接线图及机械特性

2. 电枢回路串电阻的人为机械特性

机械特性方程式为

$$n=\frac{U}{C_e\Phi}-\frac{r_a+R_c}{C_eC_T\Phi^2}T$$

可知，当 R_c 为不同值时，可以得到一簇放射性的人为机械特性曲线，如图 6－7 所示。

3. 改变电源电压的人为机械特性

由机械特性方程式

$$n=\frac{U}{C_e\Phi}-\frac{r_a}{C_eC_T\Phi^2}T$$

可知，当 U 为不同值时，可以得到一系列与固有特性曲线平行的人为机械特性曲线，如图 6－8 所示，改变电源电压的方法现主要采用由电力电子器件组成的整流电源。

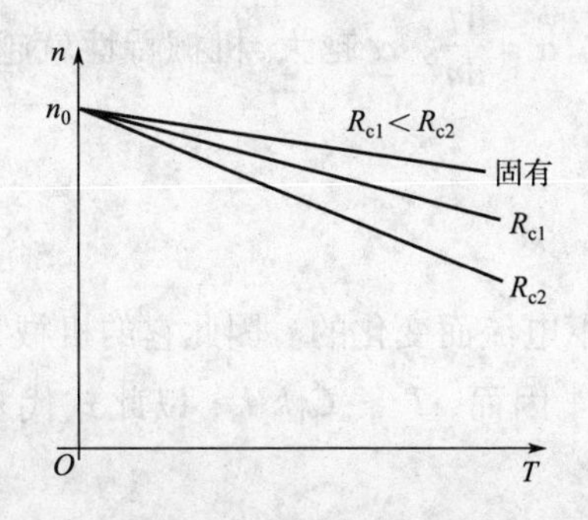

图6-7　他励电枢回路串电阻时的人为特性

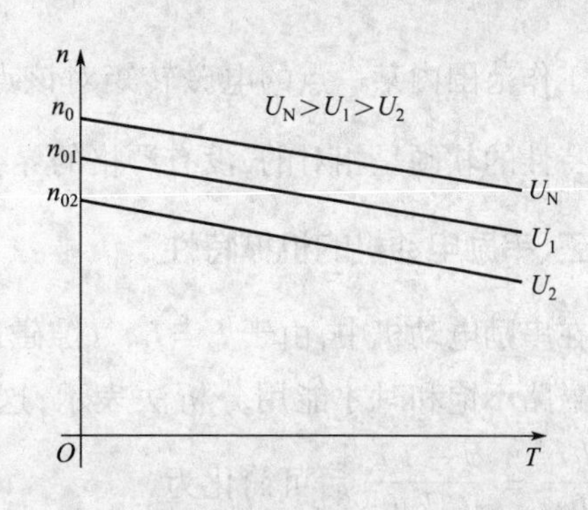

图6-8　改变电枢电源电压时的人为机械特性

4. 减弱气隙磁通的人为机械特性

减弱气隙磁通的人为机械特性是指当电动机外加电压为 U_N，电枢回路中不串电阻，减弱气隙磁通为 Φ 时得到的人为机械特性，减弱气隙磁通是因为电动机的额定工作点接近饱和，所以只能减弱磁通。

由机械特性方程式

$$n=\frac{U}{C_e\Phi}-\frac{r_a}{C_eC_T\Phi^2}T$$

可知，当 Φ 为不同值时，相应的人为机械特性如图6-9所示。可以看出，减弱磁通时的人为机械特性的理想空载转速升高，机械特性的曲线的斜率也增大，特性变软。

下面分析他励直流的电动机机械特性的特点。

由图6-6至图6-9可以看出，他励电动机的机械特性为穿越三个象限的一条直线，图6-6(b)中的A点，$T=0, I_a=0$，$n_0=\frac{U}{C_e\Phi}$，称为理想空载转速。斜率为 $\beta=\frac{r_a+R_c}{C_eC_T\Phi^2}$，显然，$Rc$ 愈大，特性愈陡。B点，$n=0$，$I_a=\frac{U}{r_a+R_C}=I_k$ 称为堵转电流，相应的电磁转矩称为堵转转矩。

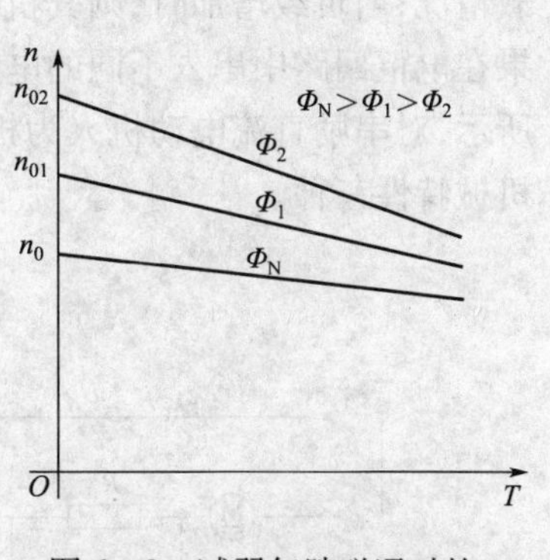

图6-9　减弱气隙磁通时的人为机械特性

下面讨论正转时，机械特性在三个象限内的情况。

在第一象限，$T>0, n>0, Tn>0$，功率大于零，$E_a>0$，且 $U>E_a$，电枢电流 I_a 的方向与 U 相同，由电源正极流出，电磁转矩为拖动转矩，电机工作在电动机状态，当 T 从零增加到 T_N 时，转速将从 n_0 降到 $n=n_0-\beta T$，$\Delta n=n_0-n=\beta T$，称为转速降。

在第二象限，$n>0$，且 $n>n_0$，$Tn<0$，功率小于零，$E_a>0$，且 $U<E_a$，电枢电流 I_a 为与 E_a 相同，流入电源正极，与第一象限相比方向相反，电磁转矩为阻碍运动的制动转矩，电机工作在发电机状态。随着转速增加，E_a 不断增大，T 及 I_a 的绝对值也增大。

在第四象限，$n<0$，电机反转，$E_a<0$，变成与 U 同向，电枢电流 I_a 的方向与 U 相同，与 E_a 相同，电动机即从电网吸收能量，又吸收电动机的机械能量，$T>0, Tn<0$，T 成为阻碍运动的制动转矩，电机工作在发电机状态。

反转时，机械特性在二、三、四三个象限内，读者可自行分析。

机械特性的软硬：当 T 增加时，n 下降不多，这种机械特性称为硬机械特性，反之称为软机械特性。为了比较机械特性的软硬，通常采用机械特性硬度这一概念。定义为在机械特性曲线的工作范围内某一点的电磁转矩对该点转速的导数，$\alpha=\dfrac{dT}{dn}$。α 越大，机械特性就越硬，但机械特性的软硬是相对的，没有严格的界线。

二、串励电动机的机械特性

在串励电动机中，由于 $I_a=I_f$，气隙磁通 Φ 是随电枢电流而变化的。因此它的机械特性只有在磁路不饱和时才能用分析法表示，这时 $\Phi\approx k_1I_a$，因而，$T\approx C_Tk_1I_a^2$，以此式代入 $n=\dfrac{U-I_ar_a}{C_e\Phi}=\dfrac{U-I_ar_a}{C_ek_1I_a}$ 后可简化为

$$n=\sqrt{\frac{C_T}{k_1}}\frac{1}{C_e}\frac{U}{\sqrt{T}}-\frac{r_a}{C_ek_1}$$

令 $C_1=\sqrt{\dfrac{C_T}{k_1}}\dfrac{1}{C_e}$，$C_2=\dfrac{1}{C_ek_1}$，则得

$$n=C_1\cdot\frac{U}{\sqrt{T}}-C_2r_a \tag{6-4}$$

式中，C_1 和 C_2 为两个常数，所以不饱和的串励电动机的机械特性为双曲线，这是相当于轻负载情况；当负载增加时，则其机械特性愈来愈远离双曲线，如图 6-10(b) 中曲线 r_a 所示。如果在电枢回路中串入不同的电阻，则可得到不同的人为机械特性，如图 6-10 中曲线 R_{c1}、R_{c2} 所示，对串励直流电动机人为机械特性也有电枢串电阻、改变电源电压和减弱气隙磁通的人为机械特性三种。

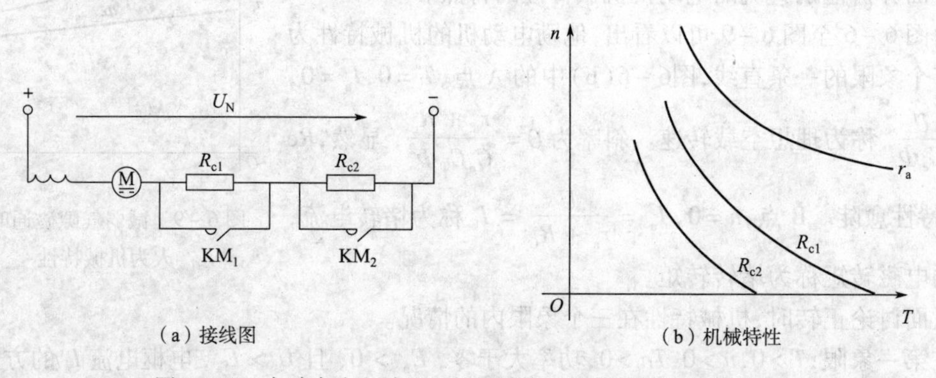

图 6-10　串励直流电动机电枢回路串电阻接线图及机械特性

如果在电枢回路串入不同的电阻 R_c 即得到电枢串电阻的人工机械特性，如曲线 R_{c1}、R_{c2} 所示，其中 $R_{c1}<R_{c2}$，这时式(6-4)变为

$$n=C_1\cdot\frac{U}{\sqrt{T}}-C_2(r_a+R_c) \tag{6-5}$$

从上式可见，在同一 T 值下，当 R_c 值愈大，则 n 值愈低，对应的人工机械特性处在自然机械特性的下方。改变电源电压和减弱气隙磁通的人为机械特性，读者可自行分析或参看有关书籍。

第三节　直流电动机的起动

直流电动机从投入电网开始转动起，一直达正常运行的速度为止，整个过程称为起动过程，根据生产实践，对电动机的起动性能提出以下要求。

(1)起动转矩要足够大。

(2)起动电流不能太大。

(3)其他还有起动时间要满足要求，启动设备要尽可能经济以及操作尽量方便等。

从公式 $T = C_T \Phi I_a$ 可以看出，既要得到大的起动转速 T_{st}，又要希望起动电流 I_{st}小，这是互相矛盾的，实践中常采用保证足够的起动转矩下尽量减少起动电流的办法。

直流电动机的起动方法有三种：(1)直接起动；(2)电枢回路串电阻起动；(3)降压起动。现以他励电动机为例，分别说明如下。

一、直接起动

直接起动就是将电动机直接投入到额定电压的电网上起动。起动时，先通入励磁电流，建立主磁场，然后再给电枢绕组内通入电流，从而产生电磁转矩，使电动机起动。

直接起动的瞬间 $n = 0, E_a = 0$，对一般电机，r_a 很小，启动电流 I_{st}可达 I_N的 10 ~ 20 倍，这样大的电流，可以使换向器上产生强烈的火花，同时起动转矩为 $T_{st} = C_T \Phi I_{ast}$，由于启动电流过大，转矩也将过大，使传动机构受到冲击，易造成设备损坏。对电网来讲，起动电流很大时，将使电网电压发生突然下降，以致影响其他用户。所以直接起动法只允许用于容量几百瓦的小型电机。对容量较大的电动机，为限制起动电流，必须采用变阻器或降压起动。

直接起动的优点是不需要什么起动设备，且操作简单。

二、电枢回路串电阻起动

电枢回路串电阻起动就是在起动时将电阻串入电枢回路，以限制起动电流。图 6 - 11 为电枢回路串两个电阻的启动电路，启动时，KM_1 和 KM_2 全部断开，R_{st1} 和 R_{st2} 全部串入电枢，电机由 a 点开始启动，沿曲线 3 转速升至 b 点转速时，闭合 KM_2，电枢中仅串入 R_{st1}，由于惯性，转速不能突变，电机工作点将由 b 点变为 c 点，沿曲线 2 转速升至 d 点转速时，再闭合 KM_1，电枢中

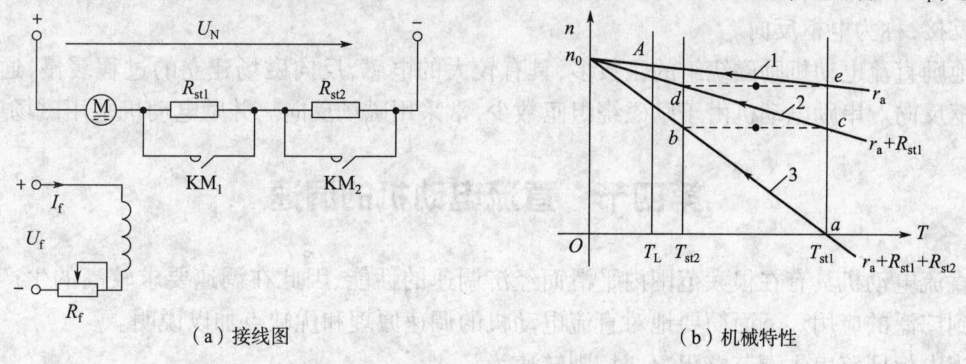

图 6 - 11　电枢回路串电阻起动接线图及机械特性

不再串入外串电阻，由于惯性，转速不能突变，电机工作点将由 d 点变为 e 点，再沿曲线 1 升至 A 点，启动完毕。采用电枢回路串电阻起动时的起动电流的 $I_{st1} = (1.5 \sim 2) I_N$，启动转矩 $T_{st1} =$

$(1.5\sim2)T_N$，切换电流 $I_{st2}=(1.1\sim1.2)I_N$，切换转矩 $T_{st2}=(1.1\sim1.2)T_L$，在分级启动中为加快启动速度和减少电流的较大冲击以及电机的机械冲击，对启动电阻的选择应以在启动过程中，最大启动电流和切换电流不变的原则计算，只要 R_{st1} 和 R_{st2} 的数值选择得当，就能将起动电流限制在允许的范围以内。

电枢回路串电阻起动广泛地应用在各种小型直流电动机，但用此法起动大容量电动机时，由于电阻起动变阻器笨重，如果经常启动还会消耗很多电能，因此对大容量和经常起动的电机，常采用降压起动法。

三、降压起动

降压起动就是通过降低电动机的电枢端电压来限制启动电流。

降压起动要有一套专用直流发电机组作为电动机的电源或电力电子整流电源，如直流传动的内燃机车，在启动时，柴油机转速低，发电机输出电压低，从而整流后的电压也低，限制了牵引电动机的启动电流和启动转矩。电力电子直流电源有相控和脉冲整流电源，由于科技的发展，得到广泛应用。如直流传动的电力机车，在启动时，整流输出电压低，达到降压起动的目的。图 6－12 为他励直流电动机五级降压启动的机械特性。启动电流和切换电流的数值与电枢回路串电阻启动的数值一样。

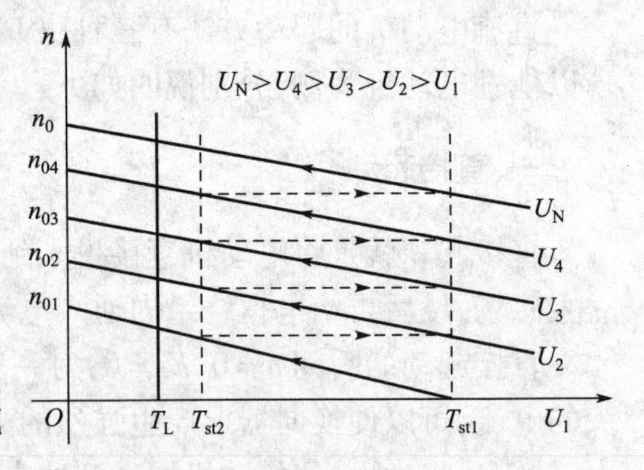

图 6－12　他励直流电动机的减压起动的机械特性

降压起动的优点是起动电流小，起动过程中能量消耗少，同时还能达到调速和正、反转的目的，所以得到较广泛的应用。

四、改变电动机的转向

从转矩公式可知，只要改变磁通或电枢电流的方向，就可以改变电磁转矩的方向，从而改变电机的转向。因此改变直流电动机转向的方法是将励磁绕组的接线反接，或将电枢绕组的接线反接均可。同时改变励磁和电枢电流方向，则转向不变。

将电枢绕组接线不变，励磁绕组反接，这种方法称为磁场反向。励磁绕组接线不变，电枢绕组反接，称为电枢反向。

他励直流电动机励磁绕组的匝数多，具有较大的电感，反向磁场建立的过程缓慢，通常采用电枢反向。串励电动机由于励磁绕组匝数少，常采用磁场反向。并励电动机采用磁场反向。

第四节　直流电动机的调速

直流电动机具有在很大范围内平滑而经济调速的性能，因此在调速要求较高的生产机械上得到广泛的应用。下面简要地对直流电动机的调速原理和优缺点加以说明。

当电枢回路串入调节电阻 R_c 时，则转速为

$$n=\frac{U-I_a(r_a+R_c)}{C_e\Phi} \tag{6-6}$$

从上式可知，直流电动机的转速，可用下述三种方法进行调节：

(1)改变电枢回路串入的调节电阻 R_c；

(2)改变主磁通 Φ；

(3)改变电枢的端电压 U。

(1)和(2)两种方法在一般具有恒压电源的场合下均可以采用；第(3)种方法，则只限于在电压可调节的场合下才可以应用，现分述如下。

一、电枢回路串入电阻来调速

从机械特性公式和式(6-5)可以看出，在一定负载转矩时，电枢串入的电阻 R_c 越大，运行速度越低，因此可以达到电气调速的目的。现以他励电动机为例，说明转速变化的过渡过程。

利用机械特性就可以分析这个降速过程。在图6-13中，设曲线1为 R_c 尚未串入电枢回路以前的固有机械特性，曲线2为电枢回路串入 R_{c1} 以后的机械特性，曲线3为电枢回路串入 R_{c2} 以后的机械特性。若机组先在曲线1上的A点运行，电枢电流 $I_a=I_N$，电动机的转矩 $T=T_N$，稳定运行转速为 n_N。当串入 R_{c1} 时，由于电动机组的机械惯性，转速不能突变，从而反电势 E_a 也不会突变，所以运行点只能在同一转速 n_N 下由曲线1上的A点过渡到曲线2上的B点，这样就使电枢电流从 I_N 突然下降为 I_B，随着电动机的转矩下降为 $T_B=C_T\Phi I_B$。由于 $T_B<T_L$，所以电动机的转速下降，工作点从曲线2的B点向下移动，于是电枢电流又逐渐回升，所以电动机的电磁转矩随着电流的回升又逐渐增大。当转速下降到 n_1 时，电枢电流和电磁转矩又重新回升到 R_{c1} 接入电枢电路以前的数值，即 $I_a=I_N$，$T=T_N$，机组在新的条件下(转速已下降为 n_1)，又达到新的稳定运行，C点就是新的稳定运行点。从C点到E点的过渡同上。

从上述分析可知，电枢回路串电阻调速属于有级调速。调速时，由电网输入电动机的功率 $P_1=UI_a$ 不变，电动机的输出功率 $P_2=T_2\Omega=T_2\cdot\dfrac{2\pi n}{60}$ 与 n 成正比减小，电动机的效率 $\eta=\dfrac{P_2}{P_1}$ 相应降低；此外，电机的冷却条件变坏，温升有所上升，适用于小型电动机。

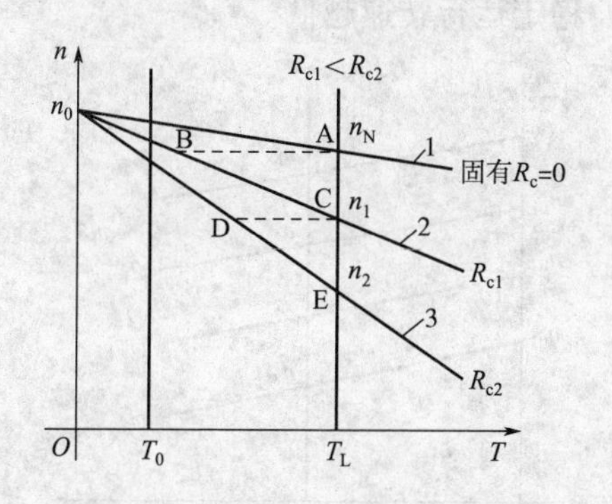

图6-13　电枢回路串电阻调速的机械特性

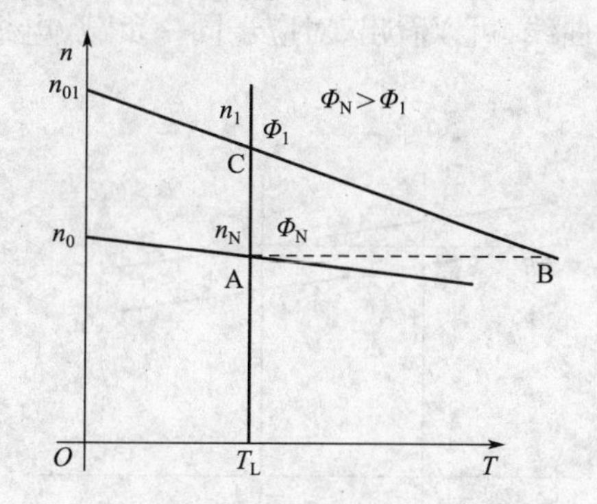

图6-14　减弱气隙磁通调速的机械特性

二、改变主磁通 Φ 来调速

当 U=常数时，减小励磁电流(常用增大励磁回路的电阻等办法)，可以减小主磁通 Φ，从式(6-6)可知，电动机的转速就会上升。下面以图6-14所示的他励电动机为例，说明调速时的过渡过程。

设电动机原先运行在 $n=n_N$，$I=I_{LN}$，$\Phi=\Phi_N$ 的A点，在调速过程中，负载转矩不变(恒转矩调速)。现减少励磁电流(不考虑励磁绕组的电磁惯性)，使磁通 Φ_N 突然减小到 Φ_1，则在最初瞬间，由于机械惯性的缘故，转速来不及变化，电机工作点将由A点突变为B点，因此反电势必然会突然下降，于是电枢电流将上升。通常，I_a 增加的数量远大于 Φ 减少的数量，因此电磁转矩 $T=C_T\Phi I_a$ 将增大很多，于是电磁转矩大于负载转矩，使电动机的转速上升，这是第一阶段。

随着转速的上升，反电势开始上升，于是电枢电流和电磁转矩就逐渐下降，直到电磁转矩和负载转矩重新平衡，电动机转速达到新的稳定运行转速 n_1 为止，这是第二阶段。

在新的稳定状态下，由于磁通从 Φ_N 突然减小到 Φ_1，而负载转矩和与之平衡的电磁转矩 T 保持不变，所以电枢电流从 I_{aA} 增大到 I_{aC}，此时

$$\frac{I_{aA}}{I_{aC}}=\frac{\Phi_N}{\Phi_1} \tag{6-7}$$

若忽略电枢回路的电阻压降不计，则调速后的稳定转速应为

$$\frac{n_1}{n_N}=\frac{\Phi_N}{\Phi_1} \tag{6-8}$$

这种调速方法的优点是：调速平滑，可以得到无级调速(如采用晶闸管无级磁场削弱)。

(1)由于励磁电流较小，所以调节电阻上的功率损耗不大，且设备简单、控制方便；

(2)减小励磁电流时，可使电动机的转速升高，在负载转矩不变的情况下，电枢电流将增加，输入和输出功率同时增加，电动机的效率几乎不变；

(3)调速范围大，直流调速电机的调速幅度(最高转速与最低转速之比)可达3~4倍。

缺点是随着转速和电枢电流的增加，磁场削弱太深，则电抗电势增加，使换向条件变坏。

三、降低电枢端电压 U 调速

从式(6-6)可知，如果电枢的端电压由额定电压降低，电枢回路不串入附加电阻，而不改变其励磁电流，则在一定的负载转矩下，电动机的转速降相应地增加或降低，从而达到调速的目的。

图6-15和图6-16分别画出了降低电枢电压的过渡过程和在降低电枢电压下的的机械特性曲线，可以看出，对应于同一负载，电枢电压越低，稳定运行转速越低。

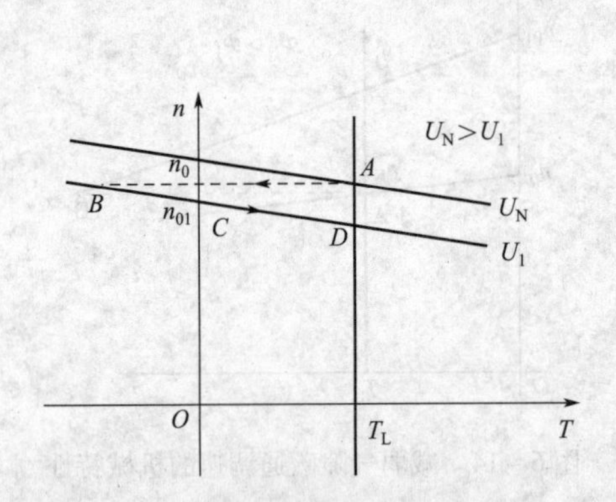

图6-15 降低电枢电压的过渡过程

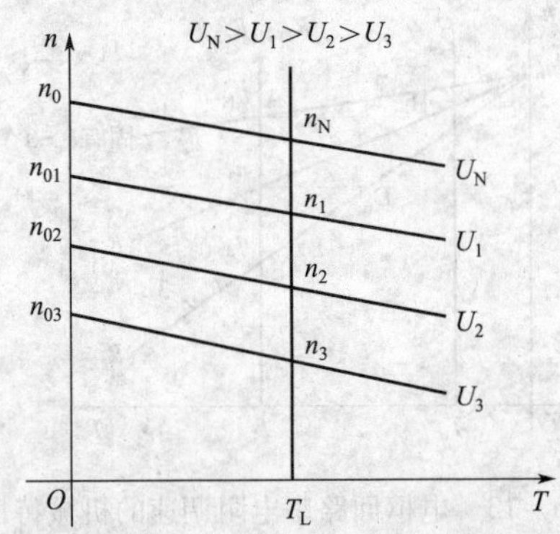

图6-16 降低电枢电压调速的机械特性

过去通常采用的直流电源可以是一台他励发电机，通过调节发电机的励磁电流，能任意调节加于电动机的端电压，达到平滑、宽广的调速，且效率高。若改变发电机的励磁电流方向，使发电机端电压的极性改变，还可使电动机反转。此外，这种线路还可实现降压起动。近年来，由于变流技术的迅速发展，电力电子整流电路得到广泛的应用。

由于这种调速方法具有一系列的优点，因而广泛地用于直流传动的电力机车、轧钢机、造

纸机、船用螺旋桨的推动等电力拖动设备。

例 6－1　一台他励直流电动机，$P_N = 7.5\ \text{kW}$，$U_N = 220\ \text{V}$，$I_N = 41\ \text{A}$，$n_N = 1500\ \text{r/min}$，$r_a = 0.376\ \Omega$，拖动恒转矩负载运行，$T = T_N$。当把电源电压降到 $U = 180\ \text{V}$ 时，问：

（1）在降低电源电压瞬间，电动机的电枢电流及电磁转矩是多少？

（2）稳定运行时转速是多少？

解　电势常数 $C_e\Phi_N = \dfrac{U_N - I_N R_a}{n_N} = \dfrac{220 - 41 \times 0.376}{1500} = 0.136$

（1）瞬间电动势不变 $E_a = C_e\Phi_N n_N = 0.136 \times 1500 = 204\ (\text{V})$

电枢电流：$I_a = \dfrac{U - E_a}{R_a} = \dfrac{180 - 204}{0.376} = -63.83\ (\text{A})$

电磁转矩：$T = 9.55 C_e\Phi_N I_a = 9.55 \times 0.136 \times (-63.83) = -82.9\ (\text{N}\cdot\text{m})$

（2）稳定转速：$n = \dfrac{U - I_N R_a}{C_e\Phi_N} = \dfrac{180 - 41 \times 0.376}{0.136} = 1\ 210\ (\text{r/min})$

第五节　直流电动机的制动

在生产过程中，有时需要尽快地使电动机停转，或从高速运行降到低速运行；有时也需要将机组的转速限制在一定的数值以内，以免发生危险。为此需要在电动机轴上施加一个与转向相反的制动转矩，这个过程称为制动。制动的方法可用机械制动法（如抱闸）或用电磁制动方法。电磁制动就是使电机产生的电磁转矩与旋转方向相反，以阻止电机的转动或减少电机的转动速度。但电磁制动有时必须与机械制动配合使用。直流电机在电动状态运行时，电磁转矩 T 与转速 n 的方向一致，$Tn > 0$，电机从电网上吸收能量，T 是拖动性质的。而在电气制动时，T 与 n 的方向相反，$Tn < 0$，电机输出能量，T 是制动性质的阻转矩。但与一般发电机不同的是，此时电机输入的机械功率不是由专门的原动机供给，而是来自拖动系统在降速过程或限速过程中释放出来的动能或位能。直流电动机的电磁制动方法有能耗制动、反馈制动和反接制动三种，下面以他励直流电动机为例分别说明如下。

一、能耗制动

图 6－17 所示为他励直流电动机能耗制动接线图。制动时，断开 KM_1 闭合 KM_2，保持励磁电流不变，而仅将电枢电源断开并接到一个适当的电阻 R_c 上，由于气隙中仍有磁场，转子因储有动能而继续旋转，这时电动机便成为一台他励发电机，把电能消耗在电阻上。电枢上产生的电磁转矩恰与旋转方向相反而起制动作用，于是转子储存的动能变为电阻上的热能而消耗掉，使工作系统迅速减速。能耗制动有两种运行状态：

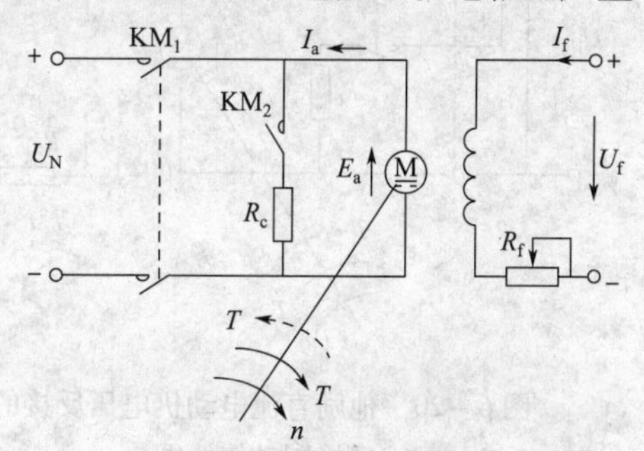

图 6－17　他励直流电动机能耗制动接线图

（1）能耗制动停车　如图 6－18 中拖动反抗性质负载时，原先运行在 A 点，当能耗制动时，将按 A 点、B 点、再到 O 点，系统停车，当要求快停，转速低时制动转矩减少，因此常与机械制动配合使用。能耗制动停车时，并接的电阻 R_{c1} 一般按 $I_B \leqslant 2I_N$ 确定。

（2）能耗制动运行　如图 6－18 所示，拖动位能性质负载时，原先运行在 A 点，当能耗制动至 $n=0$ 时，$T=0$，小于 T_L，系统将沿 O 点继续运行，直至 C 点，系统反向稳定运行(如下降)。能耗制动运行时，并接的电阻 R_{c2} 一般除满足 $I_B \leqslant 2I_N$ 外，还应满足反向运行速度的要求。

图 6－19 为能耗制动过程的功率流程图。

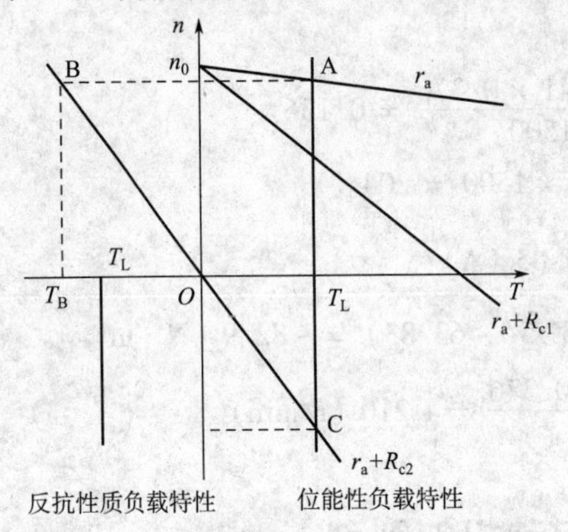

图 6－18 他励直流电动机能耗制动机械特性

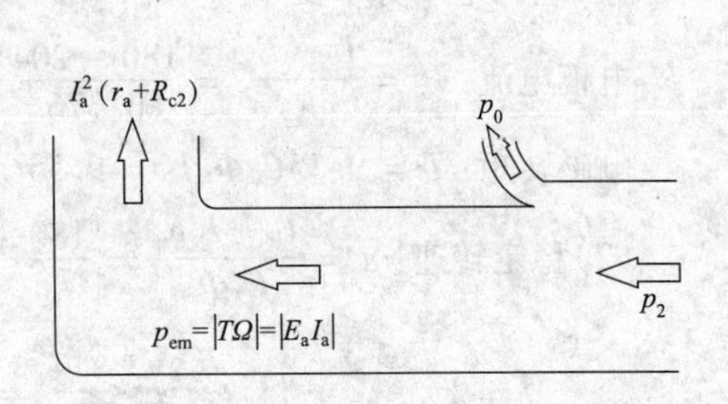

图 6－19 能耗制动过程的功率流程图

二、反接制动

反接制动时将电枢(或励磁绕组)两端反接到电源上，如图 6－20 所示为电压反接的制动接线图。这时由于电枢(或励磁)电流反向，使电磁转矩改变方向，成为制动转矩。反接制动时，由于电枢中电势 E_a 反向而与端电压的方向相同，电枢电流 $I_a=\dfrac{U+E_a}{R_a}$ 将会很大，为了限制电枢电流，电枢回路应串入一个限流电阻 R_c，电阻 R_c 一般要满足 $I_B \leqslant 2I_N$。反接制动也有两种运行状态，其机械特性曲线如图 6－21 所示。

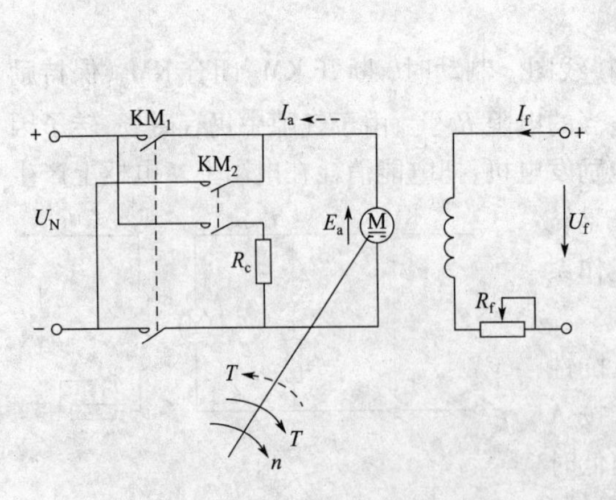

图 6－20 他励直流电动机电压反接的反接制动接线图

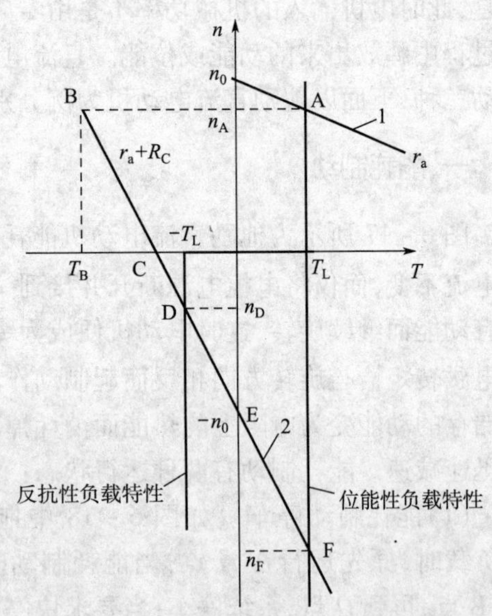

图 6－21 他励直流电动机电压反接的反接制动机械特性

(1)反接制动停车状态　当闭合 KM_1,断开 KM_2 时,电动机运行在 A 点,机械特性曲线为 1。当闭合 KM_2,断开 KM_1 时,电源电压反极性,回路中串入了限流电阻 R_c,机械特性曲线变为 2,反接制动开始,系统将由 A 点跳至 B 点,沿 BC 运行,直至 C 点,转速为零,电压反接制动结束。此时,应切断电源,否则,系统可能反向运行。

(2)反接制动运行状态　工作点在 C 点时,如果不切除电源,若为图中的反抗性质负载,电动机反向起动,工作点将从 C 点沿特性 CD 段下移至 D 点,系统在反向的 D 点稳定运行。

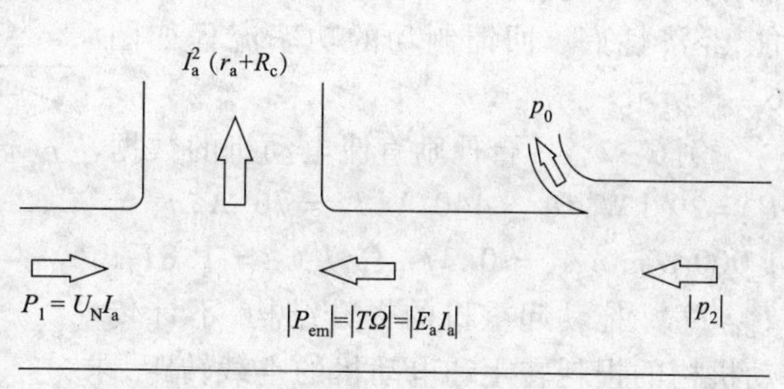

图 6-22　反接制动过程的功率流程图

在反接制动停车过程中,$U<0$,$n>0$,所以 $E_a>0$,$I_a<0$,$UI>0$,即从电网上吸收电功率,同时从轴上输入的机械功率(转速下降了)转变为电功率,两者一起消耗在了电枢回路的电阻上。功率流程图如图 6-22 所示。

三、转速反向的反接制动(又称电动势反接的反接制动)

对图 6-23 所示的位能性负载,当 KM 设闭合时,电动机运行在 A 点,当断开 KM 时,反接制动开始,系统将由 A 点跳至 B 点,沿 BC 运行,直至 C 点,转速为零,但系统将反向启动,直至 D 点,最后转速反向,电动势反向;但电枢电流方向不变,仍从电网吸收能量,同时,位能的减少转变为电能,两者都消耗在电阻上。功率流程图如图 6-22 所示。

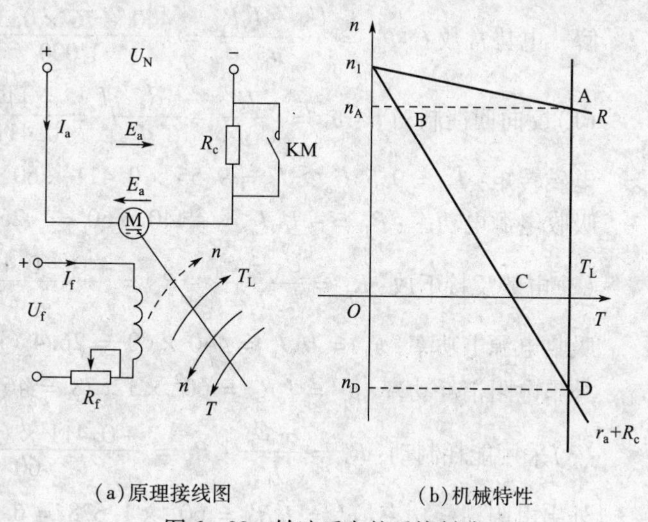

(a)原理接线图　　(b)机械特性

图 6-23　转速反向的反接制动

四、回馈制动

回馈制动又称再生制动,用来限制电机的转速升高,例如用串励直流电动机拖动的电车或电力机车,在机车下坡运行时,若不加以制动,则可能达到很高的速度。此时可将串励电动机改接为并励或他励,以保证适当的励磁电流,但电枢仍然接在电网上,当电机的转速升高到某一数值时,电枢电势 $E_a>U$,此时电动机便转变为发电机运行而向电网输送电能,故称反馈制动,同时电磁转矩 T 由拖动转矩变为制动转矩,限制了机车的速度继续上升。

回馈制动有两种状态:

(1)电压反接的反向回馈制动　参看图 6-21 的位能性负载。从 B 到 E 的过程前已述及,这里来研究从 E 到 F 的变化。从 E 点开始,电机的转速 $|n|>|n_0|$,电动机进入第Ⅳ象限,此时,$|E_a|>|U_N|$,电枢电流改变了方向,$I_a>0$,但 $n<0$,$Tn<0$,向电网反馈能量,此能量是由于重物下降减少的位能转化而来。

(2)正向回馈制动　参看图 6-15,设电动机原先运行在 A 点,当突然降低电枢电压 U_1

时，系统将由 A 点跳至 B 点，$T<0$，为制动转矩，同时，电流也反向，系统在由 B 到 C 的过程中，向电网反馈能量。

回馈制动使电动机变为发电机，将系统储存的机械能转变为电能回馈给电网，节能，经济性好。回馈制动的功率流程如图 6-24所示。

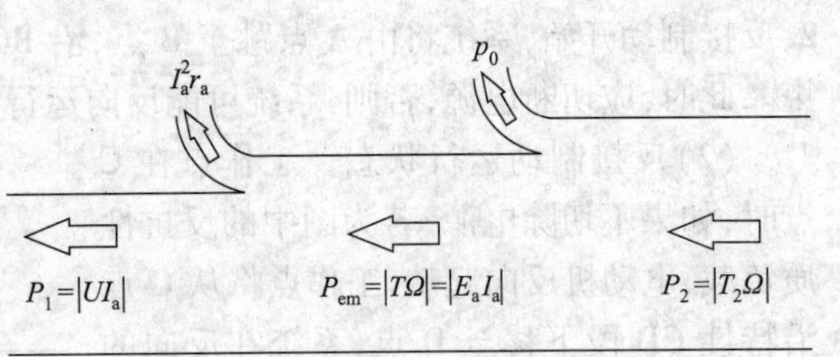

图 6-24 回馈制动过程功率流程图

例 6-2 一台他励直流电动机的数据 $P_N=29$ kW，$U_N=440$ V，$I_N=76$ A，$n_N=1\,000$ r/min，$r_a=0.377\ \Omega$，$I_{amax}=1.8I_N$，$T_L=T_N$。拖动起重机的提升结构，不计传动机构的损耗转距和电动机的空载转距，求：

(1)电动机在反向回馈制动状态下放下重物，$I_a=60$ A，电枢回路不串电阻，求电动机的转速及转矩各为多少？回馈到电源的功率多大？

(2)采用电动势反接制动下放同一重物，要求转速 $n=-850$ r/min，问电枢回路中应串入多大电阻？电枢回路从电源吸收的功率是多大？电枢外串电阻上消耗的功率是多少？

(3)采用能耗制动运行下放同一重物，要求转距 $n=-300$ r/min，问电枢回路中应串入的电阻值为多少？该电阻上消耗的功率为多少？

解 电势常数 $C_e\Phi_N=\dfrac{U_N-I_NR_a}{n_N}=\dfrac{440-76\times0.377}{1\,000}=0.411$

(1)反向回馈制动下：$n_1=\dfrac{U}{C_e\Phi_N}-\dfrac{R_a}{C_e\Phi_N}I_a=\dfrac{-440}{0.411}-\dfrac{0.377}{0.411}\times60=-1125.60$ (r/min)

电磁转矩：$T_1=9.55C_e\Phi_NI_a=9.55\times0.411\times60=253.5$ (N·m)

吸收电源电功率：$P_1=-U_NI_a=-440\times60=-26.4$ (kW)

(2)电势反接下放：$R_c=\dfrac{U_N-E_a}{I_a}-R_a=\dfrac{440-0.411\times(-850)}{60}-0.377=12.78$ (Ω)

吸收电源电功率：$P_1=U_NI_a=440\times60=26.4$ (kW)

外串电阻消耗功率：$p_c=I_a^2R_c=60^2\times12.78=46$ (kW)

(3)采用能耗制动：$R_c'=\dfrac{-E_a}{I_a}-R_a=\dfrac{-0.411\times(-300)}{60}-0.377=1.678$ (Ω)

外串电阻消耗功率：$p_c'=I_a^2R_c'=60^2\times1.678=6.04$ (kW)

第六节 各种直流电动机的应用范围及四象限运行

一、各种直流电动机的应用范围

他励电动机基本上是一种恒速电动机，但因需两套直流电源，较少用。并励电动机基本上是一种恒速电动机，并能较方便地进行调速，因此一般用来拖动要求转速变化较小的负载，如金属切削机床、球磨机等。专门设计的并励调速电动机可在较大范围内平滑调速，用于实验室、轧钢机、造纸机等。

串励电动机的特点是起动转矩和过载能力较大，但转速会随着负载变化而显著变化，通常用于电车、电力机车、起重机、电梯等电力牵引设备。

以并励为主的复励电动机具有较大的起动转矩，但转速变化不大，主要用于冲床、刨床、印刷机等；以串励为主的复励电动机具有串励电动机的特性，但无飞速的危险，因此也用于吊车和电梯等。

二、他励直流电动机的四象限运行状态

直流电动机的工作状态是指电动机的机械特性与负载转矩特性交点所对应的稳定运行状态。图6－25所示为他励直流电动机的各种运行状态示意图，其中Ⅰ、Ⅲ象限为正向和反向电动机状态。Ⅱ、Ⅳ象限为发电机状态。在发电机状态下，只有回馈制动和电压反接制动状态下向电网回馈电能，其他状态下，所发电都消耗在了电阻上（因电枢电流方向与电动机状态下相同）。图中给出了位能性恒转矩负载和反抗性恒转矩负载两种典型负载。

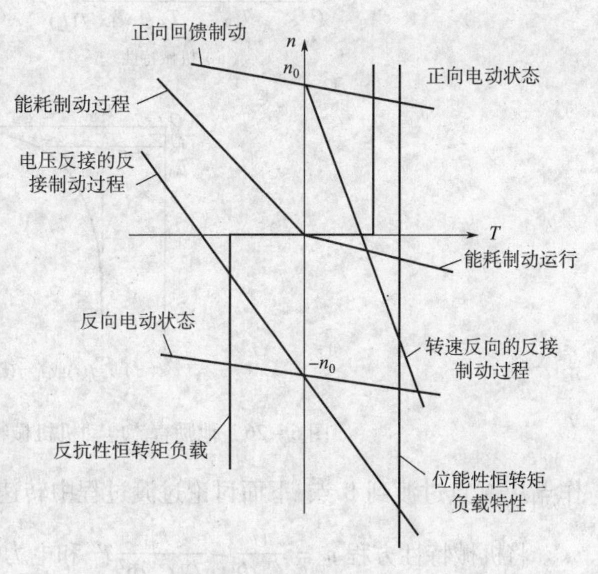

图6－25 他励直流电动机的各种运行状态示意图

当电动机在稳定状态下运行时，工作点位于某一象限，但当电动机从某一平衡状态变化到另一平衡点时，有一个变化过程，即过渡过程。通过控制，一台电动机可在四个象限内工作，这就是电动机的四象限运行。

第七节 他励直流电动机过渡过程

由 $T-T_L=\frac{GD^2}{375}\frac{\mathrm{d}n}{\mathrm{d}t}$ 可知，当惯性转矩 $\frac{GD^2}{375}\frac{\mathrm{d}n}{\mathrm{d}t}$ 为零时，电力拖动系统处于稳定运行状态（静态），研究稳态时用静态特性即机械特性；当惯性转矩不为零时，电力拖动系统处于由某个稳定运行状态变化到另一稳定运行状态的过渡过程（动态），实际生产中如系统的起动、制动、反转、调速都有过渡过程，研究动态时用动态特性，如 $n=f(t)$、$T=f(t)$ 和 $I_a=f(t)$。产生过渡过程的外因：负载变化或电气参数（U、R、Φ）变化；而产生过渡过程的内因：系统飞轮矩 GD^2 的存在，会产生机械惯性，使转速不能突变；电枢回路的电感和励磁回路的电感的存在，会产生电磁惯性，使电流（或转矩）不能突变。只考虑飞轮矩影响的过渡过程称机械过渡过程；只考虑电感影响的过渡过程称电磁过渡过程；同时考虑飞轮矩和电感影响的过渡过程称电气—机械过渡过程。

一般情况下，电磁惯性远远小于机械惯性，且在机械过渡过程刚开始时就已结束，所以为了简化分析，以下只讨论机械过渡过程。

一、过渡过程数学分析

1. 过渡过程中转速变化规律

设电动机原稳定工作在图6－26所示的A点上，现负载突然由 T_{LA} 减小到 T_{LB}，电动机工

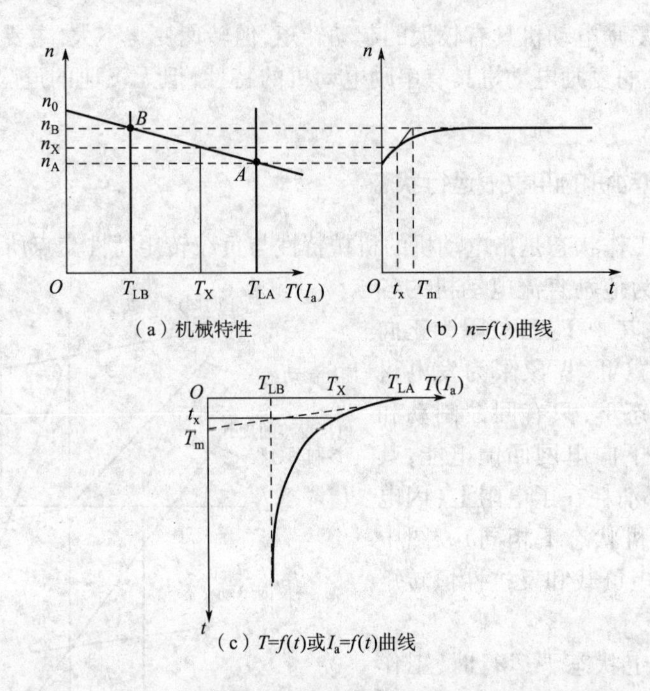

(a) 机械特性　　(b) $n=f(t)$曲线

(c) $T=f(t)$或$I_a=f(t)$曲线

图6-26　他励直流电动机机械特性上 A→B 的过渡过程

作点从 A 点过渡到 B 点，下面讨论过渡过程中转速的变化规律。

将机械特性方程 $n=\dfrac{U}{C_e\Phi}-\dfrac{r_a}{C_eC_T\Phi^2}T_L$ 和电力拖动系统运动方程 $T-T_{LB}=\dfrac{GD^2}{375}\dfrac{dn}{dt}$ 联立，消除中间变量电磁转矩 T，令 $\beta=\dfrac{r_a}{C_eC_T\Phi^2}$，可得微分方程为

$$\begin{aligned}n&=\frac{U}{C_e\Phi}-\frac{r_a}{C_eC_T\Phi^2}\left(\frac{GD^2}{375}\frac{dn}{dt}+T_{LB}\right)\\&=n_0-\beta\cdot\frac{GD^2}{375}\frac{dn}{dt}-\beta T_{LB}\end{aligned}\tag{6-9}$$

式中，$n_0-\beta T_{LB}$ 就是过渡过程结束后的电动机稳态值 n_B，令 $T_m=\beta\cdot\dfrac{GD^2}{375}$，因此上式可写为

$$T_m\frac{dn}{dt}+n=n_B\tag{6-10}$$

对式(6-10)两边积分得

$$\ln(n-n_B)=-\frac{t}{T_m}+C\tag{6-11}$$

$$n-n_B=e^{-\frac{t}{T_m}+C}=e^{-\frac{t}{T_m}}e^{C}=C'e^{-\frac{t}{T_m}}\tag{6-12}$$

将 $t=0$、$n=n_A$ 的初始条件代入上式求积分常数 C' 得

$$C'=n_A-n_B\tag{6-13}$$

把积分常数代入式(6-12)整理后得转速变化规律为

$$n=n_B+(n_A-n_B)e^{-\frac{t}{T_m}}\tag{6-14}$$

由式(6-14)可见，转速由两部分组成：一部分是稳态分量，另一部分是暂态分量。转速 n 的过渡过程是一条按指数规律变化的曲线，起始值为 n_A，稳态值是 n_B，$n=f(t)$曲线如图6-26所示。

2. 过渡过程中电磁转矩或电枢电流变化规律

电磁转矩的变化规律 $T=f(t)$：在机械过渡过程中，n 与 T 的关系仍由电动机机械特性确定，由图 6-26 中可知：$n=n_0-\beta T$，$n_A=n_0-\beta T_{LA}$，$n_B=n_0-\beta T_{LB}$。代入式(6-14)整理后得

$$T=T_{LB}+(T_{LA}-T_{LB})e^{-\frac{t}{T_m}} \tag{6-15}$$

可见，转矩也由两部分组成：一部分是稳态分量，另一部分是暂态分量。电磁转矩 T 的过渡过程是一条按指数规律变化的曲线，起始值为 T_{LA} 稳态值是 T_{LB}，曲线如图 6-26 所示。

电枢电流变化规律 $I_a=f(t)$：因为 Φ 为常数，$T\propto I_a$，所以只要用 $C_T\Phi$ 除以式(6-15)两边，即可得电枢电流的变化规律为

$$I=I_{aB}+(I_{aA}-I_{aB})e^{-\frac{t}{T_m}} \tag{6-16}$$

电枢电流动态特性 $I_a=f(t)$ 也是一条按指数规律变化的曲线。

3. 过渡过程时间的计算

由式(6-14)可见，当 $t\to\infty$ 时，$n=n_B$。实际上，当 $t=(3\sim4)T_m$ 时，$n\approx n_B$，工程上认为系统进入稳态，所以只要已知机电时间常数 T_m，就可求出整个过渡过程所需的时间。

但实际生产中，往往还需要求过渡过程进行到某一阶段所需的时间，例如求图 6-26 中 A、x 之间，转速由 $n_A\to n_x$ 所需的时间，这时可令 $n=n_x$，经整理得过渡过程时间为

$$t_x=T_m\ln\frac{n_A-n_B}{n_x-n_B} \tag{6-17}$$

如求图 6-26 中 A、x 之间，转矩由 $T_A\to T_x$ 所需的时间，这时可令 $T=T_x$，则过渡过程时间为

$$t_x=T_m\ln\frac{T_{LA}-T_{LB}}{T_x-T_{LB}} \tag{6-18}$$

对电枢电流由 $I_{aA}\to I_{ax}$ 所需的时间，用同样的办法可得过渡过程时间为

$$t_x=T_m\ln\frac{I_{aA}-I_{aB}}{I_x-I_{aB}} \tag{6-19}$$

二、他励直流电动机各种运行状态的过渡过程简介

从上述转速、转矩或电枢电流的过渡过程可知，只要已知起始值、稳态值和机电时间常数这三要素，就可得到过渡过程的动态特性方程。

我们用同样的数学办法可得他励直流电动机串电阻起动的过渡过程如图 6-27 所示。他励直流电动机能耗制动的过渡过程如图 6-28 所示。其他如反接制动的过渡过程等由于篇幅所限，在此不再赘述，读者可自行分析得出。

三、减少过渡过程中能量损耗的办法

由于在生产实际中，电动机需要调速，也就是说要从一个稳定状态过渡到另一个稳定状态。因此，了解在电动机过渡过程中如何减少能量损耗具有重要的意义。通过理论分析，减少过渡过程中能量损耗的办法主要有以下几种。

1. 减少拖动系统的转动惯量 J。如对经常起动、制动和反转的拖动系统，可采用专门设计的起重冶金型(ZZJ 系列)直流电动机。这类电动机电枢细而长，与普通直流电动机相比，当额定功率和额定转速相等时，其转动惯量可减少约一半。也可以采用双电动机拖动等措施来减少转动惯量。

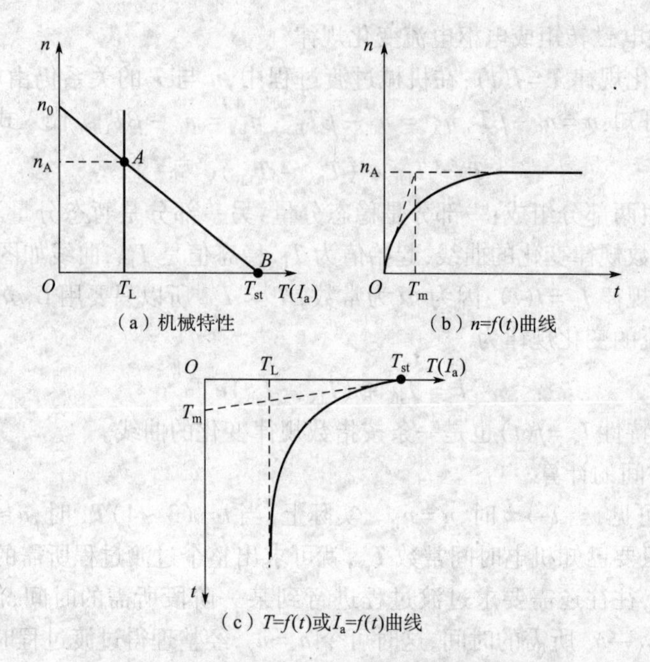

（a）机械特性 （b）$n=f(t)$曲线

（c）$T=f(t)$或$I_a=f(t)$曲线

图 6-27 他励直流电动机串固定电阻起动过渡过程

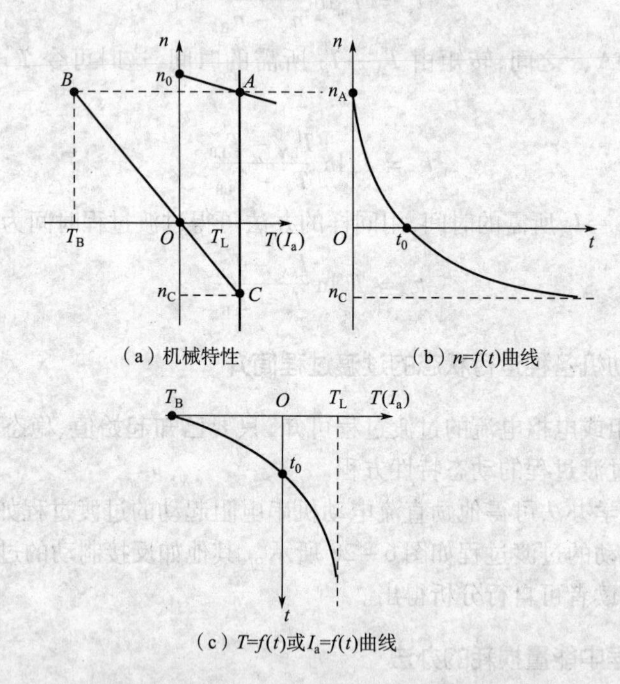

（a）机械特性 （b）$n=f(t)$曲线

（c）$T=f(t)$或$I_a=f(t)$曲线

图 6-28 拖动位能性负载能耗制动过渡过程

2. 降低电动机的理想空载转速 n_0，直流电动机可用降低电压的办法减少理想空载转速 n_0。即把理想空载下的起动过程分成两级电压实现，先加 $U_N/2$，达到此电压下的理想空载转速点时，再将电源电压升至 U_N，则能量损耗减低一半。交流电动机则可采用降低频率的办法来降低理想空载转速 n_0。

3. 选择合理的制动方式。如采用能耗制动时，能量损耗仅为反接制动的 1/3 等办法。

思考题与习题

1. 他励直流电动机，在拉断电枢回路电源瞬间（n 未变），电机处于什么运行状态？端电压多大？

2. 什么是固有机械特性？什么是人为机械特性？他励直流电动机的固有特性和各种人为特性各有何特点？从物理概念上说明为什么电枢外串电阻越大，机械特性越软？

3. 什么是机械特性上的额定工作点？什么是额定转速降？

4. 直流电动机电磁转矩是拖动性质的，电磁转矩增加时，转速似乎应该上升，但从机械特性上看，电磁转矩增加时，转速反而下降，这是什么原因？

5. 他励直流电动机稳定运行时，电枢电流的大小由什么决定？改变电枢回路电阻或改变电源电压的大小时，能否改变电枢电流的大小？

起动他励直流电动机前，没发现励磁绕组断线就起动了，下面两种情况会引起什么后果？（1）空载起动；（2）负载起动，$T_L = T_N$。

6. 他励直流电动机为什么不能直接起动？直接起动会引起什么不良后果？

7. 他励直流电动机有几种调速方法？各有什么特点？

8. 如何判断他励直流电动机是处于电动运行状态还是制动运行状态？

9. 如果一台他励直流电动机拖动一台电动小车向前行驶，转速方向规定为正。当小车是在斜坡路上，负载的摩擦转矩比位能转矩小。试分析小车在斜坡上前进和后退时电动机可能工作在什么运行状态？请在机械特性上标出工作点。

10. 当提升机下放重物时：（1）要使他励电动机在低于理想空载转速下运行，应采用什么制动方法？（2）若在高于理想空载转速下运行，又应采用什么制动方法？

11. 什么叫电力系统的过渡过程？引起起电力拖动系统过渡过程的原因是什么？在过渡过程中为什么电动机的转速不能突变？

12. Z_2-52 型他励直流电动机，$P_N = 4$ kW，$U_N = 220$ V，$I_N = 22.3$ A，$r_a = 0.91\ \Omega$，$n_N = 1\,000$ r/min，拖动位能恒转距负载，$T_L = T_N$，采用反接制动停车，已知电枢外串电阻 $R_c = 9\ \Omega$，求：

（1）制动开始时电动机产生的电磁转矩。

（2）制动到 $n=0$ 时如不切断电源，不用机械闸制动，电动机能否反转？为什么？

（答案：$T_{st} = 3.86$ N·m，$T < T_L$，如果不采用机械闸电动机将在负载重力作用下反转。）

13. 一台他励直流电动机，$P_N = 7.5$ kW，$U_N = 220$ V，$I_N = 41$ A，$n_N = 1\,500$ r/min，$r_a = 0.376\ \Omega$，拖动恒转矩负载运行，$T = T_N$。当把电源电压降到 $U = 180$ V 时，问：

（1）降低电源电压瞬间电动机的电枢电流及电磁转矩是多少？

（2）稳定运行时转速是多少？

（答案：-82.9 N·m，1 210 r/min）

第七章 旋转电机的发热和冷却

旋转电机包括交流电机和直流电机，是实现能量转化的电气器械。电机运行时总是伴随着能量损耗，这些损耗一方面使电机的输出功率减少，降低电机的效率；另一方面损耗最终转变为热能，使电机各部分温度升高。部件的温度与周围介质温度之差，称为该部件的温升。电机的损耗主要产生在电机的有效部分，即电机的绕组和铁心，因此温升也主要出现在这些部分。温升过高时，将使电机的绝缘迅速老化，使其机械强度和绝缘性能降低，寿命大大缩短，严重时甚至把电机烧毁。所以发热问题直接关系到使用寿命和运行的可靠性。对已制成的电机，电机的额定容量实际上主要取决于电机的温升。对大型电机，发热和冷却问题是决定电机极限容量的主要因素之一。

由于发热和冷却问题具有共同性，所以本章所讨论的问题及其一般结论，对交、直流电动机均适用。

第一节 电机常用绝缘材料等级和各部分温升限度

一、电机中常用绝缘材料的等级

按照耐温能力的高低，电机中常用的绝缘材料可分为 A、E、B、F、H 和 C 六级。

(1)A 级绝缘 包括经过浸渍或者使用时浸于油中的棉纱、丝和纸等有机材料或其组合物，一般漆包线上的磁漆也属于这一级。

A 级绝缘材料的最高容许工作温度为 105℃。

(2)E 级绝缘 包括用各种聚酯树脂、环氧树脂及三醋酸纤维等制成的绝缘薄膜，高强度漆包线上的聚酯漆也属于这一级。

E 级绝缘材料的最高容许工作温度为 120℃。

(3)B 级绝缘 包括云母、玻璃纤维及石棉等无机物，用提高耐热性的有机漆作为黏合剂制成的材料或其组合物。为了加强机械强度，B 级绝缘中可以加入少量 A 级材料(以不影响最高容许工作温度为限)。

B 级绝缘的最高容许温度为 130℃。

(4)F 级绝缘 包括云母、玻璃纤维及石棉等物质用硅有机化合物改性的合成树脂漆作为黏合剂制成的材料或其组合物，为了加强机械强度，B 级绝缘中可以加入少量 A 级材料。F 级绝缘的最高容许工作温度为 155℃。

(5)H 级绝缘 包括硅有机材料以及云母、玻璃纤维、石棉等物质用硅有机漆作为黏合剂制成的材料。

H 级绝缘的最高容许工作温度为 180℃。组成 B、F、H 这三级绝缘材料的基本材料都是云母、石棉或玻璃纤维，但是由于浸渍用漆的耐热性能不一，所以他们的最高容许工作温度也不同。

(6)C 级绝缘 包括能耐热薄膜、云母耐热树脂中胶等材料。C 级绝缘的最高容许工作温度为大于 180℃。

上述的耐温能力不是绝对的，只是说明可以长期在该温度下使用。当电机的绝缘材料长期处于最高允许工作温度以下时，一般有 15 年到 20 年的寿命；当工作温度超过最高允许工作温度时，使用寿命迅速缩短。实验表明，对 A 级绝缘，若长期处在 90℃到 95℃时，其使用寿命可达 20 年，但是在 95℃以上时，每当温度增加 8℃时，绝缘材料的使用寿命将减少一半（即 8 度法则）。例如，长期在 110℃下工作，寿命只有 4 到 5 年，而在 150℃下工作，就只能工作几天了。

现在我国电机生产中，应用最多的是 E 级和 B 级绝缘。在要求能耐高温的使用场合，常用 F 或 H 级绝缘，变频器供电的电动机甚至是 C 级绝缘。

二、电机各部分的温升限度

前面已经提到电机某部分的温度与周围冷却介质的温度之差称为该部件的温升，用 θ 表示。电机的温升主要取决于电机内部损耗的大小和散热的情况，在设计和使用电机时，温升是电机的主要性能指标之一。部件的温度 t 除与温升 θ 有关外，还与冷却的介质的温度 t_0 有关，可用下式表示。

$$t = t_0 + \theta \tag{7-1}$$

由于决定绝缘材料寿命的因素是温度而不是温升，因此，当电机所用绝缘材料确定后，部件的最高允许工作温度就确定了，此时允许温升就取决于冷却介质的温度。冷却介质的温度愈高，允许温升就愈低；反之就可提高。为了制造出基本上能在全国各地使用的电机，并避免造成不明确的概念，根据全国各个地区和各个季节的年最高温度，《电机基本技术要求》（GB755—2008）规定：在海拔 1 000 m 以下时，冷却介质空气的最高允许温度规定为 40℃，此时电机各部分实际可测得的最高允许温度与冷却介质的最高允许温度（即 40℃）之差，规定为该温升限度。当冷却介质的温度比 40℃ 高出 Δt_0℃（$\Delta t_0 < 10$℃）时，温升限度相应的减少 Δt_0℃，如低于 40℃时，对 A 级与 E 级绝缘，温升限度维持原值不变，对其他耐温较高的绝缘，温升限度可适当提高。当海拔在 1 000 m 以上但不超过 4 000 m 时，温升限度应按试验和使用地点的海拔差别进行校正。

为了保证电机长期安全可靠运行，在电机试制以后，必须进行温升试验来确定其温升。

由于不同的测量方法，可得出不同的测量结果。因此在规定温升限度的同时，应规定具体的测量方法。常用的测量方法有以下三种。

（1）温度计法　这种方法用温度计来测定温度，其优点是简便、可靠。但由于温度计只能触及电机各部件的表面，故此法仅能测出部件表面温度而无法测出内部最热点的温度。因此温度计法的温升限度通常比其他方法规定的低一些。

（2）电阻法　这种方法是利用绕组的直流电阻在温度升高后电阻相应增大的关系来测定绕组的温升。例如，铜线绕组由室温 t_0 变化到热态温度 t 时，其电阻的变化规律为

$$\frac{R_t - R_0}{R_0} = \frac{234.5 + t}{234.5 + t_0} \tag{7-2}$$

式中，R_1、R_0 分别表示绕组在热态（t℃）和冷态（t_0℃）时的电阻。由上式可以算出绕组的温升为

$$\theta = t - t_0 = \frac{R_t - R_0}{R_0}(234.5 + t_0) \tag{7-3}$$

如果绕组用的是铝线，上两式中的常数 234.5 用 245 来代替。由于测出的电阻是整个绕组的电阻，所以用电阻法测出的温升实际上是整个绕组的平均温升。

(3)埋置检温计法　常用的检温计有热电偶和电阻温度计两种,在进行电机装配时,将它埋置在预计有最高温度的地方,例如,槽底与铁心之间、槽内上、下之间、铁心叠片内等处。电机运行时,通过测量热电耦的电势或电阻温度计的电阻,就可确定被测点的温度。这种方法虽然比较复杂,但是由于它有可能测得接近于电机内部最热点的温度,因此在大型电机中得到普遍的应用。

可以看出,上述三种方法测得的温度都不是真正的最高温度。因此,国家标准中所规定的电机各部件测得容许最高温度较其所用绝缘材料的最高容许工作温度低。

第二节　电动机工作制

制造厂对电机的额定容量及其运行的持续时间和顺序所作的规定,称为电机的工作制。根据国标《GB755—2008 旋转电机　定额和性能》将电动机的工作制分为 S1 ~ S10 共 10 类,全部按定额工作制的运行称为“额定运行”。这里介绍常用的 S1 ~ S3 三种,即连续工作制、短时工作制和周期断续工作制。

(1)连续定额(S1)　这类电机可按其铭牌规定的数据长期连续运行,其各部温升达到实际的稳定值,而不会超过容许的温升限度。

(2)短时定额(S2)　这类电机只能在规定的时间内短期运行(由冷态开始运行)时,才能保证不超过温升限度。因为电机负载运行的时间很短而停车的时间较长,所以下一次起动时,电机的各部分实际上均已冷却到周围介质的温度。此类电机的发热冷却曲线如图 7 - 1 所示,图中 1 曲线为温升曲线,2 曲线为冷却曲线;T_θ 为发热时间常数,可理解为电动机发出的热量全部用作提高电动机温度,则电动机温升从零上升到稳定温升所需时间。如果这类电机按短时运行的定额连续运行,该电机的稳定温升将远远超过容许的温升限度,电机将被烧毁。因此,使用电机时必须严格遵守铭牌规定的定额。我国规定短时工作制的标准时间有 10 min、30 min、60 min、90 min 四种。

(3)断续定额　这类电机运行一段时间 t_1 后,就停止一段时间 t_2,如图 7 - 2 所示,图中曲线 1 为温升曲线,曲线 2 为冷却曲线;T'_θ 为冷却时间常数,周而复始的按一定的周期重复运行。额定负载运行的时间与整个周期之比称为负载持续率,即

$$FS\% = \frac{t_w}{t_w + t_s} \times 100\% \tag{7-4}$$

式中　t_w——负载运行时间;

t_s——停车时间。

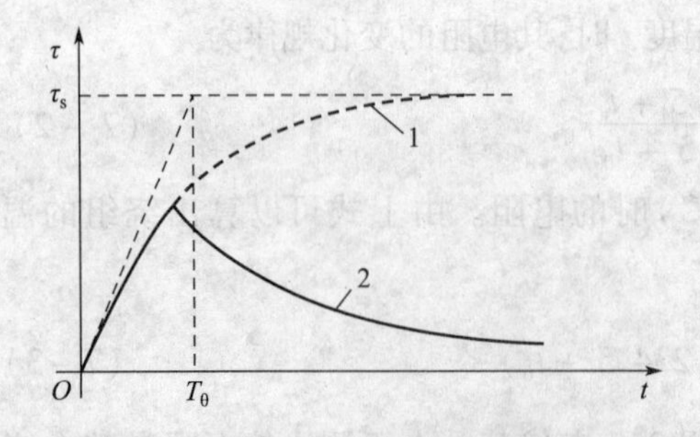

图 7 - 1　短时运行电机的发热与冷却曲线

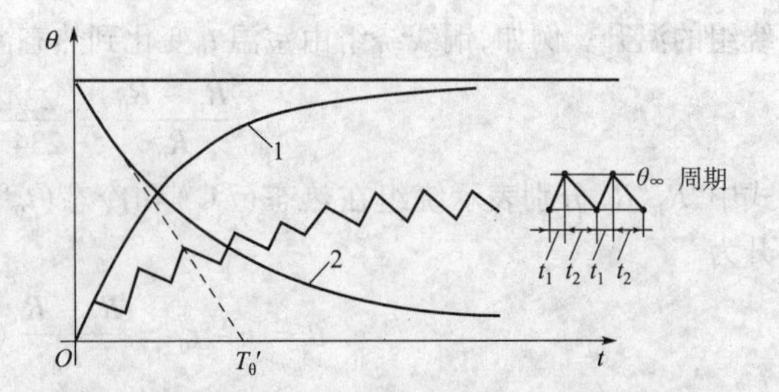

图 7 - 2　周期断续运行时电机的发热与冷却曲线

我国规定的负载持续率分为15%、25%、40%和60%四种，每一周期为10 min（例如，40%时，4 min为工作时间，6 min为停车时间）。断续运行时，电机的发热和冷却过程是交替进行的，这类电机和短时运行的电机一样，不可按其断续定额作连续运行，否则会使电机过热而烧坏。

第三节 旋转电机的通风冷却方式

改善通风冷却系统，增大电机的散热能力是降低电机温升、提高电机的寿命和额定容量的重要手段之一。

一般来讲，对电机冷却的要求是：使电机各部分（尤其是绕组）的温度比较均匀且不超过其温升限度，同时要求所采用系统的结构尽可能简单，且消耗功率要少。

电机按冷却方式可分为表面冷却和内部冷却两种。表面冷却时，冷却介质不通过导体内部，而是间接地通过绕组的绝缘表面、铁心和机壳的表面将热量带走，所以又称为间接冷却法。中、小型电机一般都用表面冷方式，冷却介质为空气；内部冷却则是把冷却介质（氢或水）通入发热的空心导体内部，使冷却介质直接与导体接触并把热量带出，所以又叫直接冷却法。由于表面冷却是间接冷却，绝缘层、铁心和机壳内具有一定的温度降落，所以冷却效果不及内部冷却。内部冷却是一种新技术，在大型汽轮发电机和水轮发电机中，很多都采用了定子水内冷、转子氢冷和定、转子双水内冷的冷却方式。

（一）表面冷却

表面冷却又分为自然冷却、自扇冷、他扇强迫冷却和管道通风等数种。

1. 自然冷却式

自然冷却式的电机不装设任何专门或附属的冷却装置，仅依靠电机部件的表面辐射和空气的自然对流把电机产生的热量带走，故散热效能很低，只适用于几百瓦以下的小型电机中。

2. 内部自扇冷式

内部自扇冷式电机的转子上装有风扇，电机转动时，利用风扇所产生的风压强迫空气流动，以较快的速度吹散热表面，使电机的散热能力大为增加。

按照气体在电机内的主要流动方向，内部自扇冷式又分为径向通风和轴向通风两种形式。

（1）径向通风的电机　其铁心沿轴向分为数段，每段长为4～8 cm，在两端之间留有约1 cm宽的径向通风槽，冷却空气由两端进入电机，穿过转子和铁心中的径向通风槽，然后从机座流出，图7－3为一种径向通风冷却的电机示意图。

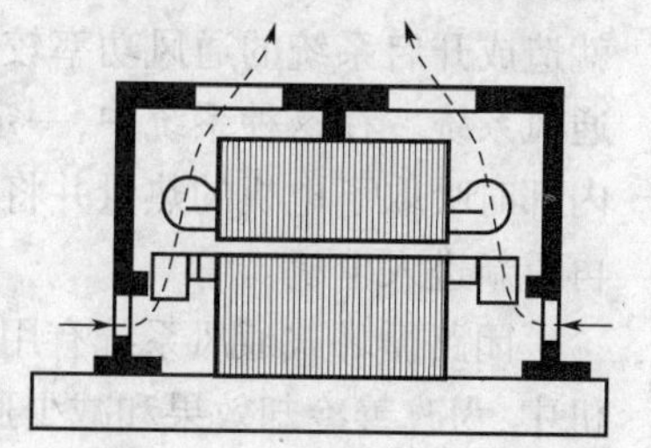

图7－3　径向通风式电机

径向通风的优点是通风损耗小、散热面积较大。由于两端进风，气体对流，所以绕组和铁心沿电机轴向的温升分布均匀；缺点是由于留有径向通风槽，使整个电机的长度增加，而且在运行时，若转子沿轴向稍有窜动（2～3 mm），使定、转子的径向通风槽不能正好对齐时整个电机的通风量就会受到一定的影响。由于径向通风系统的风扇直径受到定子内径尺寸的限制，所以一般来讲风速较低。计算和研究表明，这种通风系统适用于结构对称的大、中型电机。

（2）轴向通风的电机　冷却气体由电机的一端进入，然后沿着轴向从另一端流出，如图7－4所示。风扇可以装在进风端或出风端，前者称为压入式，后者称为抽出式。抽出式的优点是冷空气进入电机最后才通过风扇，避免了被风扇的损耗所预热；缺点是对带有电刷的电机，冷却空气中混进了少量碳粉。

轴向通风的优点是能装较大的风扇,从而保证有较好的冷却效果;缺点是通风损耗较大,而且电机沿轴向的温升不均匀,在出风口端温升较高。计算和研究表明,这种通风系统用在中、小型电机(特别是两端结构不对称的电机)中比较合适。

3. 外部自扇冷式

外部自扇冷式用于封闭式及防爆式电机。这类电机中一般装有两个风扇如图7-5所示,一个风扇装在端盖外侧的转轴上,用以吹冷机座,使得全部热量由机座表面散发到周围的冷却介质中;另一个风扇装在电机内部,用以加速电机内部空气的循环,使得热量易于传到机座上。中、小型鼠笼式转子异步电机的内部风扇,转子铸铝时一次铸出。

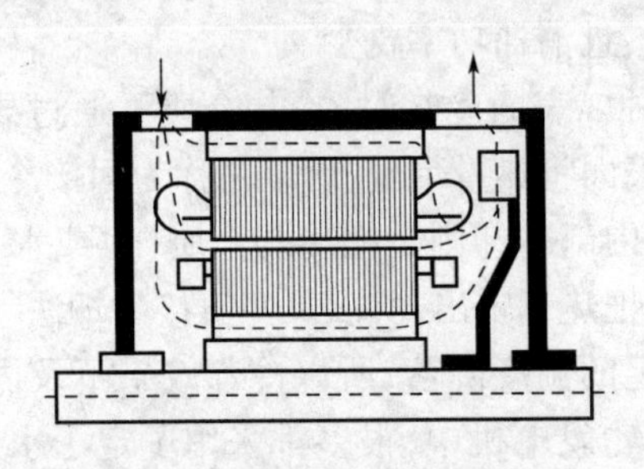

图7-4 轴向通风式电机

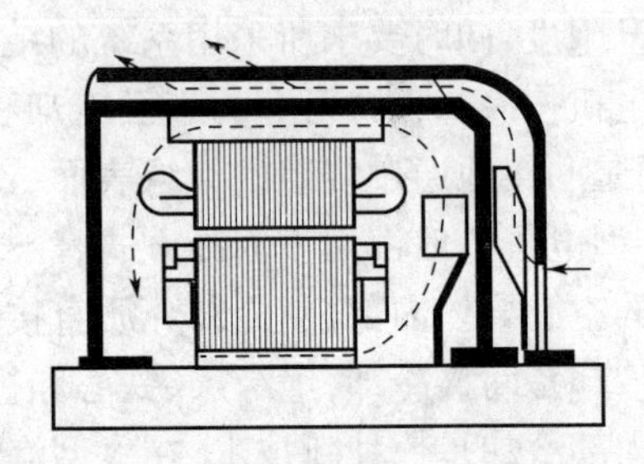

图7-5 外部自扇冷却式电机

4. 他扇冷式

他扇冷式电机的冷却空气由专门的鼓风机供给,调节鼓风机的转速就可以做到根据负载和发热量的大小来供给所需要的风量,以减少低负载运行时电机的通风损耗,如铁路机车牵引电动机就采用这种冷却方式。

5. 管道通风式

冷却空气经过管道引入和排出电机的通风系统称为管道通风式。

自扇冷式和他扇冷式电机的通风系统既可做成开启式,亦可做成闭路循环式。开启式通风系统的冷却空气是从电机外部的新鲜空气中吸取,冷却空气通过电机内部把热量排出后,重新被散发到周围空气中去。为使空气中的灰尘不被吸入电机,吸入的空气最好经过过滤,这样就造成开启系统的通风功率较大,并需要经常维护。在大型同步电机中,经常采用闭路循环式通风系统。在这种系统中,一定量的气体不断在封闭的系统中重复循环。冷却气体通过电机内部时吸取了电机的热量并将其带出,然后进入冷却器把热量散发出去后重新变为冷却气体,再重新进入电机。

闭路循环式通风系统有用空气,也有用氢气作为冷却介质的。在高速大容量的汽轮发电机中,为改善冷却效果和减少通风损耗,常用氢气作为冷却介质。氢气作为冷却介质具有很多优点,但采用氢冷后也带来一些新的问题,例如,氢气和一定比例的氧气混合后,具有爆炸的危险,为此,氢冷电机在结构和运行上都采取适当的保护措施。

(二)内部冷却

由于散热面积和线性尺寸的平方成正比,电机的损耗与线性尺寸的立方成正比。随着线性尺寸和容量的增大,散热面积就会不够,所以容量愈大,电机的发热与冷却问题就愈严重。在巨型电机中,发热和冷却问题往往成为限制电机极限容量的主要因素。为提高电机的极限容量和材料的利用率,近年来国内外广泛采用了内部冷却。内部冷却时,冷却介质通常采用氢或经过处理的洁净水。为把冷却介质通入导体内部,常常采用空心导体。

采用水内冷后，冷却效果大大提高。从发热观点来看，导线的电流密度和磁密均可相应提高，这样就可以节省大量的铜和铁。若保持电机的体积不变，可使电机容量成倍提高。当然，电密和磁密提高以后，电机的电磁损耗将随之而增加。但采用水内冷，可减少通风损耗，总消耗并不增加很多。在良好的设计下，水内冷电机的效率可以接近同容量氢冷电机的效率，但材料却比氢冷电机节省很多。水内冷电机的制造工艺比较复杂，但对巨型汽轮和水轮发电机来讲，仍然是一个主要发展方向。

思考题与习题

1. 电机常用的绝缘材料分几类？最高允许工作温度是多少？

2. 试述电机中常用的测温方法。测出的温度是最高温度？平均温度？还是某一特定点的温度？

3. 电机中发热部件的稳定温升与哪些因素有关？电机的容量主要取决于什么？

4. 电机的冷却方式有哪些？铁路机车牵引电动机采用哪些冷却方式和冷却介质？

5. 解释电机的连续工作制、短时工作制和断续工作制。为什么一台电机的短时工作制定额大于连续工作制定额？

第二篇 变 压 器

变压器是一种静止的电器,用以将一种等级电压与电流的交流电能变换为同频率的另一种等级电压与电流的电能。变压器最主要的部件是绕组和铁心。接入电源的绕组叫一次绕组(亦称原边或初级绕组),接到负载的绕组叫二次绕组(亦称副边或次级绕组),一次、二次绕组间互相绝缘且通常放置在同一铁心柱上。一次、二次绕组具有不同的匝数,根据电磁感应原理,一次绕组的电能可传递到二次绕组,且使一次、二次绕组具有不同的电压和电流。

变压器是电力系统中一种重要的电气设备。要将大功率的电能从发电站输送到远距离的用电区,最好采用高压输电,因为输送一定功率的电能时,电压愈高,线路中的电流就愈小,因此线路的用铜量、线路的电压降落和功率损耗就愈小。由于发电机受绝缘水平的限制(发电机输出的电压愈高,对发电机各部分的绝缘要求愈高),电压不能做得太高。目前从发电机输出端发出的电压,以6.3 kV和10.5 kV为最多(大容量的发电机通常为10.5~20 kV),因此需要用升压变压器将发电机发出的电压升高到输电电压(我国目前电力电压等级输电线路有220 kV、330 kV、500 kV 、750 kV等,正在试验更高电压等级的输电线路),再把电能输送出去。此外,随着电力电子技术的发展,也有直流输电线路,这也离不开变压器。当电能输送到用电区后,为了用电安全,又必须用降压变压器把输送电线上的高压降低到配电系统所需的电压,然后再经变压器把电压降到用户所需的电压(大型动力电采用10 000 V或6 000 V,小型动力和照明用电为380/220 V),供给用户使用。由此可见,变压器的总容量要比发电的总容量大得多,大致达到6∶1~8∶1,所以变压器的生产和使用对电力系统具有重要意义。对其他工业部门,变压器的应用亦很广泛,例如,根据配套需要供给冶炼用的电炉变压器,电解或化工用的整流变压器,焊接用的电焊变压器,实验用的调节变压器,煤矿用的防爆变压器以及交通运输用的电力机车变压器、船用变压器等。

除了上述用于电力系统的电力变压器外,各种用途的控制变压器、仪用互感器等特殊变压器也应用十分广泛。

本篇主要研究一般用途的电力变压器。首先简要地介绍其结构,然后着重说明其基本原理和性能,三相变压器的连接组和并联运行,最后分析自耦变压器和仪用互感器等的特点。

第八章 变压器的分类和基本结构

第一节 变压器的分类

变压器的种类很多,可按其用途、结构、相数和冷却方式等进行分类。

一、按用途分类

(1)电力变压器 主要用在输配电系统,分为升压变压器、降压变压器、配电变压器、联络变压器(连接几个不同电压等级的电网)和厂用变压器(供发电厂自用电)等几种。容量从几十千伏安到几十万千伏安,电压等级从几百伏到 500 kV 以上。

(2)调压变压器　用来调节电网中的电压,小容量调压器多用于实验室中。

(3)仪用变压器　如电流互感器和电压互感器。因大电流、高电压线路中的电流与电压不能直接测量,同时为了保障操作者的安全,需通过互感器进行测量。

(4)矿用变压器　供矿坑下变电所用。

(5)试验用高压变压器　产生高电压供高压试验用,电压高达 750 kV。

(6)特殊用途变压器　如整流变压器、电炉变压器、电焊变压器和电弧炉用变压器、铁路牵引变压器等。

二、按绕组数目分类

(1)自耦变压器　高低压共用一个绕组。

(2)双绕组变压器　每相有高、低压两个绕组。

(3)三绕组变压器　每相有高、中、低压三个绕组。

(4)多绕组变压器。

三、按相数分类

(1)单相变压器。

(2)三相变压器。

(3)多相变压器(如整流用六相变压器)。

四、按冷却方式分类

(1)油浸式变压器　现在生产的绝大多数电力变压器都属于这一类,变压器的绕组与铁心完全浸在变压器油里。这种变压器又分为:

①油浸自冷变压器　借油的自然循环进行冷却。

②油浸风冷变压器　在散热器上装风扇吹风冷却。

③油浸强迫油循环变压器　用油泵等强迫变压器油加速循环,提高散热能力。

(2)干式变压器　这种变压器的铁心和绕组用空气直接冷却。

(3)充气式变压器　这种变压器的器身放在密封的铁箱内,箱内充以特种气体。

在以上各种变压器中,以油浸自冷式三相双绕组变压器使用最广泛,下面主要介绍这种变压器的结构。

第二节　电力变压器基本结构

油浸式电力变压器的结构如图 8－1 所示。

电力变压器的基本结构可分为四个部分:(1)铁心(变压器的磁路);(2)绕组(变压器的电路);(3)绝缘结构;(4)油箱及一些附件组成,现分述如下。

一、铁　　心

铁心既是变压器的磁路,又是它的机械骨架。铁心由铁柱和铁轭两部组成。心柱上套装绕组,铁轭使整个磁路成为闭合磁路。

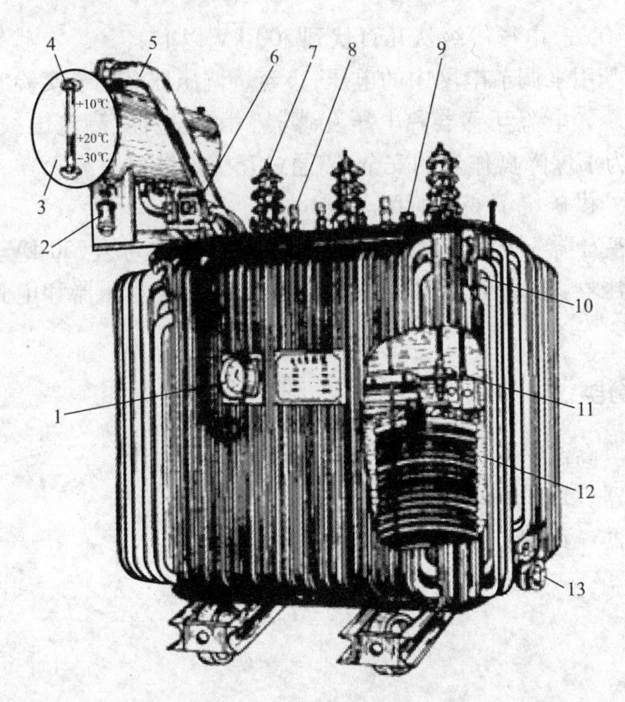

图 8-1 油浸式电力变压器

1—讯号式温度计;2—吸湿器;3—储油柜;4—油表;5—安全气道;6—气体继电器;
7—高压套管;8—低压套管;9—分接开关;10—油箱;11—铁心;12—叠片;13—放油阀门

(1)铁心材料 为了减少铁心中的磁滞和涡流损耗,铁心一般用高导磁系数的磁性材料——硅钢片叠成。硅钢片分热轧和冷轧两种,普通热轧硅钢片有不同的型号,冷轧硅钢片也有不同的型号,其厚度有 0.35 mm 和 0.5 mm 两种。钢片的两面涂以 0.01 ~ 0.13 mm 厚的漆膜,使片与片间绝缘。冷轧硅钢片由于导磁性能好,损耗小,用的越来越多。

(2)铁心形式 铁心结构的基本形式有心式和壳式两种。图 8-2 所示为单相壳式变压器,其特点是:铁轭不仅包围绕组的顶面和底面,而且还包围绕组的侧面,铁心柱被绕组所包围这种结构的机械强度较好,但制造复杂,铁心用材较多。因此,目前除了容量较小的电源变压器以外,很少采用壳式结构。心式结构如图 8-3(a)所示。心式结构比较简单,绕组的装配及绝缘的处理也比较容易,因此国产电力变压器均采用心式结构。

大容量的三相变压器由于运输的限制,需要降低铁心高度,把普通三相心式变压器的上下铁轭的一部分搬到两个边柱的外侧,形成五柱铁心式变压器。除上述形式外,有些变压器还制成环形,它是用硅钢带卷制成。在某些特殊需要的小容量单相变压器中,制成卷心式较为经济,可节省材料 15% ~20% 。在近代,变压器又出现了渐开线形铁心,具体可参考有关技术书籍。

(3)铁心叠装 变压器的铁心,一般是先将硅钢片裁成条形,然后进行叠装而成。在叠片时,为减少接缝间隙以减少激磁电流,一般采用叠接式,如图 8-3(b)、(c)所示,将上层和下层叠片接缝错开。为减少叠装工时,一般用二、三片作一层。

当采用冷轧硅钢片时,由于冷轧硅钢片顺辗压方向的导磁系数高、损耗小,如果按直角切片法裁料,则在拐角处会引起附加损耗,故应用斜切 45°钢片的叠装方法,如图 8-3(d)所示。

叠装好的铁心其铁轭用槽钢(或焊接夹件)及螺杆固定。过去,750 kV · A 以上的芯柱用穿心螺杆夹紧,现在已广泛采用环氧树脂玻璃黏带绑扎芯柱,从而提高了硅钢片的利用率,改善了空载性能。

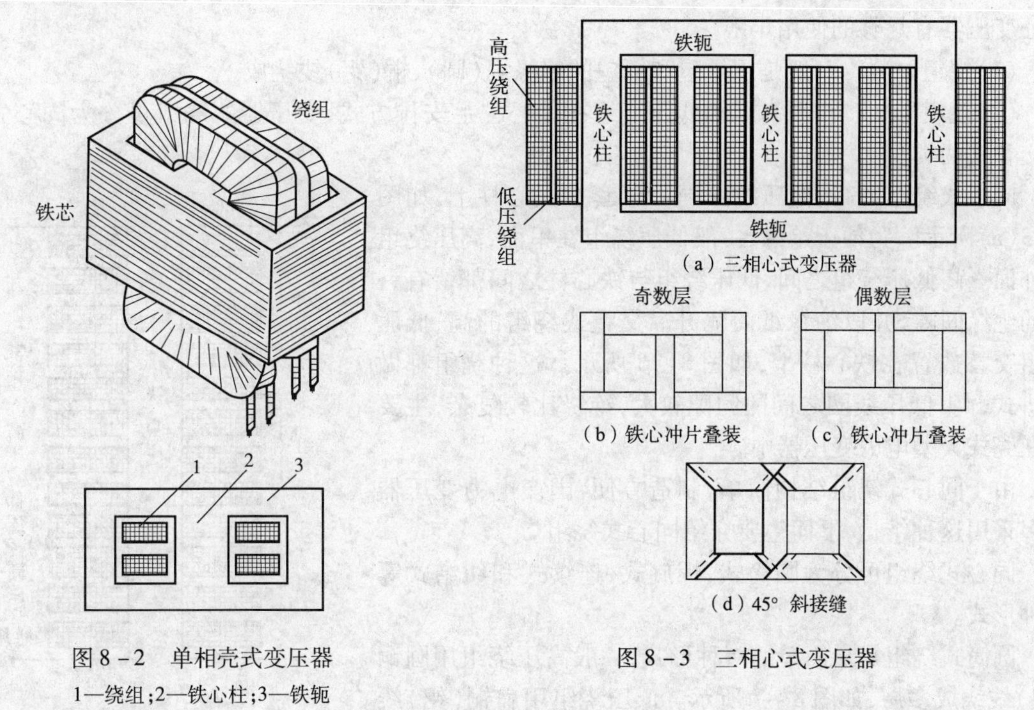

绕组
铁芯
1
2
3

图 8 - 2　单相壳式变压器

1—绕组;2—铁心柱;3—铁轭

高压绕组
铁轭
铁心柱
铁心柱
铁心柱
低压绕组
铁轭
(a) 三相心式变压器
奇数层
偶数层
(b) 铁心冲片叠装
(c) 铁心冲片叠装
(d) 45° 斜接缝

图 8 - 3　三相心式变压器

二、铁心截面

铁心由铁心柱和铁轭两部分组成。铁心柱的截面在小型变压器中可用方形或矩形,在容量较大的变压器中,为充分利用绕组内圆的空间,而采用阶梯形截面如图 8 - 4 所示。级数愈多,利用率愈高,但加工工时也增多,所以一般只采用几级到几十级。具体可参考有关设计手册选取。当芯柱直径大于 380 mm 时,中间还应留出油道以改善铁心内部的散热条件。

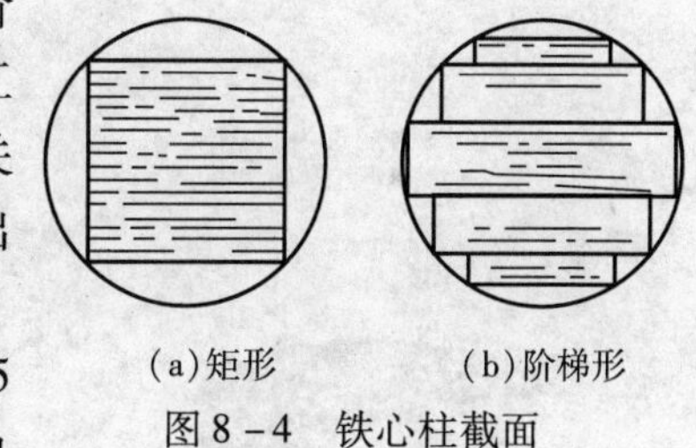

(a)矩形
(b)阶梯形

图 8 - 4　铁心柱截面

铁轭的截面有矩形、T 形和多级阶梯形几种,如图 8 - 5 所示。铁轭的截面一般比芯柱大 5% ~10% ,以减少空载电流和空载损耗。

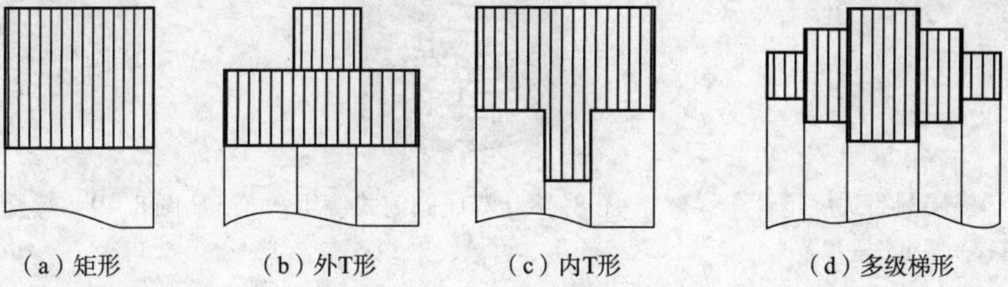

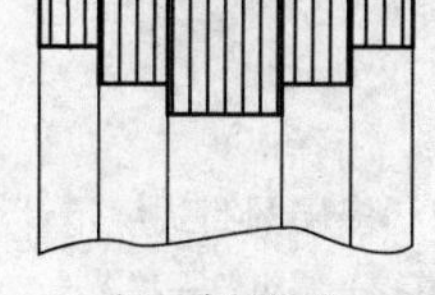

(a) 矩形
(b) 外T形
(c) 内T形
(d) 多级梯形

图 8 - 5　铁轭截面

三、绕　　组

绕组是变压器的电路部分。因此对其电气性能、耐热性能及机械强度都有严格的要求,以保证变压器有足够的使用年限。

(1)绕组材料　一般是用纱包和纸包的绝缘扁(圆)、铜(铝)线绕成。

(2)绕组形式　按照高压和低压绕组在铁心柱上安排方式,变压器的绕组可分为同心式和交叠式两类。

同心式绕组的高、低压线圈同心地套在铁心柱上,如图8-3(a)所示。为便于绝缘,一般低压绕组在里面,高压绕组在外面。高低压绕组之间、低压绕组与铁心柱之间都留有一定的绝缘间隙,并以绝缘纸筒隔开。交叠式绕组的高、低压绕组交替放置在铁心柱上,如图8-6所示。这种绕组都做成饼式,高、低压线圈之间的间隙较大,绝缘比较复杂,主要用在壳式大型电力变压器中。

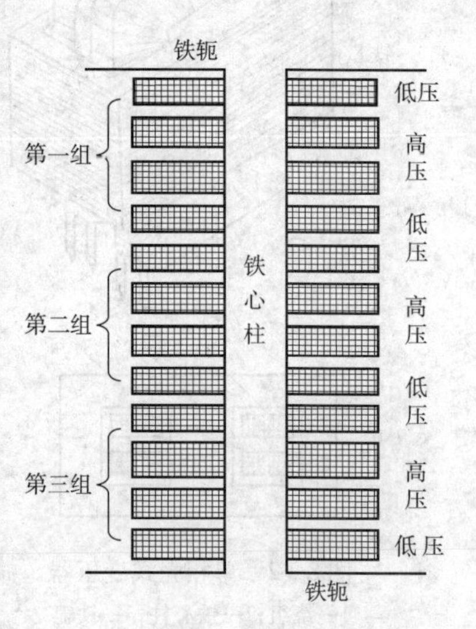

图8-6　交叠式绕组

由于同心式绕组结构简单、制造方便,国产电力变压器大多采用这种结构,下面主要介绍同心式绕组。

同心式绕组可分为圆筒式、螺旋式、连续式和纠结式等几种形式。

圆筒式绕组是最简单的一种形式,一般高压绕组用圆铜(铝)线绕成多层,如图8-7所示。低压绕组用扁铜(铝)线绕成双层,如图8-8所示,层间用绝缘纸绝缘并用绝缘撑条隔开,形成油道,改善散热条件。圆筒式绕组绕制方便,但机械强度较差,一般用于每柱容量200 kV·A以下的变压器中。

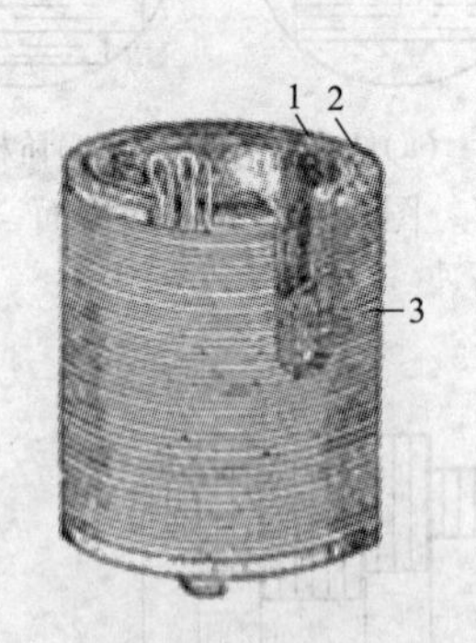

图8-7　多层圆筒式绕组
1—油道;2—绕组;3—撑条

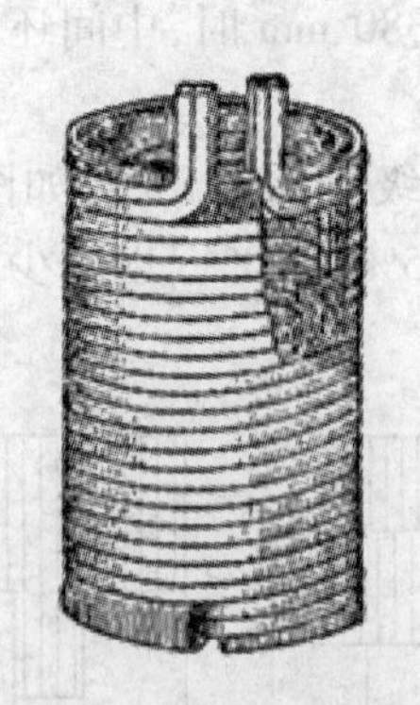

图8-8　双层圆筒式绕组

图8-9　螺旋式绕组

螺旋式绕组主要用于三相容量为800~10 000 kV·A、电压为35 kV及以下的低压绕组。因电流较大,匝数较少,通常用多根并联扁线绕组,每一根线饼为一匝,每匝间用横垫块形成油道,整个绕组像螺纹一样绕制下去,故称为螺旋式,如图 8-9 所示。螺旋式绕组又有单列、双列和四列螺旋之分。这种绕组由于并绕根数较多,里层与外层所处的磁场位置不同,导线的长度也不等,每根导线的阻抗不相等,致使每根导线的电流分布不均匀。为此,在绕制过程中并联的导线间必须进行适当的换位,即分组(特殊)换位,完全(标准)换位,如图 8-10 所示。

连续式绕组主要用于三相容量为 630 kV·A 以上,电压为 3~110 kV 的高压绕组和 10 000 kV·A以上的中压和低压绕组。这种绕组绕制比较麻烦,但机械强度较高,散热条件好。

(a) 标准换位 (b) 2组特殊换位 (c) 2组标准换位 (d) 4组特殊换位 (e) 均匀交叉换位

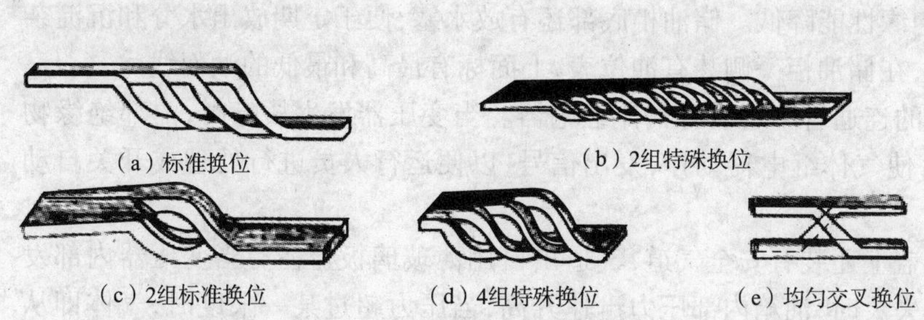

图 8-10 单螺旋并绕导线的换位

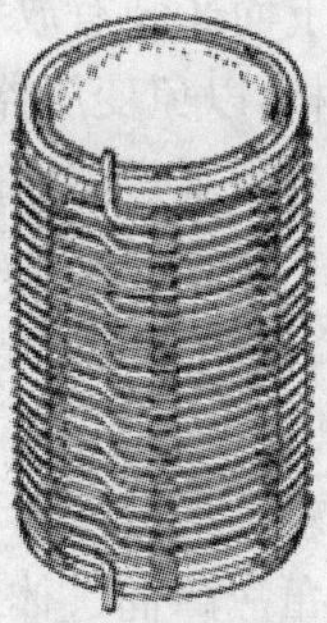

图 8-11 连续式绕组

此外,现代大型变压器的高压绕组还采用纠结式绕组。连续式绕组和纠结式绕组的具体绕制方法可参看有关手册。

四、绝缘结构

变压器的绝缘部分为外部绝缘和内部绝缘。外部绝缘是指油箱盖外的绝缘,主要是高、低压绕组引出的瓷质绝缘套管和空气间隔绝缘。内部绝缘是指油箱盖内的绝缘,主要是绕组绝缘和内部引线绝缘等。内部绝缘又分为主绝缘和纵绝缘,主绝缘是指绕组和绕组之间、绕组与铁心之间及油箱之间的绝缘。纵绝缘是指绕组的匝间、层间与铁心之间的绝缘。

主绝缘是用油隙与绝缘隔板结构,图 8-12 为 6~35 kV 级主绝缘示意图。绕组的径向距离用绝缘纸筒分隔成若干油隙,60 kV 及 110 kV 电压级用 2~3个绝缘筒分隔,具体结构形式、隔板厚度及间隔距离等可参看结构设计手册。

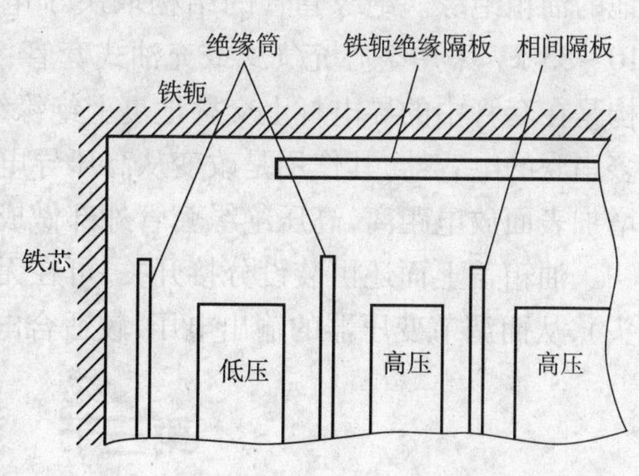

图 8-12 35 kV 及以下主绝缘结构

匝间绝缘主要是导线绝缘,在小型变压器中用漆包绝缘,在大型变压器绝缘中用电缆纸包绝缘。绕组的端部线匝要加强绝缘以提高忍耐冲击电压波的能力。线绝缘一般均用油隙,即用绝缘垫块将线段与线段之间分隔。

五、油箱及其他附件

变压器的器身放在装有变压器油的油箱内。在油浸变压器中,变压器油既是一种绝缘介质,又是一种冷却介质。

变压器油是从石油中提炼出来的优质矿物油。变压器油要求介质强度高、黏度低、燃点高、凝固点低、酸碱度低、灰尘等杂志及水分少。变压器油中只要含少量的水分就会使绝缘强度大为降低(如含0.004%水分时,绝缘强度降低50%)。此外,变压器油在较高温度下长期与空气接触时会老化,产生悬浮物,堵塞油道,使酸度增加,绝缘强度降低,故受潮或老化的变压器油要经过过滤等处理,使之符合标准。

为使变压器油能较长久地保持良好状态,一般在变压器油箱上面装有圆筒形的储油柜(又叫油枕),如图8-1所示。储油柜通过连通管与油箱相通,柜内油面高度随着变压器油的热胀冷缩而变动。储油柜使油与空气接触面积减少,从而减少了油的氧化和水分的侵入。储油柜上面还装有放置氯化钙或硅胶等干燥剂的吸湿器,外面的空气必须经过吸湿器才能进入储油柜,以免变压器油的绝缘性能降低。储油柜底部还有放水塞,便于定期放出水分和沉淀杂物。为了观察油面的变化,在储油柜一侧装有油位表,上面标有最高和最低的油面线。

在油箱和储油柜中间的连通管中还装有气体继电器。当变压器发生故障时,内部绝缘物老化,油箱内部产生气体,使气体继电器动作,发出信号,以便运行人员进行处理或开关自动跳闸。

较大的变压器在油箱盖上还装有安全气道,气道出口用薄玻璃板盖住。当变压器内部发生严重故障而气体继电器失灵时,油箱内部压力迅速升高,当压力超过某一限度时,气体即从安全气道喷出,避免造成重大事故。

油箱的结构与变压器的容量、发热情况密切相关,变压器容量愈大,发热问题就愈严重。在小容量(20 kV·A及以下)变压器中采用平壁式油箱,容量稍大的变压器,在油箱壁上焊有扁形散热油管以增加散热面积,叫做管式油箱。管式油箱一般采用1~3排扁管,由于排数太多时辐射散热增加的较少,总的散热系数将降低,而且焊接困难。对容量为3 000~10 000 kV·A的变压器,所需油管数目很多,箱壁布置不下,此时把油管先做成散热器,把散热器安装在油箱上,这种油箱称为散热器式油箱。容量大于10 000 kV·A的变压器,需采用带有风扇冷却的散热器,叫做油浸风冷式,容量大于50 000 kV·A的变压器,为提高冷却效果,利用油泵把变压器内的热油打入冷却器,在冷却器内利用吹风或水冷后再送回油箱,叫做强迫油箱循环冷却,如电力机车用变压器。

变压器的引出线从油箱内部引到箱外时,必须穿过瓷质的绝缘套管,以使带电的导线与接地的油箱绝缘。绝缘套管的结构取决于电压等级,较低电压(1 kV以下)采用实心瓷套管;10~35 kV采用空心充气式或充油式套管;电压在119 kV及以上时采用电容式套管,它的结构是在套管中的导电杆上交叠地裹上绝缘纸和金属薄片所做成的圆筒,从导电杆向外形成许多串联的电容器,其作用是改变从高压导电杆到油箱盖之间的静电场分布,降低电场强度。为增加表面放电距离,高压绝缘套管外部做成多级伞形,电压愈高,级数愈多。

油箱盖上面还可装设分接开关,可在无载下改变高压绕组的匝数(高压绕组有±5%的抽头),从而调节变压器的输出电压,较适合电源不稳定的场合。

第三节　变压器的额定值

额定值是制造厂对变压器正常工作时所作的使用规定,它亦是制造厂设计和试验变压器的依据。在额定状态下运行时,可以保证变压器长期可靠的工作,并具有良好的性能。额定值通常标注在变压器的铭牌上,故亦称铭牌值。

变压器的额定值主要有:

(1)额定容量S_N　在铭牌上所规定的额定状态下变压器输出能力(视在功率)的保证值,称为变压器的额定容量。单位以伏安(V·A)或千伏安(kV·A)表示。对三相变压器,额定容量是指三相容量之和。

(2)额定电压 U_N　标在铭牌上的各绕组在空载、额定分接下端电压的保证值,以伏(V)或千伏(kV)表示。三相变压器的额定电压是指线电压。

(3)额定电流 I_N　根据额定容量和额定电压所计算出来的线电流值称为额定电流,以安(A)表示。对单相变压器,一次、二次绕组的额定电流为

$$I_{N1} = \frac{S_N}{U_{N1}} \quad I_{N2} = \frac{S_N}{U_{N2}}$$

对三相变压器,一次、二次绕组的额定电流为:

$$I_{N1} = \frac{S_N}{\sqrt{3}U_{N1}} \quad I_{N2} = \frac{S_N}{\sqrt{3}U_{N2}}$$

(4)额定频率 f_N　我国规定工频为50 Hz。此外,在变压器的铭牌上还给出了额定工作下变压器的效率、温升、相数、连接组别、接线图、短路电压(或短路阻抗)的标幺值(相对值)、变压器的运行方式(长期连续运行或者短时运行)及冷却方式等。大型变压器,为便于运输,有时铭牌上还标出变压器的总重、油重、器身重量和外形尺寸等。

思考题与习题

1. 变压器的分类有哪些?铁路机车牵引变压器属于哪种类型?
2. 变压器铁心叠装为何将上层和下层叠片接缝错开?
3. 变压器铁心为何要采用硅钢片叠装?能否用电工钢制成?
4. 螺旋式绕组电流大,匝数少,采用多根并联扁线绕制,为何在绕制过程中要进行换位?
5. 空气中的水分对变压器油有何危害?在变压器中如何减少这种危害?
6. 在何种供电条件下采用装有分接开关的电力变压器?
7. 变压器的冷却方式有哪些?铁路机车牵引变压器为何用用强迫油循环冷却?
8. 一台 $SJL_1-180/10$ 型电力变压器,Yy,n0 联接法,$U_{1N}/U_{2N}=10\ kV/0.4\ kV$,试求一次侧、二次侧额定电流(答案:$I_{1N}=10.4\ A$,$I_{2N}=259.8\ A$)

第九章 变压器的运行原理与特性

尽管变压器用途非常广泛,类型繁多且结构也不完全相同,但就其基本原理而言是一致的,故本章以单相双绕组变压器为例,分析其基本电磁关系,导出基本方程式、等效电路和相量图,最后分析计算变压器在运行中的电压变化率和效率。

第一节 变压器的空载运行

变压器的空载运行是指一次侧绕组接到额定电压、额定频率的电源上,二次侧绕组开路时的运行状态。图9-1是单相变压器空载运行的示意图。一次侧与二次侧的各物理量分别用下标“1”和“2”标注,以示区别。

一、空载运行时的电磁状况

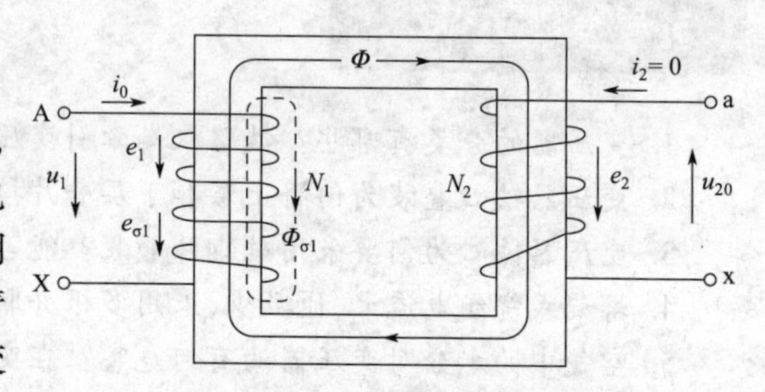

图9-1 变压器的空载运行示意图

图9-1绘出了空载运行的单相变压器,在一次侧加上电压 u_1 之后,绕组流过空载电流 i_0,它建立了空载磁势 N_1i_0,这一磁势作用在铁心磁路上产生主磁通 Φ,主磁通交链着一次绕组和二次绕组,当 i_0 和 Φ 以频率 f 交变时,在一次绕组和二次绕组中分别感应出电动势 e_1 和 e_2,空载磁势同时也作用在漏磁路上,漏磁通分布十分复杂,为便于分析,通常把它等效为交链全部绕组的漏磁通 $e_{\sigma1}$,它在一次绕组中也感应电动势,我们把它称之为漏抗电动势,以 $e_{\sigma1}$ 表示。i_0 流过一次绕组也有相应的电阻压降 i_0r_1,r_1 是一次绕组的电阻。从而可知 e_1、$e_{\sigma1}$、i_0r_1 一起平衡电源电压。二次绕组只产生感应电动势 e_2,因二次侧开路 $i_2=0$,无阻抗压降,所以,变压器空载输出电压 u_{20} 等于电动势 e_2。变压器空载时,因一次侧的电源电压相对于一次侧阻抗小,所以变压器空载时的电流很小,仅为额定电流的百分之几,变压器空载运行时的电磁关系如图9-2所示。

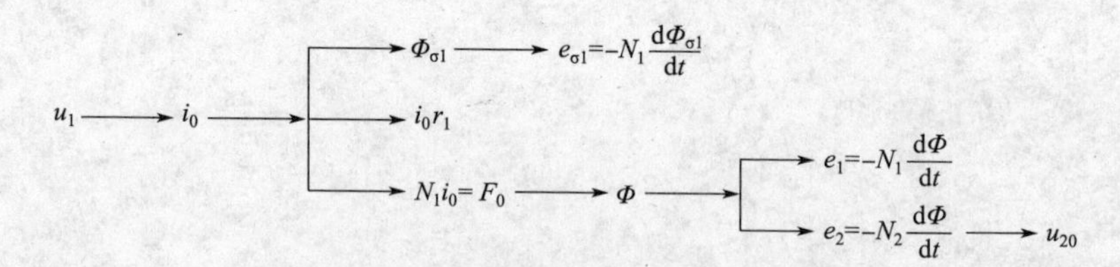

图9-2 变压器空载运行时电磁关系示意图

二、正方向的规定

在变压器中,电压、电流、磁通及电势的大小和方向均随时间交变,为了正确地表示它们之间的相位关系,必须首先规定它们的正方向。

正方向原则上可以是任意的,但通常均按电工惯例来规定正方向(叫做习惯正方向)。

(1)在同一支路内,电压降的正方向与电流的正方向一致。

(2)磁通的正方向与电流的正方向之间符合右手螺旋定则。

(3)由交变磁通(包括主磁通 Φ 和漏磁通 $\Phi_{\sigma1}$)产生的感应电动势(e_1、$e_{\sigma1}$、e_2),其正方向与产生该磁通的电流方向一致,如图 9-1 所示。在这样规定了正方向后,电磁感应定律就可写成 $e_1 = -N_1\dfrac{\mathrm{d}\Phi}{\mathrm{d}t}$, $e_2 = -N_2\dfrac{\mathrm{d}\Phi}{\mathrm{d}t}$, $e_{\sigma1} = -N_1\dfrac{\mathrm{d}\Phi_{\sigma1}}{\mathrm{d}t}$。

三、磁通、电动势与空载电流

1. 磁通 Φ

变压器空载时,根据上述正方向的规定,可写出一次绕组的电压方程式为

$$u_1 = -e_1 - e_{\sigma1} + i_0 r_1 \tag{9-1}$$

因 $e_{\sigma1}$ 和 $i_0 r_1$ 值上比 e_1 要小很多,两者之和也不足 e_1 的1%,可以将其略去,所以上述方程式可近似写成

$$u_1 \approx -e_1 \tag{9-2}$$

式(9-2)表明,当忽略电阻和漏磁通的影响时,电源电压 u_1 和一次侧绕组中的感应电动势 e_1 在任何瞬间都是大小相等而方向相反的,故常称 e_1 电势为反电势。由于变压器外加电压 u_1 常为正弦波,那么 e_1 也按正弦规律变化。而 $e_1 = -N_1\dfrac{\mathrm{d}\Phi}{\mathrm{d}t}$,所以 Φ 也按正弦规律变化,即 $\Phi = \Phi_m \sin \omega t$,并在以后的相量图中以磁通为参考相量,将它画在实轴上,磁通把一次侧和二次侧两个电路联系起来,以它为相量比较方便。

2. 电动势 e_1 和 e_2

由前面正方向规定得出

$$e_1 = -N_1\frac{\mathrm{d}\Phi}{\mathrm{d}t} = -N_1\frac{\mathrm{d}(\Phi_m \sin \omega t)}{\mathrm{d}t} = -\omega N_1 \Phi_m \cos \omega t \tag{9-3}$$

$$= E_{1m} \sin(\omega t - 90°)$$

式中,$E_{1m} = \omega N_1 \Phi_m = 2\pi f_1 N_1 \Phi_m$,是一次侧绕组电动势的最大值,其有效值为

$$E_1 = \frac{E_{1m}}{\sqrt{2}} = 4.44 f_1 N_1 \Phi_m \tag{9-4}$$

如果磁通的单位为 Wb,则电动势的单位为 V。

同理,可得二次侧绕组电动势的最大值和有效值为

$$e_2 = -N_2\frac{\mathrm{d}\Phi}{\mathrm{d}t} = -N_2\frac{\mathrm{d}(\Phi_m \sin \omega t)}{\mathrm{d}t} = -\omega N_2 \Phi_m \cos \omega t$$

$$= E_{2m}\ \mathrm{sim}\ (\omega t - 90°)$$

$$E_2 = \frac{E_{2m}}{\sqrt{2}} = 4.44 f_1 N_2 \Phi_m \tag{9-5}$$

如以复数的形式来表示,则电势的有效值为

$$\left.\begin{aligned}\dot{E}_1 &= -\mathrm{j}4.44 f_1 N_1 \dot{\Phi}_m \\ \dot{E}_2 &= -\mathrm{j}4.44 f_1 N_2 \dot{\Phi}_m\end{aligned}\right\} \tag{9-6}$$

由上式可以看出，一次绕组与二次绕组产生的感应电动势与匝数成正比，且由于 $u_1 \approx -e_1$，其有效值 $U_1 \approx E_1$。二次侧绕组无电流，所以有 $u_2 = -e_2$，其有效值 $U_2 = E_2$，因此，变压器空载时，一次绕组与二次绕组的电压比为

$$\frac{U_1}{U_{20}} \approx \frac{E_1}{E_2} = \frac{N_1}{N_2} = k \tag{9-7}$$

式中 k——变压器的变比，若 $k>1$，则为降压变压器，反之为升压变压器，这就是变压器的变压原理。

3. 空载电流 i_0

变压器空载时，一次绕组流过空载电流 i_0，其作用是在磁路中产生磁动势以建立磁场，故把它称之为励磁电流。由前分析可知，如果变压器外加电压为正弦波形时，其磁通波形也基本上是正弦波形，那么此时的空载电流又是怎样的波形呢？下面就来分析这个问题。

空载时，一次绕组实际上是一个铁心线圈，线圈电流的大小主要决定于铁心线圈的电抗和铁心损耗，铁心线圈的电抗 $x=\omega N^2\Lambda$，Λ 为铁心的磁导。因此，空载电流的大小与铁心的磁化性能、饱和程度等密切相关。

如果铁心没有饱和，且忽略铁心中的损耗，空载电流纯粹为建立磁场的无功电流（与电压相差 90 电角度），称为磁化电流，用 i_u 表示。当主磁通按正弦波形变化时，空载电流 i_0 也将按正弦波形变化，且与 $\dot{\Phi}_m$ 同相（即空载电流 i_0 全部为磁化电流 i_μ）。但实际上，变压器为了充分利用材料，铁心总是设计得比较饱和，且铁心也有磁滞和涡流损耗，此时，当主磁通按正弦波形变化时，空载电流 i_0 将如何变化呢？

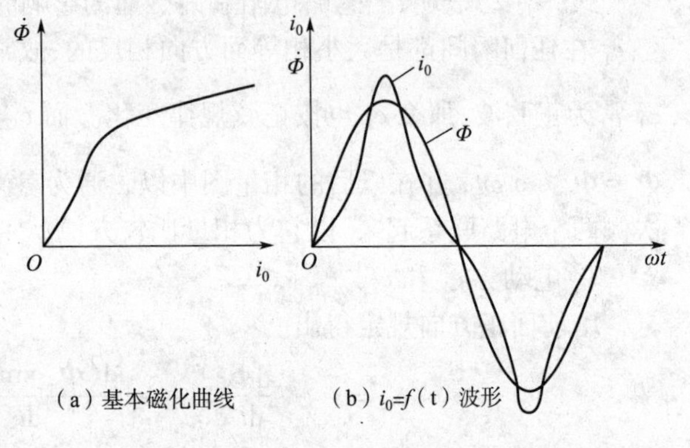

（a）基本磁化曲线　（b）$i_0=f(t)$ 波形

图 9－3　只考虑饱和时的 i_0 波形

当只考虑饱和，不考虑磁滞和涡流损耗时，变压器空载电流由图 9－3（a）所示的基本磁化曲线所决定。当主磁通 Φ 按正弦波形变化时，由作图法可以求得 i_0 为一尖顶波，如图 9－3（b）所示，此时，i_0 仍是产生磁场的磁化电流 i_μ，但可以看出，它可以分解为基波、三次谐波和其它高次谐波，磁通密度越高，铁心饱和程度越厉害，谐波成分也越显著，基波与 Φ 同相位。

当既考虑饱和又考虑损耗时，Φ 与 i_0 的关系，也可由作图法求得，如图 9－4 所示。可以看出，当 Φ 为正弦波形时，i_0 为一不对称的尖顶波，它可以分成两个分量，如图中虚线所示。其中一个分量是对称的尖顶波 $\dot{i}_\mu$，这就是只考虑饱和影响时的磁化电流。另一个分量数值很小，近似正弦波，以 i_{Fe} 表示，它超前 Φ 90°，与 $-\dot{E}_1$ 同相位，是一个有功分量，对应铁心中的损耗。如果把这时的不对称尖顶波也等效成相应的正弦波，以 $\dot{I}_0$ 表示，则有

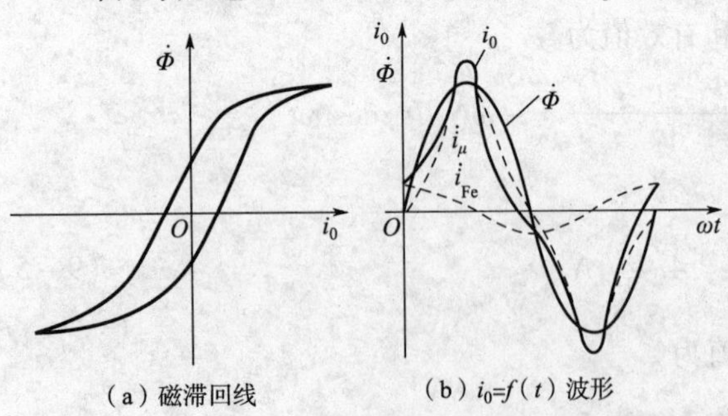

（a）磁滞回线　（b）$i_0=f(t)$ 波形

图 9－4　考虑磁滞回线时的 i_0 波形

$$\dot{I}_0 = \dot{I}_{Fe} + \dot{I}_{\mu} \tag{9-8}$$

$\dot{I}_0$ 引前 $\dot{\Phi}_m$ 一个小角度 α,称为磁滞角,$\dot{I}_0$、$\dot{I}_\mu$、$\dot{I}_{Fe}$的相量图如9-6所示。

变压器的空载损耗包括两个部分,一部分是空载电流在一次侧绕组产生的电阻损耗 $P_{Cu}=I_0^2 r_1$,另一部分是由于铁心中的涡流和磁滞现象所引起的损耗 p_{Fe},叫铁损耗。空载时 $\dot{I}_0$很小,r_1 也很小,电阻损耗很小,可忽略,认为空载损耗 p_0 就是铁耗 p_{Fe}。即

$$p_0 \approx p_{Fe} \tag{9-9}$$

对已做好的变压器可用空载试验测量空载损耗,在一般电机中,铁耗 p_{Fe}可按下式计算:

$$p_{Fe} = p_{10/50}\left(\frac{B_m}{10\ 000}\right)^2\left(\frac{f}{50}\right)^{1.5} G \ (\mathrm{W}) \tag{9-10}$$

式中　B_m ——最大磁密;

$p_{10/50}$ ——比损耗值,W/kg,它代表铁磁材料的损耗性能,这里它表示当 $f=50$ Hz,$B_m=1.0$ T时每千克材料的损耗值;

G ——铁磁材料总质量。

四、电动势平衡方程式、等效电路及相量图

在实际的变压器中,一次侧绕组总有一定的电阻 r_1,当 $\dot{i}_0$流过时将产生电阻压降 $i_0 r_1$,一次侧绕组的漏磁通 $\Phi_{\sigma1}$也将在一次侧绕组中感应漏磁电电势 $e_{\sigma1}$。

根据 $e_{\sigma1}=-N_1\dfrac{d\Phi_{\sigma1}}{dt}$,可得

$$e_{\sigma1} = \frac{-N_1 d\Phi_{\sigma1}}{dt} = -N_1 d\frac{(\Phi_{\sigma1m}\sin\omega t)}{dt}$$

$$= -\omega N_1 \Phi_{\sigma1m}\cos\omega t = E_{\sigma1m}\sin(\omega t - 90°) \tag{9-11}$$

其有效值为
$$E_{\sigma1} = 4.44 f_1 N_1 \Phi_{\sigma1m} \tag{9-12}$$

写成复数的形式可得
$$\dot{E}_{\sigma1} = -\mathrm{j}4.44 f_1 N_1 \dot{\Phi}_{\sigma1m} \tag{9-13}$$

$\dot{E}_{\sigma1}$也可以用漏抗压降的形式来表示。此时需利用 $\Phi_{\sigma1m}$和 I_0 的关系导出反映漏磁通的电感系数 $L_{\sigma1}$,即

$$L_{\sigma1} = \frac{N_1\Phi_{\sigma1m}}{\sqrt{2}I_0} \tag{9-14}$$

将式(9-14)代入式(9-13)得

$$\dot{E}_{\sigma1} = -\mathrm{j}I_0\omega L_{\sigma1} = -\mathrm{j}\dot{I}_0 x_1$$

式中　$x_1=\omega L_{\sigma1}$——对应于一次绕组漏磁通的漏电抗(简称一次绕组漏抗),对已做好的变压器,它是一个常数,不随负载变化而变化。

因各量的正方向符合电工惯例,将一次侧电压瞬时值的方程式(9-1)写成相量形式则有

$$\dot{U} = -\dot{E}_1 - \dot{E}_{\sigma1} + \dot{I}_0 r_1 = -\dot{E}_1 + \dot{I}_0(r_1 + \mathrm{j}x_1) = -\dot{E}_1 + \dot{I}_0 z_1 \tag{9-15}$$

绘出对应式(9-15)的等效电路图如图9-5(a)所示。

变压器空载时,一次绕组实际上是一个铁心线圈,从式(9-15)可知,空载变压器可以看成是两个电抗线圈串联的电路(也可看成是并联,与串联等效,可相互转化,但习惯上常看成

是两个电抗线圈串联的电路），其中一个是没有铁心的线圈阻抗，表示一次侧绕组的内阻抗 $z_1 = r_1 + jx_1$，另一个是有铁心的线圈，它不但产生感应电动势，而且还有铁耗，因此它既具有产生感应电动势的电感性质，又具有消耗一定有功功率的电阻性质，它可以用称之为励磁阻抗的物理量 z_m 表示，即

$$z_m = r_m + jx_m \tag{9-16}$$

式中，x_m 为励磁电抗，$x_m = \omega N_1^2 \Lambda_m$，$\Lambda_m$ 为主磁路的磁导，N_1 为铁心线圈的匝数。

z_m 变化不大，可近似为一个常数，从而得

$$\left.\begin{aligned} z_m &= \frac{E_1}{I_0} \\ r_m &= \frac{p_{Fe}}{I_0^2} \\ x_m &= \sqrt{z_m^2 - r_m^2} \end{aligned}\right\} \tag{9-17}$$

这样，一次侧绕组电势方程式可写成

$$\dot{U}_1 = -\dot{E}_1 + \dot{I}_0 z_1 = \dot{I}_0(z_1 + z_m) \tag{9-18}$$

通常，$x_m \gg x_1$，$r_m \gg r_1$，所以 $z_m \gg z_1$。

绘出对应式(9-18)的等效电路图，如图 9-5(b)所示。这是变压器空载时一次侧的等效电路。图 9-6 为相量图，图中的 $\dot{I}_0 r_1$ 和 $j\dot{I}_0 x_1$ 很小，为了看得清楚，绘图时人为放大了。图中都以磁通 $\dot{\Phi}_m$为参考相量。

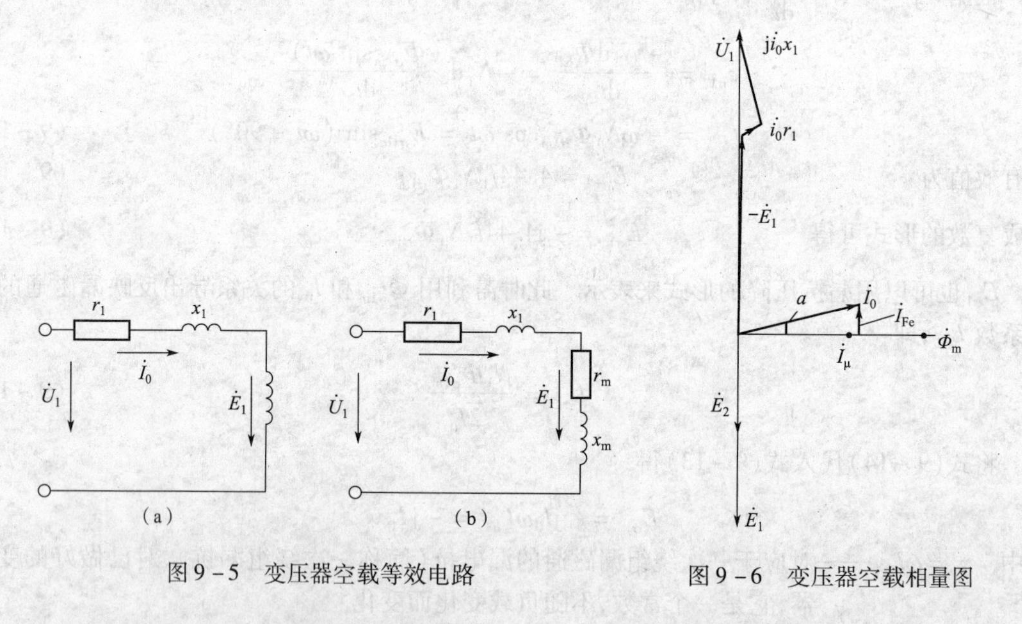

图 9-5 变压器空载等效电路 图 9-6 变压器空载相量图

综上所述，得出以下重要结论：

(1)感应电势 E 的大小与电源频率 f、绕组匝数 N 及铁心中主磁通的最大值 Φ_m 成正比，在相位上总是落后产生它的主磁通 Φ_m 90°，而主磁通的大小主要取决于电源电压、频率和一次绕组的匝数，而与磁路所用材料的性质和尺寸基本无关。

(2)使用材料的导磁性能越好，则励磁阻抗 x_m 越大，空载电流越小，所以电机与变压器的

铁心均采用高导磁性能的硅钢片叠成。

（3）铁心的饱和程度越高，励磁电抗 x_m 越小，空载电流越大，因此合理选择铁心截面对电机和变压器的运行性能有重要影响。

（4）气隙对空载电流的影响很大，气隙越大，磁阻越大，励磁电抗 x_m 就越小，空载电流就越大，因此要严格控制铁心叠片接缝之间的气隙。

第二节　变压器的负载运行

一、负载运行时的电磁状况

当变压器负载时，二次侧有电流流过，它也要产生一个磁动势 $N_2\dot{I}_2$，它除了产生只与绕组本身交链的漏磁通外，主要是在主磁路中产生作用。而变压器空载时，只有一个磁动势 $N_1\dot{I}_0$，它在主磁路中产生主磁通 Φ，因此，变压器负载时主磁路上有两个磁动势相链接，其负载运行示意图如图 9－7 所示。那么此时一次侧的电流将如何变化呢？

变压器空载时，只有一个磁动势 $N_1\dot{I}_0$。当变压器负载时，二次侧有电流流过，它也要产生一个磁动势 $N_2\dot{I}_2$，根据楞次定律，磁势 $N_2\dot{I}_2$ 作用在铁心上，它力图使主磁通发生变化，所以一次侧绕组就要相应地增加电流（磁势）去阻止主磁通发生变化。且如果主磁通改变，一次侧绕组电路中的电势平衡（因 z_1 很小，其压降仍可忽略，仍认为 $\dot{U}_1\approx-\dot{E}_1=-\mathrm{j}4.44f_1N_1\dot{\Phi}_m$）就要被破坏，所以只有一次侧电流（磁势）相应地增加来抵偿磁动势 $N_2\dot{I}_2$ 的去磁作用，才能保持变压器磁路中的磁动势和主磁通基本不变，基本仍等于 $N_1\dot{I}_0$ 和 Φ，即

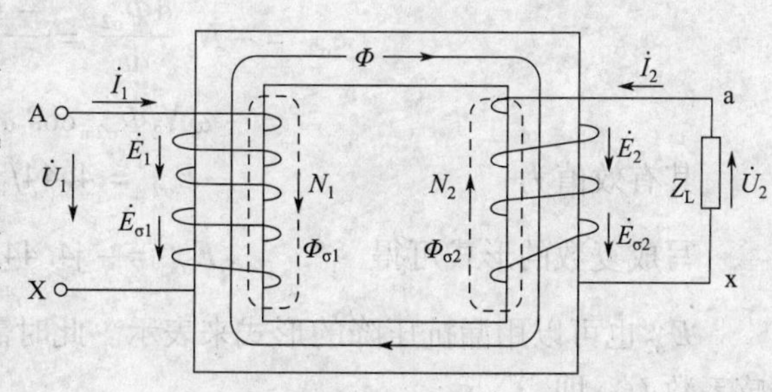

图 9－7　变压器负载运行示意图

$$N_1\dot{I}_1+N_2\dot{I}_2=N_1\dot{I}_0 \tag{9-19}$$

这就是变压器负载后的磁动势平衡方程式。将上式写成下面形式

$$\dot{I}_1=\dot{I}_0+\left(-\dot{I}_2\frac{N_2}{N_1}\right)=\dot{I}_0+\left(-\frac{\dot{I}_2}{k}\right) \tag{9-20}$$

式（9－20）说明，一次电流由两部分组成：一部分是励磁分量 $\dot{I}_0$，用以产生主磁通，基本不随负载变化；另一部分是负载分量 $-\frac{\dot{I}_2}{k}$，用以抵消二次电流对主磁通产生的影响，随负载变化而变化，正是这一部分把一次侧的电功率传送到了变压器二次侧。由于 $\dot{I}_1\gg\dot{I}_0$，忽略 $\dot{I}_0$，则得

$$\dot{I}_1\approx-\dot{I}_2\frac{N_2}{N_1}=-\frac{\dot{I}_2}{k} \tag{9-21}$$

如果仅考虑绝对值，则

$$\frac{I_1}{I_2}=\frac{N_2}{N_1}=\frac{1}{k} \tag{9-22}$$

式(9－22)表明:负载运行时,一次、二次电流与匝数成反比,说明变压器在变电压的同时,也能变电流。由以上分析得出,变压器负载之后其电磁关系如图9－8所示。

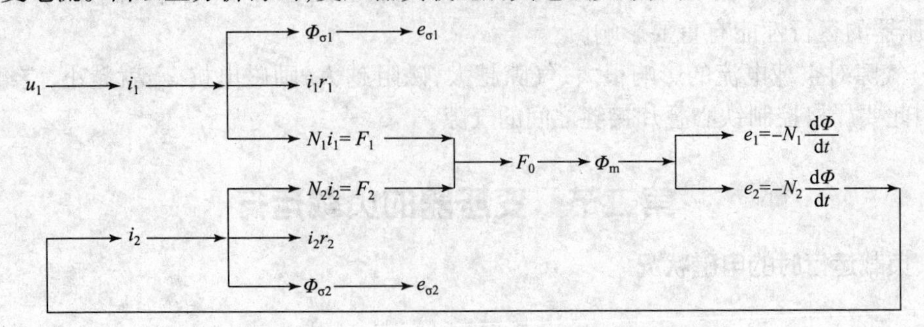

图9－8 变压器负载运行时电磁关系示意图

二、电动势平衡方程式

依照一次侧漏磁通所产生的漏感电动势的方法和原理,可导出二次侧漏感电动势为

$$e_{\sigma2} = -N_2\frac{d\Phi_{\sigma2}}{dt} = \frac{-N_2 d(\Phi_{\sigma2m}\sin\omega t)}{dt}$$

$$= -\omega N_2\Phi_{\sigma2m}\cos\omega t = E_{\sigma2m}\sin(\omega t - 90°) \quad (9-23)$$

其有效值为 $$E_{\sigma2} = 4.44f_1N_2\Phi_{\sigma2m} \quad (9-24)$$

写成复数的形式可得 $$\dot{E}_{\sigma2} = -j4.44f_1N_2\dot{\Phi}_{\sigma2m} \quad (9-25)$$

$\dot{E}_{\sigma2}$也可以用漏抗压降的形式来表示。此时需利用$\Phi_{\sigma2m}$和I_2的关系导出反映漏磁通的电感系数$L_{\sigma2}$,即

$$L_{\sigma2} = \frac{N_2\Phi_{\sigma2m}}{\sqrt{2}I_2} \quad (9-26)$$

将式(9－26)代入式(9－25)得

$$\dot{E}_{\sigma2} = -jI_2\omega L_{\sigma2} = -j\dot{I}_2x_2 \quad (9-27)$$

$x_2=\omega L_{\sigma2}$是对应于二次绕组漏磁通的漏电抗(简称二次绕组漏抗)。对已做好的变压器是一个常数,不随负载变化而变化。

这样,依照图9－7,根据基尔霍夫电压定律,列出一次侧、二次侧电压方程式为

$$\dot{U}_1 = -\dot{E}_1 - \dot{E}_{\sigma1} + \dot{I}_1x_1 = -\dot{E}_1 + \dot{I}_1(r_1 + jx_1) \quad (9-28)$$

$$\dot{U}_2 = -\dot{E}_2 - \dot{E}_{\sigma2} + \dot{I}_2x_1 = -\dot{E}_2 + \dot{I}_2(r_2 + jx_2) \quad (9-29)$$

绘出对应式(9－28)和式(9－29)的等效电路图,如图9－9所示。

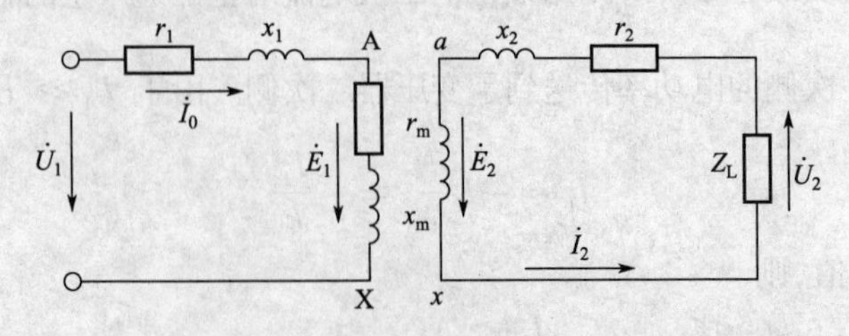

图9－9 变压器负载等效电路

三、折　算

由以上分析并结合图 9－9 可以列出变压器负载运行的一组方程式

$$\left.\begin{aligned}&\dot{U}_1=-\dot{E}_1+\dot{I}_1(r_1+\mathrm{j}x_1)\\&\dot{U}_2=-\dot{E}_2+\dot{I}_2(r_2+\mathrm{j}x_2)\\&\dot{I}_0(r_m+\mathrm{j}x_m)=-\dot{E}_1\\&N_1\dot{I}_1+N_2\dot{I}_2=N_1\dot{I}_1\\&\dot{U}_2=\dot{I}_2z_L\quad\frac{E_1}{E_2}=\frac{N_1}{N_2}=k\end{aligned}\right\}\tag{9-30}$$

应用这组方程可以对变压器负载运行进行定量计算。当已知 $\dot{U}_1$、$z_1=r_1+\mathrm{j}x_1$、$z_2=r_2+\mathrm{j}x_2$、$z_m=r_m+\mathrm{j}x_m$、z_L 及变比 k 时，就可以解出 $\dot{I}_1$、$\dot{I}_2$、$\dot{E}_1$、$\dot{E}_2$ 及 $\dot{U}_2$。但因上式中的六个方程式多为复数方程，计算十分繁杂，特别是 k 较大时，一次和二次电压、电流、阻抗数值差别很大，计算很不方便，绘制相量图也较困难，为此我们常用一假想的绕组来代替其中一个绕组，使其成为变比 $k=1$ 的变压器，此时图 9－9 中的 A 点与 a 点成为等电位点，X 点与 x 点成为等电位点，A 点与 a 点可以直接相连，X 点与 x 可以直接相连，将一次绕组与二次绕组通过一个磁路将两个电路耦合到一起的变压器化为一个单纯电路，从而大大简化变压器的分析计算，这种方法称为折算。折算仅仅是研究变压器的一种方法，折算即可将一次侧折算到二次侧，也可将二次侧折算到一次侧。折算过的量在原来的符号上加一个标号“′”以示区别。折算的原则是保证磁动势不变、有功功率和无功功率不变。下面介绍将二次侧各量折算到一次侧折算值的方法。

1. 二次侧电流的折算

因变比假设为 1，所以折算后二次侧等效匝数 $N_2'=N_1$，依据折算前后磁动势不变的原则有

$$N_2\dot{I}_2=N_1\dot{I}_2'$$

$$\dot{I}_2'=\frac{\dot{I}_2}{k}\tag{9-31}$$

2. 二次侧电动势、电压的折算

因折算后的变压器变比为 1，所以

$$\dot{E}_2'=\dot{E}_1\ \text{或}\ \dot{E}_2'=k\dot{E}_2\tag{9-32}$$

同样，二次侧的电压、漏电势也可以按同样的办法折算，得

$$\dot{E}_{\sigma2}'=k\dot{E}_{\sigma2}\tag{9-33}$$

$$\dot{U}_2'=k\dot{U}_2\tag{9-34}$$

3. 二次侧漏阻抗的折算

根据折算前后二次侧绕组铜耗不变的原则 $I_2'^2r_2'=I_2^2r_2$，得

$$r_2'=\frac{I_2^2r_2}{I_2'^2}=k^2r_2$$

根据折算前后二次侧绕组漏磁无功功率不变的原则，$I_2'^2x_2'=I_2^2x_2$，得

$$x_2' = \frac{I_2^2 x_2}{I_2'^2} = k^2 x_2 \tag{9-35}$$

同样,

$$z_2' = \frac{I_2^2 z_2}{I_2'^2} = k^2 z_2 \tag{9-36}$$

$$z_L' = \frac{I_2^2 z_L}{I_2'^2} = k^2 z_L \tag{9-37}$$

折算以后,变压器的负载运行的一基本组方程式变为以下形式:

$$\left.\begin{aligned} \dot{U}_1 &= -\dot{E}_1 + \dot{I}_1(r_1 + jx_1) \\ \dot{U}_2' &= \dot{E}_2' - \dot{I}_2' z_2' \\ \dot{I}_0(r_m + jx_m) &= -\dot{E}_1 \\ \dot{U}_2' &= \dot{I}_2' z_L' \\ E_1 &= E_2' \\ \dot{I}_1 &= \dot{I}_0 - \dot{I}_2' \end{aligned}\right\} \tag{9-38}$$

四、等效电路及相量图

有了折算以后变压器负载运行的一基本组方程式后,就可以把图 9-9 中的 A 点与 a 点、X 点与 x 直接相连,将 x_1、x_2 做为集中参数,将一次绕组和二次绕组合并为一个绕组,它相当于一个铁心电抗线圈,可用 $z_m = r_m + jx_m$ 来代替,其中 r_m 表示铁耗的等效电阻,x_m 表示主磁通的励磁电抗,于是到得如图 9-10 所示的等效电路图。因这一等效电路的形状像字母“T”,所以被称为 T 形等效电路。通过上面的处理,就把通过一个磁路耦合和有两个电路的计算化为一个单纯电路的计算(或者说将只有磁联系而无电直接联系的电路计算变为只有电联系的电路计算),从而大大简化了变压器的分析计算。感性负载时的相量图如图 9-11 所示。

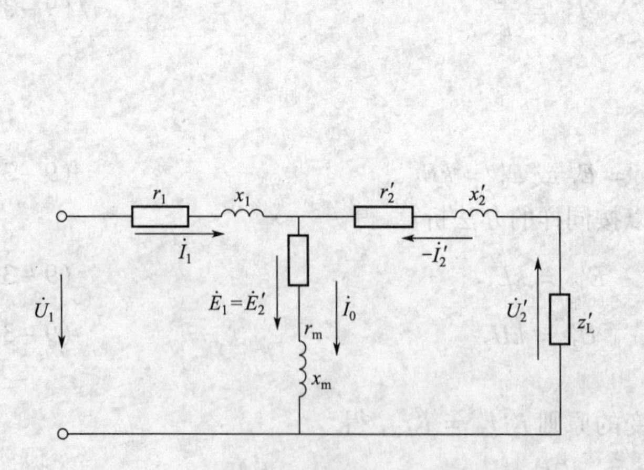

图 9-10 变压器负载运行时的“T”形等效电路

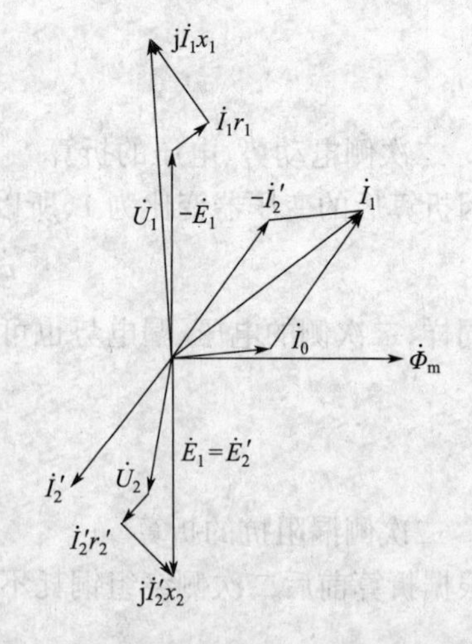

图 9-11 变压器感性负载时的相量图

T 形等效电路虽然正确地表达了变压器内部的电磁关系,但却属于复杂电路,进行复数运算也比较麻烦。考虑到一次绕组的漏阻抗压降只占额定电压的 2% ~5% 左右，所以可近似地把磁化分路从 T 形等效电路的中部移到电源端，这样就可得到 Γ 形近似等效电路，如图 9 – 12 所示。运算 Γ 形近似等效电路简便，且在工程上已足够精确。

由于 r_m 比 r_1 和 r_2 大得多，x_m 比 x_1 和 x_2 大得多，$\dot{I}_0$ 与变压器额定电流相比小得多，若忽略不计，将励磁分路去掉，则电路变为如图 9 – 13 所示，就变为简化等效电路，使计算更进一步的简化，在工程上，如果对计算精度要求不太高，则完全可以使用。图中 r_k、x_k 为短路参数。

$$\left.\begin{aligned} x_k &= x_1 + x_2 \\ r_k &= r_1 + r_2 \end{aligned}\right\} \tag{9-39}$$

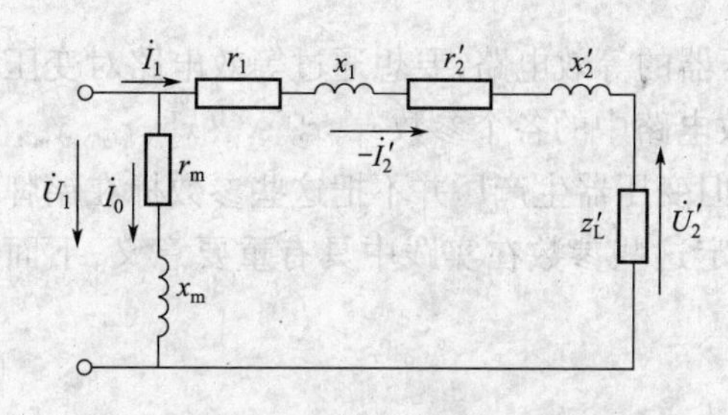

图 9 – 12　Γ 形等效电路

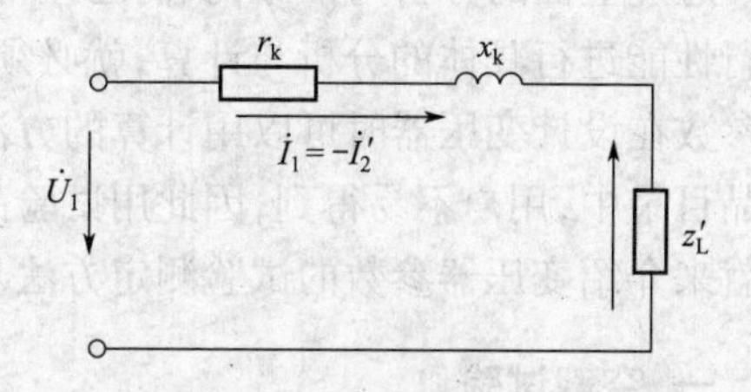

图 9 – 13　简化等效电路

五、变压器负载时的相量图

变压器的基本电磁关系，除了可以用基本方程式和等效电路表示计算外，还可用相量图来表示和计算，它能直观地表示出变压器各电磁量的大小和相位关系，是分析变压器的有效工具。

画负载相量图时，认为参数均已知，并且 $\dot{U}_2$、$\dot{I}_2$、$\cos\varphi_2$ 及 z 给定，常选 $\dot{\Phi}_m$ 或 $\dot{U}_2$ 为参考相量，在此选 $\dot{\Phi}_m$ 为参考相量，具体画图步骤如下。

1. 在实轴上画出参考相量 $\dot{\Phi}_m$。
2. 根据 $\dot{E}_1 = \dot{E}_2' = -j4.44fN_1\dot{\Phi}_m$，画出 $\dot{E}_1 = \dot{E}_2'$。
3. 根据 $\dot{I}_2' = \dot{E}_2'/(z_2' + z_L')$ 和 $\dot{U}_2' = \dot{E}_2' - \dot{I}_2'Z_2'$，画出 $\dot{I}_2'$ 和 $\dot{U}_2'$。
4. 由 $\dot{I}_0 \approx \dfrac{-\dot{E}_1}{Z_m}$ 画出 $\dot{I}_0$。
5. 由 $\dot{I}_1 = \dot{I}_0 - \dot{I}_2'$ 画出 $\dot{I}_1$。
6. 由 $\dot{U}_1 = -\dot{E}_1 + \dot{I}_1 z_1$ 画出 $\dot{U}_1$。

这样就可画出图 9 – 11 所示的 T 形等效电路的相量图。同理，可画出 Γ 形近似等效电路的相量图和简化等效电路的相量图。图 9 – 14 所示为简化等效电路的相量图，电压 $-\dot{U}_2$ 引前电流 $\dot{I}_1 = -\dot{I}_2'$ 的为感性负载，功率因数角为 φ_{21}；电压 $-\dot{U}_2$ 滞后电流 $\dot{I}_1 = -\dot{I}_2$ 的为容性负载，功率

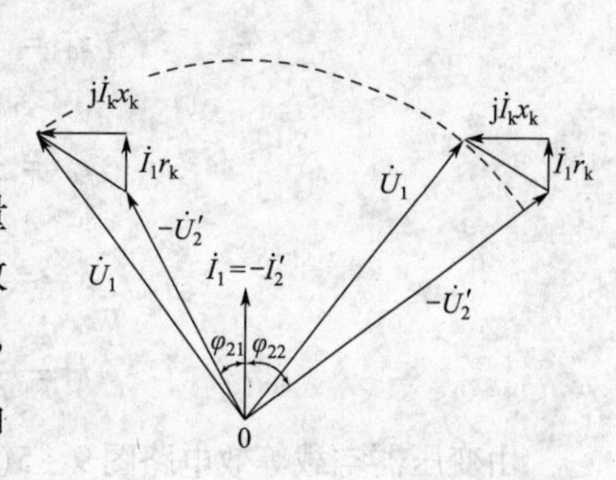

图 9 – 14　简化等效电路相量图

因数角为 φ_{22}；两者在电源电压相同的情况下，输出电压有所不同，感性负载时，$\dot{U}_2 < \dot{U}_1$，随着电流的增加 $\dot{U}_2$总下降。电容性质负载时，在容性大到一定程度时，$\dot{U}_2$随着电流的增加而增加，完全可使 $\dot{U}_2 > \dot{U}_1$。

虽然相量图能直观地表示出变压器各电磁量的大小和相位关系，但由于很难精确作图，因此相量图主要用来做变压器的定性分析。

第三节 变压器的参数测定

通过上面的分析与推导，我们已经得到了变压器的等效电路，要想通过等效电路对变压器运行性能进行具体的分析与计算，就必须知道等效电路中的各个参数 r_1、r_2'、x_1、x_2'、r_m、x_m，这些参数在设计变压器时可以用计算的方法得到。但变压器生产厂并不把这些参数标在铭牌和产品目录中，用户不易得到，因此用试验的方法测定这些参数在实践中具有重要意义，下面我们就来介绍变压器参数的试验测定方法。

一、空载试验

通过空载试验可以测定变压器的电压比，铁心损耗和励磁参数 r_m、x_m、z_m。空载试验接线图如图 9－15 所示。

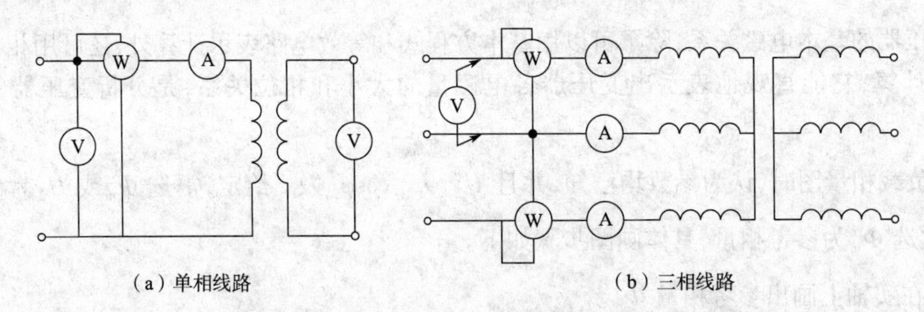

图 9－15 空载试验线路

对于单相变压器，可以直接由测得数据 U_1、I_0、p_0、U_{20} 对变压器空载参数进行计算。对于三相变压器，必须将测得数据换算成每相值，即相电压、相电流和每相功率，然后按下列公式算出变压器等效电路的空载参数，即

$$\left.\begin{aligned} z_0 &= \frac{U_1}{I_0} = z_1 + z_m \approx z_m \\ r_0 &= \frac{p_0}{I_0^2} = r_1 + r_m \approx r_m \\ x_0 &= \sqrt{Z_0^2 - r_0^2} = x_1 + x_m \approx x_m \\ k &= \frac{U_1}{U_{20}} \end{aligned}\right\} \tag{9-40}$$

由变压器空载等效电路图 9－5(b)可知，由测得的数据 U_1、I_0、p_0 直接算出参数，是空载参数 $z_0 = z_1 + z_m$、$r_0 = r_1 + r_m$、$x_0 = x_1 + x_m$。但因变压器中 x_1 为一次侧漏磁通对应的电抗，x_m 为

主磁通对应的电抗,主磁通远大于漏磁通,所以有 $x_m \gg x_1$,因此可以略去 x_1,$I_0^2 r_1$ 远小于 $p_{Fe} = I_0^2 r_m$,即 $r_m \gg r_1$,所以可以略去 r_1,认为 $r_0 \approx r_m$,从而可以得出 $z_0 \approx z_m$。因此也可以认为由空载试验测得数据 U_1、I_0、p_0 直接算出来的就是变压器励磁参数 z_m、r_m、x_m。

需要指出的是,变压器励磁参数是随饱和程度变化的。变压器正常情况下是在接近额定电压下运行,因此空载试验应在额定电压下运行,这样求得的参数才能反映变压器运行时的真实情况。

变压器空载试验可以在高压侧进行(在高压侧加电源并测量 U_1、I_0、p_0,低压侧开路),也可以在低压侧进行。但因电力变压器一般高压侧电压很高,为了安全,空载试验常在低压侧进行。这样算出的参数是低压侧参数,如果需要画折算到高压侧的等效电路,这些参数还要按折算规律折算到高压侧。

二、短路试验

短路试验可以测变压器的铜损耗,并根据测得数据计算变压器的短路参数 z_k、r_k、x_k,短路试验接线如图 9－16 所示。

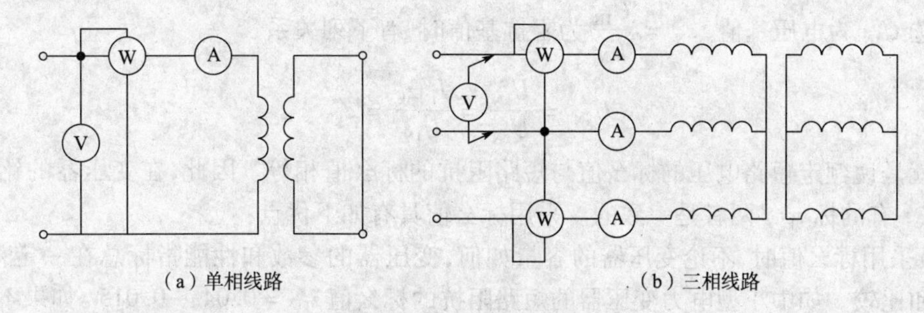

图 9－16　短路试验线路

短路试验常在高压侧进行,即将低压侧短路,在高压侧加电压并测量电压、电流和功率。因低压侧直接短路,高压侧加的电压必须降得很低,如果高压侧加较大电压,变压器将流过很大的短路电流,如果高压侧加额定电压,变压器的短路电流可达 10～20 倍的额定电流,这是绝对不允许的。因此,在短路试验时,常用调压器为高压侧供电,使电压由零逐渐升高,直到电流达到额定值为止。这时,测得并记录 U_k、I_k、p_k。

因短路试验时 U_k 很小,一般电力变压器仅为额定电压的 5% 左右,所以励磁电流 I_0 很小,可以忽略。这时输入功率全部用于绕组的铜耗,因此可以应用图 9－13 简化等效电路图对变压器进行短路参数计算。因此低压侧直接短路,U_2' 为零,所以有下列公式

$$\left.\begin{aligned} z_k &= \frac{U_k}{I_k} \\ r_k &= \frac{p_k}{I_k^2} \\ x_k &= \sqrt{z_k^2 - r_k^2} \end{aligned}\right\} \tag{9-41}$$

与空载试验相同,对于三相变压器,式(9－41)中各量应采用每相的数值,即相电压、相电流和每相功率。

绕组电阻 r_k 随温度的不同,阻值有一定变化,变压器正常工作时比试验时温度高,因此,r_k 算出后应换算到正常工作时的数据。按国家标准规定,绕组的电阻要换算到 75℃ 时的阻值。对于一般铜线变压器,按下式进行计算

$$r_{k75℃} = r_k \cdot \frac{234.5 + 75}{234.5 + \theta} \tag{9-42}$$

式中 θ——实验时的室温。

电阻换算后阻抗也变为

$$Z_{k75℃} = \sqrt{r_{k75℃}^2 + x_k^2}$$

短路试验可以在高压侧也可以在低压侧进行,两侧测得的数据不等。高压侧和低压侧的参数符合折算规律。

短路试验时,$I_k = I_{1N}$,这时短路电压 $U_{kN} = I_{1N}z_k$,我们把它称为额定短路电压,它正好等于变压器额定工作时的阻抗下降,这是变压器的一个重要数据,常把它标在变压器的铭牌上,并以 U_{kN} 占额定电压的百分值表示或用标幺值表示。

标幺值是一种相对值,在工程计算中可以化繁为简。它首先要选定一个基值(一般选额定值为基值),将各物理量用对应的基值来表示,即标幺值 = 绝对值/基值。标幺值的符号在右上角加" * ",如 U_1^*、I_1^* ……

当选 U_{1N} 为电压基值、$z_N = \frac{U_{1N}}{I_{1N}}$ 为阻抗基值时,有下列关系

$$U_{kN}^* = \frac{U_{kN}}{U_{1N}} = \frac{I_{1N}z_k}{U_{1N}} = z_k^* \tag{9-43}$$

也就是说额定短路电压的标幺值与短路阻抗的标幺值相等。因此,在变压器的铭牌上有的标 U_{kN}^*,有的标 z_k^*,两者是一致的。采用标幺值具有如下优点:

(1)采用标幺值时,不论变压器的容量如何,变压器的参数和性能指标总在一定范围,便于分析和比较。如中小型电力变压器的短路阻抗的标幺值 $z_k^* = 0.04 \sim 0.015$,如果不在此范围,则应检查是否存在计算或设计错误。

(2)采用标幺值能直观地表示变压器的运行情况。如 $U_k^* = 1.0$,$z_k^* = 0.6$,则说明这台变压器欠载运行。

(3)采用标幺值时,一、二次各物理量不需进行折算,便于计算。如二次侧电压向一次侧折算为 $U_2' = kU_2$,采用标幺值时,则有 $U_2^* = \frac{U_2'}{U_{1N}} = \frac{kU_2}{kU_{2N}} = \frac{U_2}{U_{2N}} = U_2^*$。

第四节 变压器的运行特性

反映变压器运行性能的特性主要有两种,一种反映输出电压随负载电流变化的外特性,另一种是反映效率随负载电流变化的效率特性,下面分别予以介绍。

一、外特性与电压调整率

由于变压器一次侧和二次侧都有电阻和漏电抗,因此,当变压器负载时漏阻抗上要产生一定的压降,它引起变压器输出电压的变化,这种变化用外特性曲线来表示。输出电压的变化不仅与漏阻抗和负载电流有关,还与负载性质有关。变压器的外特性是指一次电压和负载性质不变时,输出电压随负载电流变化的关系曲线,即当 $U_1 = C$(常为额定值),

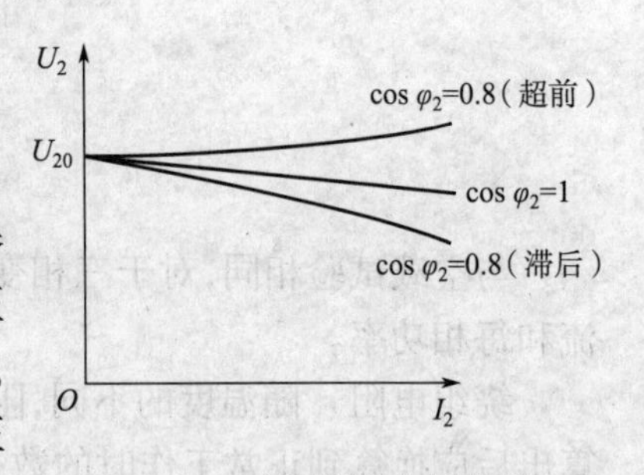

图 9-17 变压器外特性曲线

$\cos\varphi_2 = C$ 时，$U_2 = f(I_2)$ 的关系曲线。图 9-17 绘出了 $U_1 = U_N$ 时，$\cos\varphi_2 = 1$、$\cos\varphi_2 = 0.8$（滞后）和 $\cos\varphi_2 = 0.8$（超前）三条外特性曲线。

输出电压的变化程度常用电压调整率（也称电压变化率）来表示。电压调整率是指一次侧加额定电压、二次侧负载性质功率因数一定的情况下，二次侧空载电压与负载电压之差对空载电压的比值，常用百分值来表示，也用标幺值表示。用百分值表示时有

$$\Delta U\% = \frac{U_{20} - U_2}{U_{20}} \times 100\% \tag{9-44}$$

如果用折算到一次侧的电压值表示，则有

$$\Delta U = \frac{U_{1N} - U_2'}{U_{1N}} \times 100\% \tag{9-45}$$

外特性和电压调整率反映了变压器输出电压的变化程度。在一定程度上表明了变压器的供电质量，是变压器的重要指标之一。

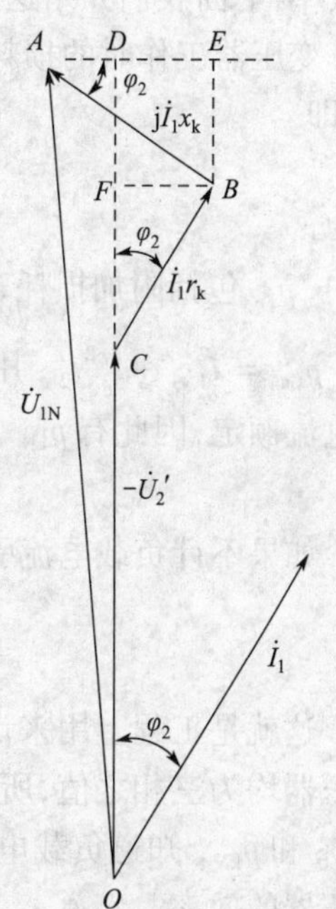

图 9-18　用简化相量图求 ΔU

电压调整率与短路阻抗、负载电流及负载性质有关。应用变压器等效短路负载时的相量图可以推出电压调整率的计算公式。

图 9-18 绘出了对应变压器简化等效电路负载时的相量图。为了看得清楚，图中的阻抗压降都人为地放大了。$\overline{OA} = U_{1N}$、$\overline{OC} = -U_2'$、$\overline{CB} = I_1r_k$、$\overline{BA} = I_1x_k$，过 A 点作 $\overline{AD}$ 垂直于 $\overline{OC}$ 的延长线，并与延长线交与 D 点，再过 B 点作辅助线 $\overline{BE}$ 垂直于 $\overline{AD}$ 的延长线，并与延长线交与 E 点，再过 B 点作 $\overline{BF} \perp \overline{OD}$。

因相量 $\dot{U}_{1N}$ 与 $-\dot{U}_2'$ 的相位角很小（图中人为放大了），可以认为 $\overline{OA} = \overline{OD}$，由图可知 $\angle BAE = \angle BCD = \angle\varphi_2$，所以

$$\begin{aligned} U_{1N} - U_2' &= \overline{OA} - \overline{OC} \approx \overline{OD} - \overline{OC} \\ &= \overline{CD} = \overline{CF} + \overline{FD} = \overline{CF} + \overline{BE} \\ &= \overline{BC}\cos\varphi_2 + \overline{AB}\sin\varphi_2 \\ &= I_1r_k\cos\varphi_2 + I_1r_k\sin\varphi_2 \end{aligned}$$

故

$$\Delta U = \frac{U_{1N} - U_2'}{U_{1N}} \times 100\% = \left(\frac{I_1r_k}{U_{1N}}\cos\varphi_2 + \frac{I_1x_k}{U_{1N}}\sin\varphi_2\right) \times 100\% \tag{9-46}$$

额定负载时，$I_1 = I_{1N}$，有

$$\Delta U = \frac{U_{1N} - U_2'}{U_{1N}} \times 100\% = \left(\frac{I_{1N}r_k}{U_{1N}}\cos\varphi_2 + \frac{I_{1N}x_k}{U_{1N}}\sin\varphi_2\right) \times 100\% \tag{9-47}$$

用标幺值表示，则有 $\Delta U^* = r_k^*\cos\varphi_2 + x_k^*\sin\varphi_2$　(9-48)

如果电流不为额定值，我们把 $I_1/I_{1N} = \beta$ 定义为负载系数，则有

$$\Delta U^* = \beta(r_k^*\cos\varphi_2 + x_k^*\sin\varphi_2) \tag{9-49}$$

由上面公式可以看出，电压调整率 ΔU 除了与负载系数 β 和短路参数 r_k、x_k 有关外，还与负载性质有关，感性负载时，$\varphi_2 > 0$，$\cos\varphi_2$ 和 $\sin\varphi_2$ 均为正值，说明负载后电压有所下降。如果是容性负载，$\varphi_2 < 0$，$\cos\varphi_2 > 0$，$\sin\varphi_2 < 0$，当 $|I_1r_k\cos\varphi_2| < |I_1x_k\sin\varphi_2|$ 时，ΔU 为负，说明负载后电压有所上升。

二、变压器的效率和效率特性

变压器输出功率与输入功率之比称为变压器的效率，用符号表示，有

$$\eta = \frac{P_2}{P_1} \times 100\% \tag{9-50}$$

因变压器无旋转部件，在能量传递过程中，其效率比旋转电机高，一般电力变压器的效率达 95% 以上，大型变压器可达 99% 以上。用直接加负载的办法测量有一定的困难，这是因为一方面电力变压器容量都很大，很难找到相应的负载，另一方面，变压器效率很高，P_1 和 P_2 差值很小，由于测量仪器的误差，很难得到准确的结果，因此工程上常用间接的方法计算变压器的效率，下面我们介绍这一计算方法。

变压器工作时的损耗主要有铁耗和铜耗，变压器的输入功率可以用输出功率加损耗来表示，即

$$\eta = \frac{P_2}{P_1} = \frac{P_1 - p_{Cu} - p_{Fe}}{P_1} \tag{9-51}$$

式中，p_{Fe} 包括附加损耗，近似等于空载试验时测得的空载损耗 p_0。

$p_{Cu} = I_1^2 r_1 + I_2'^2 r_2'$，用简化等效电路时有 $\dot{I}_1 = \dot{I}_2'$，因此可写成 $p_{Cu} \approx I_1^2 r_k$。在做短路试验时因电流额定，因此有 $p_{kN} = I_{1N}^2 r_k$，所以任意负载下变压器的铜损耗可用 p_{kN} 表示，有

$$p_{Cu} = I_1^2 r_k = (\beta I_{1N})^2 r_k$$

如果不计负载电流引起的二次侧端电压的变化，可以认为

$$\eta = \left(1 - \frac{p_0 - \beta^2 p_{kN}}{\beta S_N \cos\varphi_2 + p_0 + \beta^2 p_{kN}}\right) \times 100\% \tag{9-52}$$

这就是工程上用来计算变压器效率的公式，对三相变压器均为三相之值，所以只要通过空载和短路试验测得 p_0 和 p_{kN}，知道负载电流的性质和大小，就可以算出变压器的效率。

在一定的 $\cos\varphi_2$ 下，效率随电流变化的规律，即 $\eta = f(I_2)$ 或 $\eta = f(\beta)$ 称为变压器的效率特性，其曲线如图 9－19 所示。

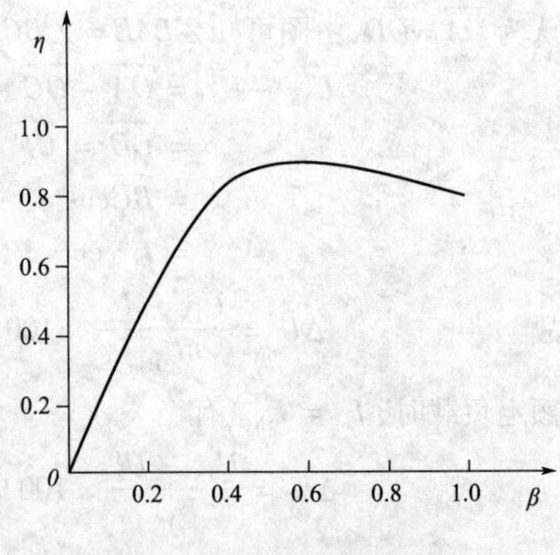

图 9－19　变压器效率特性

由效率特性曲线可以看出，当 $\beta = 0$ 时，变压器效率为零。负载较小时，损耗功率占输入功率的比值较大，效率较低。随着负载的增大，效率 η 上升较快，负载增加到一定程度时，效率出现最大值 η_{max}。此后，随着负载增加，因铜耗与 β^2 成正比，效率 η 反而下降。我们通过对效率公式求极大值的办法，令 $\frac{d\eta}{d\beta} = 0$，求出 β_{max} 值，就可得到最大效率 η_{max}。在效率最大时，变压器的可变损耗 $\beta_m^2 p_{kN}$ 等于不变损耗 P_0，即

$$\beta_m^2 p_{kN} = p_0 \tag{9-53}$$

一般变压器多设计在 $\beta_m = 0.5 \sim 0.6$ 时效率最高，这时，p_{kN} 为 p_0 的 3～4 倍，这是因为变压器并不经常满载运行，且负载随着季节、昼夜变化，这样对变压器变压效率是有利的。

例 9－1　一台三相电力变压器，额定容量 $S_N = 100$ kV·A，额定电压 $U_{1N}/U_{2N} = 6\,000$ V/

400 V，额定电流 $I_{1N}/I_{2N}=9.63\ A/144\ A$，Yy 联结，频率 $f=50\ Hz$，实验时温度为25°C，在低压侧做空载实验，测得数据为 $U_2=U_{2N}$，$I_{20}=9.37\ A$，$p_0=600\ W$。在高压侧做短路实验，测得数据为 $U_{1k}=317\ V$，$I_k=9.4\ A$，$p_k=1\ 920\ W$。假定 $r_1=r_2'$，$x_1=x_2'$，试计算一相等效电路各参数。

解　(1)励磁参数计算

首先计算低压侧空载实验时每相的电压 $U_{2\Phi}$、电流 $I_{0\Phi}$ 及空载损耗 $p_{0\Phi}$。

$$U_{2\Phi}=\frac{400}{\sqrt{3}}=230.9\ (\mathrm{V})$$

$$I_{0\Phi}=9.37\ (\mathrm{A})$$

$$p_{0\Phi}=\frac{600}{3}=200\ (\mathrm{W})$$

计算低压侧励磁参数，即

$$z_m'\approx z_0'=\frac{U_{2\Phi}}{I_{0\Phi}}=\frac{230.9}{9.37}=24.6\ (\Omega)$$

$$r_m'\approx r_0'=\frac{P_{0\Phi}}{I_{0\Phi}^2}=\frac{200}{9.37^2}=2.28\ (\Omega)$$

$$x_m'\approx x_0'=\sqrt{z_0'^{\,2}-r_0'^{\,2}}=\sqrt{24.6^2-2.28^2}=24.5\ (\Omega)$$

将励磁参数折算到高压侧，即

$$\text{电压比}\ k=\frac{U_{1\Phi}}{U_{2\Phi}}=\frac{\frac{600}{\sqrt{3}}}{\frac{400}{\sqrt{3}}}=1.5$$

$$z_m=k^2z_m'=15^2\times 24.6=5\ 535\ (\Omega)$$

$$r_m=k^2r_m'=15^2\times 2.28=513\ (\Omega)$$

$$x_m=k^2x_m'=15^2\times 24.5=5\ 513\ (\Omega)$$

(2)短路参数计算

首先算出短路实验测得的每相电压 $U_{k\Phi}$、每相电流及每相功率 $P_{k\Phi}$。

$$U_{k\Phi}=\frac{317}{\sqrt{3}}=183\ (\mathrm{V})$$

$$I_{k\Phi}=9.4\ (\mathrm{A})$$

$$P_{k\Phi}=\frac{1\ 920}{3}=640\ (\mathrm{W})$$

计算短路参数，即

$$z_k=\frac{U_{k\Phi}}{I_{k\Phi}}=\frac{183}{9.4}=19.5\ (\Omega)$$

$$r_k=\frac{U_{k\Phi}}{I_{k\Phi}^2}=\frac{640}{9.4^2}=7.24\ (\Omega)$$

$$x_k=\sqrt{z_k^2-r_k^2}=\sqrt{19.5^2-7.24^2}=18.1\ (\Omega)$$

换算到75℃时的数值，即

$$r_1=r_2'=\frac{1}{2}r_{k75℃}=\frac{8.64}{2}=4.32\ (\Omega)$$

$$z_{k75℃} = \sqrt{r_{k75℃}^2 + x_k^2} = \sqrt{8.64^2 + 18.1^2} = 20\ (\Omega)$$

如果 $r_1 = r_2'$, $x_1 = x_2'$, 则有

$$r_1 = r_2' = \frac{1}{2} r_{k75℃} = \frac{8.64}{2} = 4.32\ (\Omega)$$

$$x_1 = x_2' = \frac{1}{2} x_k = \frac{18.1}{2} = 9.05\ (\Omega)$$

思考题与习题

1. 在研究变压器时,一次侧、二次侧各电磁量的正方向是如何规定的?

2. 变压器有哪些主要额定值? 它们的含义是什么?

3. 变压器中主磁通和漏磁通的性质和作用有什么不同? 在等效电路中是怎样反映它们的作用?

4. 一台变压器加额定电压,在下列情况下励磁电流将怎样变化? (1)变压器铁心截面积变大;(2)铁心柱变长;(3)硅钢片接缝空隙变大;(4)一次绕组匝数增加数匝。

5. 变压器等效电路中 r_m 代表什么电阻? 这个电阻能否用加直流的方法测出来?

6. 励磁电抗 x_m 的物理意义如何? 我们希望变压器的 x_m 是大好还是小好? 若将变压器铁心抽出, x_m 将怎么变化?

7. 一台变压器 $U_{1N}/U_{2N} = 220\ \text{V}/110\ \text{V}$, $f_N = 50\ \text{Hz}$,如果把它接到 380 V,50 Hz 的电源上,会出现什么现象? 如果把它接到 220 V,60 Hz 的电源上,主磁通和励磁电流将怎样变化? 能否把这台变压器接到 220 V 的直流电源上? 为什么?

8. 为什么可以把变压器的空载损耗看做变压器的铁耗,短路损耗看做额定负载时的铜耗?

9. 一台单相变压器, $S_N = 1\ 000\ \text{kV·A}$, $U_{1N}/U_{2N} = 60\ 000/6\ 300$, $f = 50\ \text{Hz}$, 空载试验在低压侧进行,额定电压时的空载电流 $I_0 = 19.1\ \text{A}$, 空载损耗 $p_0 = 5\ 000\ \text{W}$; 短路试验在高压侧进行,额定电流时的短路电压 $U_k = 3\ 240\ \text{V}$, 短路损耗 $p_{kN} = 14\ 000\ \text{W}$。试求:

(1)折算到高压侧的参数,假定 $r_1 = r_2' = \frac{1}{2} r_k$, $x_1 = x_2' = \frac{1}{2} x_k$;

(2)绘出 T 形等效电路图,并标出各量的正方向;

(3)计算满载及 $\cos\varphi_2 = 0.8$(滞后)时的效率 η_N;

(4)计算最大效率 η_{max}。

(答案:(1) $r_m = 1\ 242\ \Omega$, $x_m = 29\ 860\ \Omega$, $z_m = 29\ 900\ \Omega$ (2) $r_k = 50.4\ \Omega$, $x_k = 187.8\ \Omega$, $z_k = 194.4\ \Omega$, $r_1 = r_2' = 25.2\ \Omega$, $x_1 = x_2' = 93.9\ \Omega$ (3) $\eta_N = 97.68\%$, $\eta_{max} = 98.36\%$)

第十章　三相变压器

电力系统广泛采用的是三相变压器,三相变压器可由三个单相变压器组成,称为三相变压器组。也可由一种把铁心柱和铁轭联成一个三相磁路,称为三相变压器。从运行原理来看,三相变压器在对称负载下运行时,各相的电压、电流相等,相位彼此相差120°,因此,就其一相来说,和单相变压器没有什么区别。第九章所列出的基本方程式、等效电路和导出的性能计算公式等对三相变压器亦完全适用,这里就不再重复。本章主要讨论三相变压器的特点,即三相变压器的磁路系统、三相绕组的连接组以及绕组中电势波形等问题。

第一节　三相变压器的磁路系统

按照铁心的结构,三相变压器的系统可分为两类:

(1)各相磁路互不相关的　如将三个单相变压器的绕组按一定的方式作三相变压器组,组成三相变压器组,称组式三相变压器。如图10-1所示,这种变压器的磁路是独立的。

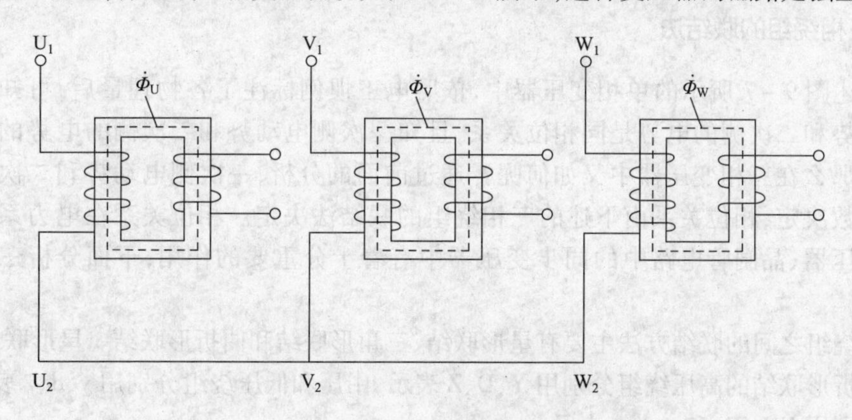

图10-1　三相变压器组磁路系统

(2)三相磁路相互关联的　如将三个单相心式铁心合并成如图10-2(a)所示的结构,则通过中间心柱的磁通,便等于通过外面三个心柱磁通的总和。如果外施电压为一对称的三相系统,则三相磁通的总和 $\dot{\Phi}_U+\dot{\Phi}_V+\dot{\Phi}_W=0$。所以,原在中间的心柱便可省去、即在任一瞬间每一铁心柱中的磁通便可经过其他两个心柱流回,而不需要另有独立的回路,如图10-2(b)所示。实际上,为使结构简单,可缩短V相磁轭长度、使变压器的三个心柱排列在一个平面上,如图10-2(c)所示。这种变压器称为三相心式变压器。与同容量的组式变压器相比较,心式变压器节省材料、效率高、安装占地少、维护简单、价格便宜,所以得到广泛的应用。但组式变压器的每一相按尺寸和运输量来说,比三相心式变压器体积小、重量轻、搬运方便,另外还能减少备用容量。由此可见,组式变压器在大容量时,有一定优点,而中、小容量,主要是制成三相心式的。

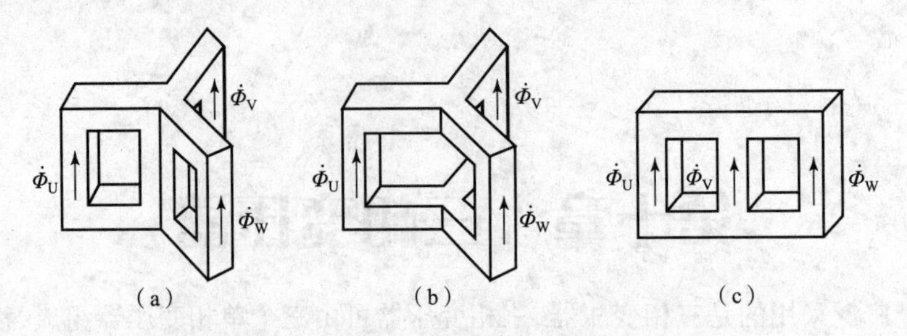

图 10-2 三铁心柱变压器磁路系统

由图 10-2(c)可见,心式变压器三相磁路长度不等,两边相磁路的磁阻比中间相的磁阻大,故两边相 U 和 W 的空载电流大于中间相 V 的,计算时,取其平均值。由于空载电流较小,所以此种不对称对变压器的实际运行并无多大影响。除心式变压器外,还有渐开式变压器,其铁轭中磁通等于铁柱中磁通的 $1/\sqrt{3}$倍,故铁轭截面可以比心式结构减少 42%,这样不但节省了材料,也降低了铁心损耗。此外,由于这种铁心结构的铁心柱只有一种尺寸的叠片,铁轭也只采用一种尺寸的钢带,故适合于机械化流水线生产,从而减轻了铁心制造的劳动强度,提高了劳动生产率。具体结构请参看有关书籍资料。

第二节 三相变压器的联结组

一、三相绕组的联结法

在前述图 9-7 所示的单相变压器中,依照电工惯例标注了各物理量后,可知变压器一次侧电动势和二次侧的电势是同相位关系,且知一次侧电动势和二次侧的电势的大小由匝数决定。那么在三相变压器中又如何呢? 通过前面的分析,一次侧电动势和二次侧电势的大小由匝数决定,相位关系由下述的三相绕组的联结法决定。相位关系在电力系统中并联运行的变压器、晶闸管电路中的同步变压器中有着十分重要的作用,下面分析三相绕组的联结法。

三相绕组之间的联结方法主要有星形联结、三角形联结和曲折形联结。星形联结、三角形联结和曲折形联结的高压绕组分别用 Y、D、Z 表示,中压和低压绕组分别用 y、d、z 表示。有中性点时分别用 YN、ZN 和 yn、zn 表示。

高压绕组的首端用 U_1、V_1、W_1 表示,末端用 U_2、V_2、W_2 表示,低压绕组首端用 u_1、v_1、w_1 表示,末端用 u_2、v_2、w_2 表示。如果低压绕组有两套或多套(如电力机车用变压器)时,第一套、第二套用 u_1、v_1、w_1 和 u_2、v_2、w_2 表示,第三套、第四套用 u_3、v_3、w_3 和 u_4、v_4、w_4 表示,依次类推。

星形联结分有中性线引出和无中性线引出两种,三角形联结有按 $u_1u_2-v_1v_2-w_1w_2$ 顺序联结的,也有按 $u_1u_2-w_1w_2-v_1v_2$ 顺序联结的,后者较为常用。曲折联结也称 Z 联结,其三相绕组也接成星形,但每相绕组是由套在不同铁心柱上的两部分线圈串联而成。图 10-3(b)绘出了一种曲折联结的线路图。

二、单相变压器联结组

变压器的一次侧、二次侧绕组被同一主磁通 $\dot{\Phi}_m$ 所交链,故当 $\dot{\Phi}_m$ 交变时,在一次侧、二次

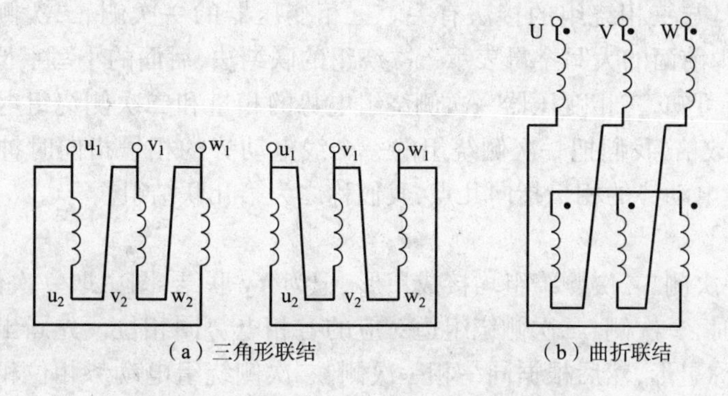

（a）三角形联结　（b）曲折联结

图 10－3　三相绕组联结法

侧绕组中感应出的电势有一定的极性关系，即当一次侧绕组的某一端点的瞬时电位为正时，二次侧绕组也必然同时有一个电位为正的对应端点，这两个对应的端点就叫同名端（或同极性端），用符号“·”表示。同名端可能在两个绕组的相同端如图 10－4（a）、（b）所示，也可能在不同的两端如图 10－4（c）、（d）所示，这取决于绕组的绕向。

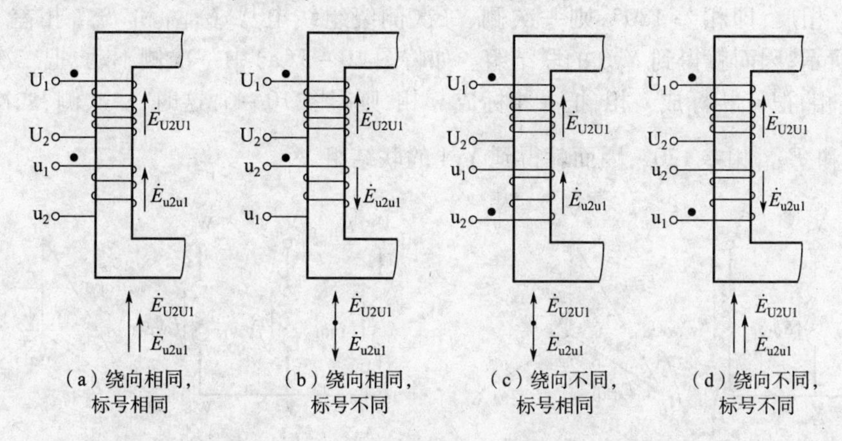

（a）绕向相同，标号相同　（b）绕向相同，标号不同　（c）绕向不同，标号相同　（d）绕向不同，标号不同

图 10－4　单相变压器一次绕组和二次绕组电动势的相位关系

设一次侧、二次侧绕组的内电势为 $\dot{E}_{U2U1}$ 和 $\dot{E}_{u2u1}$，图 10－4（a）为绕向相同，标号相同，这时一次侧、二次侧绕组的首端 U_1 和 u_1 为同名端，电势 $\dot{E}_{U2U1}$ 和 $\dot{E}_{u2u1}$ 同相位；图 10－4（b）为绕向相同，标号不同，这时一次侧、二次侧绕组的首端 U_1 和 u_1 为异名端，电势 $\dot{E}_{U2U1}$ 和 $\dot{E}_{u2u1}$ 相位相反，差 180°；图 10－4（c）为绕向不同，标号相同，这时一次侧、二次侧绕组的首端 U_1 和 u_1 为异名端，电势 $\dot{E}_{U2U1}$ 和 $\dot{E}_{u2u1}$ 相位相反，差 180°；图 10－4（d）为绕向不同，标号不同，这时一次侧、二次侧绕组的首端 U_1 和 u_1 为同名端，电势 $\dot{E}_{U2U1}$ 和 $\dot{E}_{u2u1}$ 同相位；此时把一次侧绕组电势 $\dot{E}_{U2U1}$ 的相量指向时钟表面“12”，则二次侧绕组电势 $\dot{E}_{u2u1}$ 的相量在“0”或“6”上，则图 10－4（a）、图 10－4（d）被记为 I，I0，图 10－4（b）、图 10－4（c）被记为 I，I6 联结组。这就是变压器联结组的时钟表示法。

三、相绕组的联结组

三相变压器的一次侧、二次侧绕组的电动势之间的相位关系不仅与绕组的绕向和首尾端点的标记有关，而且与三相绕组的接法有关。三相变压器的一次侧、二次侧联接方式用 Yy、Yd、Dz 等表示，其中前面的大写字母表示一次绕组的联结法，后面的小写字母表示二次绕组的联结法。通过分析可知，三相变压器一次侧绕组电势的相量和二次侧绕组电势的相量的相位差只能是 30°的整数倍，我们把一次侧绕组的一个线电动势的相量指向时钟表面"12"，则对应的二次侧绕组线电动势的相量指向几点，我们称之为第几联结组。

1. Yy 联结

图 10－5 为一次侧、二次侧绕组均接成星形，记为 Yy 联结，图中取一次侧、二次侧绕组的同名端为首端，这时，一次侧、二次侧绕组边对应的各相电势同相位。先画出一次绕组三相电动势相量图，成对称星形，然后根据同一相一次侧、二次侧绕组电动势相位相同画出二次侧三相绕组的电动势相量图，再在图中画出一次侧、二次侧对应的线电势 $\dot{E}_{U1V1}$ 和 $\dot{E}_{u1v1}$ 的相量图，把 $\dot{E}_{U1V1}$ 相量指向时钟表面"12"，则 $\dot{E}_{u1v1}$ 相量也指向时钟表面"12"，两者相位差为零，记为 Yy0 联结组，如图 10－5(a)所示。

如将上例中异名端作为首端，如图 10－5(b)所示，这时，一次侧、二次侧绕组边对应的相电势的相位相反，即相差 180°，则一次侧、二次侧绕组线电势 $\dot{E}_{U1V1}$ 和 $\dot{E}_{u1v1}$ 相差 180°，如图 10－5(b)所示，因而就得到 Yy6 的联结组。如将图 10－5(a)中一次侧不动，把二次侧绕组的 v 相标成 u 相，把 w 相标成 v 相，把 u 相标成 w 相，则得图 10－6，这时，一次侧、二次侧绕组线电势 $\dot{E}_{U1V1}$ 和 $\dot{E}_{u1v1}$ 相差 120°，因而就得到 Yy4 的联结组。

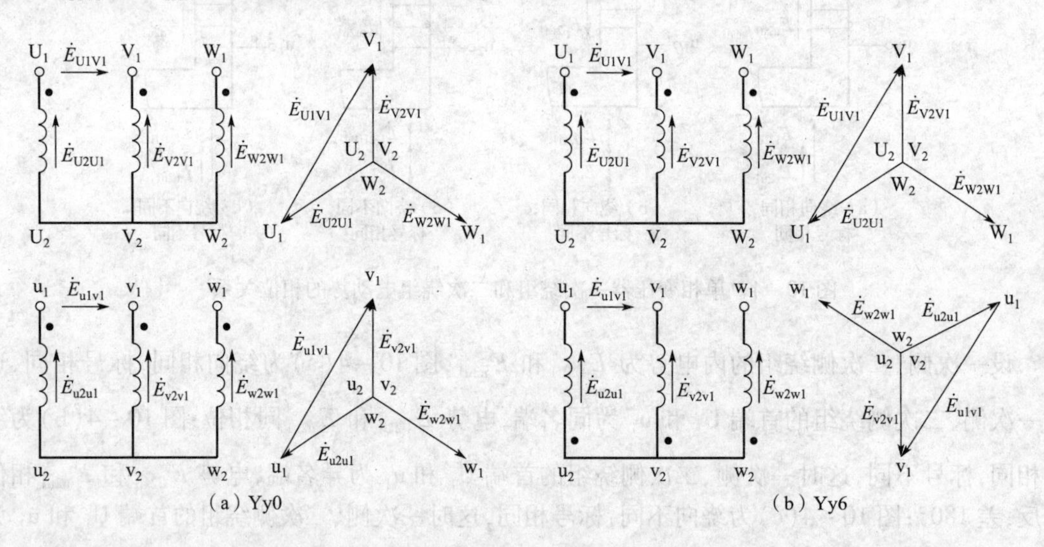

图 10－5　Yy 联结组

2. Yd 联结

在图 10－7(a)中，一次侧接成星形、二次侧绕组接成三角形，记为 Yd 联结，这时，一次侧、二次侧绕组线电势 $\dot{E}_{U1V1}$ 和 $\dot{E}_{u1v1}$ 相差 30°，因而就得到 Yd11 的联结组。在图 10－7(b)中，一次侧接成星形，二次侧绕组接成三角形，记为 Yd 联结，这时，一次侧、二次侧绕组线电势 $\dot{E}_{U1V1}$ 和 $\dot{E}_{u1v1}$ 相差 30°，因而就得到 Yd1 的联结组。不论是 Yy 联结(或 Dd)接法，还是 Yd 联结(或 Dy)，如果一次侧绕组的三相标记不变，而将二次侧绕组的三相标记依次轮换，例如将 v 相作

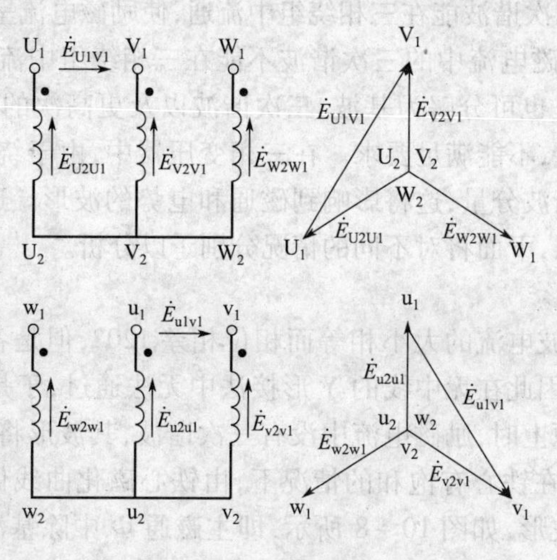

图 10－6　Yy4 联结组

为 u 相，u 相作为 w 相，则可得到其他组别的联结组，因此，三相变压器总共有 12 种联结组。为了避免混乱和考虑并联运行的方便，我国常用以下几种：Yyn0、Yd11、YNd11、Yy0、YNy0、Yz11、DZ0。

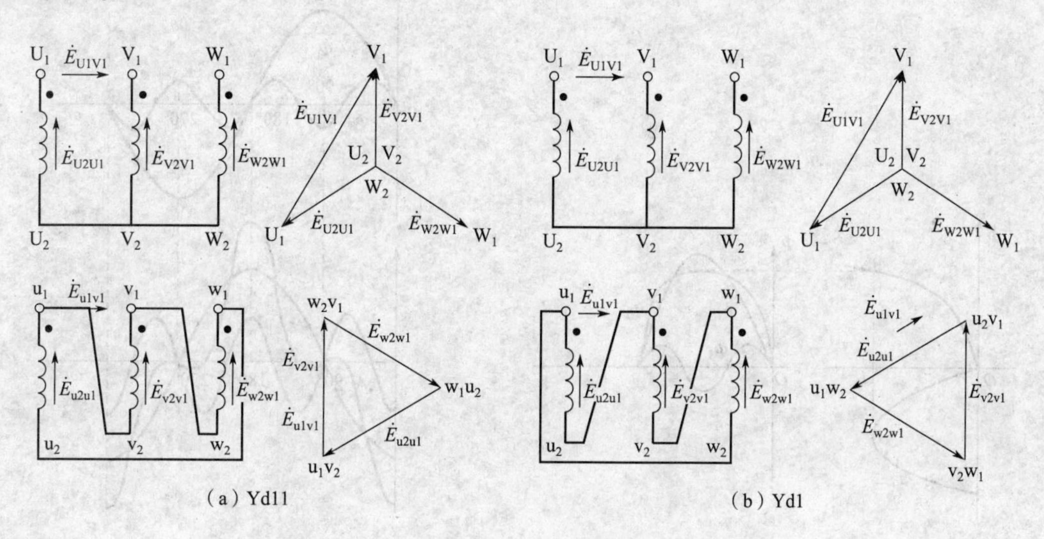

（a）Yd11　　（b）Yd1

图 10－7　Yd 联结组

第三节　三相变压器空载运行时的电势波形

在分析单相变压器空载运行时，曾经指出：当外加电压是正弦波形时，电势 E_1 及产生 E_1 的主磁通 Φ 也是正弦波形。由于磁路饱和的影响，则励磁电流 i_0 将是尖顶波，它可分解为基波、三次谐波和更高次的谐波，其中三次谐波最大。三次谐波谐在三相中时间上是同相的，即

$$\left.\begin{aligned} i_{03\mathrm{u}} &= I_{03\mathrm{m}}\sin \omega t \\ i_{03\mathrm{v}} &= I_{03\mathrm{m}}\sin 3\ (\omega t-120°)\ = I_{03\mathrm{m}}\sin \omega t \\ i_{03\mathrm{w}} &= I_{03\mathrm{m}}\sin 3(\omega t-240°)\ = I_{03\mathrm{m}}\sin \omega t \end{aligned}\right\} \tag{10-1}$$

只有励磁电流中的三次谐波能在三相绕组中流通，使励磁电流呈尖顶波，才能使三相电动势为正弦波。否则，若励磁电流中的三次谐波不能在三相绕组中流通，则励磁电流将呈正弦波，从而产生平顶波磁通（也可分解为基波、三次谐波以及更高次的谐波），如图 10－8 所示，使三相电动势不为正弦波，不能满足要求。在三相变压器中，由于绕组的联结关系，励磁电流中不一定能够包含三次谐波分量，这将影响到磁通和电势的波形。这种影响和绕组的联结和磁路的结构有密切的关系，下面将对不同的情况分别予以分析。

1. Yy 联结的电势波形

在三相变压器中，基波电流的大小相等而相位相差 120°，但是各种励磁电流的三次谐波分量在时间上是同相的，因此在无中线的 Y 形接法中无法通过，于是 Y 联结的变压器当接到具有正弦电压的三相电源上时，励磁电流中没有三次谐波，其波形将接近于正弦波形（五次及更高磁谐波略去不计）。在铁心有饱和的情况下，由铁心磁化曲线做出的主磁通的波形曲线将不是正弦形而呈平顶波形，如图 10－8 所示，即主磁通 Φ 中除基波 Φ_1 外，将会出现较强的三次谐波磁通 Φ_3。此时在变压器的一次侧、二次侧绕组中，除了基波磁通所感应的基本电势 e_1 外，还有由三次谐波所感应的三次谐波电势 e_3，e_1 和 e_3 在相位上各滞后 Φ_1 和 Φ_3 90°电角。图 10－9中画出了相应电势的波形。由图可见，三次谐波电势将使相电势 e 波形畸变，呈尖顶波形。

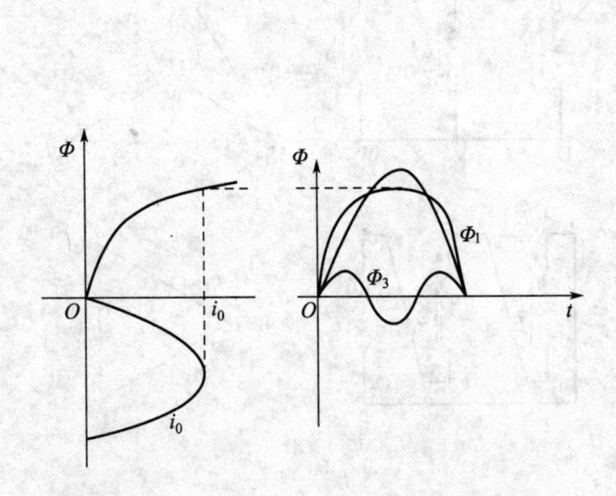

图 10－8　正弦励磁电流产生的平顶波形磁通

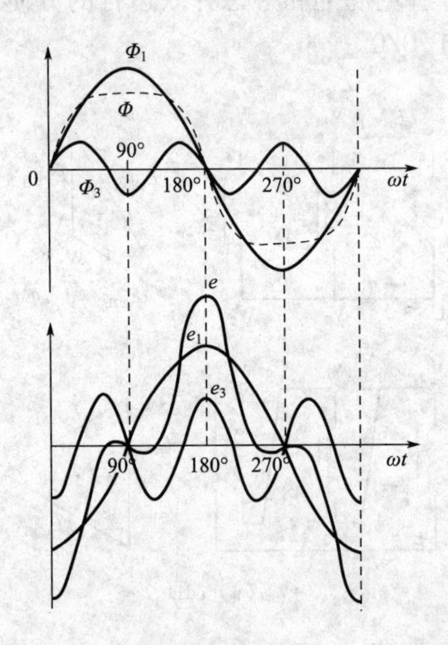

图10－9　平顶波形磁通产生的电动势波形

相电势波形的畸变取决于三次谐波磁通 Φ_3，而 Φ_3 的大小一方面与磁路的饱和程度有关，另一方面又与变压器的磁路系统有关。

在三相组式变压器中，各相有单独的磁路，互不相关。因此，三次谐波磁通可以和基波磁通一样，在各相的独立磁路中，磁阻很小，三次谐波磁通较大，加上三次谐波磁通的频率为基波频率的 3 倍，即 $f_3 = 3f_1$，所以由它感应的三次谐波电势较大，有时可达基波电势的 45% ~ 60%，甚至更高，结果使相电势的最大值升高很多，形成波形严重畸变，并可危害绕组绝缘的安全（影响绝缘的是电势峰值而不是有效值），因此在电力变压器中不用 Yy 接法的三相变压器组。但在三相线电势中，由于三次谐波电势互相抵消，故线电势呈正弦波形。

在三相心式变压器中，由于三相磁路彼此关联，而各相的三次谐波磁通 Φ_3 大小相等，相位相同,因此不可能在铁心内构成闭合回路,只能借油、油箱壁、铁轭等形成闭合回路如图10－10所示。这条磁路的磁阻很大,使三次谐波磁通大为削弱,三次谐波电势也相应减小,主磁通仍接近于正弦波形,相电势也接近于正弦波形。但由于三次谐波磁通通过箱壁及其他铁件,将在这些物体中感应涡流产生附加损耗,使变压器的效率降低,并引起局部过热的危险,所以,只有在容量不大于1 800 kV·A的三相心式变压器中,才允许采用Yy接法。

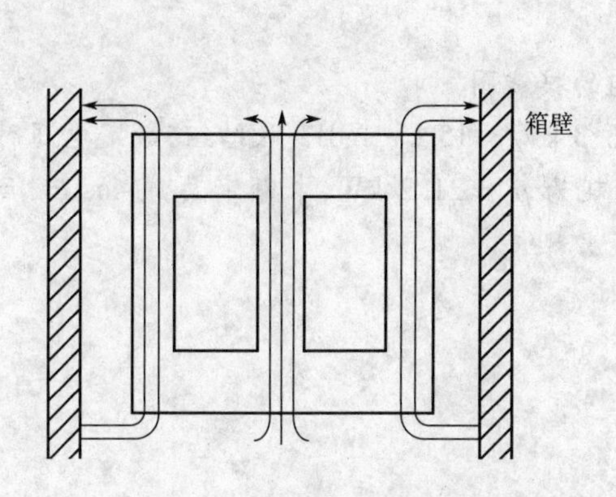

图10－10　三相心式变压器中三次谐波磁通路径

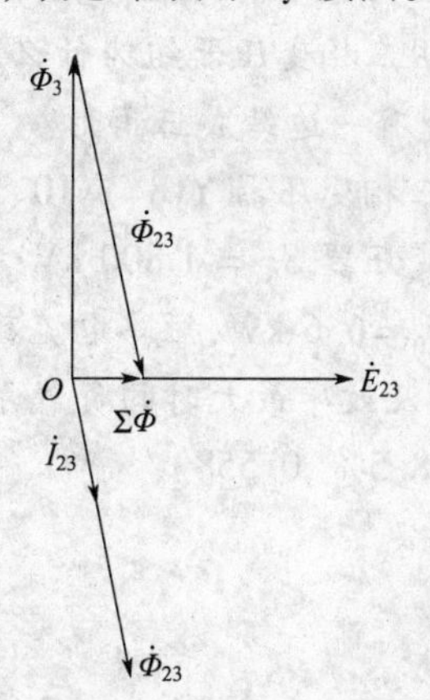

图10－11　Yd接法变压器三次谐波电流的去磁作用

2. Dy或Yd接法的电势波形

当变压器一次侧绕组作三角形联结时(Dy),三次谐波电流可以在绕组中通过,所以绕组中的励磁电流是尖顶波、主磁通和电势都是正弦波形。

当变压器二次侧绕组作三角形联结时(Yd),一次侧电流中仍然没有三次谐波,则正弦的电流产生平顶的磁通波,平顶的磁通波产生尖顶的电势波如图10－9所示,所以磁通和电势中有三次谐波分量。在三角形联结的二次侧绕组中,三次谐波磁通Φ_3在二次侧绕组中感应的三次谐波电势$\dot{E}_{23}$,在时间上它滞后于$\dot{\Phi}_3$90°,如图10－11所示,由于三相的$\dot{E}_{23}$方向一致,故在三角形接法的闭路中产生三次谐波电流$\dot{I}_{23}$,如图10－12所示。

由于二次侧绕组的电阻远小于绕组对三次谐波的电抗,所以$\dot{I}_{23}$差不多滞后于$\dot{E}_{23}$90°,$\dot{I}_{23}$建立的磁通$\dot{\Phi}_{23}$几乎完全抵消了$\dot{\Phi}_3$的作用,如图10－11所示,因此,合成磁通及其感应的电势都接近于正弦波形。但绕组中的三次谐波电流增加了额外的铜耗。

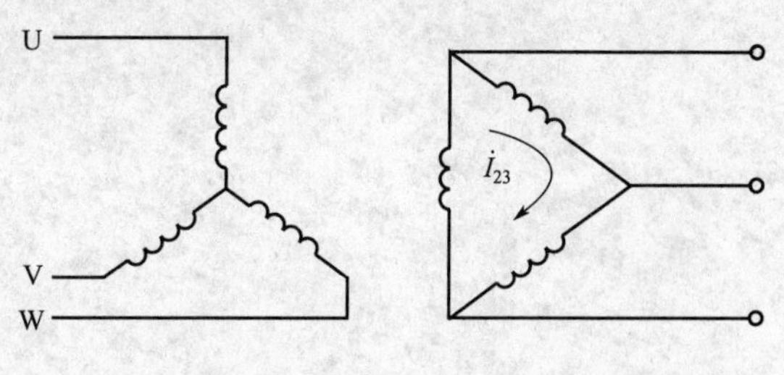

图10－12　Yd接法的三相变压器的三次谐波环流

综上所述,三相变压器的相电势波形与绕组接法和磁路系统有密切关系。只要变压器一次侧是三角形联结,就能保证主磁通和电势为正弦波形,这是因为铁心中的磁通决定于一次侧、二次侧绕组中的总电势,所以三角形接线的绕组在一次侧、二次侧是一样的,并且对变压器的运行有利。

在高压电力系统中,常需借助于变压器的中点将高压电网接地,这时变压器一次侧、二次侧绕组中有时都接成Y形,但另加一个三角形接法的第三绕组,用以提供三次谐波电流的通路,以保证主磁通接近于正弦波,改善相电势波形。

思考题与习题

1. 三相变压器的连接组别分别由哪些因素决定?

2. 试述磁动势平衡的概念及其在分析变压器工作原理时的作用。

3. 试说明三相变压器组为什么不采用 Yy 连接,而三相心式变压器又可以? 为什么三相变压器中希望有一边结成三角形?

4. 画出三相变压器 Yy8、Yy10、Yd7、Yd9 联结组的接线图。

5. 三相变压器 $S_N = 1\ 800\ \text{kV·A}$, $U_{1N} / U_{2N} = 6.3\ \text{kV}/3.15\ \text{kV}$,Yd11 联结组,额定电压时的空载损耗 $p_0 = 6.6\ \text{kW}$,短路电流额定时的短路损耗为 $p_k = 21.2\ \text{kW}$,求额定负载 $\cos\varphi_2 = 0.8$ 时的效率及效率最大时的负载系数 β。

(答案:98.5% ,0.558)

第十一章　变压器的并联运行及其他用途的变压器

第一节　变压器的并联运行

在电力系统中，采用多台变压器并联运行，无论从技术或是经济的合理性来看都是必要的。所谓并联运行，就是将变压器的一次侧绕组和二次侧绕组分别并联到一次侧绕组和二次侧绕组边的公共母线上，如图 11-1 所示。

由于系统中负载经常变化，这就需要根据负载的大小调整投入并联的变压器台数，以提高运行效率。为了不停电地检修变压器，就必须将备用变压器先投入并联运行，使电网仍能继续供电，以提高供电的可靠性。此外，从变电所的兴建和发展来看，可以随着用电量的增加，分期分批安装新变压器，以减少总的备用容量和投资。尤其是对巨型变电所，从现代变压器的制作水平来看，也需要采用多台变压器并联运行。当然，并联的台数过多是不经济的。

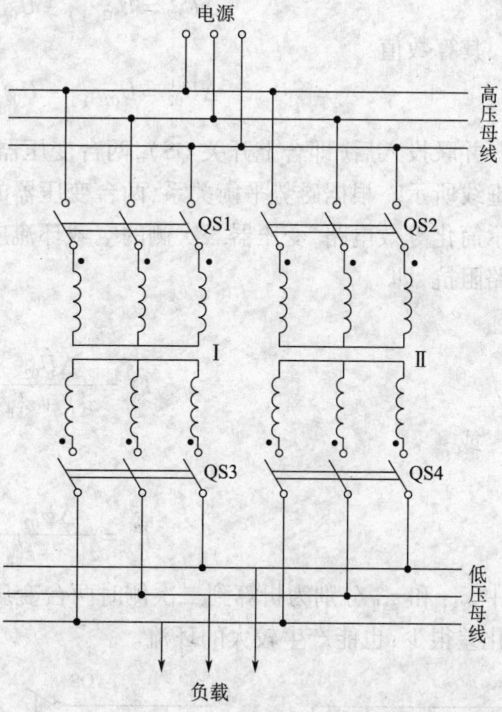

图 11-1　三相 Yy 接法变压器的并联运行

一、变压器理想并联运行的条件

变压器理想运行时，希望：(1)在并联组未带上负载(空载时)前，组内各变压器之间没有环流；(2)负载时，各变压器所承担的负载按其容量的大小成正比分配，防止其中某台过载或欠载，使并联组的容量得到充分发挥；(3)负载后各变压器所分担的电流应与总的负载电流同相位。这样，当总的负载电流一定时，各变电所分担的电流为最小，如各变压器的二次侧电流一定，则共同承担的总的负载电流为最大。

要达到理想并联运行，需满足以下条件：

(1)各台变压器的额定电压和变比要相等；

(2)各台变压器的联结组别必须相同；

(3)各台变压器的短路阻抗(或短路电压)的标幺值 z_k^*(或 U_k^*)要相等。

下面分别说明这些条件。

二、变化不等时变压器的并联运行

下面以两台变压器的并联情况来分析。

设第一台变压器的变比为 k_{I}，第二台的变比为 k_{II}，令 $k_{\mathrm{I}} < k_{\mathrm{II}}$，则在变压器空载时，两台变压器间就有环流。因为两台一次侧绕组接到同一电源上，一次侧电压相等，由于变比不等，则两台变压器二次侧绕组的空载电压就不等，第一台为 $\dot{U}_{02(\mathrm{I})} = -\dfrac{\dot{U}_1}{k_{\mathrm{I}}}$，第二台为 $\dot{U}_{02(\mathrm{II})} = -\dfrac{\dot{U}_1}{k_{\mathrm{II}}}$，因此，在并联之前开关 QS 间就有电位差 $\Delta\dot{U}_{02}$，即

$$\left.\begin{aligned}\Delta\dot{U}_{02} &= \dot{U}_{02(\mathrm{I})} - \dot{U}_{02(\mathrm{II})} = -\left(\frac{\dot{U}_1}{k_{\mathrm{I}}} - \frac{\dot{U}_1}{k_{\mathrm{II}}}\right)\\ \text{其算数值}\quad \Delta U_{02} &= U_{02(\mathrm{I})} - U_{02(\mathrm{II})} = \frac{U_1}{k_{\mathrm{I}}} - \frac{U_1}{k_{\mathrm{II}}}\end{aligned}\right\} \tag{11-1}$$

并联投入后（即合上开关 QS），两台变压器的二次侧绕组内便有环流产生，如图 11－2(a) 中虚线所示。根据磁势平衡关系，两台变压器的一次绕组内也同时产生环流。根据 11－2(b) 所示简化等效电路，变压器二次侧的空载环流应为合闸之前的电压差 ΔU_{02} 除以两台变压器的短路阻抗，即

$$\left.\begin{aligned}I''_{\mathrm{cy}} &= \frac{\Delta\dot{U}_{02}}{z'_{\mathrm{kI}} + z'_{\mathrm{kII}}} = \frac{\left(\dfrac{\dot{U}_1}{k_{\mathrm{I}}} - \dfrac{\dot{U}_1}{k_{\mathrm{II}}}\right)}{z'_{\mathrm{kI}} + z'_{\mathrm{kII}}}\\ \text{或}\quad I''_{\mathrm{cy}} &= \frac{\Delta U_{02}}{z'_{\mathrm{kI}} + z'_{\mathrm{kII}}} = \frac{\left(\dfrac{U_1}{k_{\mathrm{I}}} - \dfrac{U_1}{k_{\mathrm{II}}}\right)}{z'_{\mathrm{kI}} + z'_{\mathrm{kII}}}\end{aligned}\right\} \tag{11-2}$$

式中，z'_{kI} 和 z'_{kII} 分别为折算到二次侧时两台变压器的短路阻抗。由于短路阻抗很小，所以即使变化差很少，也能产生较大的环流。

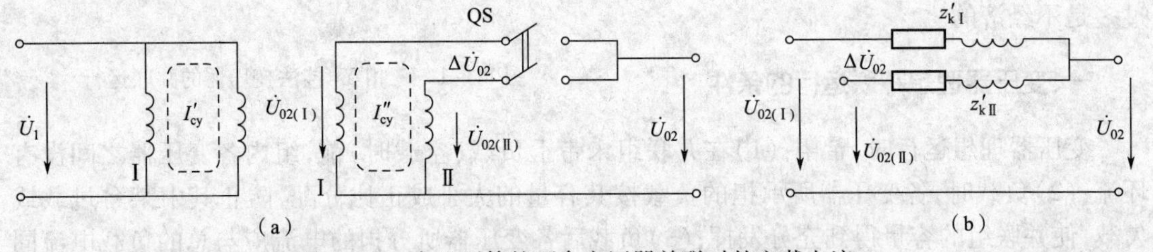

图 11－2 变比不等的两台变压器并联时的空载电流

三、联结组别不同时变压器的并联运行

如果两台变压器的变比和短路阻抗标幺值均相等，但当联结组别不同且并联运行时，其后果更为严重。因为联结组别不同时，两台变压器二次侧电压的相位就不同，二次侧线电压的相位差至少差 30°，因此会产生很大的电压差。例如，Yy0 与 Yd11 并联，二次侧线电压之间的相位差如图 11－3 所示。

其中

$$\Delta\dot{U}_{20}=\dot{U}_{2\mathrm{N\,I}}-\dot{U}_{2\mathrm{N\,II}}=2\dot{U}_{2\mathrm{N}}\sin\frac{30^\circ}{2}=0.518\dot{U}_{2\mathrm{N}}$$

即

$$\Delta U_{20}=0.518U_{2\mathrm{N}}\qquad \Delta U_{20}^{*}=\frac{\Delta U_{20}}{U_{2\mathrm{N}}}=51.8\%$$

在两台变压器二次绕组中产生的环流为

$$I''_{\mathrm{cy}}=\frac{\Delta\dot{U}_{02}}{z'_{\mathrm{k\,I}}+z'_{\mathrm{k\,II}}}=\frac{0.518U_{2\mathrm{N}}}{\dfrac{U_{2\mathrm{N}}}{U_{2\mathrm{N}}}(z_{\mathrm{k\,I}}^{*}+z_{\mathrm{k\,II}}^{*})}=0.518\times\frac{I_{2\mathrm{N}}}{z_{\mathrm{k\,I}}^{*}+z_{\mathrm{k\,II}}^{*}}$$

或

$$I''_{\mathrm{cy}}=\frac{\Delta\dot{U}_{02}}{z_{\mathrm{k\,I}}^{*}+z_{\mathrm{k\,II}}^{*}}$$

若 $z_{\mathrm{k\,I}}^{*}=z_{\mathrm{k\,II}}^{*}=5\%$，计算可知，当这两台联结组别为 Yy0 与 Yd11 并联时，空载环流是额定电流的 5.18 倍，故联结组不同的变压器是绝对不许并联的。

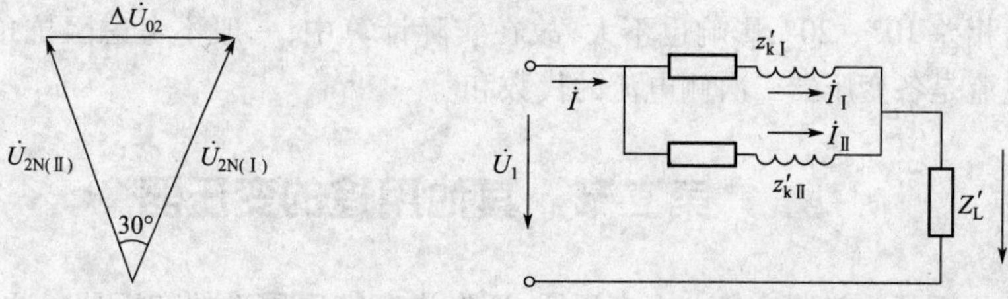

图 11-3　Yy0 和 Yd11 并联时的电压差　　图 11-4　并联运行时的简化等效电路

四、短路阻抗的标幺值不等时变压器的并联运行

并联运行的变压器，除了变比和联结组别应该相同外，它们的短路阻抗的标幺值最好也应相等。

假设有两台变比相等、联结组别也相同的变压器并联运行，现在来研究这个并联组负载时如何达到负载的合理分配。假设负载是对称的，我们取出它的一相来分析。

由于两台变压器的一次侧、二次侧分别并联在公共母线上，其变比、组别又相同，可得到图 11-4 所示的简化等效电路，由图可知：

$$\dot{I}=\dot{I}_{\mathrm{I}}+\dot{I}_{\mathrm{II}}\tag{11-3}$$

或

$$\left.\begin{aligned}\dot{I}_{\mathrm{I}}z_{\mathrm{k\,I}}&=\dot{I}_{\mathrm{II}}z_{\mathrm{k\,II}}\\ \frac{\dot{I}_{\mathrm{I}}}{\dot{I}_{\mathrm{II}}}&=\frac{z_{\mathrm{k\,II}}}{z_{\mathrm{k\,I}}}\end{aligned}\right\}\tag{11-4}$$

联解式(11-3)和式(11-4)，即可求出每一台变压器所分担的电流。

从式(11-4)可知，并联运行的各台变压器所分担的电流与其短路阻抗成反比，短路阻抗大的分担的负载电流小，短路阻抗小的分担的负载电流大。

由于并联变压器的容量不一定相等，故负载分配的是否合理不能直接从电流的安培值来判断，而应从相对值（即标幺值）的大小来判断。

由于 $U_{\mathrm{I\,N}}=U_{\mathrm{II\,N}}$，即 $I_{\mathrm{I\,N}}z_{\mathrm{I\,N}}=I_{\mathrm{II\,N}}z_{\mathrm{II\,N}}$

故把式(11-4)表示为标幺值，可得

$$\frac{\dot{I}_{\mathrm{I}}z_{\mathrm{kI}}}{\dot{I}_{\mathrm{IN}}z_{\mathrm{IN}}}=\frac{\dot{I}_{\mathrm{II}}z_{\mathrm{kII}}}{\dot{I}_{\mathrm{IIN}}z_{\mathrm{IIN}}}$$

即
$$I_{\mathrm{I}}^{*}z_{\mathrm{kI}}^{*}=I_{\mathrm{II}}^{*}z_{\mathrm{kII}}^{*}\quad \text{或}\quad \frac{I_{\mathrm{I}}^{*}}{I_{\mathrm{II}}^{*}}=\frac{z_{\mathrm{kII}}^{*}}{z_{\mathrm{kI}}^{*}} \tag{11-5}$$

式(11－5)说明，各变压器负载电流的标幺值与其短路阻抗的标幺值成反比分配。合理的分配是各台变压器应根据其本身能力(容量)来分担负载，即

$$I_{\mathrm{I}}^{*}=I_{\mathrm{II}}^{*}$$

这就要求各台变压器的短路阻抗标幺值相等，即

$$z_{\mathrm{kI}}^{*}=z_{\mathrm{kII}}^{*}$$

最后，从式(11－5)可知，要使各变压器所分担的电流均为同相，则各变压器的短路阻抗角均应相等。

实际并联时，希望各变压器的负载情况相差不超过10%，故要求并联变压器的阻抗标幺值相差也不能超过其平均值的10%。至于短路阻抗角，则根据实际计算可知，即使各变压器的阻抗角相差10°～20°，影响也不大，故在实际计算中，一般不考虑阻抗角的差别，并认为总的负载电流是各变压器二次侧电流的代数和。

第二节 其他用途的变压器

前面分析了一般用途的电力变压器，还有许多特殊用途的变压器。这一类变压器涉及面很广，种类繁多。本章主要介绍常用的自耦变压器、仪用互感器和电焊变压器的工作原理及特点。

一、自耦变压器

普通双绕组变压器的一次侧、二次侧绕组之间互相绝缘，它们之间只有磁的耦合，没有直接电的联系。如果把普通变压器的一次侧、二次侧绕组合并在一起，如图11－5所示，其低压绕组是高压绕组的一部分，这种变压器叫做自耦变压器。

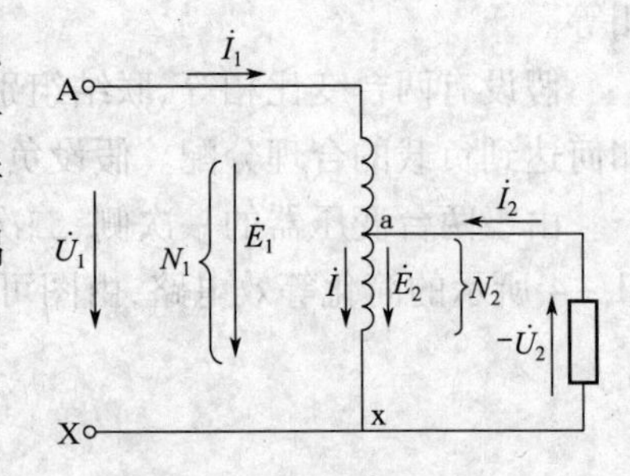

图11－5 单相双绕组自耦变压器接线图

这种变压器的一次侧、二次侧绕组之间既有磁的联系，又有电的直接联系，其中Aa段为串联线圈，匝数为N_1-N_2；ax段为公共线圈(也是二次侧绕组)，匝数为N_2。自耦变压器有单相和三相，既可升压，也可降压。

1. 低压、电流与容量的关系

与双绕组变压器一样，当原边加上电压后，就有主磁通和漏磁通产生，主磁通将在一次、二次侧绕组中产生感应电动势$\dot{E}_1$和$\dot{E}_2$，如忽略阻抗压降，则一次、二次电压的关系为

$$\frac{U_{\mathrm{N1}}}{U_{\mathrm{N2}}}\approx\frac{E_1}{E_2}=\frac{N_1}{N_2}=k_{\mathrm{a}} \tag{11-6}$$

式中 k_{a}——自耦变压器的变比。

根据磁势平衡关系，在有负载时，Aa和ax两部分磁势在忽略空载电流时，应大小相等、方

向相反，即

$\dot{I}_1(N_1-N_2)+\dot{I}N_2=\dot{I}_0N_1$，而 $\dot{I}=\dot{I}_2+\dot{I}_1$，所以

$$\dot{I}_1N_1+\dot{I}_2N_2=\dot{I}_0N_1\approx 0 \tag{11-7}$$

或

$$\dot{I}_1=-\dot{I}_2\frac{N_2}{N_1}=-\frac{\dot{I}_2}{k_a} \tag{11-8}$$

上式说明，一次、二次侧绕组电流的大小与其匝数成反比，但在相位上相差180°。

据图11-5，得

$$\dot{I}=\dot{I}_1+\dot{I}_2=\left(-\frac{\dot{I}_2}{k_a}\right)+\dot{I}_2=\dot{I}_2\left(1-\frac{1}{k_a}\right) \tag{11-9}$$

对降压自耦变压器来说，$I_1>I_2$，且相位差近于180°，因此绕组ax部分的电流可认为等于一次、二次侧绕组电流的算术差

$$I=I_2-I_1=I_2\left(1-\frac{1}{k_a}\right) \tag{11-10}$$

自耦变压器的容量为

$$S_{aN}=U_{1N}I_{1N}=U_{2N}I_{2N} \tag{11-11}$$

绕组Aa段的容量为

$$S_{Aa}=U_{Aa}I_{1N}=U_{1N}\left(\frac{N_1-N_2}{N_1}\right)I_{1N}=S_{aN}\left(1-\frac{1}{k_a}\right) \tag{11-12}$$

绕组ax的容量为

$$S_{ax}=U_{ax}I=U_{2N}I_{2N}\left(1-\frac{1}{k_a}\right)=S_{aN}\left(1-\frac{1}{k_a}\right) \tag{11-13}$$

式(11-12)和式(11-13)说明，额定运行时，串联绕组与公共绕组容量相等。

若设有一台普通的两绕组变压器，其一次、二次绕组的匝数分别为 $N_{Aa}=N_1-N_2$ 和 $N_{ax}=N_2$，额定电压为 U_{Aa} 和 U_{ax}，额定电流为 I_{1N} 和 I，则这台普通变压器的变比为

$$k=\frac{N_{Aa}}{N_{ax}}=\frac{N_1-N_2}{N_2}=k_a-1 \tag{11-14}$$

其额定容量为

$$S_N=U_{Aa}I_{1N}=U_{ax}I=U_{2N}I \tag{11-15}$$

由式(11-13)和式(11-15)可得

$$S_{Na}=\frac{k_a}{k_a-1}S_N=S_N+\frac{1}{k_a-1}S_N \tag{11-16}$$

式(11-16)说明，额定容量中仅有计算容量 S_N 这部分功率是通过电磁感应关系从一次侧传递到二次侧的，这部分功率就称为感应(电磁)功率；剩下的$\frac{1}{k_a-1}S_N$ 这部分功率则是通过一次侧、二次侧之间的电联系直接传递的，称为传导功率。一次侧、二次侧绕组间除了磁的耦合外，还有电的联系，输出功率中有部分功率是从一次侧传导而来的，这是自耦变压器和普通两绕组变压器的根本差别。

由于$\frac{k_a}{k_a-1}>1$，所以 $S_{aN}>S_N$，与两绕组变压器相比，自耦变压器可以节省材料，变比 k_a 越

接近于1,传导功率所占的比例越大,感应功率(计算容量)所占的比例越小,其优越性就越显著,所以自耦变压器适用于变比不大的场合,一般变比 k_a 在 1.2 ~ 2.0 之间的范围内。

2. 自耦变压器的优缺点及其应用

与普通双绕组变压器比较优缺点时,可将一台普通双绕组变压器改接成自耦变压器,并将它与原来作普通变压器的运行进行比较。

(1)由于 $1-\frac{1}{k_a}<1$,计算容量小于额定容量,故在同样的额定容量下,自耦变压器的有效材料(硅钢片和铜线)和结构材料都较节省,因而制造成本低、体积小、重量轻,便于运输及安装。随着有效材料减少,损耗也相应减少,效率提高。巨型自耦变压器的效率可高达99.7%。

(2)由于自耦变压器的短路阻抗 z_k 等于把串联部分(Aa 段)看成是一次侧绕组、共同部分(ax 段)看成是二次侧绕组时的两绕组变压器的短路阻抗,其一次侧额定电压是作为两绕组变压器使用时的一次侧额定电压的 $1+\frac{1}{k}$倍,故自耦变压器的短路阻抗标幺值较普通变压器小 $1+\frac{1}{k}$倍,因此其短路电流较大。为保证变压器不致受突然短路时产生的巨大电磁力所损坏,设计时应注意绕组的机械强度,并适当地增加电流电抗以限制短路电流。

(3)由于一次侧、二次侧绕组具有电的联系,故自耦变压器的过电压保护比较复杂。

(4)采用中点接地的 Y 联结时,因产生三次谐波磁通而使电势峰值严重升高,对变压器绝缘不利。为此,现代的高压自耦变压器都是制成三绕组,其中高、中压绕组接成 Y 形,而低压的第三绕组则接成 d 形。

除电力系统中应用自耦变压器外,在试验室内作为调压设备应用亦很广。

二、仪用互感器

1. 电压互感器

为了能使一般的电压表能测量高压线路的电压,并保证工作人员的安全,在进行测量时必须采用电压互感器,如电力机车测量网压。电压互感器分为单相、三相;双线圈、三线圈。电压互感器的主要结构和工作原理,与普通双绕组变压器相似。一次侧、二次侧绕组也是绕在一个闭合的铁心上,原理接线图如图 11-6 所示。原绕组的匝数 N_1 很多,并联在被测线路上;二次侧绕组的匝数 N_2 较少(1 ~ 几匝),接在高阻抗的测量仪表上(例如电压表、功率表的电压线圈、电度表的电压线圈等)。二次侧绕组 L 的电流也很小,所以电压互感器实际上相当于一台空载运行的降压变压器。它的一次侧电压与二次侧电压之比为

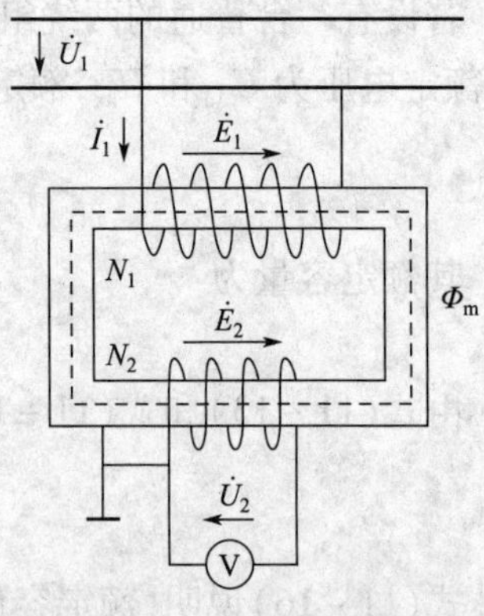

图 11-6　电压互感器接线图

$$\left.\begin{aligned} \frac{U_{1N}}{U_{2N}} \approx \frac{E_1}{E_2} = \frac{N_1}{N_2} = k_u \\ \text{或} \quad U_{1N} = U_{2N}\frac{N_1}{N_2} = k_u U_{2N} \end{aligned}\right\} \tag{11-17}$$

式中　k_u——电压互感器的额定电压比。

由式(11－17)可知,利用电压互感器,可以将被测线路的高电压变换为低电压。通过电压表测出电压表上的读数 U_2,乘上其电压比,就是被测线路的高电压 U_1 值。

电压互感器的二次侧额定电压一般都设计为100 V,而一次侧匝数可以有很多抽头,根据被测线路电压的大小,适当选取电压互感器的电压比 k_u。

由于电压互感器相当于普通双绕组变压器的空载运行,故其基本方程式、等效电路、向量图可和普通变压器一样得出。

由于空载电流和一次侧、二次侧绕组漏阻抗的存在,使电压互感器产生两种误差:一为变比误差,指二次侧电压的折算值 U_2 和一次侧电压 U_1 的算术差;二为相角误差,表示 $-\dot{U}_2$ 和 $\dot{U}_1$ 之间的相位差。

为减小其误差,应减小空载电流和一次侧、二次侧绕组的漏抗,因此电压互感器的铁心大都用高级硅钢片叠成,并尽量减小磁路中的气隙,铁心磁密一般设计在 0.6～0.8T,使磁路处于不饱和状态。在绕组绕制方面,尽量设法减少两个绕组间的漏磁。

按变比误差的相对值,电压互感器的精度可分为0.2,0.5,1.0 和3.0 等四级。

在使用电压互感器时,应特别注意:(1)电压互感器的二次侧绝对不允许短路;(2)为保证操作人的安全,互感器的铁心和二次侧绕组的一端必须可靠接地。

2. 电流互感器

在大电流或高压线路上,为了便于利用通常的电流表来测量线路上的电流和保障操作者的安全,均需要用电流互感器,如电力机车测量网侧电流。

电流互感器的主要结构、工作原理,与普通双绕组变压器相似,也是由铁心和一次侧绕组(匝数 N_1 很少,一般只有1～几匝)、一次侧绕组和被测线路相串联;二次侧绕组(匝数 N_2 比较多)通过电流表或其他测量仪表的线圈短接,如图11－7所示。

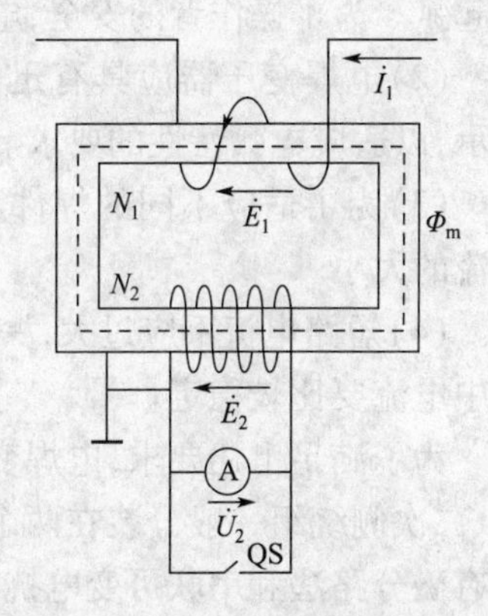

图11－7　电流互感器接线图

由于电流表(或功率表、电压表的电流线圈)的阻抗很小,所以电流互感器的工作情况相当于变压器的短路运行。因为电流互感器铁心中的磁密很低,一般 B_m = (0.08～0.10)T,所以空载电流 I_0 很小。如忽略 I_0,根据磁势平衡关系 $\dot{I}_1N_1=-\dot{I}_2N_2$,则得

$$\frac{I_1}{I_2}=\frac{N_1}{N_2}=k_i \tag{11-18}$$

式中　k_i——电流互感器的额定电流比。

由式(11－18)可知,电流互感器是利用一次侧、二次侧绕组的不同匝数,将线路上的大电流变成小电流来测量。

电流互感器的一次侧额定电流范围可从10～25 000 A,二次侧额定电流通常采用5 A。一次侧可以有很多抽头,分别用于不同的电流比例。

电流互感器也有两种误差,即变比误差和相角误差。(1)变比误差是指二次侧电流的折算值 I_2' 与原边电流 I_1 的算术差;(2)相角误差主要是由空载电流和一次侧、二次侧绕组的漏抗及仪表的阻抗所引起。为了减小误差,电流互感器的铁心必须采用高级硅钢片叠成,并尽量减小磁路中的气隙,铁心磁密设计得很低,一般在0.08～0.10T;在绕组绕制方面,应尽量减少

两个绕组间的漏磁。此外，二次侧所接仪表的总阻抗不能大于电流互感器所规定的负载阻抗，否则将影响测量的准确度。

按照误差的大小，电流互感器的精度可分为0.2、0.5、1.0、3.0和10.0五种。

在使用时应当注意：

(1)电流互感器在运行中，以及在把它接入或拆出线路时，绝对不允许二次侧开路。如果二次侧开路，电流互感器成为空载运行，这时全部线路电流就成为励磁电流了，使铁心中的磁密猛增。这样一方面使铁损急剧增加，使铁心严重过热，以致烧毁绕组绝缘，或使高压侧对地短路；另一方面，在二次侧绕组将会感应很高的电压，可能把绕组的绝缘击穿，而且对操作人员也有危险。

(2)为了安全，电流互感器的二次侧绕组一端和铁心必须有可靠的接地。

三、电焊变压器

交流电弧焊在实际工作生产中应用很广泛。从结构上来看，交流弧焊机就是一台特殊的降压变压器，统称为电焊变压器(或交流变压器)。为了保证电焊的质量和电弧燃烧的稳定性，对电焊变压器有以下几点要求：

(1)电弧变压器应具有60～75 V的空载电压，以保证容易起弧。为了操作者的安全，电压一般不超过85 V。

(2)电焊变压器应具有迅速下降的外特性，如图11－8所示，以适应电弧特性的要求。

(3)为了适应不同的焊件和焊条，还要求能够调节焊接电流的大小。

(4)短路电流不应过大，一般不超过额定值的两倍，在工作中电流要比较稳定。

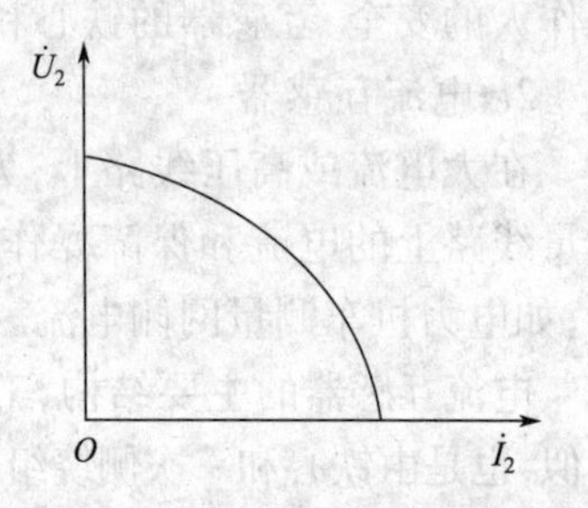

图11－8 电焊变压器的外特性

为了满足上述要求，电焊变压器必须具有较高的电抗，而且可以调节。电焊变压器的一次侧、二次侧绕组一般分装在两个铁心柱上，使绕组的漏抗比较大。改变漏抗的方法很多，常用的有磁分路法和串联可变电抗法，如图11－9所示。

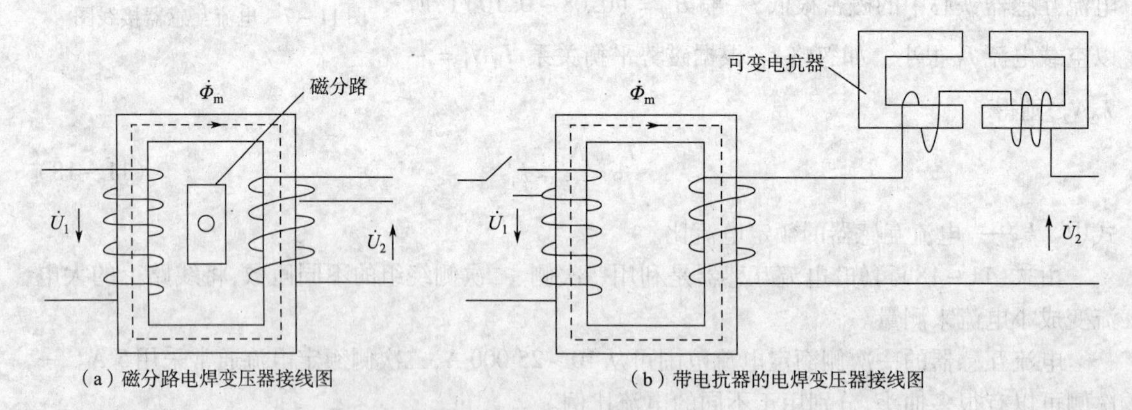

(a)磁分路电焊变压器接线图　(b)带电抗器的电焊变压器接线图

图11－9 电焊变压器接线图

磁分路电焊变压器如图11－9(a)，在一次侧绕组与二次侧绕组两个铁心柱之间有一个分路磁阻(动铁心)，它通过螺杆可以来回调节。当磁分路铁心移出时，一次侧、二次侧绕组的漏抗减小，电焊变压器的工作电流增大。当磁分路铁心移入时，一次侧、二次侧绕组的漏磁通过磁分路而自己闭合，漏抗很大，负载时电压迅速下降，工作电流较小。这样，通过调节分路磁阻，即可调节漏抗大小，以满足焊接和焊条的不同要求。在二次侧绕组中还备有分接头，以便调节空载起弧电压。

带电抗的电焊变压器如图 11－9(b)所示，是在二次侧绕组中串联一个可变电抗器，电抗器中的气隙也可以用螺杆调节。当气隙增大时，电抗器的电抗减小，电焊工作电流增大；反之，电焊电流减小。另外，在一次侧绕组中还备有分接头，以调节起弧电压的大小。

思考题与习题

1. 自耦变压器的额定容量、电磁容量和传导容量之间的相互关系是怎样的？
2. 当电压比 k 较大时一般不宜采用自耦变压器，为什么？
3. 电流互感器正常工作时相当于普通变压器的什么状态？使用时有哪些注意事项？为什么二次侧不能开路？
4. 电压互感器正常工作时相当于普通变压器的什么状态？使用时有哪些注意事项？为什么二次侧不能短路？
5. 电焊变压器有什么特点？

第三篇 交流绕组及其电势和磁势

交流电机可以分为两大类:同步电机和异步电机。交流电机的结构和变压器不同,它由以下的基本部分组成:

(1)由定、转子铁心以及它们之间的气隙所组成的磁路系统。

(2)由导体制成的绕组所组成的电路系统,分布在定子铁心的内圆表面和转子铁心的外圆表面的槽中。

(3)由风扇组成的冷却系统和在定、转子铁心里的风道系统。

(4)由承载转子的轴和轴承以及壳等组成的机械系统。

同步电机的转速和电网频率之间具有固定不变的关系,正常工作时其转速为恒定不变(称为同步转速),而与负载的大小无关;异步电机的转速则常异于同步转速,正常工作时,其转速随负载的变化而变化。

从结构上看,同步电机和异步电机均由定子、转子组成,同步电机的定子通常作为电枢,转子则为主磁极,主磁场由通入转子励磁绕组的直流电流产生;异步电机的主磁场由送入定子绕组的三相交流电流产生,转子通常为三相或多相的短路绕组。

同步电机和异步电机的转速、励磁方式和转子结构虽有所不同,但是产生电磁——机械能量转换的基本原因、条件以及定子中所发生的电磁现象却基本一致的,可以采用统一的观点来研究。本篇将综合叙述有关交流电机的一些共同问题(即交流绕组及其电势和磁势)。对于各种交流电机的详细结构、原理及其特性在以后各章中分别讨论。

第十二章 交流绕组的感应电势

本章主要研究交流绕组中感应电势的产生及其波形、频率、有效值的计算方法;感应电势中的高次谐波及其削弱方法。先研究一根导体的感应电势,再分析线圈、线圈组以及绕组感应电势的计算。

第一节 导体中的感应电势

根据电磁感应定律,当导体在磁场内运行并切割磁力线时,导体内便会感应电势。电势的大小可用 $e=Blv$ 计算,方向用右手定则确定。图 12-1 表示一台二极交流发电机,转子用直流励磁。当转子用原动机拖动时,气隙中便形成一个旋转磁场。在定子绕组的导体固定不动的情况下,导体将不断地被磁力线所“切割”。若转子主磁场以恒定速度转动,v 为常数,导体的有效长度 l 为常数,根据 $e=Blv$ 可知,导体内的感应电势将正比于气隙磁密,即 $e\propto B_x$。

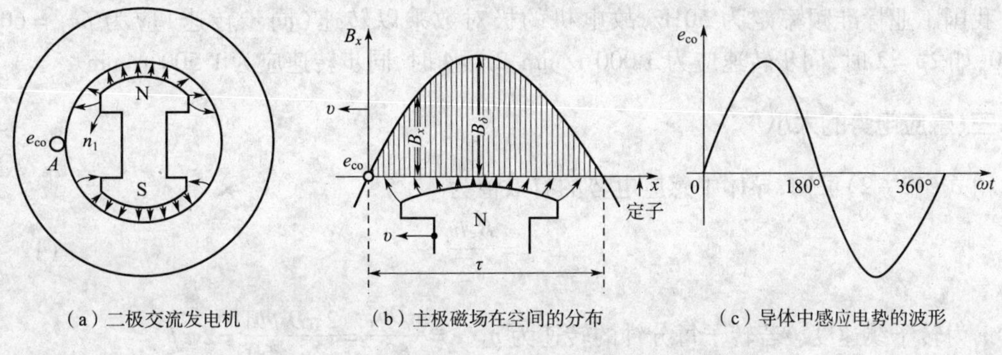

（a）二极交流发电机　（b）主极磁场在空间的分布　（c）导体中感应电势的波形

图 12－1　气隙磁场正弦分布时导体内的感应电势

一、感应电势的波形

因主磁场在气隙空间基本按正弦分布，则

$$B_x = B_\delta \sin \alpha \tag{12-1}$$

式中，B_δ 为气隙磁密的幅值，α 为距离坐标原点 x 处的电角度，坐标原点取转子两个磁极中间的位置，如图 12－1(a)、(b)所示。在时间 $t=0$，导体 A 所处空间位置的磁通密度$B_x=0$，故导体中感应电势 $e=0$。当磁极以转速 n_1 逆时针旋转时，磁场和导体产生相对运动，并且在不同的瞬间，磁场以不同大小的气隙磁密 B_x“切割”导体 A，因而导体 A 中在不同瞬间也感应出与 B_x 成正比的电势。设导体被 N 极磁场切割时，电势方向为穿出纸面，用⊙表示。由此可见，当导体 A 和主极磁场的两个极(N、S)做相对运动并连续不断地切割磁场时，导体内的感应电势是一个时正时负的交变电势。

如果转子的转速用每秒内转过的电弧 ω 来表示，ω 称为角频率，当时间由 $0\to t$ 时，主极磁场转过的电角度 $\alpha=\omega t$，于是导体被磁场切割时的感应电势为

$$e_{co} = B_x lv = B_\delta lv\sin \omega t = \sqrt{2}E_{co1}\sin \omega t \tag{12-2}$$

式中，E_{co1} 为导体中感应电势的有效值，$\sqrt{2}E_{co1}$ 为最大值。可见，若磁场为正弦分布，主极为恒速旋转，则定子绕组导体中的感应电势在时间上也按正弦规律变化，如图 12－1(c)所示。

二、感应电势的频率

导体中感应电势的频率与转子磁极的极数及其转速 n_1 有关。若电机为两极($2p=2$)，p 为磁极对数，当转子磁极旋转一周，转过 360°机械角度，导体 A 中的感应电势在 N 极下为正，在 S 极下为负，正好交变一次(一周波)，即经过了 360°电角度，此时机械角度等于电角度。设转子的转速为每分钟 n_1 转，于是，当 $p=1$ 时，导体电势交变的频率应为 $f=\dfrac{n_1}{60}$(Hz)。

若电机为四极($p=2$)，转子旋转一周时，电枢上任一导体均被 N、S、N、S 四个磁极所切割，导体 A 中的电势正好变化两周，于是，当 $p=2$，导体中电势交变的频率为

$$f=2\times\frac{n_1}{60}\ (\text{Hz})$$

依次推导，若电极为 p 对极，则转子每旋转一周，导体中的感应电势变化 p 个周波，此时电势的频率应为

$$f=\frac{pn_1}{60}\ (\text{Hz}) \tag{12-3}$$

我国工业标准频率定为50Hz，故电机的极对数乘以转速（同步转速）应为 $pn_1=60f=3\,000$；如 $2p=2$ 时，同步转速应为3 000 r/min；$2p=4$ 时，同步转速应为1 500 r/min。

三、感应电势的大小

由式（12－2）可知，导体中感应电势的有效值为

$$E_{col}=\frac{B_\delta lv}{\sqrt{2}} \tag{12-4}$$

式中 v 为转子线速度。若转子每分钟的转速为 n_1，$v=\frac{\pi Dn_1}{60}=\frac{2\pi D}{2p}\frac{pn_1}{60}=2\tau f$

式中 D——定子铁心内径（m）；

$\tau=\frac{\pi D}{2p}$——极距，一个磁极沿定子内圆所跨的长度（m）；

l——导体在磁场中的有效长度（m）；

B_δ——气隙磁通密度的最大值（T）。

由于磁通密度在空间上是正弦分布，如图12－2所示，因此它的最大值与平均值之间的关系为

$$B_\delta=\frac{\pi}{2}B_{av} \tag{12-5}$$

将式（12－5）代入式（12－4），于是

$$E_{col}=\frac{1}{\sqrt{2}}\frac{\pi}{2}B_{av}l2\tau f=\frac{1}{\sqrt{2}}\pi B_{av}l\tau f=2.22f\Phi_m\ (\mathrm{V}) \tag{12-6}$$

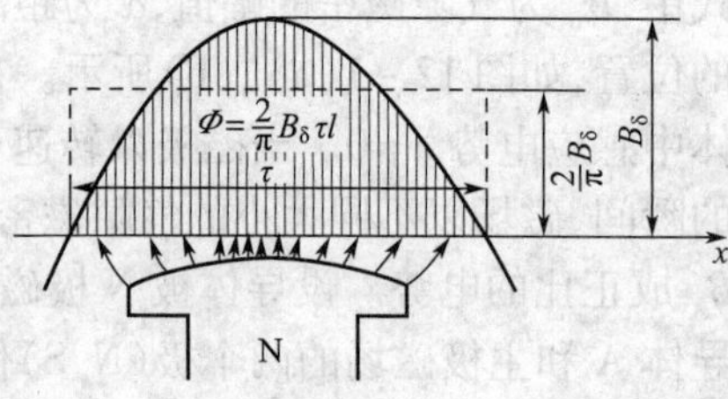

图12－2 磁场正弦分布时一个极下的磁通

式中，每极磁通 $\Phi=B_{av}l\tau=\frac{2}{\pi}B_\delta\tau l$，为平均磁通密度乘以每极的面积，单位为韦伯（Wb）。

第二节 槽电势星形图

（1）电角度和机械角度

电机圆周在几何上的角度360°称为机械角度。而从电磁方面来看，若磁场在空间按正弦分布，则经过N、S一对极，恰好相当于正弦曲线的一个周期，因而一对极所占的空间就是360°的电角度。对于两极电机，机械角度等于电角度。对于四极电机，其电角度等于机械角度的2倍。一般而言，对于 p 对极的电机，电角度等于机械角度的 p 倍。

（2）线圈

线圈是组成交流绕组的单元，线圈有单匝和多匝两种，线圈放在铁心槽中的直线部分是电磁能量转换的部分，称为有效边，槽外部分不进行电磁能量转换，称为端部，其两个引出线，一个叫做首端，另一个叫做末端。

（3）槽距角

相邻两槽之间的距离，用电角度表示，用符号 α 表示。

$$\alpha=\frac{p360°}{Z}=\frac{180°}{mq} \tag{12-7}$$

式中 Z——定子槽数；

m——相数，一般 $m=3$。

（4）每极每相槽数

在每一个磁极下，每相所占的槽数称为每极每相槽数，用符号 q 表示。

$$q=\frac{Z}{2mp} \tag{12-8}$$

（5）相带

每个极距内属于同相的槽所占有的区域，称为相带。一个极距占有180°空间电角度，为获得三相对称电动势和磁势，需由三相绕组均分，若将其按照 U_1、W_2、V_1、U_2、W_1、V_2 等份分，每相占2份，每份占有60°，称为60°相带绕组。若将其按照U、V、W等份分，每相占1份，每份占有120°，称为120°相带绕组，由于这种绕组合成电动势和磁动势小，较少采用。

（6）槽电势星形图

电机的定子槽电势按槽距角 α 布置的幅线图，其幅线数目应等于 $\frac{Z}{p}$，因为在 p 对极电机中沿着定子圆周移动了圆周的 $\frac{1}{p}$ 长，则相当于电势相量转过360°电角度。四极24槽三相定子绕组的导体分布如图12－3(a)所示，由式(12－7)和式(12－8)可知，其每极每相槽数 $q=2$，槽距角 $\alpha=30°$，每极每相所占电角度为 $q\alpha=\frac{180°}{m}=60°$，星形相向量图的幅线数目应等于每对极下槽数 $\frac{Z}{p}=12$ 个，如图12－3(b)所示。其另一对极下各槽电势将与前一对极下各槽电势向量对应同相位。如1和13、2和14等相量皆彼此重合。

按照电势星形图图12－3(b)可以划分三相绕组各相应有的槽电势，以便得到对称的三相电势。以1、2、7、8和13、14、19、20等八个槽电势相量属 U_1-U_2 相，以5、6、11、12和17、18、23、24等槽电势相量属V相，其余属W相，这样划分后各相槽电势相互差120°相角。其中，如U相的1和7，2和8，13和19，14和20相互差180°电角度，亦即每相槽电势相量中恰好有一半方向相反。

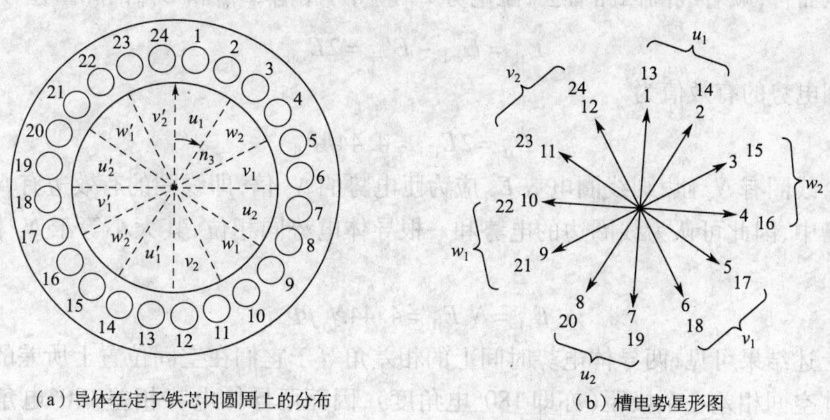

（a）导体在定子铁芯内圆周上的分布　　（b）槽电势星形图

图12－3　$Z=24$　$2p=4$ 定子槽电势星形图

第三节　线圈电势

交流绕组的基本单元是线圈，利用端接导线将放在槽中导线连接起来就构成了绕组的元件(称为线圈)。只绕一圈的线圈称为线匝。为了增加线圈的电势,线圈常采用多匝。多匝线圈放在一个槽中的导体部分称为线圈边。在正常电机的绕组中,串联连接的导体电势必须相加,从而使合成电势近于串联导体电势的算术和。为此,选择线圈的宽度或称线圈的节距(以 y_1 表示)应接近一个极距 τ。若 $y_1=\tau$,称为全距线圈;若 $y_1<\tau$,称为短距线圈;若 $y_1>\tau$,称为长距线圈(基本不用),下面按前两种情况来讨论。

一、全距线圈的匝电势

全距线圈的两个有效边在空间相隔一个极距 τ,即当一根导体处于 N 极下的最大磁密处时,另一根导体则处于 S 极下的最大磁密处,如图 12-4(a)所示,所以两根导体中的电势瞬时值总是大小相等,方向相反。由于导体电势是随时间按正弦变化,因此可用时间相量 $\dot{E}_{col}$ 和 $\dot{E}'_{col}$ 来表示。若规定导体电势的正方向都是由上向下,则两电势相量的方向恰好相反,即在时间上两者相差 180°电角度,如图 12-4(c)所示。

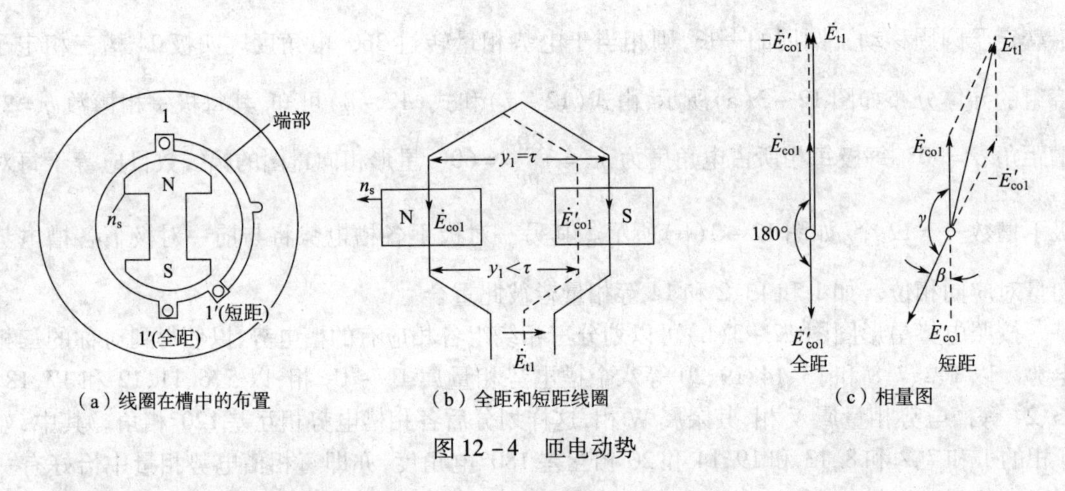

(a) 线圈在槽中的布置 (b) 全距和短距线圈 (c) 相量图

图 12-4 匝电动势

就整匝而言,顺着线圈回路看去,匝电势 $\dot{E}_{t1}$ 应等于导体 $\dot{E}_{col}$ 和 $\dot{E}'_{col}$ 的相量差,即

$$\dot{E}_{t1}=\dot{E}_{col}-\dot{E}'_{col}=2\dot{E}_{col} \tag{12-9}$$

则每匝线圈电势的有效值为

$$\dot{E}_{t1}=2\dot{E}_{col}=4.44f\Phi_m \tag{12-10}$$

若整个线圈有 N_y 匝,则线圈电势 E_{c1} 应为匝电势的 N_y 倍,即线圈的有效边有 N_y 根导体并放在同一槽中,因此可认为线圈边的电势和一根导体电势同相位,其大小等于 N_y 根导体电势的总和,即

$$E_{c1}=N_yE_{t1}=4.44N_yf\Phi_m \tag{12-11}$$

总结上述结果可见,两导体电势时间上的相差角等于它们在空间位置上所差的电角度,全距时两导体空间相差一个极距(亦即 180°电角度),因而两导体电势相差 180°电角度,则全距线匝电势有效值应为每导体电势的两倍。

二、短距线圈的匝电势

在交流绕组中,不仅要求产生一定大小的电势,还要求电势具有良好的波形(理由后述),因此绕组常采用短距线圈。

如图 12－4(b)所示，线圈的跨度比全距线圈缩短了$\tau - y_1$，相当于电角度$\beta = \frac{\pi}{\tau}(\tau - y_1)$，因此，线匝的两导体边电势的相差角$\gamma$将小于 180°，且$\gamma = \frac{\pi}{\tau}180°$。根据图 12－4(c)中的几何关系，短距线圈每匝电势的有效值应为

$$E_{t1} = 2E_{col}\sin\frac{\gamma}{2} = 2E_{col}\sin\frac{y_1}{\tau}90° = 4.44fk_{y1}\Phi_m \tag{12-12}$$

式中，

$$k_{y1} = \frac{E_{t1}}{2E_{col}} = \sin\frac{y_1}{\tau}90° \tag{12-13}$$

同样地，线圈电势也较$y_1 = \tau$时的线圈电势小，即

$$E_{c1(y_1<\tau)} = N_y E_{t1(y_1<\tau)} = 4.44fN_y k_{y1}\Phi_m\ (\mathrm{V}) \tag{12-14}$$

k_{y1}称为短距系数，它表示短距线圈电势比全距时所得的折扣系数，即在$y_1 < \tau$时，线匝的导体或线圈的有效边的电势不是算术相加而是几何相加，故$k_{y1} < 1$；而在$y_1 = \tau$时，$k_{y1} = 1$。不同节距时的k_{y1}有不同的值。

第四节　分布绕组的电势

现代交流电机的绕组都是分布绕组，即每相绕组是由分布在定子槽中的若干各线圈串联而成，因为仅依靠增加线圈的匝数来增加绕组的电势是要受到槽尺寸的限制，为此，必须将放在相邻的几个槽中的线圈串联起来构成几个线圈组，然后再将这几个线圈组串联起来构成整个绕组。每相绕组的线圈不是集中放在一个槽内，而是分布在几个槽内，故将这样所构成的绕组称为分布绕组。这样的绕组，各个线圈中的电势在匝数相同时，其振幅大小相等，但其相位却相差α电角度。

一、线圈组(元件组)的合成电势、分布系数

如图 12－5(a)所示分布绕组中，每个极(双层绕组)或每对极(单层绕组)下每相有q个线圈互相串联，组成一个线圈组。以四极 36 槽的双层绕组为例，每极下有 9 个槽，每极每相有三个槽，则每个线圈组是 3 个线圈串联所组成，其各线圈电势E_c大小相等、彼此相差为α电角度，如图 12－5(b)所示。线圈组电势E_{q1}等于其相量和。由于q个电势相量大小相等，又依次移过α电角度，因此相加后构成了正多边形的一部分。设R为该正多边形外接圆的半径，根据几何关系，正多边形的每个边所对应的圆心角等于两个相量之间的夹角α，于是从图 12－5(c)可以求得q个线圈串联后的合成电势的有效值E_{q1}为

$$E_{q1} = 2R\sin\frac{q\alpha}{2} \tag{12-15}$$

而外接圆半径R与每个线圈电势E_{c1}之间又存在下列关系，即

$$E_{c1} = 2R\sin\frac{\alpha}{2} \tag{12-16}$$

由式(12－15)、式(12－16)去R得

$$E_{q1} = E_{c1} \times \frac{\sin\frac{q\alpha}{2}}{\sin\frac{\alpha}{2}} = qE_{c1}k_{p1} \tag{12-17}$$

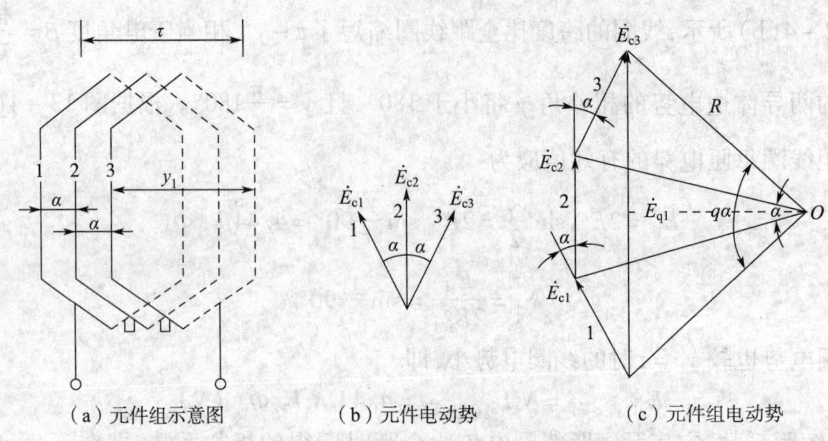

（a）元件组示意图　（b）元件电动势　（c）元件组电动势

图 12－5　元件组电动势相量图

式中，k_{p1}——绕组分布系数，其大小等于由于分布所引起的电势折扣

$$k_{p1}=\frac{E_{q1}}{qE_{c1}}=\frac{\sin\frac{q\alpha}{2}}{q\sin\frac{\alpha}{2}} \tag{12-18}$$

由于 E_{q1} 等于 q 个分布线圈电势的相量和，qE_{c1} 则为代数和，故除集中绕组时 $k_{p1}=1$ 外，当绕组为分布时 k_{p1} 将恒小于1。式(12－18)说明，绕组的分布系数仅与绕组的线圈边所占槽数 q 和槽距角 α 有关。q 值越大，槽距角 α 越小，其极限为零。

这说明采用分布绕组，以增加每组串联线圈数(q)来增加绕组电势是有限度的，当 q 值超过一定值时，分布系数 k_{p1} 和线圈组的电势反而减小。

将式(12－14)代入式(12－17)可得

$$E_{q1}=4.44fqN_y k_{p1}k_{y1}\Phi=4.44fqN_y k_{w1}\Phi_m \tag{12-19}$$

式中　k_{w1}——绕组系数，等于短距系数和分布系数的乘积，表示短距和分布时整个绕组的电势所需打的折扣；

qN_y——q 个线圈的总串联匝数；

$qN_y k_{w1}$——线圈组的有效匝数，它表示短距分布绕组的线圈组电势比全距集中绕组的线圈组电势小。

二、相电势和线电势

整个电机共有 $2p$ 个极，这些极下属于同一相的线圈组，视设计需要可以串联，亦可以并联组成一定数目的并联支路。设一相绕组的总串联匝数为 N_1，则每相电势应为

$$E_{\Phi1}=4.44fN_1k_{w1}\Phi_m \tag{12-20}$$

对于单层绕组，由于每个线圈占有两个槽，故每相的线圈等于每相所占槽数 $2pq$ 的一半，所以每相绕组总共有 pqN_y 匝，设绕组的并联支路数为 a，则每相的串联匝数 $N_1=\frac{pqN_y}{a}$。

对于双层绕组，由于线圈数等于槽数，因此每相有 $2pq$ 个线圈，若并联支路数为 a，则每相绕组的串联匝数 $N_1=\frac{2pqN_y}{a}$。

式(12－20)是交流绕组的相电势公式，它是分析和计算交流电机时常用公式之一。线电

势与绕组的接法有关,对三相对称绕组,星形接法时线电势应为相电势的$\sqrt{3}$倍,三角形接法时线电势等于相电势。

三、感应电势与磁通的相位关系

因为磁通密度在空间按正弦规律分布,当磁场旋转时,线圈所匝链的磁通 Φ 也是时间的正弦函数。当 $\omega t=0°$时,全距线圈匝链的磁通 $\Phi=\Phi_m$ 为最大值,而 $\omega t=90°$时,线圈匝链的磁通 $\Phi=0$,所以在任何瞬间 ωt 时,线圈匝链的磁通可表示为:$\varphi=\Phi\cos\omega t$,于是线圈中的感应电势为

$$e=-\frac{\mathrm{d}\Phi}{\mathrm{d}t}=-\frac{\mathrm{d}}{\mathrm{d}t}N_y\Phi_m\cos\omega t=\omega N_y\Phi_m\sin\omega t=2\pi fN_y\Phi_m\sin\omega t \quad (12-21)$$

$$=\sqrt{2}E_{c1}\sin\omega t=\sqrt{2}E_{c1}\cos(\omega t-90°)$$

由上式可见,线圈中感应电势在时间上落后于线圈所匝链的磁通 90°。

第五节　感应电势中的高次谐波

在交流电机绕组的电势波形中,除基波以外,还常常含有一些高次谐波,这些谐波主要是由于主磁极磁场在空间的非正弦分布和定子在表面开槽所引起的,它对电机的运行性能影响很大,现分析如下。

一、主极磁场非正弦分布引起的谐波电势

对一般同步电机,由于主极磁场的分布曲线不恰好是正弦形,因此除含有基波外,还常含有一系列高次谐波。如图 12-6 所示,它对称于横坐标轴,同时又和磁极中性线对称,故仅包含奇次波形:$v=1、3、5\cdots\cdots$ 由图可见,这些谐波曲线不是时间的函数,而是从某一点到起始点距离的函数,所以我们称之为空间谐波。

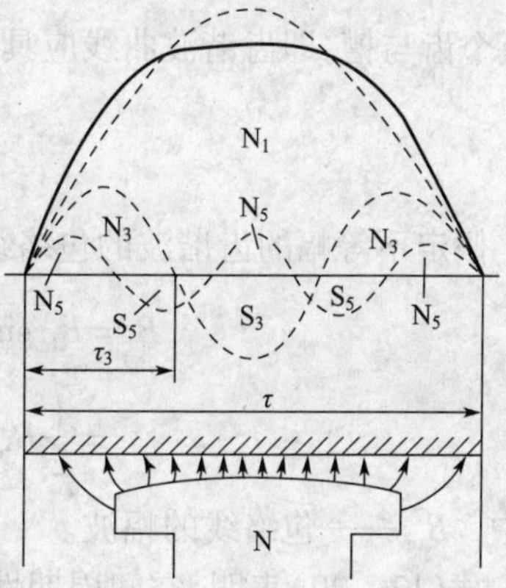

图 12-6　凸极同步电机主极磁场（实线为实际分布,虚线为基波和各次谐波）

这些空间谐波磁场的性质为:极对数为基波的 v 倍,极距为基波的 $1/v$,谐波磁场的转速和主极一致,即

$$p_v=vp,\ \tau_v=\frac{\tau}{v},\ n_v=n_1 \quad (12-22)$$

这些以同步速度旋转的空间谐波磁场在定子绕组中感应出频率为 f_v 的谐波电势,即

$$f_v=\frac{p_v n_v}{60}=v\frac{pn_1}{60}=vf_1 \quad (12-23)$$

谐波电势的有效值,根据和式(12-20)相似的推导,可得

$$E_{\Phi v}=4.44f_vNk_{wv}\Phi_{vm} \quad (12-24)$$

式中　Φ_{vm}——v 次谐波的磁通。

$$\Phi_{vm}=\frac{2}{\pi}B_{vau}\tau_v l \quad (12-25)$$

$$k_{wv}=k_{pv}k_{yv} \quad (12-26)$$

$k_{w\upsilon}$、$k_{y\upsilon}$、$k_{p\upsilon}$分别表示υ次谐波的绕组系数、短距系数和分布系数。

$$k_{y\upsilon}=\sin\upsilon\frac{y_1}{\tau}90^\circ \quad k_{p\upsilon}=\frac{\sin\upsilon\dfrac{q\alpha}{2}}{q\sin\upsilon\dfrac{\alpha}{2}} \tag{12-27}$$

和基波相比，对υ次谐波，分布线圈之间相距$\upsilon\alpha$电角度，所以感应电势在时间上也相差$\upsilon\alpha$电角度；而短距线圈的两个圈边对基波的距离是y_1，对υ次谐波的距离则是υy_1，所以上式中用$\upsilon\alpha$、υy_1来代替基波分布系数和短距系数中的α和y_1。

二、齿谐波

当电机定子（电枢）有齿和槽时，便使得沿电枢圆周各点气隙的磁导不相等，对应于齿的地方气隙磁阻较小，磁导较大；而对应于槽的地方磁阻较大，磁导较小。如果原先不开槽时的气隙中主极磁场为近于正弦分布曲线，如图12－7曲线2所示。开槽以后，就要在正弦曲线上迭加一个与定子齿数相应的附加周期性锯齿形波，称为附加谐波。对应齿部下的磁通密度较大，而对应槽部下的磁通密度较小，从而形成图12－7中曲线1形状的主极磁场空间波形。附加的谐波的特点是一个不等幅波，并且其空间周期为一个齿和一个槽的距离（即一个齿距的宽度）。而在基波的极距2τ中具有$\frac{Z}{p}=2mp$个齿与槽，即齿谐波曲线应具有$\frac{Z}{p}=2mq$个全波，所以齿谐波的谐波次数υ为

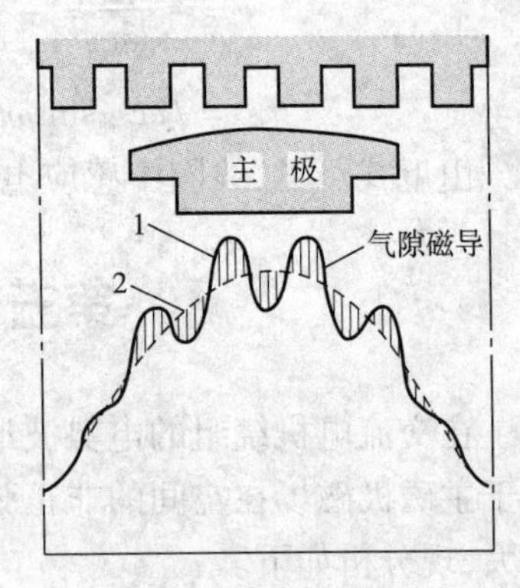

图12－7 考虑齿槽后的主极磁场空间波形

$$\upsilon=\frac{Z}{p}=2mq \tag{12-28}$$

假定不等幅的齿谐波的包络线和齿谐波本身都是正弦形，则

$$\begin{aligned}B_t&=B_{tm}\sin\frac{\pi}{\tau}x\sin\upsilon\frac{\pi}{\tau}x\\&=\frac{1}{2}B_{tm}\left[\cos(\upsilon-1)\frac{\pi}{\tau}x-\cos(\upsilon+1)\frac{\pi}{\tau}x\right]\end{aligned} \tag{12-29}$$

式中 B_{tm}——包络线的幅波。

式（12－29）表明，空间周期性的附加谐波可看成是两个等幅齿谐波的合成，每个等幅齿谐波的波幅为原波最大幅波的一半，其次数分别为$\frac{Z}{p}+1$和$\frac{Z}{p}-1$。此谐波次数与$\frac{Z}{p}$之间具有特定的关系，所以我们就将其绕组系数恰好等于基波绕组系数的谐波称为齿谐波。

理论推导和实验证明，定子开槽以后，虽然主磁场叠加了齿谐波而发生畸变，但由于定子齿、槽为不动，此附加磁场不随时间变化，它只改变基波电势的数值，而不引起电势波形畸变，因此定子绕组的感应电势仍为正弦形。

如果主极磁场中原先已含有$\frac{Z}{p}\pm1$次的谐波磁场，则在定子开槽后，齿谐波电势可能会显著增大，从而使电势波形出现明显的波纹。如果转子主极上装有阻尼绕组，它将对发电机的空载电势波形有很大的影响。

三、相电势和线电势的有效值

考虑到谐波电势时，相电势的有效值应为

$$E_{\Phi}=\sqrt{E_{\Phi1}^{2}+E_{\Phi3}^{2}+E_{\Phi5}^{2}+\cdots+E_{\Phi n}^{2}} \tag{12-30}$$

空载线电压为

$$U_{01}=\sqrt{3}\sqrt{E_{\Phi1}^{2}+E_{\Phi5}^{2}+\cdots+E_{\Phi n}^{2}} \quad (\text{Y 接法})$$

$$U_{01}=\sqrt{E_{\Phi1}^{2}+E_{\Phi5}^{2}+\cdots+E_{\Phi n}^{2}} \quad (\text{D 接法}) \tag{12-31}$$

在式(12－31)中，无论是Y接法还是D接法，均无3次及其倍数次谐波，因为在对称三相系统中，各相的3次谐波在时间上相同。在Y形接法时，线电压为相电压之差，相减时3次谐波相消，所以线端没有3次谐波电压。在D形接法中，同相的3次谐波电势 $E_{\Phi3}$ 将在闭合的△中形成环流 $\dot{I}_{3\Delta}=\dfrac{3\dot{E}_{\Phi3}}{3Z_{3\Delta}}$，如图12－8所示。由于 $\dot{E}_{\Phi3}$ 完全消耗与克服环流所产生的压降 $\dot{I}_{3\Delta}Z_{3\Delta}$，所以线端亦不出现三次谐波电压。3次谐波环流所生的附加损耗会使电机的效率下降，温升增高，所以现代的交流发电机大多采用Y形而不采用D形接法。

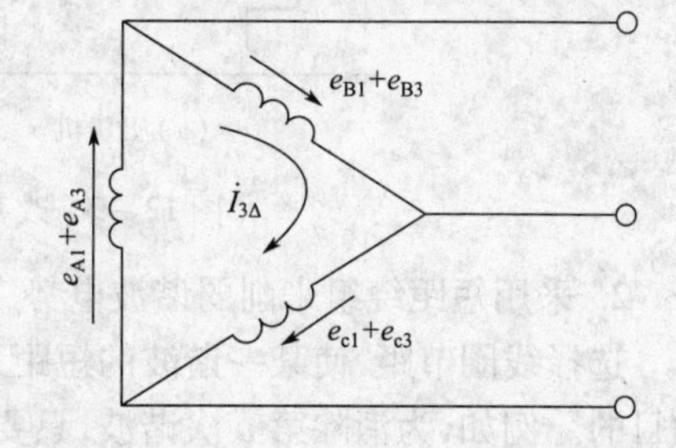

图12－8　△接法时绕组内的三次谐波

四、谐波的危害

高次谐波特别是齿谐波的存在有不良的影响，其主要是：

(1)对发电机，高次谐波使发电机的电势波形变坏，杂散损耗增大，效率下降，温度升高；

(2)对电动机，高次谐波电流亦产生杂散损耗，对电机的效率、温度以及起动性能都会产生影响；

(3)对通信线路、输电线中的高次谐波所产生的电磁场，对邻近通信设备特别是和输电线平行的通信线路会产生干扰。因此在设计交流发电机时，应把电势中的高次谐波限制在一定的范围内。我国国标——电机基本技术要求规定：对1 000 V·A以上的交流发电机，在空载，额定电压时，线电压波形的正弦畸变率不应超过5%；10～1 000 kV·A之间的发电机不应超过10%。正弦波畸变 ΔU 的定义为

$$\Delta U=\frac{\sqrt{E_{3}^{2}+E_{5}^{2}+E_{7}^{2}+\cdots}}{E_{1}}\times100\%$$

第六节　减少谐波电势的方法

根据谐波电势产生的原因，减少谐波电势的方法可以有以下两大类。

一、主极磁场非正弦分布所生谐波电势的减少方法

这类谐波电势 $E_{\Phi\nu}=4.44f_{\nu}N_{1}k_{w\nu}\Phi_{\nu m}$，故可通过减少 $\Phi_{\nu m}$ 和 $k_{w\nu}$ 等方法来减少 $E_{\Phi\nu}$，具体方法如下。

1. 改善主极极靴外形(对凸极同步电机)或主极励磁磁势(对隐极同步电机)，使主极磁场在气隙中近于正弦分布，以达到减少 $\Phi_{\nu m}$ 和 $k_{w\nu}$ 的目的。

为此，在凸极同步电机中，应使极弧 b 与极距τ的比值$\frac{b_p}{\tau}\approx 0.7\sim 0.5$，最大气隙 δ_m 与最小气隙 δ 之比值$\frac{\delta_m}{\delta}=1.5\sim 2.0$，如图 12-9 所示。

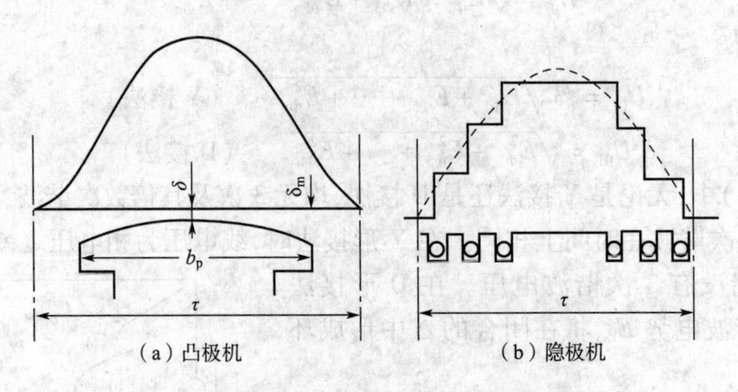

图 12-9 改善主极极靴外形和励磁磁势分布

2. 采用短距绕组来削弱谐波电势

选择线圈节距，使某一谐波的短距系数等于零或接近于零，即可达到削除或削弱该次谐波的目的。例如，为消除第 v 次谐波，只要使 v 次谐波的短距系数

$$k_{yv}=\sin v\frac{y_1}{\tau}90° \tag{12-32}$$

即使

$$v\frac{y_1}{\tau}=k\times 180°\text{或}\ y_1=\frac{2k}{v}\tau\ (k=1、2\cdots\cdots) \tag{12-33}$$

从消除谐波的观点来讲，上式中的 k 可选为任意整数。例如，为消除 5 次谐波，y_1 可选为$\frac{4}{5}\tau\ (k=2)$，亦可选为$\frac{2}{5}\tau\ (k=1)$等。但从不过分削弱基波和节约用铜出发，应选用尽量接近于全距的短节距，即使 $2k=v-1$，此时线圈的节距为

$$y_1=\frac{2k}{v}\tau=\left(1-\frac{1}{v}\right)\tau \tag{12-34}$$

式(12-34)表明，为消除第 v 次谐波，只要选用比全节距短$\frac{1}{v}\tau$的短距即可达到目的。

图 12-10 示出节距 $y_1=\frac{4}{5}\tau$的线圈的两个边总是处在同一极性的相同磁场位置下，因此就整个线圈来讲，两个边的 5 次谐波电势刚好相互抵消，这就是短距可以消除谐波电势的实质。

由于三相的线电压间不会出现 3 次谐波，所以选择三相绕组的节距时，主要应考虑如何减少 5 次和 7 次谐波。为达此目的，y_1 应选在$\frac{5}{6}\tau$附近。

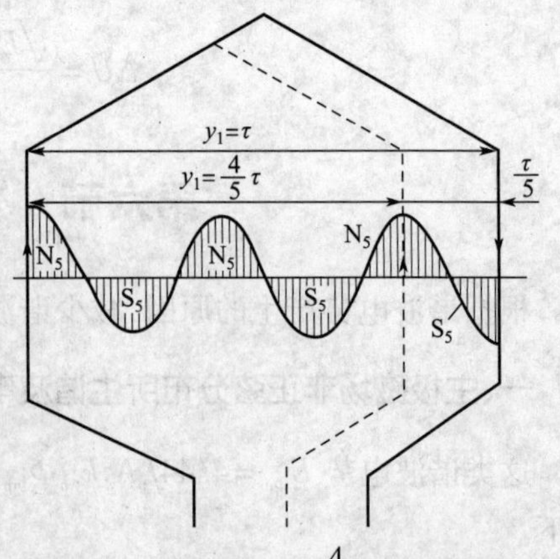

图 12-10 采用 $y_1=\frac{4}{5}\tau$的短距绕组来消除 5 次谐波

3. 采用分布绕组来削弱电势中的高次谐波

根据式(12-27)算出每极每相槽数 $q=2\sim 7$

时的三相绕组各次谐波的分布系数，可知 q 越多，k_{pv} 越小，电势波形越好。但是 q 增多，电枢总槽数就增多，这将引起冲剪工时和绝缘材料消耗的增多、槽内有效面积的减少，从而使电机的成本提高。实际上，现代交流电机一般都选用 $2 \leqslant q \leqslant 6$。在多极电机中，由于极数过多而使 q 达不到 2 时，常用分数槽绕组来消除高次谐波（可参看有关书籍）。

二、齿谐波的减少方法

如图 12－11 所示，使转子槽的斜度刚好等于一对齿谐波的极距，即斜槽距离

$$c = \frac{2\tau}{v} = 2\tau_v \qquad (12-35)$$

这时，当转子导条切割齿谐波磁场时，导条的一半 ab 段切割齿谐波磁场的 S 极，而导条的另一半则切割齿谐波磁场的 N 极，ab 段和 bc 段产生谐波电势大小相等而方向相反，使整个转子导条 ac 中的合成谐波电势为零。

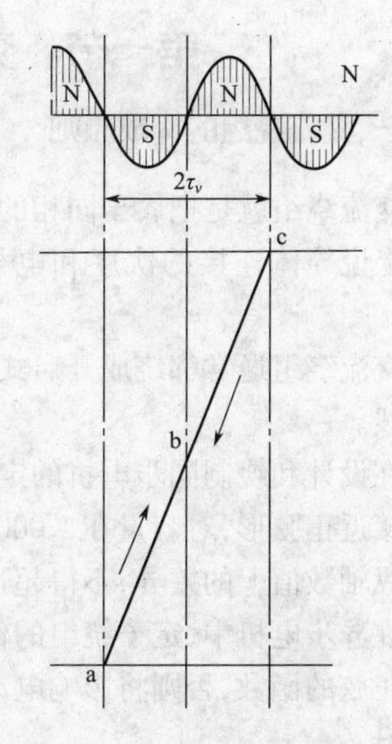

图 12－11　转子采用斜槽后的效果

采用斜槽后，对基波电势影响很小，而对于齿谐波来讲说却大为削弱，因此它是一个削弱齿谐波电势的有效方法，但这种方法主要用于中、小型电机。对于大型电机，采用斜槽时，铁心叠压工艺复杂，在凸极同步电机中，可用斜极来削弱齿谐波。在小型电机中，采用半闭口槽，在中型电机中，采用磁性槽楔来减少开口槽以及由此引起的气隙磁导变化和齿谐波。

思考题与习题

1. 时间角度和空间角度是如何定义的？机械角度与电角度有什么关系？
2. 试述交流发电机空载感应电动势中高次谐波产生的原因以及减少的方法。
3. 为什么分布和短距能减少或消除电势中的高次谐波？一般双层绕组中的节距取多大？为什么？
4. 为何交流发电机的定子绕组都采用 Y 形接法？

第十三章 交流绕组

第一节 交流绕组的构成原则和排列方法

一、交流绕组的构成原则

交流绕组就是把属于同相的导体串联起来，再按着一定的规律，将线圈串联或并联起来。理论上说导体连接的次序和电机运行无关。连接槽中有效导体的两端连接部分称为端接部分。

交流绕组通常都绕成开启式的，每相绕组的始端和终端都引出来，以便连接成星形或三角形结线。

在设计和绕制同步电机的定子绕组的基本原则是：绕组的电势幅值尽可能最大，其波形应力求接近正弦形，对容量在 1 000 kV·A 以上的交流同步发电机而言，电势的波形与其基波波形在纵轴数值上的差异，不得超过基波振幅的5%。

在异步电机中，定子绕组的作用是产生旋转磁场，同样地要求绕组的磁势和磁通的空间波形是正弦的函数，否则将影响电动机的转矩和正常运行的转速，增加损耗、降低效率、提高电机的温升。

对于交流绕组一般性的要求如下：

(1)各相绕组的电势和磁势要对称，电阻和电抗要平衡；

(2)缩短连接部分，节省用铜，减少绕组铜耗，电阻不宜过大；

(3)绕组的绝缘和机械强度要可靠，散热条件好；

(4)制造、安装和检修要方便；

(5)线匝和线圈的连接需使每相导体电势相加。

交流绕组可绕制成单相和三相的，一般多采用分布形式。根据槽内层数，又可分为单层和双层绕组。按每极每相所占的槽数，可分为整数槽和分数槽。按线圈的形状可绕成同心式、重叠式、链式、交叉式和波浪式等。在此，由于篇幅的限制，主要讲述三相单层和双层绕组，其他类型的绕组可参看有关书籍。

二、交流绕组的排列方法

交流绕组排列的步骤：

(1)计算槽距角 $\alpha=\frac{p360^\circ}{Z}=\frac{180^\circ}{mq}$。

(2)计算每极每相槽数 $q=\frac{Z}{2mp}$。

(3)画出槽电动势或线圈电动势星形图。

(4)划分相带(在此依电动势星形图划分，也可列表划分)。

(5)确定绕组类型、第一节距 y_1 和并联支路数 a。

(6)画绕组展开图。

一般常采用60°相带绕组，将其按照U_1、W_2、V_1、U_2、W_1、V_2六等份分，每相占2份，每份占有60°。若采用120°相带绕组，则按照U、V、W三等份分，每相占1份，每份占有120°。再按照所采取的绕组形式将线圈按照一定的规律连接起来，即构成具体的绕组排列。在画图时，采用绕组展开图。

下面以具体例子说明具体的绕组展开图的画法。

第二节　三相单层绕组

单层绕组的特点是每个槽内只有一个线圈边，整个绕组的线圈数等于总槽数的一半。因此单层绕组嵌线方便，且没有层间绝缘，槽的利用率较高，但其电势和磁势较双层短距绕组为差，通常只用于功率较小的异步电机。

按照线圈的形状和端部连接的方法的不同，单层绕组可分为同心式、链式及交叉式等。下面举例来说明各种绕组的构成。

一、同心式绕组

同心式绕组的特点是由不同跨距的同心式线圈组成。设该电机为二极($2p=2$)，定子槽数$Z=24$，则

(1)计算槽距角　$\alpha=\dfrac{p\cdot 360°}{Z}=\dfrac{1\times 360°}{24}=15°$。

(2)计算每极每相槽数　$q=\dfrac{Z}{2mp}=4$。

(3)画出槽电动势星形图13-1。

(4)划分相带，如图13-1所示。

(5)确定绕组类型　同心式绕组，确定第一节距y_1，在此选择距$y_1=11$和$9(\tau=12)$；并联支路数$a=1$。

(6)画绕组展开图。

一般常采用60°相带绕组，则将其按照U_1、W_2、V_1、U_2、W_1、V_2 6等份分，每相占2份，每份占有60°。若采用120°相带绕组，则按照U、V、W 3等份分，每相占1份，每份占有120°。

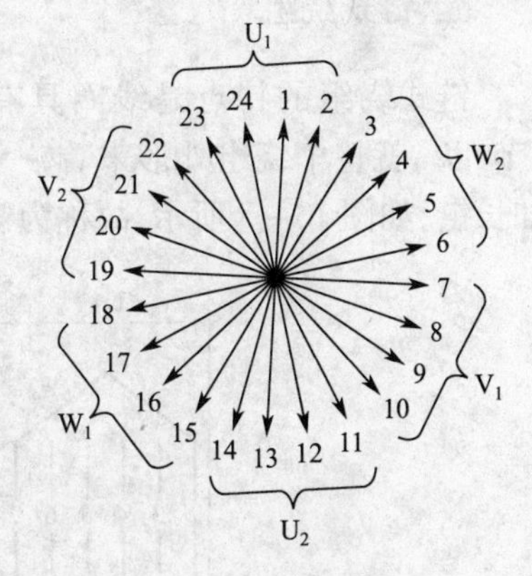

图13-1　$Z=24$　$2p=2$

定子槽电势星形图

然后把1～12相连，构成一个大线圈；2～11相连，组成一个小线圈。这一大一小组成一个同心式线圈组；再把13～24相连，14～23相连，组成另一个同心式线圈组。如图13-2所示U相绕组展开图，最后把两个线圈组反串联(即把线圈组的尾端12和24相连，把首端2和14引出)，即得U相绕组的首端U_1和尾端U_2，如图13-2(a)所示。

同理，根据同样的办法，可以连得V、W两相。为使V、W二相分别与U相相差120°和240°电角度，V相的首端和W相的首端引线必须分别相隔8槽和16槽，即V相的首端应在第10槽，W相的首端应在第18号槽。

图13-2中线圈组与线圈组之间的连线，称为极间连线。从电势来看，极间连线应使两组线圈电势相加；从电流来看，应使通入电流后能形成二极磁场如图13-2(a)所示，因此两组线圈串联时应该反连，不可接错。

应当指出,同心式绕组的线圈跨距不同,但各线圈匝数相同,就电势和磁势而言,同心式绕组亦可等效地看做是一个全距分布绕组,如图13-2(b)所示。因为两者具有同一的有效导体,仅在端部接线上有所不同,而端部接线并不影响线圈的电势和铁心有效长度内的磁场分布。由图13-2可见,不管绕组形式如何,每相绕组的电势都是由相同编号的导体的电势所合成,合成电势的大小与导体电势相加的次序无关,因此同心式绕组应等效地看成全距分布绕组。但是如果每个线圈的匝数不等,则必须作为具有不同节距的集中绕组来考虑。

同心式绕组主要用于 $q=4$ 的二极异步电机中,其优点是:下线方便,同一相两组线圈的端部互相错开,重叠层数较少,便于布置,散热较好。缺点是:线圈大小不等,绕线模尺寸不同,工艺稍有不便。

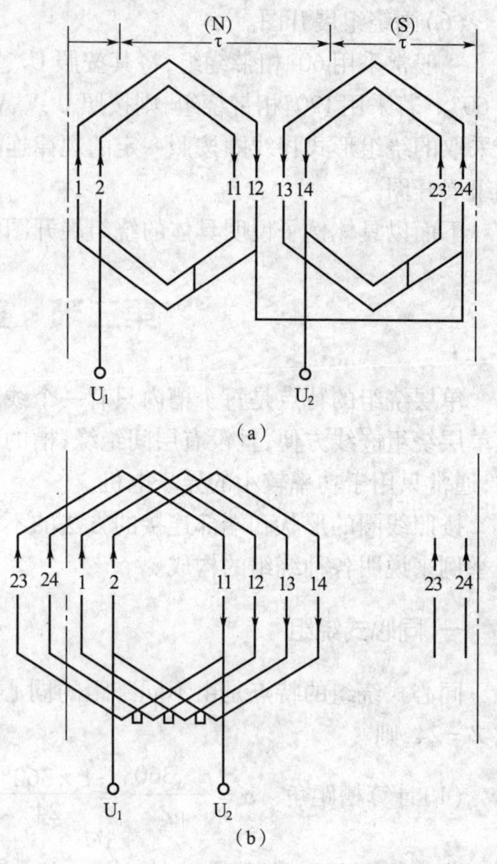

图13-2 同心式绕组及其等效全距分布绕组

二、链式绕组

链式绕组的特点是线圈具有相同的跨距(节距),就整个绕组外形来看,一环套一环,形如长链,如图13-3所示,故称为链式绕组。

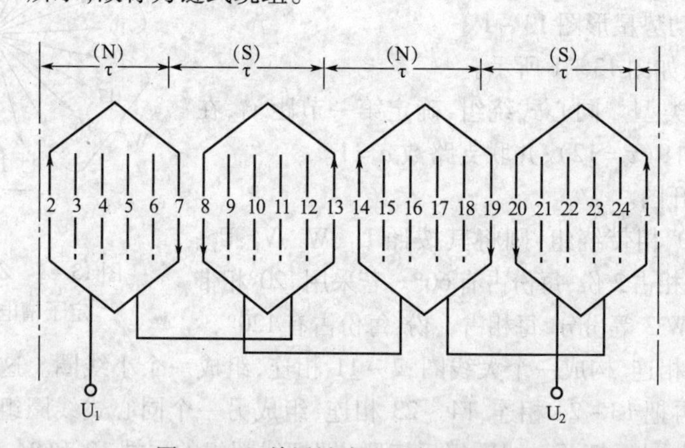

图13-3 单层链式U相绕组展开图

链式绕组主要应用于每极每相槽数 $q=2$(或其他偶数)的小型三相异步电动机中,做成软线圈。其优点是:每个线圈的大小相同,制造方便,线圈可采用短距,端部较短,省铜。

链式线圈排列时的特点是:若一条圈边在奇数槽内,则另一条在偶数槽内,故线圈节距为奇数。

下面以四极,定子槽数 $Z=24$ 的电机来说明链式绕组的构成。

(1)计算槽距角 $\alpha=\dfrac{p\times360^\circ}{Z}=\dfrac{2\times360^\circ}{24}=30^\circ$。

(2)计算每极每相槽数　$q=\frac{Z}{2mp}=2$。

(3)画出槽电动势星形图,如图13-4所示。

(4)划分相带,如图13-4所示。

(5)确定绕组类型　确定第一节距y_1,在此选择距$y_1=5$($\tau=6$);并联支路数$a=1$。

(6)画绕组展开图。

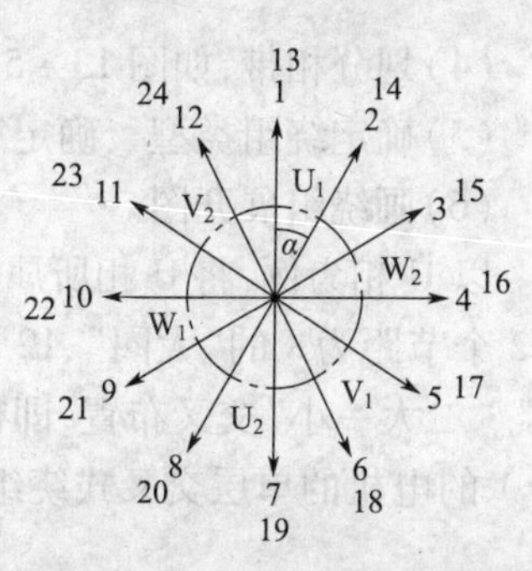

图13-4　4极、24槽电机槽电动势星形图

我们把2~7相连,8~13相连,14~19相连,20~1相连,得到4个线圈组。为了使四个线圈组的电势相量相加,绕组内通入电流后形成四极磁场,极间连线应是相邻线圈组依次反向串联,即"尾—尾"相连,"头—头"相连,即得并联支路数$a=1$的U相绕组,如图13-3所示。

从图13-3可见,该绕组为短距,线圈的一条边嵌在1、7、13、19……奇数槽内,另一条边在2、8、14、20……偶数槽内,绕组节距$y_1=5$恒为奇数。

同样,V、W两相的首端,应依次与U相首端相差120°电角度和240°电角度。

上面是$q=2$时的情况,此时属于同一相带的两个线圈其端部分别向两侧连接,例如,7向左连,8向右连,且节距相等。若$q=3$时,则一个相带内的槽数无法均分为二,如分成两半时,必定出现一边多一边少的情况,因而线圈的跨距也会不一样,此时就形成了交叉式绕组。

三、交叉式绕组

交叉式绕组主要用于每极每相槽数$q=3$(或其他奇数),$2p=4$或6的三相小型异步电动机中。这种绕组实质上是同心式绕组和链式绕组的一个综合,其优点是由于它采用了不等距线圈,所以比同心式绕组的端部短且便于布置。

下面以$Z=36$,$2p=4$,来说明链式绕组的构成。

(1)计算槽距角　$\alpha=\frac{p\cdot 360°}{Z}=\frac{2\times 360°}{36}=20°$。

(2)计算每极每相槽数　$q=\frac{Z}{2mp}=3$。

(3)画出槽电动势星形图,如图13-5(a)所示。

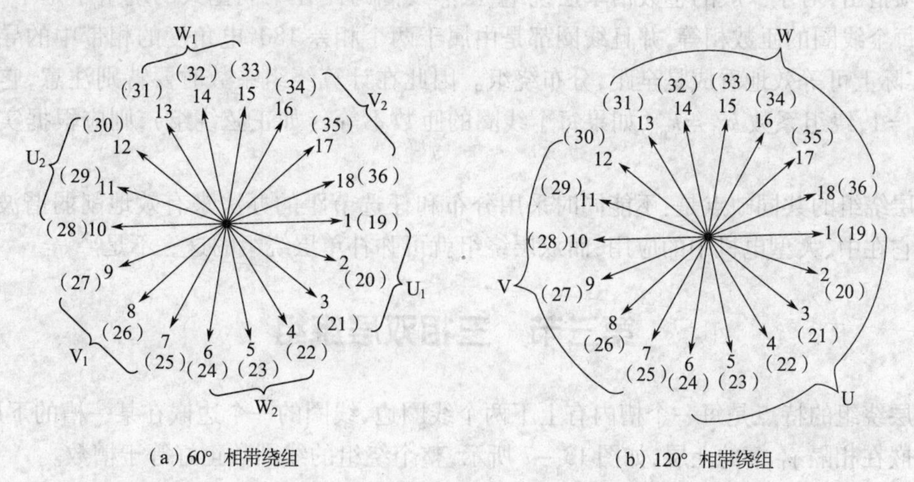

(a)60°相带绕组　(b)120°相带绕组

图13-5　三相双层绕组槽电动势星形图($Z=36$　$2p=4$)

(4)划分相带,如图 13-5(a)所示。

(5)确定绕组类型　确定第一节距 y_1,在此选择距 $y_1=8$ 和 7($\tau=9$);并联支路数 $a=1$。

(6)画绕组展开图。

以 U 相为例,将 U 相所属的每一个相带内的槽号分为两半,即 2~10 相连,3~11 相连,组成 2 个节距为 8 的"大圈",12~19 相连组成一个节距为 7 的"小圈",二对极下依次按"二大一小""二大一小"交叉布置,即得交叉式绕组。图 13-6 即为 $Z=36$,$2p=4$,$m=3$,并联支路数 $a=1$ 的电机的单层交叉式绕组的 U 相展开图。

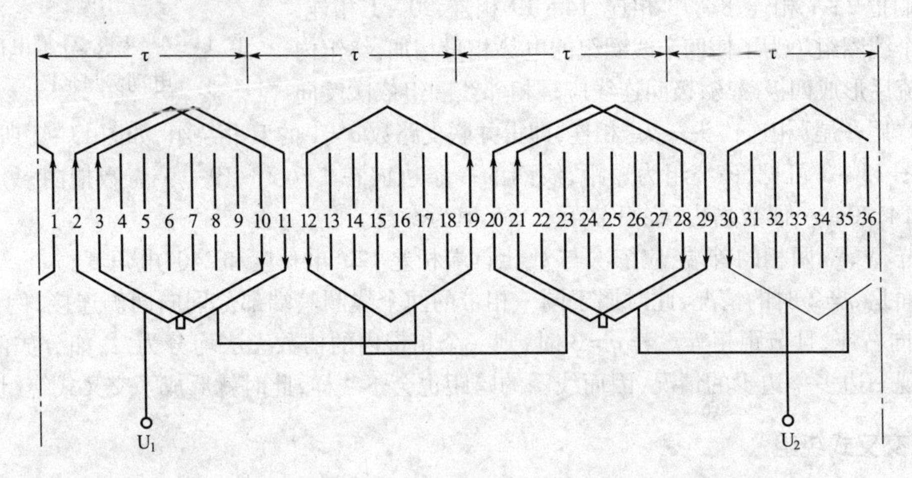

图 13-6　三相单层交叉式绕组展开 $Z=36$　$2p=4$(U 相绕组)

交叉式绕组的极间连接规律与链式绕组一样,应反向串联。即把属于同一相的相邻的大圈与小圈之间"尾—尾相连",小圈与大圈之间"首—首相连",以保证线圈的感应电势相加,通入电流时产生规定极数的磁场。

从图 13-6 可见,和同心式绕组比较,只是端部连线不同而已,如果把两个小圈的端部连线断开,改成 1~12 相连,19~30 相连,构成两个最外面的大圈,再将原来两个跨距相等的大圈改接成 3~10,21~28 相连的两个小圈;2~11,20~29 相连的两个中圈,便构成了一个 $q=3$ 的同心式绕组。显而易见,同心式端部长,而交叉式端部短,省铜。

必须指出,对于一般的整数槽单层绕组,虽然线圈跨距在不同型式的绕组中是不一样的,但如果每个线圈的匝数相等,并且线圈都是由属于两个相差 180°电角度的相带中的导体所构成,故实际上可等效地看成是全距,分布绕组。因此在计算绕组系数时要特别注意,它的短距系数 $k_{y1}=1$,绕组系数 $k_{w1}=k_{p1}$,如果每个线圈的匝数不等,(如正弦绕组),则应根据实际情况计算。

单层绕组的共同缺点是:不能同时采用分布和任选节距的办法来有效地削弱谐波。这就妨碍了它在中、大型电机中的应用,而双层绕组就可弥补单层绕组的这一不足。

第三节　三相双层绕组

双层绕组的特点是每一个槽内有上下两个线圈边,线圈的一个边嵌在某一槽的下层,另一个边则嵌在相隔 y_1 槽的上层,如图 13-7 所示,整个绕组的线圈数正好等于槽数。

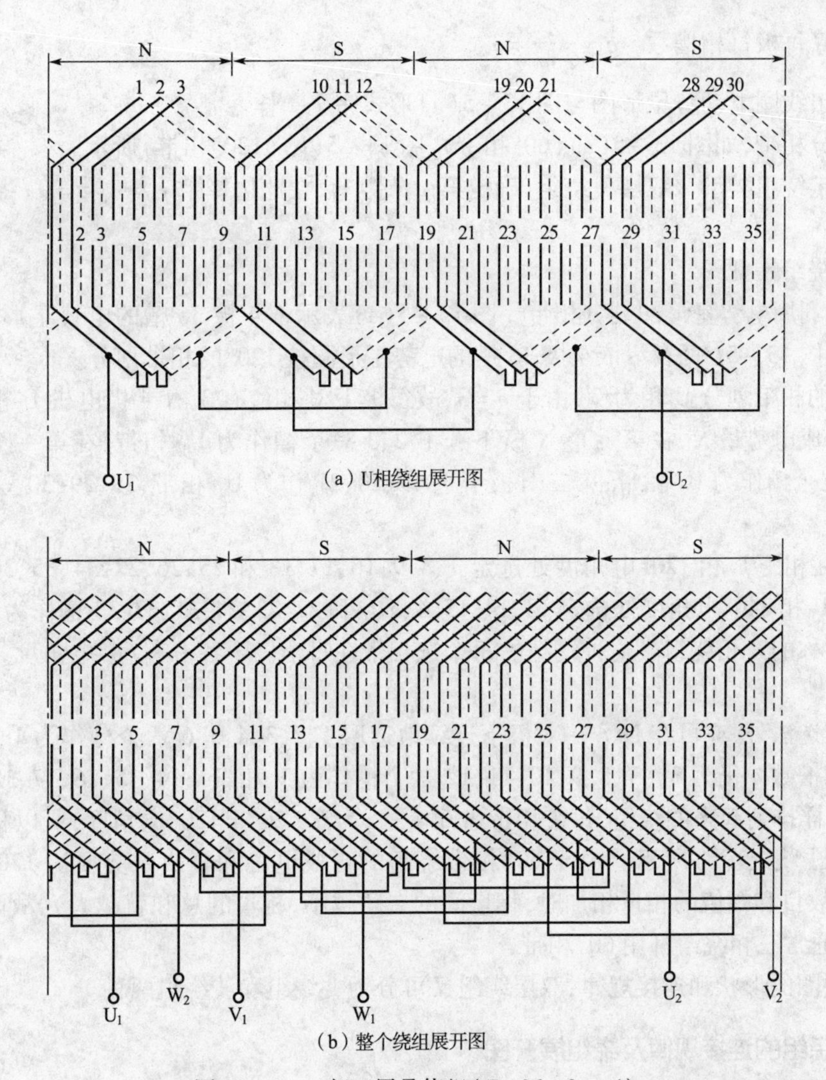

(a) U相绕组展开图

(b) 整个绕组展开图

图 13-7　三相双层叠绕组($Z=36$　$2p=4$)

双层绕组的主要特点是:(1)可以选择最有利的节距,并同时采用分布的办法来改善电势和磁势波形;(2)所有线圈具有同样尺寸,便于生产制造的机械化;(3)可以组成较多的并联支路,承受较大的电流;(4)端部形状排列整齐,有利于散热和增强机械强度。所以容量较大的(10 kW 以上)三相交流电机定子绕组一般均采用双层绕组。

一、双层绕组的电势星形图和相带划分

图 13-5 是 $Z=36,2p=4,m=3$ 槽电动势星形图,对双层绕组而言,第一线圈的两个线圈边分别放在 1 槽和 9 槽,第二线圈的两个线圈边分别放在 2 槽和 10 槽,按此规律放下去,共放 36 个线圈,这 36 个线圈的电动势显然构成一个大小相等、相位互差 20°的对称星形图,这样的电动势星形图称为绕组(元件)电动势星形图,在形式上与槽电动势星形图完全一样,但实质上有区别。双层绕组相带的划分方法与单层绕组相同,现用一台 $Z=36,2p=4,m=3$,并联支路数 $a=1$ 的定子绕组来说明。

(1)计算槽距角　$\alpha=\dfrac{p\cdot 360^\circ}{Z}=\dfrac{2\times 360^\circ}{36}=20^\circ$。

(2)计算每极每相槽数　$q=\frac{Z}{2mp}=3$。

(3)画出线圈电动势星形图与图 13－5(a)形式完全一样。

(4)划分相带,如图 13－5(a)(60°相带)、图 13－5(b)(120°相带)所示。

(5)确定绕组类型　双层叠绕组,确定第一节距 y_1,在此选择距 $y_1=8(\tau=9)$;并联支路数 $a=1$。

(6)画绕组展开图。

在此是利用电势星形图划分相带。图 13－5(a)表示依 4 极 36 槽的电势星形图按 60°的相带划分。图 13－5(b)表示依 4 极 36 槽的电势星形图按 120°的相带划分。

以 60°的相带划分 U 相为例,由于 $q=3$,故每极下 U 相应有 3 槽,4 极电机 U 相总共有 12 槽。为使合成电势最大,在第一个 N 极下选 1、2、3 三个槽作为 U_1 相带,在第一个 S 极下选 10、11、12 三个槽作为 U_2 相带;第二对极下选 19、20、21 作为 U_1 相带,28、29、30 三槽作为 U_2 相带。

同理,在相距 U 相 120°电角度处选定 7、8、9,16、17、18 和 25、26、27,34、35、36 槽作为 V 相;在相距 U 相 240°电角度处选定 13、14、15,4、5、6 和 22、23、24,31、32、33 槽作为 W 相,既可得到一个对称的三相绕组。这种绕组的每个选相带在每个极下各占有 60°电角度,称为 60°相带绕组。

除上述选法外,亦可在 N、S 一对极下连续地选取 1、2、3、4、5、6 六个槽作为 U 相(平均起来每极每相槽数 q 仍为 3),7、8、9、10、11、12 六个槽作为 V 相,13、14、15、16、17、18 六个槽作为 W 相,这样排列起来的绕组,每个相带占 6 个槽,为 6×20°＝120°电角度,所以称为 120°相带绕组,如图 13－5(b)所示。由于 60°相带绕组的合成电势和合成磁势要比 120°相带的大(因为同等数目和幅值的相量相加时,相量间的夹角越小,相量的总和就越大),故除单绕组多速电机外,通常三相绕组都用 60°相带。

根据线圈的形状和连接规律,双层绕组又可分为叠绕组和波绕组两种。

二、叠绕组的连接规律及绕组展开图

叠绕组在嵌线时,任何两个串联线圈总是后一个叠在前一个上面,所以称为叠绕组。

从图 13－7(a)见,由于线圈的节距 $y_1=8$,所以线圈 1 的一条边嵌放在 1 号槽的上层,另一条边则在 1＋8＝9 号槽的下层,同理,线圈 2 的一条边嵌放在 2 号槽的上层,另一条边则嵌放在 10 号槽的下层,以此类推。将上面端面图展开,则得到 U 相绕组的展开图,如图 13－7(a)所示。在展开图中,上层边用实线表示,下层边用虚线表示,每一个线圈都由一根实线和虚线组成。

从图 13－7(a)可见,线圈 1、2、3 串联起来,19、20、21 串联起来,分别组成两个对应于 N 极下相带 U_1 的极相组;线圈 10、11、12 串联起来,19、20、21 串联起来,分别组成两个对应于 S 极下相带 U_2 的极相组。再把这四个极相组按要求接成串联或并联,即构成 U 相绕组。同理得 V、W 两相绕组,可用同样方法构成。在叠绕组中,每一个极相组内的线圈依次串联;不同磁极下的各个极相组之间视具体需要即可接成串联,亦可接成并联。由于 N 极下极相组的电势和电流方向与 S 极下极相组的相反,为避免电势或电流所形成的磁场互相抵消,串联时应把极相组 U_1 和极相组 U_2 反向串联,即尾—尾相连,把首端引出或首—首相联,把尾端引出。例如在图 13－7(a)中,线圈 3 的尾端应与线圈 12 的尾端相连,线圈 21 的尾端和线圈 30 的尾端相连。对于该例，$a=1$（即一路串联），故把线圈10的首端和线圈19的首端相联。最后将线圈1的首端引出作为U相绕组的首端U_1，把线圈28的首端引出作为U相绕组的尾端U_2。图13-7(b)为整个绕组展开图。

如果取并联支路数$a=2$时，只需把由1、2、3组成的线圈组和由10、11、12组成的线圈组串联组成的一条支路和由19、20、21组成的线圈组和28、29、30组成的线圈组串联的另一条支路并联，将两条支路的首端（即线圈1和线圈19的首端）相连，作为U相绕组的首端；将两条支路的尾端（即线圈10和线圈28的首端）相连，作为U相绕组的尾端。即组成了并联支路数$a=2$时的绕组。

若取并联支路数$a=4$时，读者可自行思考连接。

由于每相的极相组数目等于极数，所以双层绕组的最大并联支路数等于$2p$，也可以连成其他数目的并联支路，但$2p$必须是支路数a的整数倍。

三、其他绕组形式

其他绕组形式还有波绕组、分数槽绕组、单双层绕组、正弦波绕组等，如波绕组适用于极数较多、支路导线截面较大的交流电机，可以达到节约极相组间用铜的目的，由于篇幅有限，读者可根据需要参看有关书籍资料。

思考题与习题

1. 如何根据q的大小选择单层绕组的型式？单层绕组中为何$y_1<\tau$？
2. 整数槽双层叠绕组和单层绕组的最大并联支路数与极数有什么关系？
3. 对已经嵌好线的交流电机，如何通过线圈跨距来判断其极数？
4. 何谓相带？在三相电机绕组中为什么常采用60°相带，而很少采用120°相带？
5. 已知一个元件的两个元件边电动势分别为$\dot{E}_1=10\angle 0°$，$\dot{E}_2=150\angle 0°$，求这个元件的短矩系数k_{y1}、k_{y5}。（答案：0.966　0.259）
6. 基波短距系数和分布短距系数的物理意义是什么？为什么它们的值都小于1？
7. 一台三相交流电机，$2p=4$，$Z_1=30$，如在其上绕制三相对称双层短距绕组（不用120°相带），使并联支路数$a=1$，试合理地选择节矩y_1，绘出元件的电动势星形图及一相绕组的展开图。
8. 一台三相交流电机，定子是三相对称单层绕组，已知极数$2p=4$，定子槽数$Z_1=36$，并联支路数$a=1$，元件节距$y_1=\tau$。

(1)画出槽电动势星形图；

(2)画出U相绕组展开图；

(3)求基波绕组系数k_{w1}；

(4)如果每极磁通$\Phi=0.0172$ Wb，频率$f=50$ Hz，每个元件的匝数$N=10$，求基波相电动势E_Φ。

（答案：$k_{w1}=0.960$　$E_\Phi=219.94$ V）

第十四章 交流绕组的磁势

当交流绕组通入电流时,载流绕组就会产生磁势。在一部电机中,由于磁势的作用,产生了电机的主磁场;由于电机磁势对电机的能量的转换运行性能都有重大影响。因此研究磁势的性质、大小和分布情况具有重要意义。

根据交流绕组磁势的性质,本章将分单相绕组和三相绕组的磁势进行分析。

第一节 单相绕组的脉振磁势

单相绕组是由几个线圈组连接而成,而线圈组又由若干分布在槽中的线圈串联而成。

一、全距线圈的磁势

图 14-1(a)是一台两极电机的示意图。定子铁心内只有一个全距线圈,当线圈通过电流(如从 U_2 流入,从 U_1 流出)时,线圈便产生一个两极磁场。按照右手螺旋定则,磁场方向如图中箭头所示。对于定子来说,下端为 N 极,上端为 S 极。

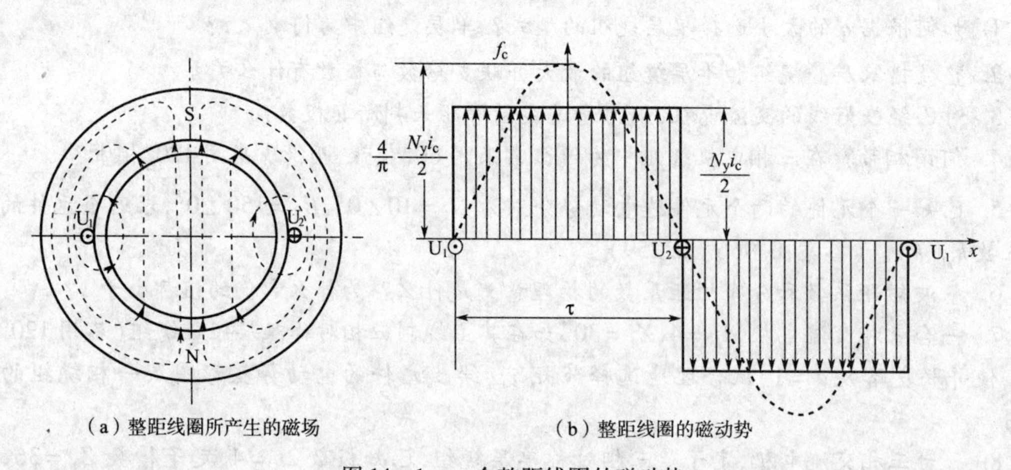

(a) 整距线圈所产生的磁场 (b) 整距线圈的磁动势

图 14-1 一个整距线圈的磁动势

设线圈中通过电流 i_c,线圈的匝数为 N_y,若线圈中的电流 i_c 越大或线圈的匝数 N_y 越多,则产生的磁场越强,就是说,磁场的强弱决定于线圈的匝数和线圈中电流的乘积 $N_y i_c$,我们称 $N_y i_c$ 为磁势。正如电路中电动势是产生电流的原动力一样,磁势是产生磁通,建立磁场的原因。磁势的单位是安培匝数(简称安匝)。

根据全电流定律,任何一条闭合的磁力线回路中的磁势等于它所包围的全部电流数(或者说全部安匝数)。

由图 14-1(a)可见,图中每条磁力线所包围的安培匝数都是 $N_y i_c$,所以作用在任何一条磁力线回路中的磁势都是 $N_y i_c$。从图中还可以看出,每一条磁力线都要通过定子铁心和转子铁心,并两次穿过气隙。假定转子铁心间的气隙是均匀的,由于一条磁力线经过的路径是两个气隙、两个定子齿、两个转子齿以及定、转子铁轭，考虑到定、转子铁心是由导磁性能好的硅钢片叠成的，它的磁阻比气隙的小得多，在定性分析时，可以略去铁心的磁阻不计，认为整个磁势 $N_y i_c$ 全部作用在两个气隙之间，故作用在每段气隙上的磁势应为总磁势的一半，即等于 $\frac{1}{2}N_y i_c$，这个磁势称为每极磁势或每极安匝数。由于这个磁势是全部作用在气隙上，所以也叫做气隙磁势。因为任何一条磁力线在每个气隙中消耗的磁势都是 $\frac{1}{2}N_y i_c$，所以沿整个气隙圆周的磁势为均匀分布。如果把从转子表面进入定子的磁势（即 S 极磁势）选为正，则从定子进入转子表面的磁势（N 极磁势）即为负。根据这个规定，将图 14－1(a)中定子磁势沿气隙圆周的分布画出来，得到图 14－1(b)，这就是定子全距线圈磁势的分布曲线（以每极安匝表示）。由图可见，全距线圈的磁势在空间的分布是一个矩形波，矩形波的高度为

$$f_c = \frac{1}{2}N_y i_c \text{（安匝/极）} \tag{14-1}$$

如果线圈中的电流 i_c 是恒稳电流，则矩形波磁势的高度将恒定不变。然而在交流绕组中，通入线圈中的电流是交变电流。若线圈中的电流随时间按余弦规律变化，即

$$i_c = \sqrt{2}I_c\cos\omega t$$

如以线圈轴线处作为坐标原点，则全距线圈所产生的磁势为

$$f_c(x,t) = \frac{1}{2}N_y i_c = \frac{1}{2}\sqrt{2}N_y I_c\cos\omega t = F_{cm}\cos\omega t \tag{14-2}$$

式中，$F_{cm} = \frac{1}{2}\sqrt{2}N_y I_c$（安匝/极）为矩形波磁势的幅值。

由式(14－2)可以看出，在一个全距线圈中通过余弦变化的交流电时，它所产生的矩形波磁势的幅值将随着时间作余弦变化。当 $\omega t = 0$ 时，电流达到最大值，矩形波的高度也达到最大值 F_{cm}；当 $\omega t = 90°$ 时，电流为零，矩形波的高度也为零。

当电流为负时，磁势也随着改变方向。矩形波磁势随时间变化的关系如图 14－2 所示。要注意，把磁势的空间分布规律和随时间变化的规律区别清楚。在任何瞬间，磁势在空间的分布为一矩形波；波形在空间的任何一点，磁势的大小随时间 t 按余弦规律脉振。我们把这种在空间位置固定、而大小随时间变化的磁势称为脉振磁势（物理上称为驻波）。脉振磁势的频率与交流电流的频率相同。

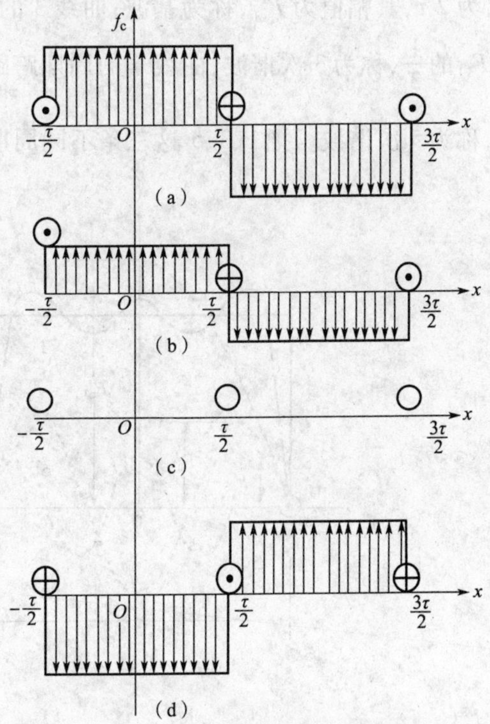

图 14－2　不同瞬时的脉振磁势

(a) $\omega t = 0°$　(b) $\omega t = 60°$　(c) $\omega t = 90°$　(d) $\omega t = 180°$

上面分析的是一对极的情况。图 14－3 表示线圈电流为 i_c 时，四极全距线圈和磁场。若线圈匝数为 N_y，每条磁力线回路所包围的安培匝数仍为 $N_y i_c$，如果忽略铁心磁阻不计，每

个气隙中所消耗的磁势仍为$\frac{1}{2}N_y i_c$。由此可见，对于多极电机，由于整个磁路组成一个对称支路磁路，各对极下的情况均为重复，所以只要分析一对极就可以了。

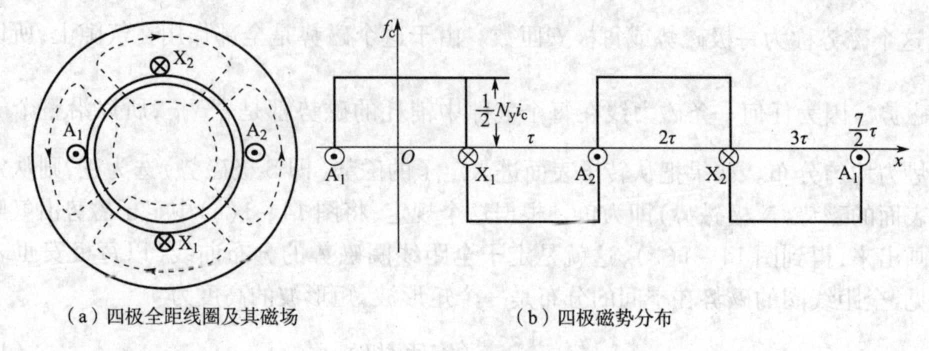

图 14－3　四极全距线圈的磁势

二、矩形波磁势的谐波分析法

从上面的分析可知，一个全距线圈产生的是矩形波磁势。为便于计算，在分析交流绕组的磁势时，常常应用谐波分析法。所谓谐波分析法，就是把一个周期性非正弦波按照傅里叶级数分解成一个基波和一系列高次谐波。

先看图 14－4 中的三条不同周期和幅值的正弦曲线相加的情况，图中的三条正弦曲线 1、3、5 的幅值与周期的跨距（波长）的关系是：曲线 1 的周期跨距和矩形波的周期跨距相同，为 2 τ，其幅值为 F_{c1}，称为基波；曲线 3 的周期跨距比基波的小 3 倍，其幅值 F_{c3}为基波幅值 F_{c1}的$\frac{1}{3}$，称为 3 次谐波；曲线 5 的周期跨距比基波的小 5 倍，其幅值 F_{c5}为基波幅值 F_{c1}的$\frac{1}{5}$，称为 5 次谐波。把 1、3、5 这三条不同周期不同幅值的正弦曲线叠加起来，就可以得到非

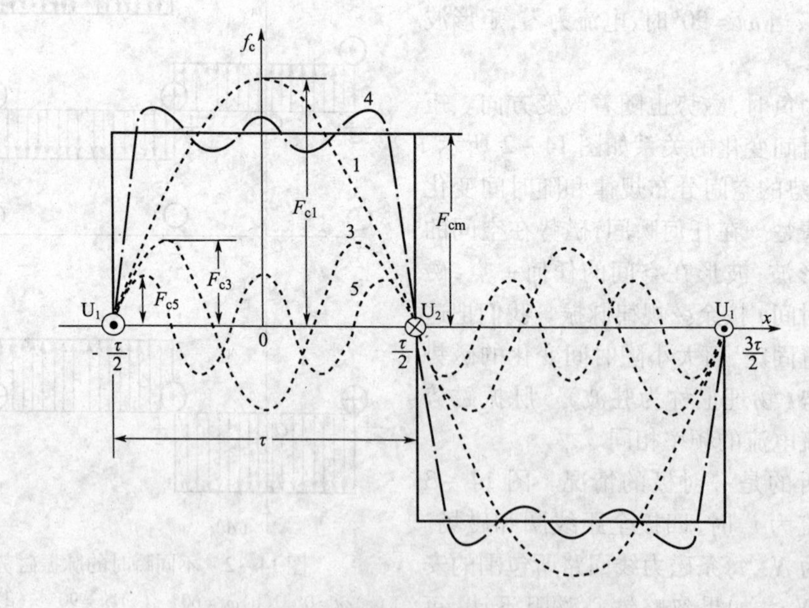

图 14－4　把周期性的矩形波分解为基波

正弦曲线4。可以看出，合成曲线4已经有些接近矩形波了。如果把基波以及3、5、7、9……直到无穷多个奇次的高次谐波都叠加起来，其中各高次谐波的幅值为基波的$1/\upsilon$，其一周期的跨距比基波周期的跨距要小υ倍，于是就可得到一个波长为2τ的周期性矩形波，如图14－4所示。

上面是把基波和一系列具有特定幅值和周期的谐波叠加起来，得到一个矩形波。反之，一个周期性的矩形波也必然能分解为基波和一系列具有特定幅值和周期跨距的高次谐波。

以上用图解法所进行的谐波分析，应用傅里叶级数可以得到严格的证明。如以线圈的轴线处作为坐标原点。从图14－4可见，由于矩形磁势波的分布满足$F_c(x)=-F_c(x+\tau)$，也就是说，将波形移动半个周期后便与原波形对称于横轴，所以矩形波进行分解时只有1、3、5……奇次谐波；又由于坐标选在线圈的轴线上，其波形对称于纵轴，$F_c(x)=F_c(-x)$，故矩形波中仅含有余弦项（偶函数分量）。这样，按照傅里叶级数展开时，矩形波磁势可用下式表示

$$F_c(x)=F_{c1x}\cos\frac{\pi}{\tau}x+F_{c3x}\cos3\frac{\pi}{\tau}x+F_{c5x}\cos5\frac{\pi}{\tau}x+\cdots \tag{14-3}$$

其中，基波的波长为2τ，根据傅里叶级数求基波幅值F_{c1x}为

$$F_{c1x}=\frac{1}{\tau}\int_0^{2\tau}F_{cm}\cos\frac{\pi}{\tau}x\mathrm{d}x=\frac{4}{\pi}F_{cm}=\frac{4}{\pi}\frac{1}{2}\sqrt{2}N_yI_c\text{（安匝／极）} \tag{14-4}$$

即基波幅值为矩形波幅值的$\frac{4}{\pi}$倍。因$\frac{4}{\pi}\frac{1}{2}\sqrt{2}=0.9$，则

$$F_{c1x}=0.9N_yI_c\text{（安匝/极）} \tag{14-5}$$

同理，高次谐波的幅值$F_{c\upsilon m}$为

$$F_{c\upsilon m}=\frac{1}{\tau}\int_0^{2\tau}F_c\cos\upsilon\frac{\pi}{\tau}x\mathrm{d}x=\frac{1}{\upsilon}\frac{4}{\pi}F_{cm}\sin\upsilon\frac{\pi}{2}$$
$$=\pm\frac{1}{\upsilon}\frac{4}{\pi}\frac{1}{2}\sqrt{2}N_yI_c=\pm\frac{1}{\upsilon}0.9N_yI_c\text{（安匝／极）} \tag{14-6}$$

由上式可见，高次谐波的幅值为基波幅值的$1/\upsilon$。式中正负号是因为坐标选在线圈的轴线上，故对各次高次谐波而言便有正负的区别。如对3次谐波，$\upsilon=3$，$\sin\upsilon\frac{\pi}{2}=-1$（即在坐标原点处3次谐波的幅值与基波幅值的方向相反）。所以在式（14－6）前取"－"号；对5次谐波，$\upsilon=5$，$\sin\upsilon\frac{\pi}{2}=+1$，说明在坐标原点处5次谐波的幅值与基波幅值的方向相同，故式（14－6）前取"＋"号，以此类推。

把式（14－5）和式（14－3）代入式（14－2）中便得全距线圈所产生的脉振磁势的方程式为

$$f_c(x,t)=F_{cm}\cos\omega t$$
$$=0.9N_yI_c\left[\cos\frac{\pi}{\tau}x-\frac{1}{3}\cos3\frac{\pi}{\tau}x+\frac{1}{5}\cos5\frac{\pi}{\tau}x+\cdots\right]\cos\omega t \tag{14-7}$$

总结上述结果可知：

（1）全距线圈的磁势在空间作矩形分布，其基波的幅值为$\frac{1}{2}\sqrt{2}N_yi_c$，并随时间作余弦变化。

（2）对电机正常工作来说，基波磁势是主要的。单相（全距线圈）脉振磁场的基波磁势的幅值位置与线圈轴线重合，并在空间作余弦分布，其大小（幅值）随时间作余弦变化。它既是

时间 t 的函数,同时又是空间位置 x 的函数(空间位置 x 也可是空间电角度 $\alpha,\alpha=\frac{\pi}{\tau}x$)。

(3)υ 次谐波磁势与基波磁势相比较,其幅值较基波小 υ 倍,周期跨距要小 υ 倍,其极数要大 υ 倍。

三、全距线圈组的磁势

每极下属于同一相的线圈串联起来,就成为一个线圈组。图 14-5(a)表示一个全距、$q=3$ 的线圈组。由图可见,每个全距线圈产生的磁势都是一个矩形波,把 $q=3$ 个全距线圈所产生的矩形磁势波逐点相加,即可求得线圈组的合成磁势。由于每个线圈的匝数相同,q 个线圈是串联的,通过各线圈的电流也相同,故各个线圈的磁势具有相同的幅值。但由于线圈是分布的,相邻线圈在空间彼此移过一个槽距角 α,所以各矩形波磁势之间在空间也相隔 α 电角度。由图 14-5(a)可见,把各矩形波逐点相加后,得到一个阶梯形波(图中粗线所示)。分析上述波形,仍然利用傅里叶级数把各矩形波分解成基波及一系列高次谐波。图 14-5(b)中曲线 1、2、3 分别代表三个全距线圈分解出来的基波磁势,其幅值相等,在空间互差 α 电角度。把三个线圈的基波磁势逐点相加,便可得到线圈组的基波合成磁势,如曲线 4,它仍然为一正弦波。由于基波磁势在空间按正弦规律分布,故可用空间相量来表示,相量的长度代表基波磁势的幅值。把 q 个互差 α 电角度的基本磁势相量相加,即可求得线圈组的基波合成磁势幅值 F_{q1} 如图 14-5(c)所示。

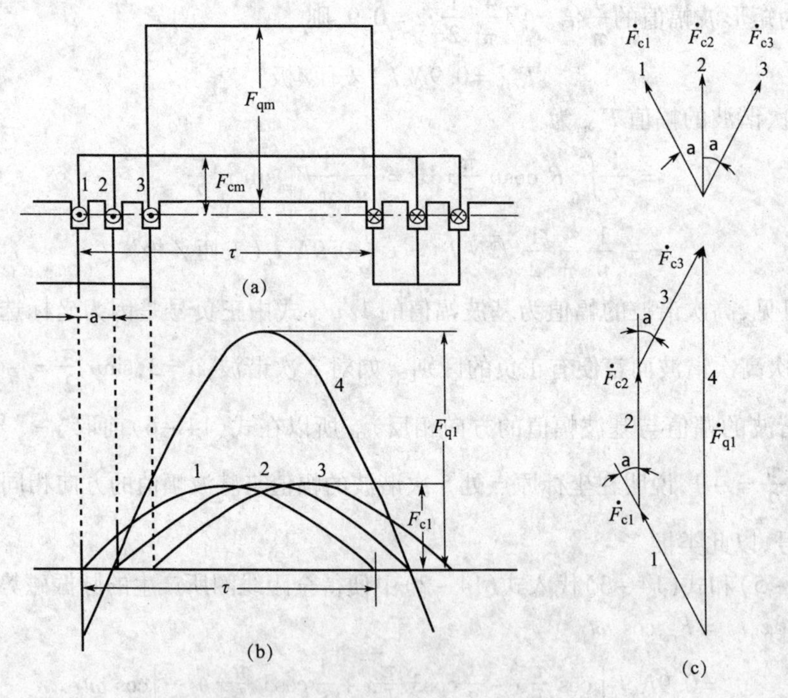

图 14-5 全距线圈组的磁势

(a)合成磁势波;(b)合成磁势的基波;(c)基波磁势的相量相加

不难看出,用磁势相量求线圈组合成磁势的方法与用电势相量求分布绕组合成电势的方法相同,参看图 14-5,并借用求合成电势的方法,可求得线圈组的基波合成磁势幅值 F_{q1} 为

$$F_{q1}=qF_{c1}k_{p1}=0.9I_cqN_yk_{p1}\text{(安匝/极)} \tag{14-8}$$

式中，
$$k_{p1}=\frac{\sin\frac{q\alpha}{2}}{q\sin\frac{\alpha}{2}} \tag{14-9}$$

称为基波磁势的分布系数，它和基波电势的分布系数公式一样，代表同样匝数的分布绕组其基波磁势比集中绕组要减小的倍数。k_{p1} 为小于 1 的系数。

同理，可推得线圈组的高次谐波磁势 $F_{q\upsilon}$ 为

$$F_{q\upsilon}=qF_{p\upsilon}k_{p\upsilon}=\frac{1}{\upsilon}0.9I_c qN_y k_{p\upsilon}\quad（安匝/极） \tag{14-10}$$

式中　$k_{p\upsilon}$——υ 次谐波磁势的分布系数。

由于 υ 次谐波磁势的极数为基波极数的 υ 倍，相对 υ 次谐波而言，槽距角成为 $\upsilon\alpha$ 电角度，所以 $k_{p\upsilon}$ 的算法与 k_{p1} 基本一样，只要用 $\upsilon\alpha$ 代替公式中的 α 就可以了，即

$$k_{p\upsilon}=\frac{\sin q\frac{\upsilon\alpha}{2}}{q\sin\frac{\upsilon\alpha}{2}} \tag{14-11}$$

对于全距的双层绕组，由于同一相线圈的上下两层均嵌在属于同一相的 q 个槽内，上下两层互相重叠，所以线圈组的磁势可用式（14－8）和式（14－10）计算。只是计算公式中的匝数应为上下两层线圈边的全部串联匝数（$2qN_y$），故全距双层线圈组的磁势应为

$$\left.\begin{aligned}F_{q1}&=0.9I_c(2qN_y)k_{p1}\\F_{q\upsilon}&=0.9I_c(2qN_y)k_{p\upsilon}\end{aligned}\right\} \tag{14-12}$$

为了改善电机的性能，应尽量使磁势波形接近正弦波。和改善电势波形一样，采用分布绕组也可以起到改善磁势波形的作用。例如，对三相 60°相带绕组，当 $q=1$ 时，k_{p1}、k_{p5}、k_{p7} 等均等于 1；当 $q=3$ 时，计算可得 $k_{p1}=0.96$，$k_{p5}=0.217$，$k_{p7}=0.177$。可见采用分布绕组后，基波磁势消弱得不多，但高次谐波磁势却大为消弱。

采用分布绕组可以改善磁势波形，这点从图 14－5（a）亦可以看出。如果绕组为集中，合成磁势则为矩形波，其谐波含量较大；如果采用分布绕组，合成磁势为阶梯形波如图 14－5（a），比较接近正弦波，谐波含量已大为消弱。

四、双层短距线圈组的磁势

除了可用分布绕组来削弱高次谐波外，采用短距绕组亦可达到同一目的。图 14－6 表示 $q=3(\tau=9)$、线圈节距 $y_1=8$ 的双层短距绕组中一对极下属于同一相的两个线圈组。从绕组中通过电流产生磁场的观点来看，磁势的大小及波形只取决于槽内线圈边的分布情况以及导体中电流的大小和方向，而与线圈边之间的连接次序无关。

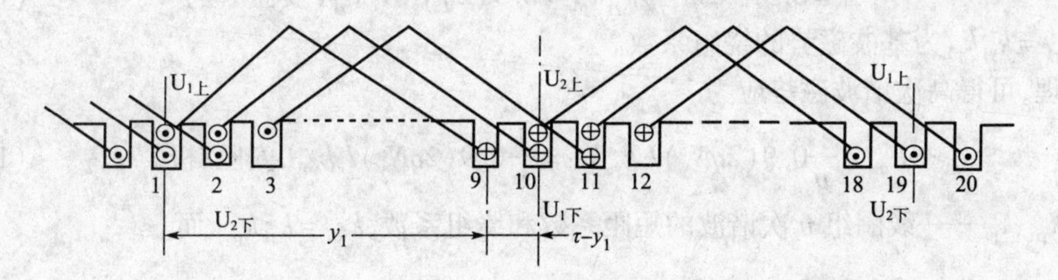

图 14－6　$q=3$　$y_1=8$ 的双层短距绕组中的一相线圈

为了分析问题方便，可把短距线圈组的上层边看作一组 $q=3$ 的单层全距分布绕组，再把下层也看作另一组 $q=3$ 的单层全距分布绕组如图 14－7(a)。这两个单层全距绕组在空间彼此错开 β 电角度（双层全距线圈时，上下层互相重叠，$\beta=0$），此 β 角恰好等于线圈节距缩短的角度，即 $\beta=\frac{\tau-y_1}{\tau}\times180°$，故这两个全距线圈组产生的基本磁势在空间相位上也彼此错开 β 电角度。

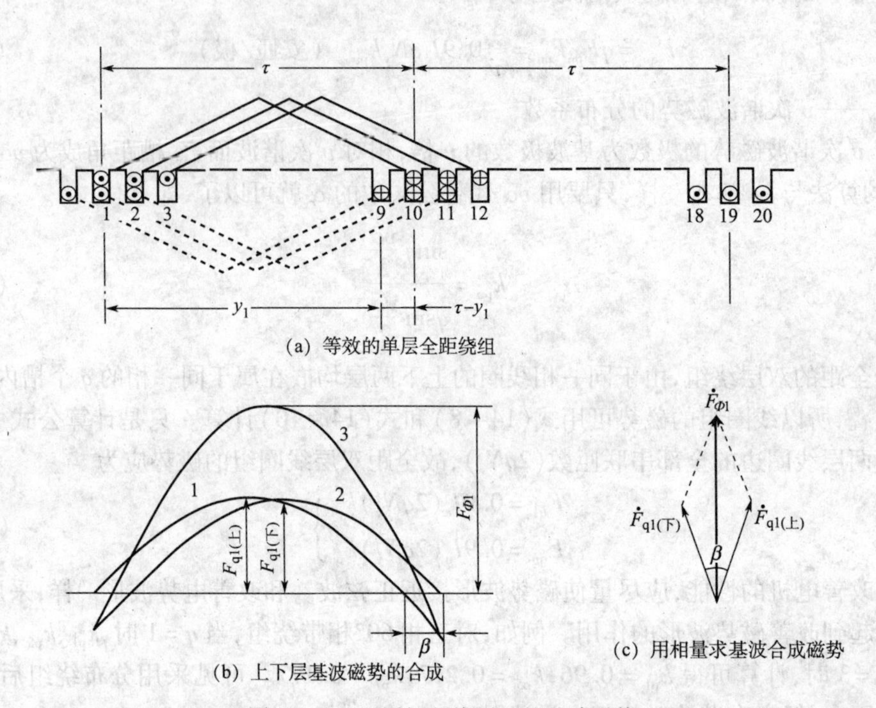

图 14－7　双层短距线圈组的基波磁势

在图 14－7(b) 中，曲线 1 和曲线 2 分别代表上层和下层全距线圈组的基波磁势，其幅值 $F_{q(上)}=F_{q(下)}$，它们在空间错开 β 电角度。把这两条曲线逐点相加，可得双层短距线圈组的基波磁势（曲线 3）。如果把这两个基波磁势用相量表示时，则这两个相量间的夹角也刚好为 β 电角度。由图 14－7(c) 可见，双层短距绕组的基波磁势比双层全距时小 $\cos\frac{\beta}{2}$ 倍，此系数就是基波磁势的短距系数 k_{y1}，它与电势的短距系数公式一样，即

$$k_{y1}=\cos\frac{\beta}{2}=\cos\left(1-\frac{y_1}{\tau}\right)90°=\sin\frac{y_1}{\tau}90° \tag{14－13}$$

于是双层短距线圈组的基波磁势幅值为

$$F_{q1}=0.9I_c(2qN_y)k_{y1}k_{p1}=0.9(2qN_y)I_ck_{w1}\text{（安匝/极）} \tag{14－14}$$

式中，$k_{w1}=k_{y1}k_{p1}$ 为基波磁势的绕组系数。

同理，可得高次谐波磁势应为

$$F_{q\upsilon}=\frac{1}{\upsilon}0.9(2qN_y)I_ck_{y\upsilon}k_{p\upsilon}=\frac{1}{\upsilon}0.9(2qN_y)I_ck_{w\upsilon}\text{（安匝/极）} \tag{14－15}$$

式中　$k_{y\upsilon}$、$k_{p\upsilon}$——线圈组 υ 次谐波的短距系数和绕组系数，$k_{w\upsilon}=k_{y\upsilon}k_{p\upsilon}$，而

$$k_{y\upsilon}=\sin\upsilon\frac{y_1}{\tau}90° \tag{14－16}$$

五、绕组短距对磁势的影响

由式(14-15)可见,如果选择适当的节距,使 $k_{y\nu}=0$,即可消除 ν 次谐波磁势。根据式(14-16)可知,$k_{y\nu}=\cos\nu\dfrac{\beta}{2}=0$ 的条件是:$\beta=\dfrac{180°}{\nu}$,这就是说,只要将线圈节距缩短$\dfrac{1}{\nu}\tau$($\beta=\dfrac{1}{\nu}180°$电角度)时,便能消除 ν 次谐波磁势。例如,要想消除5次谐波磁势,可将线圈的节距比全距时缩短$\dfrac{1}{5}\tau$,此时短距角 $\beta=\dfrac{180°}{5}=36°$电角度。对5次谐波磁势来说,上层和下层单层整距绕组5次谐波之间互相移过了 $5\beta=5\times36°=180°$电角度,因此上下层的5次谐波磁势刚好相反,互相抵消为零,如图14-8所示。

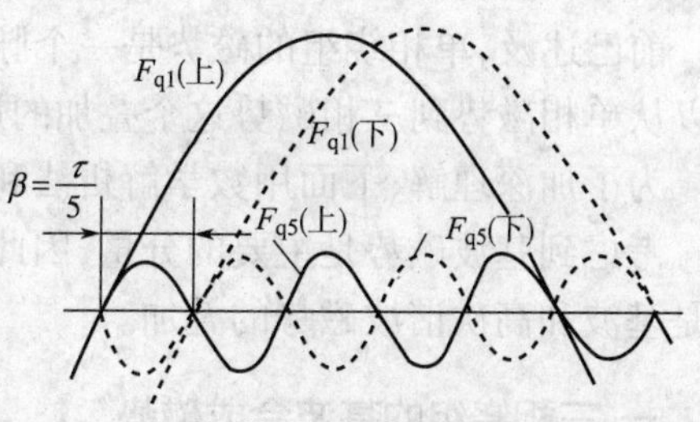

图14-8　$\beta=\dfrac{\tau}{5}$时的基波和5次谐波磁势

在后面将要证明,对称三相绕组的3次谐波合成磁势为零,所以通常主要考虑到削弱5次和7次谐波磁势。为此,通常取线圈的节距为$\dfrac{5}{6}\tau$,此时 $k_{y1}=0.966$,$k_{y5}=0.259$,$k_{y7}=-0.259$,5次和7次谐波的短距系数都很小。可见,采用适当的分布短距绕组,基波磁势虽略有减小,但谐波磁势却被大大削弱,总的磁势波形得到改善,使其接近正弦波形。所以容量大的电机通常都采用双层分布短距绕组。

六、单相绕组的磁势

由于各对极下的磁势和磁阻组成一个对称的分支磁路,所以一相绕组的磁势就等于上述线圈组的磁势。为使公式在实际使用中更为简便,一般在公式中都用每相电流的有效值 I 及每相串联匝数 N_1 来表示。I_c 是线圈中流过的电流,也就是每条支路中的电流,如果绕组的支路数为 a,则 $I_c=\dfrac{I}{a}$,另外,由于在单层绕组中每相绕组串联的匝数 $N_1=\dfrac{pqN_y}{a}$,故 $qN_y=\dfrac{a}{p}N_1$,在双层绕组中每相串联匝数 $N_1=\dfrac{2pqN_y}{a}$,所以 $2qN_y=\dfrac{a}{p}N_1$。将上述关系分别代入式(14-8)、式(14-10)、式(14-14)和式(14-15)中,便可得单相绕组磁势公式的常用形式

$$F_{\Phi1}=0.9\times\frac{IN_1k_{w1}}{p}\text{(安匝/极)}\tag{14-17}$$

$$F_{\Phi\nu}=\frac{1}{\nu}\times0.9\times\frac{IN_1k_{w\nu}}{p}\text{(安匝/极)}\tag{14-18}$$

整个脉振磁势的方程式可由式(14-7)改写成

$$f_\Phi(x,t)=0.9\frac{IN_1}{p}\left[k_{w1}\cos\frac{\pi}{\tau}x-\frac{1}{3}k_{w3}\cos3\frac{\pi}{\tau}x+\frac{1}{5}k_{w5}\cos5\frac{\pi}{\tau}x+\cdots\right]\cos\omega t\tag{14-19}$$

上式的坐标原点取在该绕组的轴线处。式(14-19)表明,单相绕组的磁势幅值正比于每极下每相的有效串联安匝数$\dfrac{IN_1k_{w1}}{2p}$。

第二节　三相绕组的旋转磁势

三相绕组是由三个单相绕组所构成。把U、V、W三个单相绕组产生的磁势波逐点相加就可得到三相绕组的合成磁势。

前已述及，单相绕组的磁势是一个脉振磁势。分析表明，三相绕组的磁势却是旋转磁势。所以从单相磁势到三相磁势这个叠加的过程，不仅在数量上发生了变化，在性质上也引起了变化。为了加深理解，下面用数学解析法和图解法两种方法进行分析。

考虑到基波磁势是主要的分量，因此首先着重分析基波，然后再去分析高次谐波，总的磁势是基波和高次谐波磁势的叠加。

一、三相绕组的基波合成磁势

一般的三相电机，其定子绕组的和通过绕组中的电流有如下特点：

（1）U、V、W三个单相绕组的轴线在空间依次相隔120°电角度，因此三相绕组各自产生的基波磁势在空间也依次相隔120°电角度。

（2）电机在对称运行时，通入三相绕组中的三相电流亦是对称的，即其幅值相等，在时间相位上互差120°电角度，如下式：

$$\left.\begin{aligned} i_{\mathrm{U}} &= \sqrt{2}I\cos\omega t \\ i_{\mathrm{V}} &= \sqrt{2}I\cos(\omega t - 120^\circ) \\ i_{\mathrm{W}} &= \sqrt{2}I\cos(\omega t - 240^\circ) \end{aligned}\right\} \tag{14-20}$$

由上节可知，这三个电流分别在U、V、W相各自产生的磁势都是脉振的，而这三个脉振磁势在时间相位上也互相差120°电角度。把U、V、W三个单相绕组产生的磁势波逐点相加就可得到三相绕组的合成磁势。

1. 数学解析法

取U相绕组的轴线处作为空间坐标的原点，并以顺相序的方向作为x的正方向；同时选择U相电流达到最大值的瞬间作为时间的零点，则可写出U相、V相、W相基波磁势的方程式为

$$\left.\begin{aligned} f_{\mathrm{U1}} &= F_{\Phi1}\cos\omega t\cos\frac{\pi}{\tau}x \\ f_{\mathrm{V1}} &= F_{\Phi1}\cos(\omega t - 120^\circ)\cos\left(\frac{\pi}{\tau}x - 120^\circ\right) \\ f_{\mathrm{W1}} &= F_{\Phi1}\cos(\omega t - 240^\circ)\cos\left(\frac{\pi}{\tau}x - 240^\circ\right) \end{aligned}\right\} \tag{14-21}$$

式中，$F_{\Phi1}$表示各个单相基波脉振磁势的幅值；$\cos\frac{\pi}{\tau}x$、$\cos\left(\frac{\pi}{\tau}x - 120^\circ\right)$、$\cos\left(\frac{\pi}{\tau}x - 240^\circ\right)$分别表示U、V、W三个单相基波磁势的空间分布规律；$\cos\omega t$、$\cos(\omega t - 120^\circ)$、$\cos(\omega t - 240^\circ)$则表示这三个单相磁势随时间变化的规律。

利用三角学中的公式

$$\cos\alpha\cos\beta = \frac{1}{2}[\cos(\alpha-\beta) + \cos(\alpha+\beta)]$$

把 f_{U1}、f_{V1}、f_{W1} 分解为

$$\left.\begin{aligned}f_{U1}&=\frac{1}{2}F_{\Phi1}\cos\left(\omega t-\frac{\pi}{\tau}x\right)+\frac{1}{2}F_{\Phi1}\cos\left(\omega t+\frac{\pi}{\tau}x\right)\\f_{V1}&=\frac{1}{2}F_{\Phi1}\cos\left(\omega t-\frac{\pi}{\tau}x\right)+\frac{1}{2}F_{\Phi1}\cos\left(\omega t+\frac{\pi}{\tau}x-240^\circ\right)\\f_{W1}&=\frac{1}{2}F_{\Phi1}\cos\left(\omega t-\frac{\pi}{\tau}x\right)+\frac{1}{2}F_{\Phi1}\cos\left(\omega t+\frac{\pi}{\tau}x-480^\circ\right)\end{aligned}\right\}\tag{14-22}$$

把 f_{U1}、f_{V1}、f_{W1} 相加，可知前三项带 $\omega t-\frac{\pi}{\tau}x$ 的余弦项互相叠加，后面三项带 $\omega t+\frac{\pi}{\tau}x$ 的余弦项互差 240°，三项之和为零。故得三相基波合成磁势为

$$f_1(x,t)=f_{U1}+f_{V1}+f_{W1}=F_1\cos\left(\omega t-\frac{\pi}{\tau}x\right)\tag{14-23}$$

式中，$F_1=\frac{3}{2}F_{\Phi1}$ 为三相基波合成磁势的幅值。

从式(14-23)中可知，三相合成的基波磁势具有以下主要的性质：

(1)三相合成磁势在任何瞬时保持着恒定的振幅，它是单相脉振磁势振幅的 3/2 倍。

由式(14-17)可知 $F_{\Phi1}=0.9\times\frac{IN_1k_{w1}}{p}$（安匝/极），因此有

$$F_1=\frac{3}{2}F_{\Phi1}=1.35\times\frac{IN_1k_{w1}}{p}\text{（安匝/极）}\tag{14-24}$$

一般情况，对 m 相合成磁势，则为

$$F_1=\frac{m}{2}F_{\Phi1}=0.45m\times\frac{IN_1k_{w1}}{p}\text{（安匝/极）}\tag{14-25}$$

从式(14-23)可见，当 $\omega t=0$ 时，$f_1(x,0)=F_1\cos\left(-\frac{\pi}{\tau}x\right)$；当经过一定的时间，$\omega t_1=\theta$ 时，$f_1(x,\theta)=F_1\cos\left(\theta-\frac{\pi}{\tau}x\right)$。把这两个瞬时的磁势波画出并进行比较，可见波幅值未变，但 $f(x,\theta)$ 比 $f_1(x,0)$ 向前推移了 θ 角，如图 14-9 所示。所以式(14-23)表示一个恒幅，正弦分布的正向行波。由于定子内腔为圆柱形，所以 $f_1(x,t)$ 沿气隙圆周的连续推移就称为旋转磁势波。

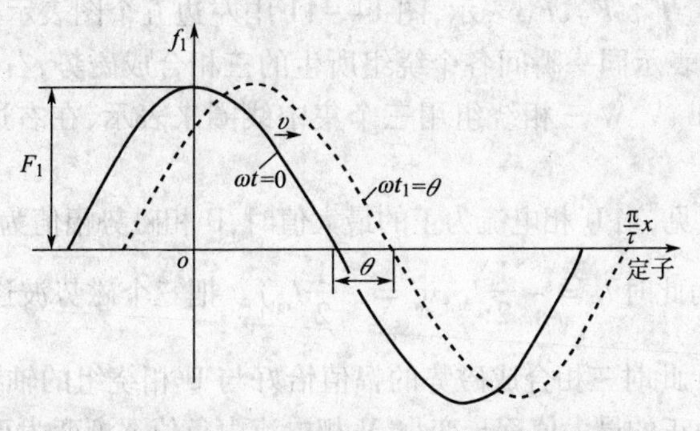

图 14-9　$\omega t=0$ 和 $\omega t_1=\theta$ 三相合成磁势基波的位置

(2)三相基波合成磁势的旋转速度仅决定于定子电流的频率和电机的极对数。

旋转磁势的推移速度可由波上任意一点（如波幅这点）的推移速度来确定，对于波幅点，

其幅值恒为 F_1，这相当于式(14-23)中的 $\cos\left(\omega t-\frac{\pi}{\tau}x\right)=1$ 或 $\omega t-\frac{\pi}{\tau}x=0$ 即

$$x=\frac{\tau}{\pi}\omega t \tag{14-26}$$

上式表明，波幅点离原点的距离 x 随着时间的推移而增大。把距离 x 对时间求导，就可求出波幅点的推移速度 v

$$v=\frac{dx}{dt}=\frac{\tau}{\pi}\omega=2\tau f \tag{14-27}$$

式(14-27)表示，每当电流交变一次(一周期)，磁势波就向前推进一个波长的距离 2τ。由于定子内腔的周长为 $\pi D=2p\tau$，所以把推移速度化为转速 n 时，可得

$$n=\frac{v}{2p\tau}=\frac{f}{p}(\text{r/s})=\frac{60f}{p}\ (\text{r/min}) \tag{14-28}$$

即恰好等于同步转速 n_1。三相基波合成磁势的振幅始终与电流为最大值时的一相绕组轴线重合。

由式(14-23)可知，当 $\omega t=0$ 时，U 相电流最大，$f_1(x,t)=F_1\cos\left(-\frac{\pi}{\tau}x\right)$；当 $x=0$ 时，$f_1(x,t)=F_1$，即幅值 F_1 位于 U 相绕组的轴线上。若 $\omega x=120°$，V 相电流达到最大值，$f_1=F_1\cos\left(120°-\frac{\pi}{\tau}x\right)$，即幅值位于$\frac{\pi}{\tau}x=120°$电角度那一点，即位于 V 相绕组轴线处。同理，当 W 相电流达到最大值时，三相合成磁势的幅值将移到 W 相绕组轴线处。

(3)合成磁势的旋转方向，决定于绕组的相序。

合成磁势的轴线是和电流为最大值的那一相线圈轴线相重合，由电流超前相向滞后相旋转。可见，将 V 和 W 相的位置调换，使这两相通入的电流相序改变，则合成磁势的旋转方向将和原来方向相反。可以看出合成磁势幅值为一恒值，其移动的轨迹是一个圆，如图 14-10 所示，所以这种磁势和相应的磁场亦称为圆形旋转磁势和磁场。

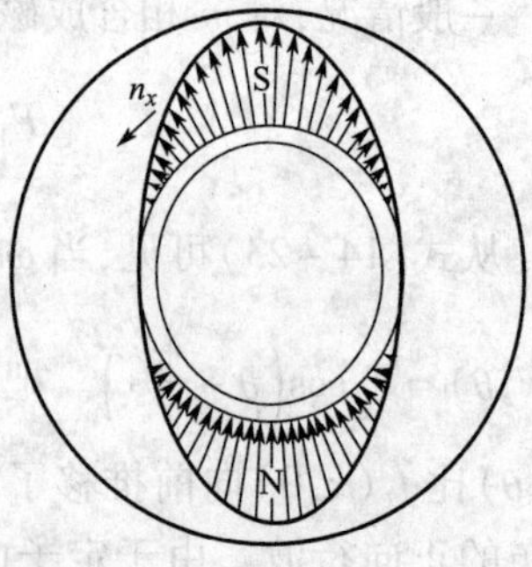

图 14-10 圆形旋转磁动势波

2. 图解法

由于三相绕组各相的基波磁动势在空间为正弦分布，故可分别用三个空间矢量 $\dot{F}_U$、$\dot{F}_V$、$\dot{F}_W$表示，图 14-11 中左边五个图表示五个不同瞬间的三相电流的相量，中间五个图表示同一瞬间各个绕组所生的三相合成磁势，右边五个图表示相应的磁势空间矢量图。图中 U、V、W 三相绕组用三个集中线圈来表示，在右边的图里用相应的空间脉振矢量来表示。

从图 14-11(a)可见，当 U 相电流为正的最大值时，U 相磁势幅值为最大，等于 $F_{\Phi1}$，V、W 相磁势则为 $-\frac{1}{2}F_{\Phi1}$(因为此时 $i_V=-\frac{1}{2}I_m$，$i_W=-\frac{1}{2}I_m$)。把三个磁势波逐点相加，可得三相合成磁势，如图中 $\dot{F}_1$ 所示。此时三相合成磁势的幅值恰好与 U 相绕组的轴线重合，大小则为 $F_{\Phi1}$ 的 3/2 倍。当 U 相电流由正的最大值逐步变小，V 相电流由负值逐渐变为正值，W 电流逐渐变为负的最大值时，各相磁势的数值将随之而变化，此时合成磁势的幅值将从 U 相绕组的轴线逐步向 V 相绕组轴线推移，如图 14-11(b)。当 V 相电流达到正的最大值时，如图 14-11(c)，V 相磁势

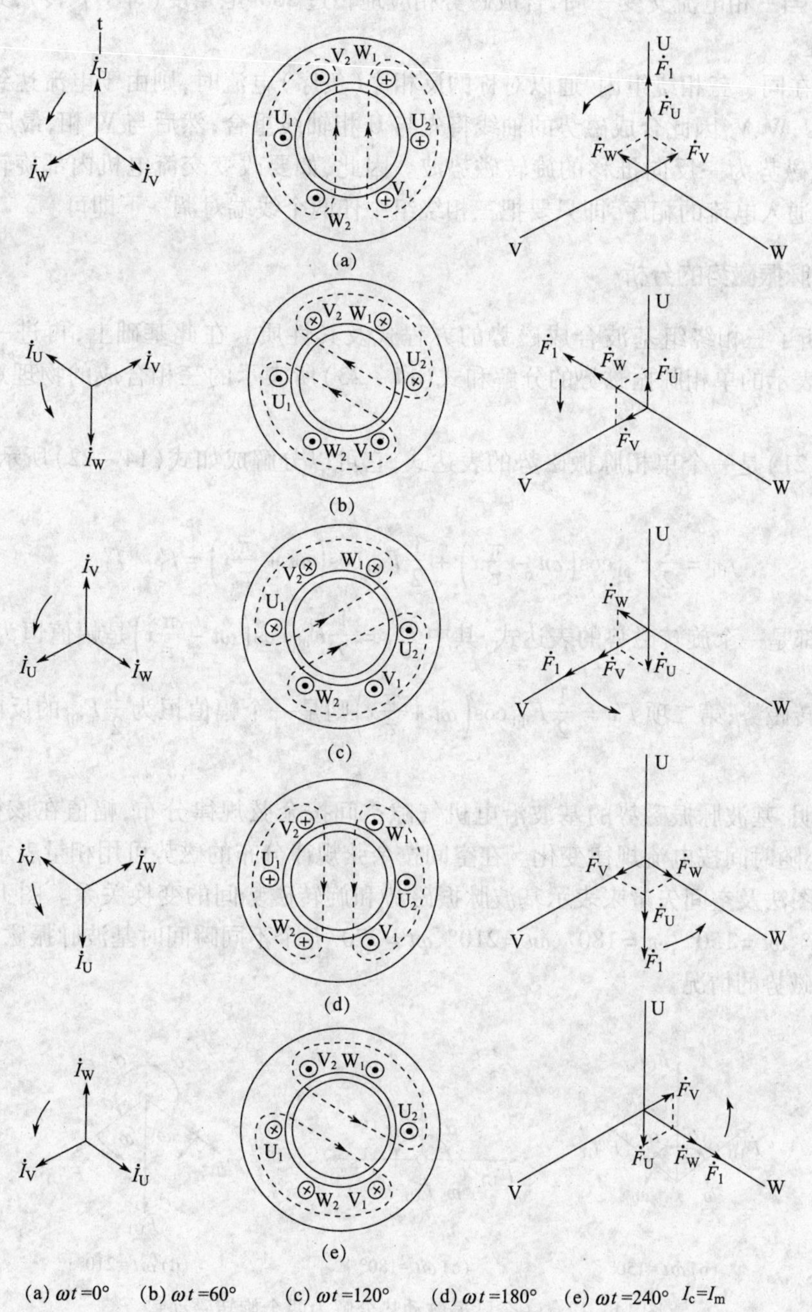

图 14-11　不同瞬时三相合成磁动势基波磁动势的图解

的幅值为最大，等于 $F_{\Phi1}$，U、W 相磁势则为 $-\frac{1}{2}F_{\Phi1}$（因为此时 $i_v=-\frac{1}{2}I_m, i_w=-\frac{1}{2}I_m$）。把三个磁势矢量相加，可知此时三相合成磁势的幅值恰好与 V 相绕组的轴线重合，大小则为 $F_{\Phi1}$ 的 3/2 倍。依次类推，当 W 相电流达到正的最大值时，合成磁势的轴线将与 W 相绕组的轴线重合，如图 14-11(e)。这样，当三相绕组中通以对称的正序电流时，合成磁势的幅值将先与 U 相绕组轴线重合，然后依次和 V 相、W 相绕组轴线重合；换言之，合成磁势是一个正向推移的旋转磁势波。当三相电流交变一周,合成磁势相应地转过360°电角度(即$1/p$转),其转速恰好等于同步转速。

反之,如在同一三相绕组内,通以对称的反相序(负序)电流时,则由于电流达到最大值的次序将变为U、W、V,因此合成磁势的轴线将先与U相轴线重合,然后与W相,最后与V相重合,此时合成磁势为一反向推移的旋转磁势波。因此,如要改变交流电机内部旋转磁场的转向,只要改变通入电流的相序,即只要把三相绕组中任两个线端对调一下即可。

二、单相脉振磁势的分析

上面分析了三相绕组基波合成磁势的方程式及其性质。在此基础上,再进一步研究式(14-22)所表示的单相脉振磁势的分解和式(14-23)所表示的三相合成的物理意义是十分必要的。

式(14-21)是一个单相脉振磁势的表达式,它可以分解成如式(14-22)所示的三项,以U相为例,即

$$f_{U1}=\frac{1}{2}F_{\Phi1}\cos\left(\omega t-\frac{\pi}{\tau}x\right)+\frac{1}{2}F_{\Phi1}\cos\left(\omega t+\frac{\pi}{\tau}x\right)=f'_{U1}+f''_{U1}$$

可见每一项都是一个旋转磁势的表达式,其中$f'_{U1}=\frac{1}{2}F_{\Phi1}\cos\left(\omega t-\frac{\pi}{\tau}x\right)$是幅值恒为$\frac{1}{2}F_{\Phi1}$的正向推移的旋转磁势;第二项$f''_{U1}=\frac{1}{2}F_{\Phi1}\cos\left(\omega t+\frac{\pi}{\tau}x\right)$则是一个幅值恒为$\frac{1}{2}F_{\Phi1}$的反向推移的旋转磁势。

上式表明,基波脉振磁势的基波沿电机气隙空间按余弦规律分布,幅值在该相绕组轴线上,幅值大小随时间按电流规律变化。在空间按余弦规律分布的磁势可用相量表示。因此,可进一步用作图法及空间矢量来表示基波脉振磁势和旋转磁势间的变换关系。图14-12中画出了$\omega t=90°$、$\omega t=150°$、$\omega t=180°$、$\omega t=210°$、$\omega t=270°$五个不同瞬间时基波脉振磁势分解为两个反向旋转磁势的情况。

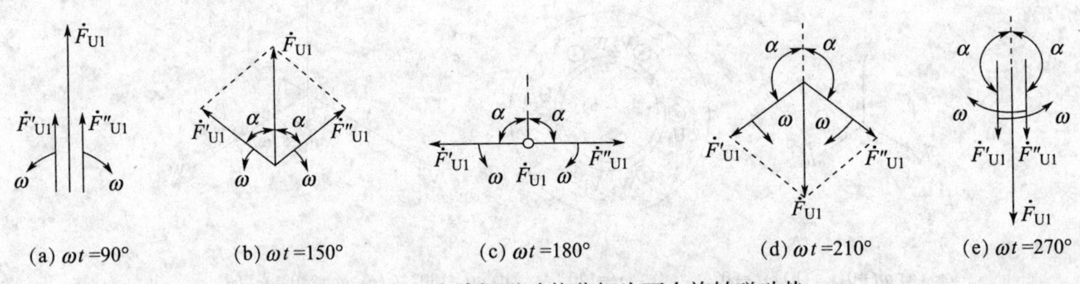

图14-12 一个脉振磁动势分解为两个旋转磁动势

图中,F_{U1}表示基波脉振磁势的空间相量,$\dot{F}'_{U1}$和$\dot{F}''_{U1}$分别表示正向和反向旋转磁势的空间相量。随着时间的推移,基波脉振磁势的空间相量$\dot{F}_{U1}$在其轴线上脉振(即相量的长度随着时间在变化),但其位置始终固定不动,而代表两个反向旋转磁势的空间相量$\dot{F}'_{U1}$和$\dot{F}''_{U1}$,其长度为脉振磁势最大幅值的一半,它们在空间的位置与时间电角度ωt的增量相对应。

通过上述分析,可得出这样的结论:一个余弦分布的脉振磁势可以分解成两个波长相同、幅值相等、推移方向相反的旋转磁势波,旋转磁势的幅值为脉振磁势幅值的$\frac{1}{2}$倍,转速均为同

步速度。

同时，我们对式(14－23)磁势合成的物理意义的理解亦更加深刻：即U、V、W三相脉振磁势进行分解后，三个反向旋转磁势相互抵消，三个正向旋转磁势相互叠加而加强，于是，三相基波合成磁势成为一个正向旋转、幅值等于$\frac{3}{2}F_{\Phi1}$的旋转磁势波。

三、三相绕组的谐波磁势*

在求三相绕组产生的各高次谐波的合成磁势时，分析的方法与求基波的合成磁势时相同。但需注意到：(1)三相绕组中的电流相位仍为互差120°；(2)对基波磁势而言，三相绕组的轴线在空间互隔120°电角度。对υ次谐波磁势而言，则三相绕组的轴线互隔$\upsilon\times120°$电角度。

对磁势的三次谐波，$v=3$，三个单相绕组产生的三次谐波脉振磁势的表达式为

$$\left.\begin{aligned}
f_{U3}&=F_{\Phi3}\cos\omega t\cos 3\frac{\pi}{\tau}x\\
f_{V3}&=F_{\Phi3}\cos(\omega t-120°)\cos3\left(\frac{\pi}{\tau}x-120°\right)\\
&=F_{\Phi3}\cos(\omega t-120°)\cos3\frac{\pi}{\tau}x\\
f_{W3}&=F_{\Phi3}\cos(\omega t-240°)\cos3\left(\frac{\pi}{\tau}x-240°\right)\\
&=F_{\Phi3}\cos(\omega t-240°)\cos3\frac{\pi}{\tau}x
\end{aligned}\right\}\tag{14－29}$$

上式说明，三相绕组各相的三次谐波脉振磁势在空间互差3×120°＝360°和3×240°＝720°电角度，即它们在空间是同相的。

把f_{U3}、f_{V3}、f_{W3}相加，可得三相的三次谐波合成磁势f_3为

$$f_3(x,t)=F_{\Phi3}[\cos\omega t+\cos(\omega t-120°)+\cos(\omega t-240°)]\cos\frac{3\pi}{\tau}x=0\tag{14－30}$$

此式说明，由于f_{U3}、f_{V3}、f_{W3}在空间上同相位(都是$\frac{3\pi}{\tau}x$)，而在时间上互差120°，故三相绕组的三次谐波合成磁势为零。同样可以证明，3的整数倍的任何次谐波，例如9、15、21次谐波的合成磁势都为零。对磁势的5次谐波，$\upsilon=5$，其5次谐波合成磁势为

$$\begin{aligned}
f_5(x,t)&=f_{U5}+f_{V5}+f_{W5}\\
&=F_{\Phi5}\cos\omega t\cos\frac{5\pi}{\tau}+F_{\Phi5}\cos(\omega t-120°)\cos5\left(\frac{\pi}{\tau}x-120°\right)\\
&\quad+F_{\Phi5}\cos(\omega t-240°)\cos5\left(\frac{\pi}{\tau}x-240°\right)\\
&=F_{\Phi5}\left[\cos\omega t\cos\frac{5\pi}{\tau}+\cos(\omega t-120°)\cos5\left(\frac{\pi}{\tau}x-240°\right)\right.\\
&\quad\left.+\cos(\omega t-240°)\cos5\left(\frac{\pi}{\tau}x-120°\right)\right]\\
&=\frac{3}{2}F_{\Phi5}\cos\left(\omega t+\frac{5\pi}{\tau}x\right)
\end{aligned}\tag{14－31}$$

上式说明，5次谐波合成磁势亦是一个旋转磁势。它的旋转速度$n_5=-\frac{1}{5}\frac{\tau}{\pi}\omega=-\frac{1}{5}n_1$，

负号说明 5 次谐波是和基波转向相反的旋转磁势波。同样可以证明，$\upsilon=5$、11、17……（$6K-1$）次（$K=1$、2、3……正整数）谐波合成磁势都应为

$$f_\upsilon(x,t)=\frac{3}{2}F_{\Phi\upsilon}\cos\left(\omega t+\upsilon\frac{\pi}{\tau}x\right) \tag{14-32}$$

说明（$6K-1$）次谐波为反向旋转，转速为 $1/\upsilon$ 同步转速的旋转磁势波。

同理，对于 $\upsilon=7$、13、19……（$6K+1$）次谐波合成磁势为

$$f_\upsilon(x,t)=\frac{3}{2}F_{\Phi\upsilon}\cos\left(\omega t-\upsilon\frac{\pi}{\tau}x\right) \tag{14-33}$$

上式说明，$\upsilon=7$、13、19……（$6K+1$）次谐波合成磁势为一正向旋转，转速为 $1/\upsilon$ 同步速度的旋转磁势。

定子谐波磁势所产生的磁场会在同步电机的转子表面产生涡流损耗，引起发热，并使电机的效率降低。在异步电机中，谐波磁场会产生一定的谐波转矩。

四、不对称或非正弦电流下三相绕组的磁动势*

三相电机运行时，有时会遇到三相电流不对称（如供电电压不对称时）的情况；此外，随着变频供电的日益发展，其端电压和电流的波形常为非正弦波。因此有必要分析不对称电流和非正弦电流下，交流绕组的磁动势。

1. 不对称电流下三相绕组的磁动势

分析式 14-22，不难发现该式的实质是把各相的基波脉振磁势依此分解为两个大小相等，推移方向相反的旋转磁动势波。当三相绕组中通以对称三相电流时，三个反向推移的旋转磁动势之和为零，正向推移的旋转磁动势得到加强，成为原先的 1.5 倍。若三相绕组中通以不对称三相电流时，一般来说，三个反向推移的旋转磁动势之和将不为零，于是在基波合成磁动势中，反向和正向推移的旋转磁动势将同时存在。即

$$f_1=f_{1+}(x,t)+f_{1-}(x,t)=F_{1+}\cos\left(\omega t-\frac{\pi}{\tau}x\right)+F_{1-}\cos\left(\omega t+\frac{\pi}{\tau}x\right)$$

把 F_{1+} 和 F_{1-} 分别作为正向和反向旋转的两个空间矢量进行合成，可知三相基波合成磁动势将成为一个正弦分布、幅值变化，非恒速推移的椭圆形旋转磁动势，如图 14-13 所示。

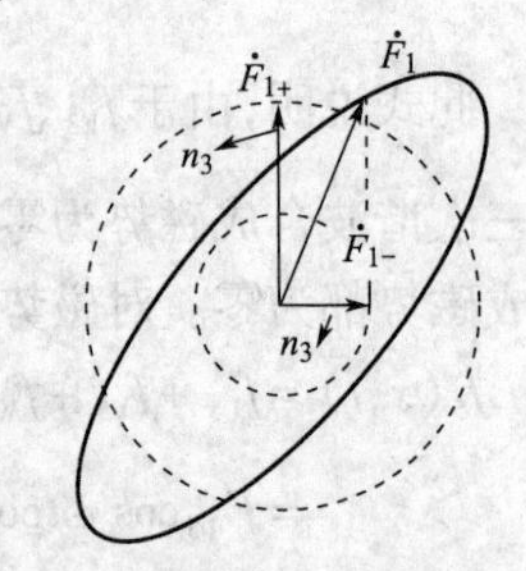

图 14-13 不对称电流产生的椭圆形旋转磁动势

绕组通有不对称电流时，由于反向旋转磁动势的存在，不仅会造成电机过热和振动，而且会使合成电磁转矩减少，因此不希望电机长期在不对称电流下运行。

2. 非正弦电流下三相绕组的磁动势

若通入电机的三相电流是非正弦电流，则可用傅里叶级数将其分解为基波和一系列谐波电流，对于通常的三相变频电源，一般不存在偶次和 3 的倍数次谐波，此时相电流（以 U 相为例）可表示为

$$I_{\Phi U1}=\sqrt{2}\left[I_{\Phi U1}\cos\omega t+I_{\Phi U5}\cos5\left(\omega t-\frac{\pi}{\tau}x\right)+I_{\Phi U7}\cos7\left(\omega t+\frac{\pi}{\tau}x\right)+\cdots\right] \tag{14-34}$$

仿照式（14-32）和式（14-33），μ 次谐波电流（角频率为 $\mu\omega$）产生的 υ 次空间谐波三相合成磁动势应为

$$f_{\mu\upsilon}(x,t)=\frac{3}{2}F_{\Phi\mu\upsilon}\cos\left(\mu\omega t\pm\upsilon\frac{\pi}{\tau}x\right)\qquad \upsilon=5,7,11,\cdots \tag{14—35}$$

式中　$F_{\Phi\mu\upsilon}$——μ 次谐波电流产生的 υ 次空间每相磁动势的幅值，因绕组对称，所以同次谐波电流产生的 υ 次空间每相磁动势的幅值相等，为

$$F_{\Phi\mu\upsilon}=\frac{1}{\upsilon}\times 0.9\times\frac{I_{\Phi\mu}N_1k_{w\upsilon}}{p}\quad (\text{安匝/极}) \tag{14—36}$$

高次谐波对交流电机（特别是笼型感应电机）的运行将产生多方面的不利影响，其中较为明显的是，使电机的电流有效值增加，功率因数降低，损耗增大，效率降低，温升升高等，此外，还将出现转矩脉动，转速波动以及噪声和振动，有时还可导致调速系统失去稳定性。因此，了解谐波磁动势对电机的影响，并采取措施减弱甚至消除其影响，具有重要意义。

总之，单相绕组和三相绕组所产生磁势是有着本质区别的，单相绕组产生的是脉振磁势，而三相绕组产生的是旋转磁势。但两者又有着内在的不可分割的关系，它表现在：

（1）一个正弦分布的脉振磁势可以分解为两个大小相等、方向相反的旋转磁势。

（2）在对称的三相绕组中通以对称的三相正序电流时，三相绕组中各自产生一个脉振磁势，把各相脉振磁势分解为对应的正向和反向推移的旋转磁势，合成的结果使反向磁势相互抵消，正向磁势得到加强，于是合成磁势即为正向推移的旋转磁势。若在对称的三相绕组中通以负序电流，则各相绕组中分解出的三个正向旋转磁势将相互抵消，于是合成磁势转化为反向推移的旋转磁势。

（3）三相绕组产生的高次谐波磁势中，$\upsilon=3K$（K 为正整数）次谐波的合成磁势为零；$\upsilon=6K+1$ 次谐波的合成磁势为正向旋转磁势；$\upsilon=6K-1$ 次谐波的合成磁势为反向的旋转磁势。

无论脉振磁势还是旋转磁势，都是绕组中通以电流所产生，故其磁势的幅值均正比于每极下的有效安匝数，脉振或旋转的角频率均取决于电流的交变频率。无论是基波或空间谐波旋转磁势，每当电流交变一周，它们就推移一个波长的距离，但因谐波的波长为基波的$\frac{1}{\upsilon}$，故谐波磁势的旋转速度为基波的 $1/\upsilon$（即 $n_\upsilon=\pm\frac{n_3}{\upsilon}$）。

三相绕组的磁势由基波和谐波合成。为了削弱谐波磁势，可采用分布及短距绕组。由于旋转磁势是了解分析交流电机原理的重要基础，因此需要深刻理解，牢固掌握。此外，了解不对称电流下和非正弦电流下三相绕组的磁动势的特点和对电机的影响，在变频技术日益广泛使用的今天也具有重要意义。

第三节　时间相量和空间矢量

前面分析中，已经多次使用了时间相量和空间矢量（空间相量）的概念。两者在交流电机中均存在，而且具有特定关系，在此将两者再加以总结说明。

时间相量代表随时间按正弦规律变比的物理量。相量的长度一般选为该物理量的有效值，旋转角速度 ω 等于该物理量随时间交变的角速度，即 $\omega=2\pi f$。当取纵轴为时间参考轴时，则任意瞬间旋转相量在该纵轴上投影的$\sqrt{2}$倍即为该物理量的瞬时值。时间参考轴简称为时轴。时间相量有 $\dot{I}$、$\dot{E}$、$\dot{U}$、$\dot{\Phi}$ 等物理量。时间相量如图 14－11 所示的电流相量图。

当空间矢量在空间按正弦规律变比的物理量，可用相量表示和计算。矢量的长度一般选为该物理量的幅值，旋转角速度等于该物理量随时间在空间交变的角速度，即 $\omega=2\pi f$。空间参考轴通常选在相绕组的轴线上，简称相轴。U 相绕组轴线即 U 相轴（U 轴），同理有 V 轴，W

轴。在三相电机中,当绕组对称时,三相轴线互差 120°电角度,所以有时只画一根相轴即可。空间矢量有 $\dot{F}$、$\dot{B}$ 等物理量。单相绕组的磁动势基波 $\dot{F}_{\Phi1}$ 为脉振磁动势,则 $\dot{F}_{\Phi1}$ 矢量始终在相轴上,仅矢量的长度和方向随时间变化。三相绕组的合成磁动势基波为等幅的旋转磁动势,它与相轴的夹角代表该瞬间磁动势波幅距相轴的空间距离。空间矢量图如图 14－11、图14－12 和图 14－13 所示的磁动势矢量图。

由于在三相电机中当某相电流达正的最大值,即相电流相量与其时轴重合时,三相合成磁动势基波的正弦幅正好与该相相轴重合。若把相电流的时轴取得与空间矢量轴重合,则时间相量 $\dot{I}$ 与合成磁动势的空间矢量 $\dot{F}_1$ 重合。又因合成磁动势基波的旋转角速度与电流在时间上变化的角速度相等,即 $\omega=2\pi f$,故两者始终重合,因此常将时间相量轴和空间矢量轴选为同一轴,且将 $\dot{I}$ 与 $\dot{F}_1$ 两者画在一个图上,该图被称为时—空矢量图(也被称为相矢图),如图 14－14 所示,它给研究交流电机带来很大方便。

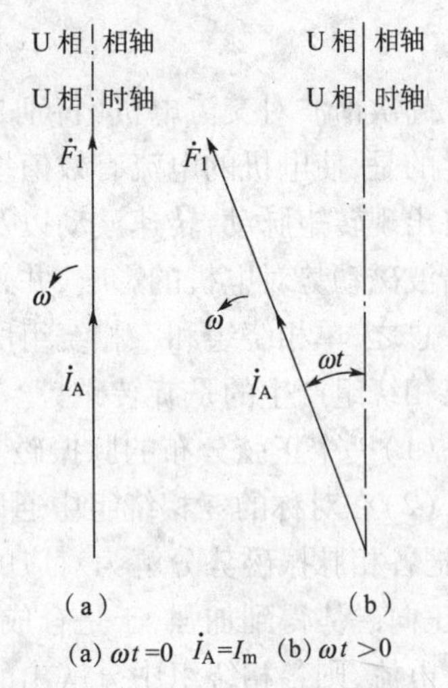

图 14－14 时—空矢量图(相矢图)

思考题与习题

1. 为什么说交流绕组产生的磁动势既是时间的函数、又是空间的函数?试以一个整距线圈流过正弦电流产生的磁动势来说明。

2. 单相绕组通以正弦电流所产生的磁动势是什么性质的磁动势?它在空间如何分布?随时间又如何变化?

3. 怎样使旋转磁场反转?怎样改变旋转磁场的转速?

4. 证明两相对称绕组(空间位置差 90°电角度)流过两相对称电流(时间差 90°)时产生的是圆形旋转磁动势。

5. 异步电动机定子三相绕组 Y 联结无中性线,说明一相断线后,定子产生的是何种磁动势?

6. 如果给一个三相对称绕组各相通入大小和相位均相同的单向交流电流(即 $i_U=i_V=i_W=I_m\cos\omega t$),求绕组中产生的基波合成磁动势。

7. 异步电动机定子三相绕组三角形联结,如果电源一相断线,试分析此时定子产生的是何种磁动势。

8. 高次谐波磁动势对电动机有何影响?如何减少或消除高次谐波?

第四篇　异步电机

异步电机是一种交流电机，它的转速和电网频率间没有同步电机那样严格不变的关系，而是随负载的变化而变化。

异步电机可以是单相的，也可以是三相的；可以是无换向器的，也可以是有换向器的。但是习惯上一般都将无换向器的异步电机简称为异步电机，本篇仅讨论这样的异步电机。

三相异步电动机主要是作为电动机而在工农业中得到广泛的应用。根据统计，在电网的总负载中，异步电机占总动力负载中的85%，由此可见，异步电动机在工农业中的重要性。例如在铁路交通运输方面，由于变频技术及其控制的成熟，异步电动机被广泛应用于CRH系列动车组、HXN系列内燃机车、HXD系列电力机车上，它克服了原来使用在DF系列内燃机车、SS系列电力机车上的直流电动机(脉流电动机)有换向火花、维修保养要求高、单位重量功率小等缺点，使铁路牵引技术跃上了交流传动的新时代；在工业上，各种机床、中小型轧钢设备、起重运输机械、鼓风机、水泵设备，都是异步电动机拖动的；在农业以及日常生活中它也得到广泛的应用；异步电动机之所以被广泛应用，是因为它比其它类型的电动机具有：结构简单、制作方便、坚固耐用、成本低、运行可靠和效率较高等一系列优点；但是，异步电机的应用也有一定的限制，这主要由于：(1)它要从电网吸取滞后电流来建立磁场，使电网的功率因数小于1，增大了电网的无功电流，相应地增加了线路损耗，也限制了有功功率的输送；(2)调速性能差。但随着单绕组多速电动机的出现和变频技术的应用，其调速性能几乎已可与直流电机相媲美。

异步电机还可作为发电机运行，但因工作性能较差，所以用得不多。

第十五章　异步电机的基本结构和原理

第一节　异步电机的分类、基本结构和铭牌

一、异步电机的分类

异步电机从定子的相数可以分为单相和三相两类；按转子结构上的不同，可分为鼠笼式和绕线式两类，鼠笼式转子又分为普通鼠笼、深槽鼠笼和双鼠笼三种；按照机壳的不同防护方式可分为开启式、封闭式和防爆式等；按照电机的容量可分为微型电机、小型电机、中型电机和大型电机；按安装结构型式不同可分为卧式和立式。此外，还可分为有换向器式和无换向器式。

二、异步电机的基本结构

笼型异步电动机结构如图15－1所示。

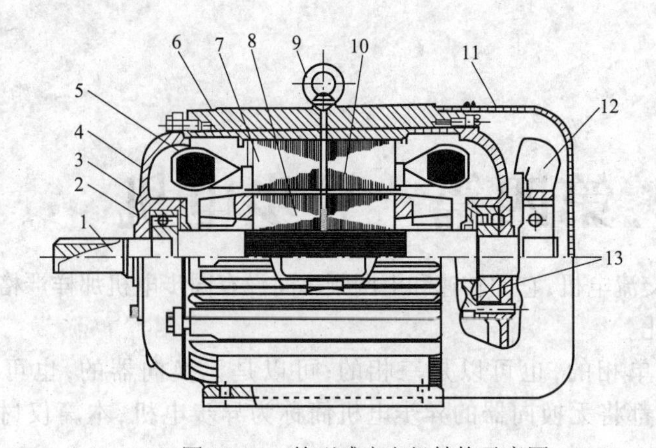

图 15－1　笼型感应电机结构示意图

1—轴；2—弹簧片；3—轴承；4—端盖；5—定子绕组；6—机座；7—定子铁心；8—转子铁心；
9—吊环；10—出线盒；11—风罩；12—风扇；13—轴承内盖

异步电机由两个基本部分组成：固定的部分，称为定子；旋转的部分，称为转子。转子装在腔内，为了保证转子能在定子内自由转动，定、转子之间必须有一间隙，称为空气隙，异步电机的空气隙很小，一般为 0.2～2 mm。此外，在定子两端还装有端盖。

定子由机座、定子铁心和定子绕组等三部分组成。机座主要是用来支撑定子铁心和固定端盖。中、小型异步电机一般都采用铸铁铸成，小机座也有铝合金铸成的。大型电机大多采用钢板焊接而成。为了搬运方便，在机座上面还装有吊环。

定子铁心是异步电机磁路的一部分，它是用 0.5 mm 的硅钢片叠装压紧后成为一个整体。钢片表面有一层氧化膜，对大容量电机，在硅钢片两面要涂以绝缘漆作为片间绝缘，以减少涡流损耗。中、小型电机一般采用整圆硅钢片冲片，如图 15－2 所示。部分中型和大型电机由扇形冲片拼成。定子铁心内圆均匀地冲有许多槽，槽形如图 15－3 中(a)、(b)、(c)(适用于不同的电机)所示，用以嵌放定子绕组。

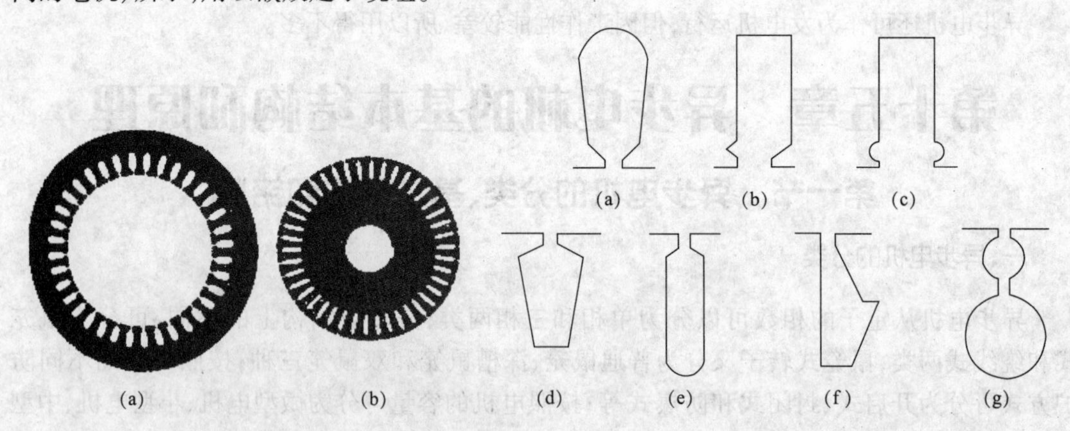

图 15－2　定、转子冲片

图 15－3　交流电机各种槽形

定子绕组是电机的电路部分，由带绝缘的铝导线或铜导线绕成许多线圈连接而成。目前生产的小型电机一般都采用高强度漆包圆铝(铜)线绕制的散下线圈，称为软绕组。大、中型电机常用扁线成型线圈，称为硬绕组。

转子由转轴、转子铁心和绕组三部分组成。整个转轴靠轴承和端盖承支撑着。转轴一般用中碳钢制成，其作用是固定转子铁心和传递功率。

转子铁心也是电机磁路的一部分，一般用0.5 mm厚的硅钢片叠成，转子铁心固定在转轴或转子架上，整个转子铁心成圆柱形。在有些转子铁心圆周上也均匀地冲有许多槽，用以嵌放转子导条或绕组，各种槽形（适用于不同的电机）如图15－3中（d）、（e）、（f）、（g）所示。

转子绕组分为鼠笼式和绕线式两种。

（1）鼠笼式转子　该绕组是由插入每个转子铁心槽中的裸导条和两端的环形端环连接组成。如果去掉铁心，整个绕组的外形就像一个鼠笼，故称为鼠笼式转子，如图15－4所示。小型鼠笼电机一般都采用铸铝转子如图15－4（b），这种转子的导条、端环都是融化的铝液一次浇铸出来的。对于容量大于100 kW的电机，由于铸铝质量不易保证，常用铜条插入转子槽中，再在两端焊上端环，如图15－4（a）所示。

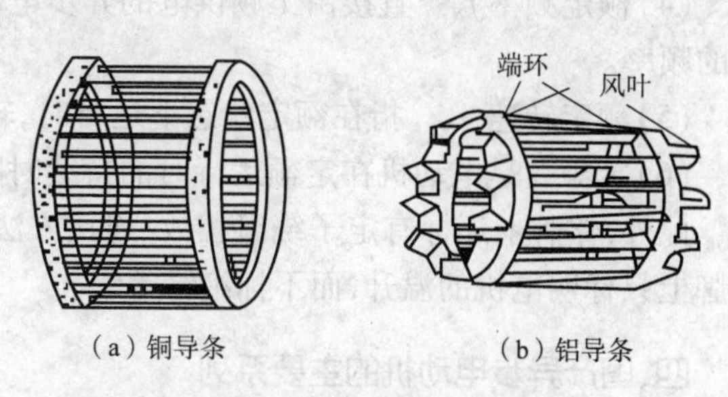

（a）铜导条　　（b）铝导条

图15－4　笼型转子绕组

（2）绕线式转子　它是在绕线式转子铁心的槽内嵌有绝缘导线组成的三相绕组，一般采用Y形连接，三根引出线分别接到转轴上的三个集电环，转子绕组可以通过集电环和电刷在转子绕组回路中接入变阻器，用以改善电动机起动性能或调节电动机的转速，其结构如图15－5所示。有的电机还装有提刷短路装置，当电机起动完毕而又不需要调速时，移动手柄，可将电刷提起，使三个集电环彼此连接起来。这样以减少电刷摩损。图15－6所示是绕线式电动机的接线示意图。与鼠笼式转子相比，绕线式转子的优点是可以通过集电环和电刷串入外加电阻，以改善电动机的起动性能和实现在小范围内的调速。其缺点是结构较复杂，价格较贵、运行的可靠性也较差。

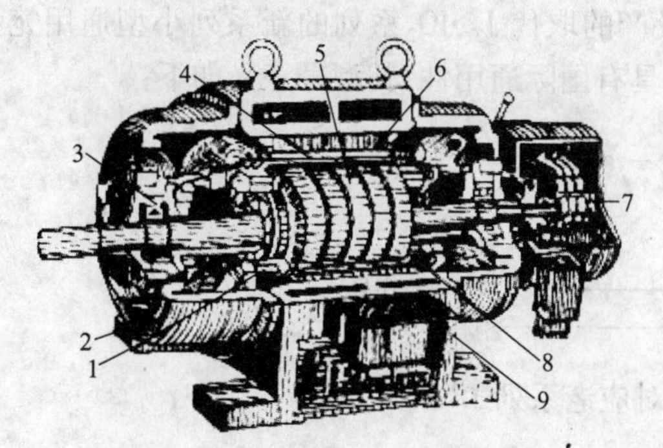

图15－5　绕线式异步电动机结构

1—转子绕组；2—端盖；3—轴承；4—定子绕组；5—转子；6—定子；7—集电环；8—定子绕组；9—出线盒

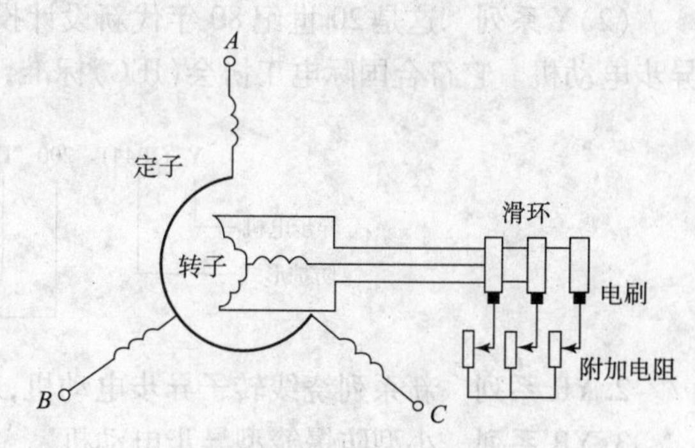

图15－6　绕线型感应电动机接线示意图

三、异步电动机的铭牌和额定值

每台电动机的机座上都有一个铭牌，上面标明的是电动机的型号和额定值，额定值规定了该电动机的正常运行状态和条件。它是选用、安装和维修电动机的依据。根据国家标准规定，异步电动机的额定值有以下内容。

（1）额定功率P_N　指电动机在制作厂所规定的额定运行方式下运行时，轴上输出的机械功率,单位为 W 或 kW。

(2)定子额定电压　指电机在额定状态下运行时应加的线电压,单位为 V 或 kV。

(3)定子额定电流 I_N　指电机在额定电压下运行,输出额定功率时流入定子绕组的线电流,单位为 A。

(4)额定频率 f_N　直接由工频供电的异步电动机为 50 Hz,对变频供电的异步电动机有不同的频率。

(5)额定转速 n_N　指在额定状态下运行时,转子每分钟转数,单位为 r/min。

(6)定额　是电动机在定额运行时的持续时间,分连续、短时和断续三种。

此外,铭牌上还标有定子绕组相数、连接方法、功率因数、频率、温升(或绝缘等级)。有些铭牌上只标明电机的温升,而不标绝缘等级。

四、国产异步电动机的主要系列

我国生产的异步电动机种类很多,下面介绍一下常见的几种系列。

1. Y 系列　笼型异步电动机。

(1)J_2、JO_2 系列　这是老系列的一般用途小型笼型异步电机,它取代了更早的 J、JO 系列。J、J_2 系列是防护式,JO_2 系列是封闭自冷式。这些系列虽然已被淘汰,不再生产,但在市场上还有大量的这种电动机存在,其型号意义如下:

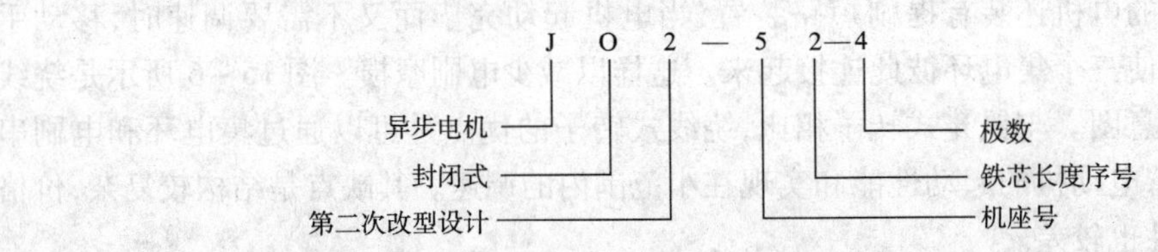

(2)Y 系列　这是 20 世纪 80 年代新设计投产的取代 J_2、JO_2系列的新系列小型通用笼型异步电动机。它符合国际电工协会(IEC)标准,具有国际通用性,其型号意义如下:

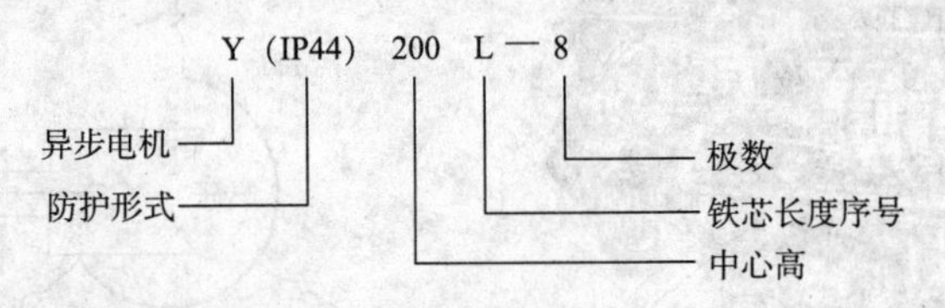

2. YR 系列　新系列绕线转子异步电动机,对应老系列 JR。

3. YB 系列　小型防爆笼型异步电动机。

4. YCT 系列　电磁调速异步电动机。

5. YZ、YZR　起重运输机械或冶金厂专用异步电动机,前者为笼型,后者为绕线转子型。

6. YQ 系列　新系列高启动转矩异步电动机,对应老系列 JQ。

7. YD 系列　变极多速三相异步电动机等

第二节　异步电动机的基本作用原理

当定子三相绕组接通频率为 f_1 的三相对称交流电源时,绕组中就有三相对称电流流通,在电机的气隙内将产生一个转速为 $n_1=\frac{60f_1}{p}$ 的旋转磁场，由于转子绕组与旋转磁场之间有相对运动，根据电磁感应原理，转子导体中将产生感应电势。转子绕组在闭合时，基本可认为是纯阻性，则转子导体中将有电流流过，其相位与电势相同。根据右手定则可判断出转子导体中的电势和电流方向。因为载流导体在磁场中要受到电磁力的作用，力的方向可用左手定则确定，作用于转子导体上，电势转矩的方向是与旋转磁场的方向一致的。若此转矩足够大到可以克服机轴上的阻力时，转子就将沿着旋转磁场的方向旋转起来，此时电动机从电源吸取电能，通过电磁作用转变为输出的机械能。

由旋转磁场原理可知，旋转磁场的转向取决于电源的相序，所以，任意对调两根电源线，可使电动机反转。

异步电机的转速 n 小于旋转磁场的转速 n_1，只有这样，转子绕组导体中才能感应电势和电流，从而产生转矩，使转子沿 n_1 的方向旋转。而当 $n=n_1$ 时，旋转磁场与转子导体相对静止，它们之间的电磁感应作用就不会发生，即不能感生电势和电流，转子机轴上也不会有转矩作用，从而使转子总是以低于同步转速 n_1 的转速旋转，正是由于这个关系，这种电机被称为异步电动机（也称为感应电动机）。

旋转磁场的同步转速 n_1 与转子转速 n 之差称为转差，它是异步电动机工作时的必要条件。转差与同步转速 n_1 的比值用 s（称为转差率或滑差）表示。

$$s=\frac{n_1-n}{n_1} \tag{15-1}$$

它是分析异步电机的一个极为重要的参数。

式(15-1)改写为

$$n=n_1(1-s) \tag{15-2}$$

在电动机工作时，转速 n 的范围为 $0\sim n_1$，与此相应的转差率 s 在 1 ~ 0 之间，在额定负载下转差率的范围为 0.02 ~ 0.06。

思考题与习题

1. 三相异步电动机的定、转子铁心如用非铁磁材料制成，会有什么后果？
2. 三相异步电动机中的空气隙为什么必须做得很小？
3. 电动势的频率与旋转磁场的转速及极数有什么关系？在三相异步电动机中，为什么旋转磁场切割定子绕组的感应电动势的频率总是等于电网频率？
4. 一台三相异步电动机铭牌上标明 $f=50$ Hz、额定转速 $n_N=960$ r/min，该电动机极数是多少？
5. 异步电动机为何又称为感应电动机？
6. 异步电动机与直流电动机相比有何优缺点？
7. 有一台 $f=50$ Hz 的三相异步电动机，额定转速 $n_N=730$ r/min，空载转差率为 0.267%，试求该电动机的极数、同步转速及额定负载时的转差率？（答案：8 极、$n_0=750$ r/min、$S_N=2.67\%$）

第十六章 三相异步电动机的运行分析

本章主要说明三相异步电动机运行时内部的电磁过程，列出异步电动机的磁势和电势的平衡方程式，在研究转子折算的基础上得出等效电路，进而导出功率和转矩方程式。

为了便于理解，分析时以绕线式转子为对象，由空载到负载进行分析，然后说明鼠笼转子的特点。

第一节 三相异步电动机的空载运行

一、空载电流和空载磁势

当电机的定子三相绕组接至对称的三相电源时，在定子绕组中将有空载电流 I_0 通过，不计算谐波磁势，三相空载电流将产生旋转的基波磁势 $\dot{F}_0$，其振幅为

$$F_0 = \frac{m_1}{2} \times 0.9 \times \frac{N_1 k_{w1} I_0}{p} \quad (安/极) \tag{16-1}$$

在磁势 $\dot{F}_0$ 的作用下，产生通过气隙的主磁场，它以同步转速 n_1 旋转，在转子绕组中感生电流。于是在气隙磁场与转子感应电流相互作用下，产生电磁转矩，使转子旋转起来。

由于电机为空载运行，转子空转，即电机轴上没有带任何机械负载，所以电动机的空转转速将非常接近于同步转速，即 $n_0 \approx n_1$，旋转磁场和转子之间的相对速度近似等于零（即 $s \approx 0$），因而可以认为，此时转子导体中的感应电势 $\dot{E}_2 \approx 0$，于是 $\dot{I}_{02} \approx 0$。

本来气隙主磁场是由定子磁势和转子磁势共同产生的（下一节将详细讨论），但由于 $\dot{I}_{02} \approx 0$，故可以认为，产生气隙主磁场的励磁磁势就是定子磁势 $\dot{F}_0$；空载时的定子电流（简称空载电流，用 I_0 表示）即为励磁电流。

空载电流 $\dot{I}_0$ 包括两部分，主要是用来产生气隙旋转磁场的，这一部分叫磁化电流，为无功分量，用 $\dot{I}_{0Q}$表示；另一部分是用来供给损耗的（包括空载铜损耗、铁心损耗和机械损耗），为有功分量，用 $\dot{I}_{0p}$表示。故空载电流可写成

$$\dot{I}_0 = \dot{I}_{0Q} + \dot{I}_{0p} \tag{16-2}$$

二、主磁通、定子漏磁通和漏电抗

由励磁磁势建立的气隙磁通，绝大部分经过气隙、定子齿、定子轭、转子齿和转子轭 5 段磁路，它同时与定子绕组、转子绕组相交链，并同时在定子、转子绕组中感应电势。这部分磁通和转子电流相互作用而产生电磁转矩，并实现电机内部的能量转换，所以这部分磁通在异步电机内起主要作用，称为主磁通，用 Φ_m 表示，如图 16-1(a)所示。

当定子绕组通过三相电流时，除产生磁通 Φ_m 外，还同时产生仅与定子绕组交链而不进入

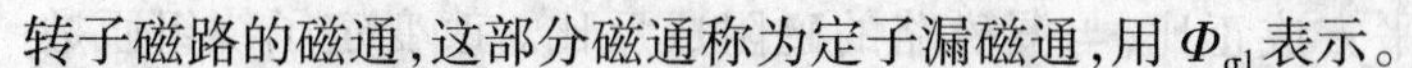

转子磁路的磁通，这部分磁通称为定子漏磁通，用 $\Phi_{\sigma1}$ 表示。

由于漏磁通所经过的路径不同，故定子绕组的漏磁通又可分为三部分：

(1)槽漏磁　由槽的一壁所产生的漏磁通，如图 16－1(b)所示，这部分磁通是不进入转子磁路的。

(2)端部漏磁　定子绕组的端接部分所产生的漏磁通称为端部漏磁，如图 16－1(c)所示。因为端接部分离转子绕组较远，所以端部漏磁的绝大部分亦不进入转子磁路。

(3)谐波漏磁(差漏磁)　除主磁通(基波磁通)外，气隙中还有一系列由高次谐波产生所产生的谐波旋转磁场。谐波磁场由于其极对数和转速与基波不同，因此虽然它也通过气隙到达转子，并能在转子绕组中产生感应电势，但其频率与主磁通所感应的电势频率不同，因而它与转子电流作用时产生无用的转矩；而它在定子绕组中感应的电势却仍为基波频率 f_1(和其他定子漏磁一样)，所以我们把它也作漏磁通处理，称为谐波漏磁(又称为差漏磁，这是指这种磁通是由整个定子磁势与基波磁势之差所产生)。

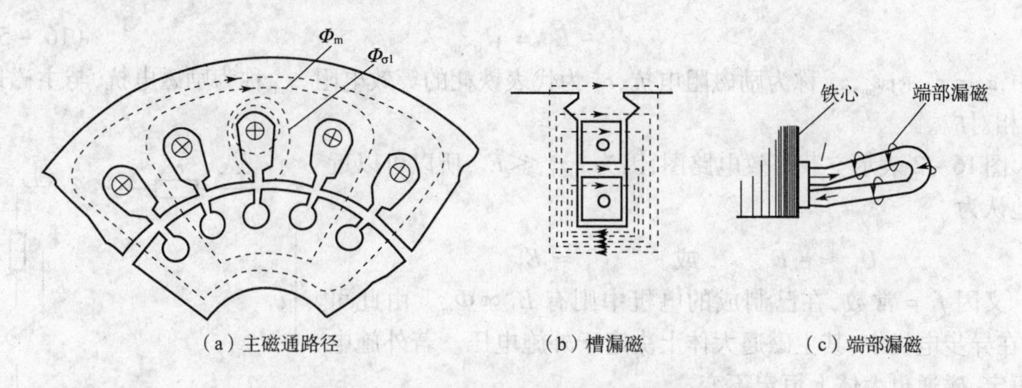

(a) 主磁通路径　(b) 槽漏磁　(c) 端部漏磁

图 16－1　主磁通的路径和定子漏磁

上述几种漏磁通中，实质上只有端部漏磁通才是真正的漏磁通，其余二者则与主磁通合在一起，在电机的有效长度内构成一个统一的总磁通。但在工程分析中，常把它划分成为主磁通和漏磁通两部分来处理。这是因为：一是它们在电机中所起的作用不同，即主磁通参与能量转换，使电机产生有用的电磁转矩，而漏磁通并不起这个作用；二是两种磁通所经磁路的磁阻不同，主磁通的磁路由定、转子铁心和气隙组成，为一非线性磁路，受饱和的影响较大，而漏磁通主要通过空气闭合，受磁路饱和的影响较小。因此把它们分开来处理，将对电机的分析带来很大的方便。

定子绕组的漏磁通是由通过绕组的交变电流产生的，是交变磁通，因而要在定子绕组中产生漏磁感应电势，用 $E_{\sigma1}$ 表示。漏磁通大部分在空气中通过，其漏磁磁路的磁阻可认为是常值。定子漏磁电势与定子电流成正比，在相位上 $\dot{\Phi}_{\sigma1}$ 与 $\dot{I}_1$ 同相，而 $\dot{E}_{\sigma1}$ 滞后于 $\dot{\Phi}_{\sigma1}$ 90°电角度，所以 $\dot{E}_{\sigma1}$ 滞后于定子相电流 $\dot{E}_1$ 90°，对比变压器对于漏磁感应电动势的处理，于是 $\dot{E}_{\sigma1}$ 也可用一个对应的漏抗压降来表示，即

$$\dot{E}_{\sigma1} = -\mathrm{j}\dot{I}_0 x_1 \tag{16－3}$$

式中，$x_1 = \dfrac{\dot{E}_{\sigma1}}{\dot{I}_0} = 2\pi f_1 L_{\sigma1}$ 叫做定子漏磁电抗，简称定子漏抗，其中 $L_{\sigma1}$ 为定子漏电感。

可以证明：$x_1 \propto \dfrac{N_1^2}{R_m}$。其中，$N_1$ 为定子绕组每相串联匝数，R_m 为漏磁磁路的磁阻，定子漏磁

x_1 的大小与定子绕组每相匝数的平方成正比，与漏磁路的磁阻成反比。改变定子绕组匝数时，漏抗将随匝数的平方而变化。改变定子槽形，槽形越深越窄，漏磁磁路的磁阻越小，漏抗越大。

三、空载时的电压平衡关系

如果定子绕组每相端电压为 $\dot{U}_1$，相电流为 $\dot{I}_0$，主磁通在一相定子绕组中的感应电势为 $\dot{E}_1$，每相电阻为 r_1，漏磁电势为 $\dot{E}_{\sigma 1}$。

根据基尔霍夫电压定律得异步电动机空载时的电压平衡方程式为

$$\dot{U}_1 = -\dot{E}_1 + \dot{I}_0 r_1 + \mathrm{j}\dot{I}_0 x_1 = -\dot{E}_1 + \dot{I}_0 z_1 \tag{16-4}$$

式中，$z_1 = r_1 + \mathrm{j}x_1$ 称为定子漏阻抗。

同样，$-\dot{E}_1$ 也可以用相应的电抗压降来表示：

$$-\dot{E}_1 = \mathrm{j}\dot{I}_0 z_{\mathrm{m}} \tag{16-5}$$

式中，$z_{\mathrm{m}} = r_{\mathrm{m}} + \mathrm{j}x_{\mathrm{m}}$，$z_{\mathrm{m}}$ 称为励磁阻电抗，r_{m} 为代表铁耗的等效电阻，x_{m} 称为励磁电抗，与主磁通 Φ_{m} 相对应。

图 16－2 表示空载等效电路图，因为 $I_0 z_1 \ll E_1$，所以可以近似地认为

$$\dot{U}_1 \approx -\dot{E}_1 \qquad \text{或} \qquad U_1 \approx E_1$$

又因 f_1 = 常数，在已制成的电机中则有 $E_1 \propto \Phi_{\mathrm{m}}$。由此可见，在异步电机中，其主磁通大体上决定于外施电压。若外施电压恒定，磁通也大体上恒定不变。

由于电机空载运行时，从电网吸取的电功率只用来供给定子绕组的铜损耗、定子铁心损耗及机械损耗，故空载功率很小。

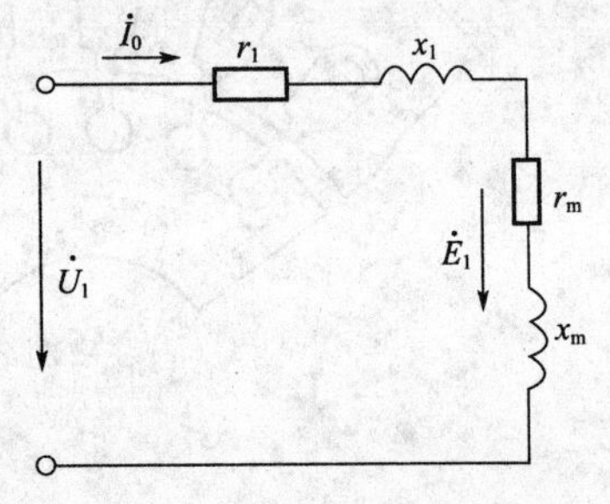

图 16－2　异步电动机空载

第二节　异步电动机的负载运行

当异步电机带上负载时，转子将降低其旋转速度，亦即增加定子磁场对转子的相对速度，与此同时，定子电流将随负载的增加而自动增大。为了弄清楚负载时电机内部的物理情况，首先应弄清楚转子磁势的性质及其对定子磁势的影响。

一、负载时的转子磁势

若定子旋转磁场的转向是沿 $\mathrm{U}_1 \to \mathrm{V}_1 \to \mathrm{W}_1$ 顺时针方向旋转，它在转子绕组中感应的电势和电流的相序也为 $\mathrm{U}_2 \to \mathrm{V}_2 \to \mathrm{W}_2$，和定子一样，转子电流在转子绕组中也产生旋转磁势 $\dot{F}_2$，其转向也是沿 $\mathrm{U}_2 \to \mathrm{V}_2 \to \mathrm{W}_2$ 顺时针方向旋转。换言之转子磁势 $\dot{F}_2$ 的转向与定子磁势 $\dot{F}_1$ 的转向相同。

转子磁势的转速，如图 16－3 所示，设转子的转速为 n，定子磁势的旋转速度为 n_1，那么定子与转子磁势的相对转速为

n_1
$n\,(<n_1)$
Δn
$=sn_1$

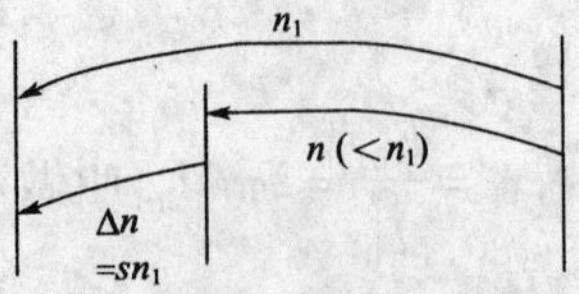

图 16－3　定转子磁势的转速关系

$$\Delta n = n_1 - n = sn_1$$

式中　Δn——气隙旋转磁场切割转子绕组的速度。

此时转子绕组中感应电势的频率为

$$f_2 = \frac{p_2 \Delta n}{60} = \frac{psn_1}{60} = sf_1 \tag{16-6}$$

式中　p_2——转子绕组的极对数,恒与定子绕组的极对数相等。

转子电流产生的转子磁势相对于转子本身的速度为

$$n_2 = \frac{60f_2}{p} = s \times \frac{60f_1}{p} = sn_1 \tag{16-7}$$

由于转子以转速 n 旋转,因此转子磁场对于空间(即对定子)的速度为

$$n_2 + n = sn_1 + n = n_1 \tag{16-8}$$

由此可见,转子磁势相对于定子的转速与定子磁势相对于定子的转速是相同的,均为同步转速 n_1,即转子磁势和定子磁势在空间没有相对运动,总是保持相等静止。这一结论对于转子的任何转速都是成立的,所以异步电机在任何转速下均能产生恒定的电磁转矩,并进行能量转换,这是作为定子单边励磁,转子电流是感应产生的异步电机特点之一。

转子磁势的振幅值 F_2 可以仿照定子磁势的幅值 F_1 写出,即

$$F_1 = \frac{m_1}{2} \times 0.9 \times \frac{N_1 k_{w1} I_1}{p} \qquad F_2 = \frac{m_2}{2} \times 0.9 \times \frac{N_2 k_{w2} I_2}{p} \tag{16-9}$$

式中　m_1、m_2——定子和转子绕组的相数;

N_1、N_2 和 k_{w1}、k_{w2}——定子和转子的每相串联匝数和绕组系数;

I_1、I_2——定子和转子的相电流。

由于定子磁势和转子磁势在空间保持相对静止,因此将两个磁势 $\dot{F}_1$ 和 $\dot{F}_2$ 合成,得到气隙合成磁势。

若外加电压恒定,磁通也大体上恒定不变,因此定、转子合成磁势与空载时的激磁磁势相等。即

$$\dot{F}_1 + \dot{F}_2 = \dot{F}_0$$

或

$$\dot{F}_1 = \dot{F}_0 + (-\dot{F}_2) \tag{16-10}$$

式(16-10)为异步电动机负载运行时的磁动势平衡方程式,其物理意义是:负载时,定子磁势 $\dot{F}_1$ 包含两个分量,其中 $\dot{F}_0$ 是用以产生主磁通 $\dot{\Phi}_m$ 的励磁磁势,而分量 $-\dot{F}_2$ 是用以抵消转子磁势作用的分量,所以它应与转子磁势大小相等而方向相反。由于转子磁动势是随负载而变化,所以定子磁势 $\dot{F}_1$ 也是随负载变化而变化。

将式(16-1)和式(16-9)代入式(16-10)整理后可得

$$\dot{I}_0 = \dot{I}_1 + \frac{m_2 N_2 k_{w2}}{m_1 N_1 k_{w1}} \dot{I}_2 = \dot{I}_1 + \dot{I}_2' \tag{16-11}$$

式中,$\dot{I}_2' = \frac{m_2 N_2 k_{w2}}{m_1 N_1 k_{w1}} I_2 = \frac{I_2}{k_i}$称为折算的定子电流,而 $k_i = \frac{m_1 N_1 k_{w1}}{m_2 N_2 k_{w2}}$称为异步电机的电流变比。

式(16-11)表示,负载时,异步电机的定子电流可视为由两部分组成:一部分为激磁电流 $\dot{I}_0$,用以产生气隙主磁通,另一部分为负载分量 $\dot{I}_2'$,用以产生磁势 $-\dot{F}_2$ 以抵消转子电流所产生的磁势。当负载增大时,转子的转速下降,转差增大,转子电流亦随之增大,以产生足够的电磁转矩与负载转矩相平衡。通过电磁感应关系,定子电流将随之而增大,以满足磁势平衡和功

率平衡。

二、转子绕组的电势及电流

由式(16－6)可知，转子电势及电流的频率f_2与转差率成正比。在额定负载时，异步电动机的转差率s_N很小，通常约在0.015～0.06之间，因此转子电流频率很低，一般只有1～3Hz。

当转子旋转时，气隙的主磁通Φ_m将在转子绕组中感应电势，其每相电势的有效值为

$$E_{2S} = 4.44f_2N_2k_{w2}\Phi_m = 4.44f_1N_2k_{w2}\Phi_m = sE_2 \qquad (16-12)$$

式中，$E_2 = 4.44f_1N_2k_{w2}\Phi_m$，为转子不动时($s=1$，$f_2=f_1$)的每相电势。

上式说明，转子绕组的感应电势与转差率s成正比变化。s越大，主磁场切割转子绕组的相对速度越大，故转子电势亦越大。

转子绕组中流过电流I_2时也要产生漏磁通$\Phi_{\sigma2}$，并在转子绕组中产生漏磁电势。与定子边相似，转子漏磁电势亦可写成漏抗压降的形式。由于$f_2 = sf_1$，所以转子绕组漏抗x_{2s}的大小与转子频率f_2成正比，故

$$x_{2s} = \varpi_2L_{\sigma2} = 2\pi sf_1L_{\sigma2} = sx_2 \qquad (16-13)$$

式中　x_2——转子不动时的转子漏抗；

　　$L_{\sigma2}$——定子漏电感。

可见，转子漏抗$x_{\sigma2}$亦与s成正比变化。

普通异步电动机的转子电阻基本与频率无关(因f_2很小，可不计集肤效应和温度变化的影响)，可认为x_2＝常数。异步电动机的转子绕组往往是自成闭合回路，处于短路状态，其端电压U_2为零。因此，根据基尔霍夫电压定律，转子绕组的电势方程式为

$$\dot{E}_{2S} - \dot{I}_2(r_2 + jsx_2) = 0 \qquad (16-14)$$

于是转子电流为

$$I_2 = \frac{E_{2s}}{\sqrt{r_2^2 + (sx_2)^2}} = \frac{sE_2}{\sqrt{r_2^2 + (sx_2)^2}} \qquad (16-15)$$

转子电路的功率因数为

$$\cos\varphi_2 = \frac{r_2}{\sqrt{r_2^2 + (sx_2)^2}} \qquad (16-16)$$

式(16－15)和式(16－16)说明，转子电流及功率因数都是随转差率s而变化的，其关系曲线$I_2=f(s)$和$\cos\varphi_2=f(s)$，如图16－4所示。当$s=0$时，$I_2=0$，$\cos\varphi_2=1.0$；当s从零增大时，起初由于s很小，sx_2的值比电阻r_2小得多，近似地可以忽略不计，此时I_2与s成正比增大，$\cos\varphi_2$变化不大。后因s较大，$sx_2>r_2$，所以当s再增大时，转子漏抗其主要作用，$\cos\varphi_2$随s增加而减小，而I_2随s增加变得缓慢如图16－4所示。

转子旋转时，定子的电势方程式为

$$\dot{U}_1 = -\dot{E}_1 + \dot{I}_1(r_1 + jx_1) \qquad (16-17)$$

转子旋转时的定、转子电路如图16－5所示。定、转子之间只有磁的联系，没有电的直接联系，且定、转子的频率不同，定、转子的相数和有效匝数亦不同，这就使得计算复杂化，为此，参照变压器，将两个只有磁联系的电路等效为只有电联系的等效电路，以简化计算，为了解决这个问题，应进行折算，即把转子量折算到定子边。

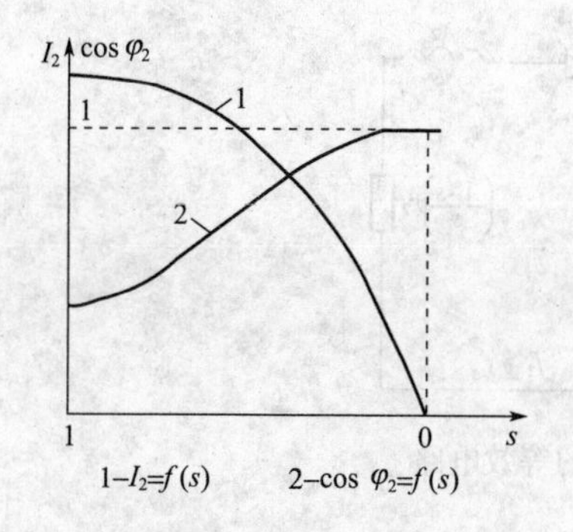

图 16-4　转子电流、功率因数与转差率的关系曲线

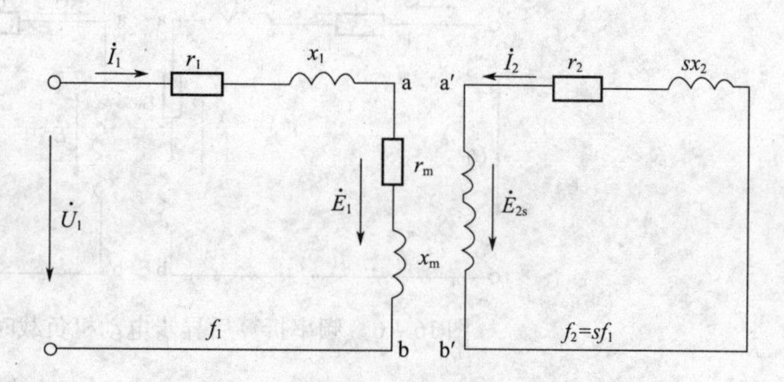

图 16-5　异步电动机负载时的等效电路

第三节　异步电动机的等效电路

以定量分析电动机的运行性能，需计算出 $\dot{I}_1$、$\dot{I}_2$ 以及功率和转矩等各量值，而这些数值的算得，需将式(16-11)、式(16-14)和式(16-17)等联立起来求解，因此计算十分复杂。特别是定、转子的频率不同，如不经过频率变换，而直接将各方程式联立求解是没有物理意义的。工程上常用的方法是找出一个便于计算的与异步电机等效的等效电路。为此必须首先把定、转子的频率统一起来，这就要设法把旋转的转子折算为静止的转子，即需要进行频率折算。为了把定、转子电路之间的磁的联系转化为仅有电的联系，则必须对转子电路进行改造，试设想在图 16-5 中，如果 $\dot{E}_2$ 和 $\dot{E}_1$ 相等，且 $f_2=f_1$，那么 a、a′两点之间和 b、b′两点之间就可以直接用导线连接起来，这样磁的联系就变成电的联系。要做到这一点，则需要进行绕组折算。

一、频率折算

为使转子频率等于定子频率，转子的转差率 s 应等于 1。换言之，进行频率折算就是由一个静止的等效转子去代替实际旋转的转子。所谓等效，就是折算时保持磁势 $\dot{F}_2$ 不变，在转子有效匝数不变的情况下，也就是要保持 $\dot{I}_2$ 不变。

从式(16-15)和式(16-16)可以看出，如果该式的分子、分母都除以转差率 $s(s\neq0)$，则转子电流及转子阻抗角 φ_2 仍保持不变，即

$$I_2=\frac{E_2}{\sqrt{\left(\frac{r_2}{s}\right)^2+x_2^2}} \tag{16-18}$$

式(16-15)和式(16-18)表示的转子电流 I_2 虽然大小和相位相等，但频率不同，前者对应于转子旋转时的情况，频率 $f_2=sf_1$，而后者对应于转子静止时的情况，$f_2=f_1$。由此可见，只要在静止的转子电路中将转子电阻 r_2 换成 $\frac{r_2}{s}$，也就是串入一个附加电阻 $\frac{r_2}{s}-r_2=\frac{1-s}{s}r_2$，就可使静止转子电流的大小、相位和转子磁势 $\dot{F}_2$ 与旋转时完全一样，这就可以用静止的等效转子来代替实际上是旋转的转子，如图 16-6 所示。

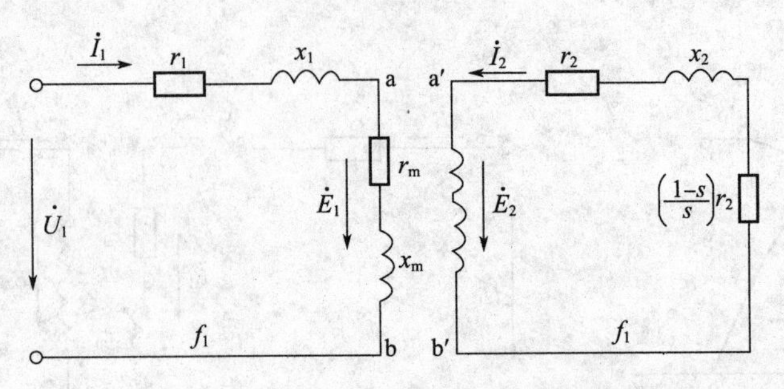

图 16－6 频率折算后异步电动机负载时的等效电路

附加电阻$\frac{1-s}{s}r_2$在转子电路中将消耗电功率。在实际电机的转子中并不存在这项电阻耗损，而仅产生轴上机械功率，由于静止转子与旋转转子等效，有功功率相等，因此消耗在$\frac{1-s}{s}r_2$中的电功率$m_2I_2^2\frac{1-s}{s}r_2$就代表实际电机轴上所产生总机械功率，这就是电阻$\frac{1-s}{s}r_2$的物理意义。

频率折算后，$\dot{E}_2$和$\dot{E}_1$还不相等，还需进行绕组折算。

二、绕组折算

所谓转子绕组的折算，就是把实际上相数为m_2、绕组匝数为N_2、绕组系数为k_{w2}的转子绕组，匝数折算成与定子绕组相同，即相数为m_1、匝数为N_1、绕组系数为k_{w1}的转子绕组。进行折算并不是将转子另换一套绕组，而仅仅是一种分析方法，其目的在于得到一个只有电联系的等效电路，以便于计算。折算的条件是折算前后必须使电机内部的电磁性能和功率平衡关系保持不变。在折算过的量上都加上符号"′"，以便与原来的量相区别，如E_2'、I_2'、z_2'等。

1. 电流的折算

根据折算前后转子磁势应保持不变的条件，可得

$$\frac{m_1}{2}\times 0.9\times\frac{N_1k_{w1}I_2'}{p}=\frac{m_2}{2}\times 0.9\times\frac{N_2k_{w2}I_2}{p}$$

由此可得折算后的转子电流为

$$I_2'=\frac{m_2N_2k_{w2}}{m_1N_1k_{w1}}I_2=\frac{I_2}{k_i}\qquad(16-19)$$

式中 k_i——异步电动机的电流变比。

2. 电势的折算

根据折算前后转子总视在功率不变的条件，可得

$$m_2E_2'I_2'=m_2E_2I_2$$

由此可得折算前后的转子电势为

$$E_2'=\frac{N_1k_{w1}}{N_2k_{w2}}=k_eE_2\qquad(16-20)$$

式中，$k_e=\frac{N_1k_{w1}}{N_2k_{w2}}$称为异步电动机的电势变比。

3. 阻抗的折算

根据折算前后转子铝(铜)耗保持不变的条件可得

$$m_1 I_2'^2 r_2' = m_2 I_2^2 r_2$$

由此可得折算后的转子电阻为

$$r_2' = \frac{m_1}{m_2}\left(\frac{N_1 k_{w1}}{N_2 k_{w2}}\right)^2 r_2 = k_e k_i r_2 \tag{16-21}$$

根据折算前后转子功率因数保持不变的条件可得

$$\tan \varphi_2 = \frac{x_2}{r_2} = \frac{x_2'}{r_2'}$$

由此可得折算后的转子漏抗为

$$x_2' = \frac{m_1}{m_2}\left(\frac{N_1 k_{w1}}{N_2 k_{w2}}\right)^2 x_2 = k_e k_i x_2 = k_z x_2 \tag{16-22}$$

式中,$k_z = k_e k_i$ 称为异步电动机的阻抗变比。

经过绕组折算后,转子电势平衡方程式则变为

$$\dot{E}_2' = \dot{I}_2' z_2' = \dot{I}_2'\left(\frac{r_2'}{s} + jx_2'\right) \tag{16-23}$$

折算后的定、转子电路如图 16-7(a)所示。

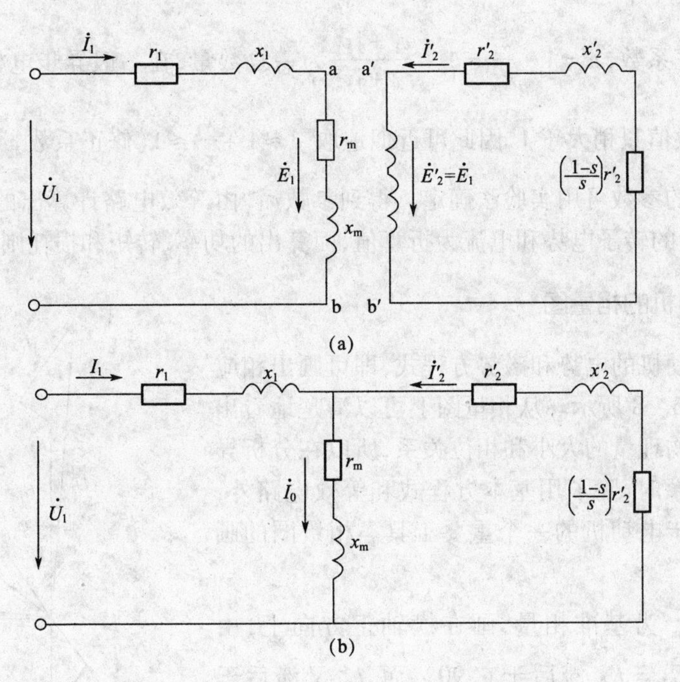

图 16-7　折算后异步电动机的等效电路

三、异步电机的等效电路

折算以后,因为 $\dot{E}_2' = \dot{E}_1$,a 与 a′,b 与 b′为等电位点,此时定、转子电路就可以直接连接在一起,连接后,两个绕组就可以合并成一个线圈,在其中流过的电流 $\dot{I}_1 + \dot{I}_2' = \dot{I}_0$,也就是产生

主磁通的励磁电流。根据式(16－5)，$E_1=I_0z_m$，故这个支路可用激磁电抗 z_m 来代表。这是因为实际电机的铁心中存在铁耗，故还需要用一个等值电阻 r_m 来反映铁耗。r_m 的数值是使电流 I_0 通过它时所产生的损耗正好等于电机的铁耗，因此这个支路应用一等值阻抗 z_m 来代表，如图 16－7(b)所示。

$$z_m=r_m+jx_m=\frac{-\dot{E}_1}{\dot{I}_0} \tag{16-24}$$

图 16－7(b)所示的等效电路图是一个混联电路，从图中可见，定、转子电流为

$$\left.\begin{aligned}
\dot{I}_1&=\frac{\dot{U}_1}{z_1+\dfrac{z_mz_2'}{z_m+z_2'}}\\
\dot{I}_2'&=-\dot{I}_1\frac{z_m}{z_m+z_2'}=-\frac{\dot{U}_1}{z_1+\dot{c}z_2'}\\
\dot{I}_0&=\dot{I}_1\frac{z_2}{z_m+z_2'}=\frac{\dot{U}_1}{z_m}\frac{1}{\dot{c}+\dfrac{z_1}{z_2'}}
\end{aligned}\right\} \tag{16-25}$$

式中 z_1——定子的漏阻抗，$z_1=r_1+jx_1$，$z_2'=\dfrac{r_2'}{s}+jx_2'$；

$\dot{c}$——修正系数，$\dot{c}=1+\dfrac{z_1}{z_m}=1+\dfrac{r_1+jx_1}{r_m+jx_m}$为一复数量，在一般异步电机中，$z_1\ll z_m$，即 $\dot{c}$ 的数值只稍大于 1，因此可近似地取 $\dot{c}\approx1+\dfrac{x_1}{x_m}\approx1$(修正系数 $c=1.03\sim1.08$)。

等效电路中的参数可用实验法确定。得到参数后，由等效电路计算出的定子方面的物理量为实际值，算出的转子电势和电流为折算值，而算出的功率、转矩和损耗则为实际值。

四、异步电动机的相量图

根据异步电动机的电势和磁势方程式，即可画出相应的相量图，如图 16－8 所示。从相量图上可以清楚地看出异步电动机中各物理量的大小和相位关系，所以在分析异步电机的电磁关系时，除了用基本方程式和等效电路外，相量图是分析异步电动机的一个重要工具。相量图的画法如下：

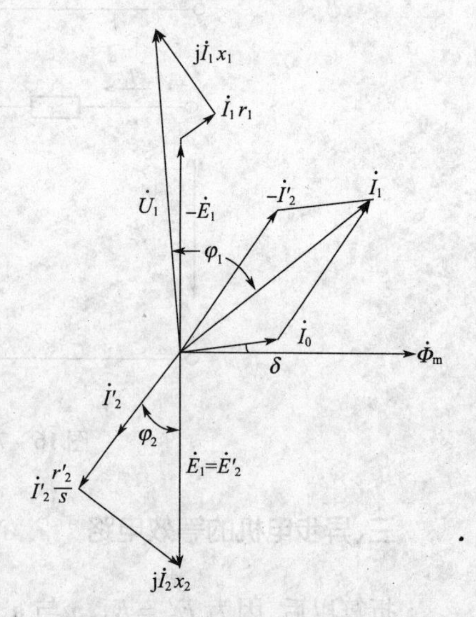

图 16－8 异步电动机 T 形等效电路的向量图

取主磁通 $\dot{\Phi}_m$ 为基准相量，画在横轴正方向上，由 $\dot{\Phi}_m$ 感应的电势 $\dot{E}_1=\dot{E}_2'$ 滞后于它 90°，而 $\dot{I}_2'$ 又滞后于 $\dot{E}_2'$ 一个角度 φ_2，$\varphi_2=\arctan\dfrac{x_2}{\dfrac{r_2'}{s}}$，电阻压降 $\dot{I}_2'\dfrac{r_2'}{s}$与 $\dot{I}_2'$ 同相，漏抗压降 $j\dot{I}_2'x_2$越前 $\dot{I}_2'$90°，两者与电势$\dot{E}_2'$组成电势三角形，构成转子电势平衡关系式(16－23)。由于铁耗，励磁电流 $\dot{I}_0$ 越前 $\dot{\Phi}_m$ 一个不大的铁损角 δ。由 $\dot{I}_0$－

$\dot{I}'_2=\dot{I}_1$，可画出 $\dot{I}_1$。$-\dot{E}_1$ 越前 $\dot{\Phi}_m 90°$，而 $\dot{I}_1 r_1$ 与 $\dot{I}_1$ 同相，$j\dot{I}'_1 x_1$ 越前 $\dot{I}_1 90°$，三者之和即为 $\dot{U}_1$。

由图 16－8 可见，异步电动机的定子电流 $\dot{I}_1$ 总是滞后于电源电压 $\dot{U}_1$，滞后的 φ_1 角称为功率因数角，这主要是有励磁电流和定、转子的漏抗压降所引起。产生气隙主磁通需要一定的无功功率，维持定、转子的漏抗磁场亦需要一定的无功功率，这些感性的无功功率要从电源输入，所以定子电流 $\dot{I}_1$ 必然滞后于电源电压 $\dot{U}_1$，即异步电动机对电源来说是一个阻感性质负载，正常工作时以阻性为主。

在异步电动机的性能分析中，常采用实用简化电流相量图，如图 16－9 所示。它是由图 16－8 简化而得出的，如果忽略铁损角 δ 不计，则 $\dot{I}_0$ 与 $\dot{\Phi}_m$ 同相；略去定子阻抗压降不计，则 $\dot{U}_1=-\dot{E}_1$，根据 $\dot{I}_1=\dot{I}_0+(-\dot{I}'_2)$ 可作出简化相量图。

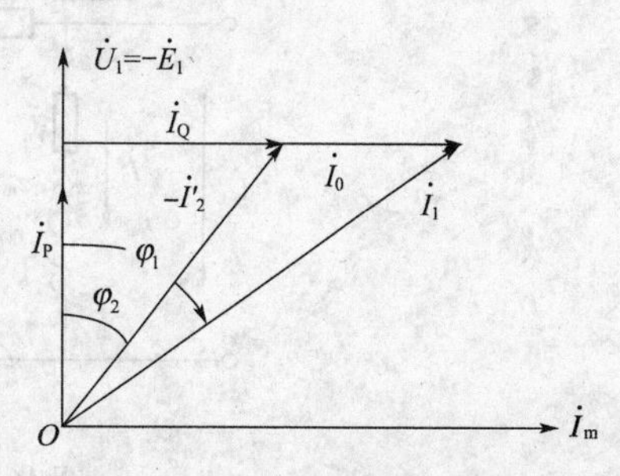

图 16－9　异步电动机 T 形等效电路的简化相量图

图中 $\dot{I}_Q=\dot{I}'_2\sin\varphi_2$ 称为电抗电流，它是 $\dot{I}'_2$ 的无功分量，其大小取决于转子漏抗的大小；$\dot{I}_p$ 是定、转子电流的有功分量，称为有功电流，其大小取决于电机总损耗的大小。

五、等效电路的简化

从图 16－7(b) 中可以看出，T 形等效电路图是一个混联电路，计算起来比较复杂。因此在实际应用时，有时把励磁支路移到输入端，等效电路就简化为单纯的并联电路，使计算更加简化，这种电路为近似等效电路。但这样变动之后，使励磁支路和负载支路的电压都比原来的稍高，所算出的定、转子电流将比 T 形等效电路算出的稍大，电机容量越小，偏差越大。但对大、中型电机，偏差完全满足工程实际需要。

由式(16－25)第三式可知

$$\dot{I}_0=\frac{\dot{U}_1}{z_m}\frac{1}{\dot{c}+\dfrac{z_1}{z'_2}}$$

正常工作时，$|z_1|\ll|z'_2|$，所以上式简化为

$$\left.\begin{aligned}\dot{I}_0&\approx\frac{\dot{U}_1}{\dot{c}z_m}=\frac{\dot{U}_1}{z_1+z'_m}\\ \dot{I}'_2&=-\frac{\dot{U}_1}{z_1+\dot{c}z'_2}\\ \dot{I}_1&=\dot{I}_0+(-\dot{I}'_2)\end{aligned}\right\}\qquad(16-26)$$

根据式(16－26)即可画出这种称为 Γ 形较精确的等效电路，如图 16－10(a)所示。进一步，因 $\dot{c}$ 数值只稍大于 1，因此可取 $\dot{c}\approx1$ 得到简化等效电路，如图 16－10(b)所示。此时，式(16－26)中的 $\dot{c}$ 取为 1。这种把 $\dot{c}$ 取等于 1 后得到的简化等效电路称为 Γ 简化等效电路。

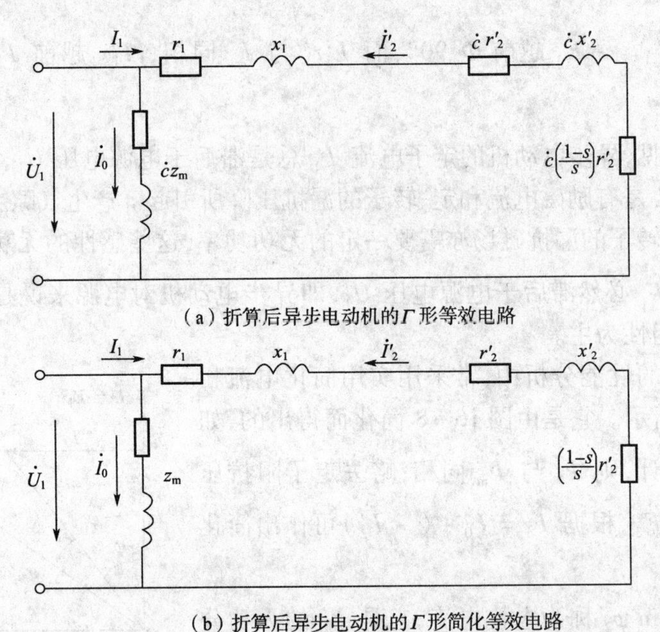

（a）折算后异步电动机的Γ形等效电路

（b）折算后异步电动机的Γ形简化等效电路

图 16－10　异步电动机的Γ形等效电路

第四节　异步电动机的功率和转矩平衡关系

在这一节里，我们应用等效电路来分析异步电动机的能量转换过程、功率及转矩的平衡关系。

一、功率平衡方程式

在外施电压作用下，定子从电源输入的电功率为 $P_1 = m_1U_1I_1\cos\varphi_1$，其中 m_1 为定子相数，U_1 和 I_1 分别为定子绕组相电压和相电流，$\cos\varphi_1$ 为电机的功率因数。电机工作时，P_1 的一小部分将消耗在定子绕组的电阻上变为定子铝（铜）耗 $p_{Cu1} = mI_1^2r_1$，还有一部分将消耗在定子铁心中，变为定子铁耗 $p_{Fe} = m_1I_0^2r_m$，剩下的大部分功率将借助气隙旋转磁场，由定子传递到转子，这部分功率称为电磁功率，用 P_{em}表示。

$$P_{em} = p_1 - p_{Cu1} - p_{Fe} \tag{16-27}$$

由等效电路图 16－7（b）可知，

$$P_{em} = m_1E_2'I_2'\cos\varphi_2 = m_1I_2'^2 \times \frac{r_2'}{s} \tag{16-28}$$

转子铁心中磁通变化频率（转差频率f_2）很低，转子铁耗很小可略去不计。因此从电磁功率扣除转子铝（铜）耗以后，就是转子产生的全机械功率 P_Ω，即

$$P_\Omega = P_{em} - p_{Cu2} \tag{16-29}$$

式中，

$$p_{Cu2} = m_1I_2'^2r_2' = sP_{em} \tag{16-30}$$

上式可见，转子铜耗 p_{Cu2}等于 P_{em}乘以 s，因而

$$P_\Omega = (1-s)P_{em} = m_1I_2'^2r_2' \times \frac{1-s}{s} \tag{16-31}$$

因为电动机是旋转的，所以有风阻摩擦等机械损耗 p_Ω，还有杂耗 p_s，最后由机械功率中减

去机耗和杂耗，就是机轴上的有效输出功率 P_2，即

$$P_2 = P_\Omega - (p_\Omega + p_s) \tag{16-32}$$

综上所述得

$$P_2 = P_1 - \sum p \tag{16-33}$$

式中　$\sum p$——电机的总损耗。

$$\sum p = p_{Cu1} + p_{Fe} + p_{Cu2} + p_\Omega + p_s \tag{16-34}$$

对于铜条鼠笼式转子，$p_s = 0.5\% P_N$；对于铸铝转子，$p_s = 1\% \sim 3\% P_N$，P_N 为额定功率。式（16－33）称为异步电动机的功率平衡方程式。与其相应的功率流程图（功率图），如图16－11所示。

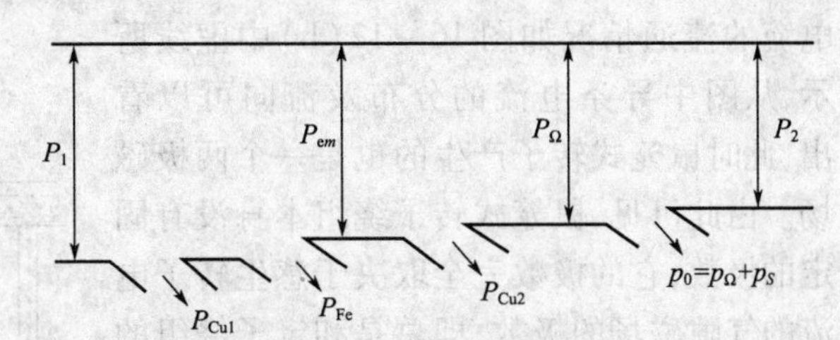

图16－11　异步电动机功率流程图

二、转矩平衡方程式

由于机械功率等于转矩乘以机械角速度$\left(\Omega=\dfrac{2\pi n}{60}\right)$，故将式（16－32）除以角速度 Ω，可得电动机的转矩平衡方程式

$$\left.\begin{aligned}\frac{P_\Omega}{\Omega} &= \frac{P_2}{\Omega} + \frac{p_\Omega + p_s}{\Omega}\\ T &= T_2 + T_0\end{aligned}\right\} \tag{16-35}$$

式中　$T_2 = \dfrac{P_2}{\Omega}$——电动机输出的机械转矩；

$T_0 = \dfrac{p_\Omega + p_s}{\Omega}$——机械和杂耗转矩，通常总称为空载阻力矩；

$T = \dfrac{P_\Omega}{\Omega}$——电动机的电磁转矩。

由此可见，电动机的电磁转矩减去轴上的空载阻力矩后，才是电动机轴上的输出转矩。

由于全机械功率 $P_\Omega = (1-s)P_{em}$，机械角速度 $\Omega = (1-s)\Omega$，得

$$T = \frac{P_\Omega}{\Omega} = \frac{P_{em}}{\Omega_1} \tag{16-36}$$

上式说明，电磁转矩即等于全机械功率除以机械角速度，亦等于电磁功率除以同步角速度。

第五节　鼠笼式转子参数的折算

以上几节从分析绕线型异步电动机的运行原理入手，推导出异步电动机的基本电磁方程式、等效电路和相量图，这同样适用于鼠笼型异步电动机。但是，由于鼠笼式转子结构上的特点，这种电动机转子的极数、相数和参数的折算系数还有其特殊性，本节将讨论这些特点。

一、鼠笼式转子的极数和相数

图16－12是一个两极鼠笼式转子的展开图。当一个气隙磁密基波为正弦分布的 B_m 沿图

示方向旋转时，其旋转磁场切割转子导条时，每根导条中的感应电势与导条切割的磁通密度成正比，其大小随时间也作正弦变化，因 $e \propto B$，故 E_2 与 B_m 同相位，因转子有漏阻抗，故导条中的电流 I_2 在时间上滞后该导条电动势 ψ_2 相位角，按瞬时值的大小绘出的空间波也差一个 ψ_2 相位角，各导条中的电流的流通情况如图 16－12（b）中虚线所示，从图中导条电流的分布及流向可以看出，此时鼠笼式转子产生的也是一个两极磁场。由此可见，鼠笼式转子绕组本身没有固定的极数，它的极数完全取决于感生转子电流的气隙磁场的极数，即总是和定子绕组的极数相同。

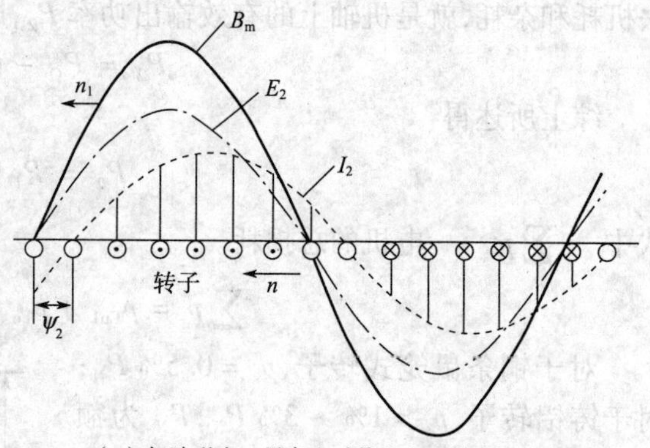

（a）气隙磁密、导条电动势和电流的空间分布波

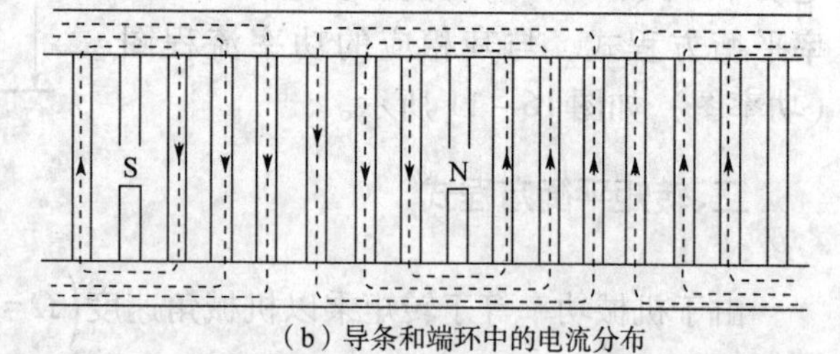

（b）导条和端环中的电流分布

图 16－12　鼠笼式转子的极数

由于鼠笼式转子的 Z_2 根导条均匀地分布在转子圆周上，则相邻的两根导条在磁场中便相隔 $\alpha = \frac{p360^\circ}{Z_2}$ 电角度，由于每根导条中的电势在时间上依次相差 α 角，每对极下的每一根导条就成为一相，所以鼠笼式转子的总相数 m_2 等于一对极下的导条数，即

$$m_2 = \frac{Z_2}{p} \tag{16-37}$$

当 $\frac{Z_2}{p} \neq$ 整数时，鼠笼式转子的相数就等于转子槽数（导条数），即 $m_2 = Z_2$。

由于鼠笼式转子的导条都被两端的端环所短路，因而当导条中有电势时便有电流流过，由于每对极下每相仅有一根导条，而一根导条为半匝，所以每相串联匝数 $N_2 = \frac{1}{2}$。因为每相只有一根导条，也就是不存在绕组的分布和短距问题，所以鼠笼式转子的绕组系数 $k_{w2} = 1$。

二、鼠笼式转子参数的折算系数*

如上所述，鼠笼式转子是一个多相对称绕组，其相数 $m_2 = \frac{Z_2}{p}$，每相串联匝数 $N_2 = \frac{1}{2}$，绕组系数 $k_{w2} = 1$，故转子参数折算到定子边的折算系数为（推导可参看有关资料）

$$k_z = k_i k_e = \frac{m_1 (N_1 k_{w1})^2}{m_2 (N_2 k_{w2})^2} = \frac{4pm_1 (N_1 k_{w1})^2}{Z_2} \tag{16-38}$$

式中，鼠笼式转子的电流比

$$k_i = \frac{2pm_1 N_1 k_{w1}}{Z_2} \tag{16-39}$$

电势比

$$k_e = \frac{N_1 k_{w1}}{\frac{1}{2} \times 2} = 2N_1 k_{w1} \tag{16-40}$$

所以转子参数的折算值为

$$\left.\begin{aligned} r_2' &= k_z r_2 = \frac{4pm_1(N_1k_{w1})^2}{Z_2}r_2 \\ x_2 &= k_z x_2 = \frac{4pm_1(N_1k_{w1})^2}{Z_2}x_2 \\ z_2' &= k_z z_2 = \frac{4pm_1(N_1k_{w1})^2}{Z_2}z_2 \end{aligned}\right\} \quad (16-41)$$

例 16－1　一台鼠笼型异步电动机，额定功率 $P_N=7.5$ kW，额定电压 $U_N=380$ V，定子星形联结，额定功率 $f_1=50$ Hz，额定转速 $n_N=960$ r/min。额定运行时，$\cos\varphi_1=0.824$，$p_{Cu1}=474$ W，$p_{Fe}=231$ W，$p_\Omega+p_s=82.5$ W。当电机额定运行时，试求：(1)额定转差率 s_N；(2)转子电流频率 f_2；(3)总机械功率 P_Ω；(4)转子铜损耗 p_{Cu2}；(5)输入功率 P_1；(6)额定效率 η_N；(7)定子额定电流 I_{1N}；(8)输出转矩 T_{2N}；(9)空载转矩 T_0；(10)电磁转矩 T。

解　(1)额定转差率 s_N

根据转速 $n_N=960$ r/min 可以判断出同步转速为 1 000 r/min，因为 s_N 一般在 0.01～0.05 范围内，而电机的同步转速只能是 3 000，1 500，750，600，500 等特定值，故同步转速为 1 000 r/min，因此有

$$s_N = \frac{1\,000-960}{1\,000} = 0.04$$

(2)转子频率 f_2

$$f_2 = s_N f_1 = 0.04\times 50 = 2(\text{Hz})$$

(3)总机械功率 P_Ω

$$P_\Omega = P_N + p_\Omega + p_s = 7\,500 + 82.5 = 7\,582.5(\text{W})$$

(4)转子铜损耗 p_{Cu2}

$$p_{Cu2} = \frac{s_N}{1-s_N}P_\Omega = \frac{0.04}{0.96}\times 7\,582.5 = 315.94(\text{W})$$

(5)输入功率 P_1

$$\begin{aligned} P_1 &= P_\Omega + p_{Cu1} + p_{Cu2} + p_{Fe} \\ &= 7\,582.5 + 474 + 315.9 + 231 = 8\,603.44(\text{W}) \end{aligned}$$

(6)额定效率 η_N

$$\eta_N = \frac{P_N}{P_1} = \frac{7\,500}{8\,603.44} = 87.2\%$$

(7)定子额定电流 I_{1N}(线电流)

$$I_{1N} = \frac{P_1}{\sqrt{3}U_N\cos\varphi_{1N}} = \frac{8\,603.44}{\sqrt{3}\times 380\times 0.824} = 15.86(\text{A})$$

(8)额定输出转矩 T_{2N}

$$T_{2N} = 9\,550\frac{P_N}{n_N} = 9\,550\times\frac{7.5}{960} = 74.61(\text{N}\cdot\text{m})$$

(9)空载转矩 T_0

$$T_0 = 9\,550\frac{p_\Omega+p_s}{n_N} = 9\,550\times\frac{82.5\times 10^{-3}}{960} = 0.82(\text{N}\cdot\text{m})$$

(10)额定电磁转矩

$$T_N = T_{2N} + T_0 = 74.61 + 0.82 = 75.43 (\mathrm{N \cdot m})$$

以上各题还有其他求法，所得结果是一致的。

第六节　异步电动机的工作特性和参数测定

为保证异步电动机可靠运行，使用经济，国家标准对电动机的主要性能指标都作了具体规定。标志异步电动机工作性能的主要指标有力能指标和运行指标：力能指标有额定效率 η、额定功率因数 $\cos\varphi_1$；运行指标有最大转矩倍数$\dfrac{T_{max}}{T_N}$、启动转矩倍数$\dfrac{T_{st}}{T_N}$、启动电流倍数$\dfrac{I_{st}}{I_N}$以及额定温升等，本章主要讨论以下工作特性。

一、异步电动机的工作特性

异步电动机的工作特性是指在$\dfrac{U_1}{U_N}$=常数和 f_1=常数的条件下，电动机的转速 n、电磁转矩 T、功率因数 $\cos\varphi_1$、效率 η 与输出功率 P_2 的关系曲线。此外电流特性 $I_1 = f(P_2)$ 也列在工作特性之内。

现分别将主要的工作特性，从物理意义上加以简单的说明。三相异步电动机的工作特性如图 16－13 所示。

1. 速度特性 $n = f(P_2)$

因为电动机转速 $n = n_1(1-s)$，故可讨论转差率与输出功率的关系，即 $s = f(P_2)$ 关系。由式(16－30)得

$$s = \frac{p_{Cu2}}{P_{em}}$$

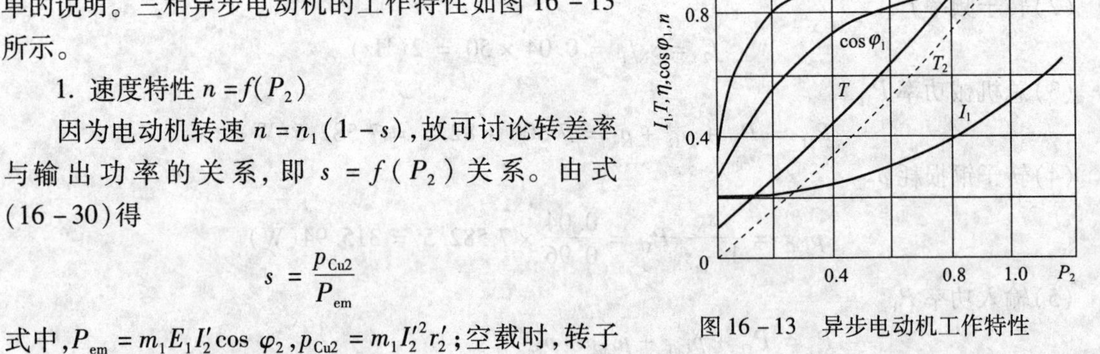

图 16－13　异步电动机工作特性

式中，$P_{em} = m_1 E_1 I_2' \cos\varphi_2$，$p_{Cu2} = m_1 I_2'^2 r_2'$；空载时，转子电流 $I_2' \approx 0$，$P_{Cu2} \approx 0$，所以 $s \approx 0$，而 $n \approx n_1$，当负载增加时，输出功率 P_2 增加时，电磁功率 P_{em} 及相应的转子有功电流 I_{2P} 随之增加，但转子铜耗 p_{Cu2} 却与转子电流的平方成比例地增加，因此上式中的分子增长比分母快。随着输出功率 P_2 的增加，比值$\dfrac{P_{Cu2}}{P_{em}}$也增长，即转差率增大，但是为使电动机有较高的效率，在额定情况下转子铜耗对电磁功率的比值应限制在一个极小的范围之内。通常在 $P_2 = P_N$ 时，转差率 $s = \dfrac{p_{Cu2}}{P_{em}}$ 在 0.015～0.05 之间，因此在正常范围内，转差率随输出功率增大而略微增加。对应于此，$n = f(P_2)$ 是一条略微向横坐标倾斜的曲线。由图可见，异步电动机具有并励电动机特性，简言之，具有较硬的特性。

2. 定子电流特性 $I_1 = f(P_2)$

根据式(16－11)，电动机的定子电流

$$\dot{I}_1 = \dot{I}_0 + (-\dot{I}_2')$$

空载时，$\dot{I}_2' = 0$，定子电流几乎全部为励磁电流。当负载增大时，转子转速下降，转子电流

增大;为抵偿转子磁势的增大,定子磁势和电流将随之而增大。

3. 功率因数特性 $\cos\varphi_1 = f(P_2)$

从等效电路可见,异步电动机是一个阻感负载,必须从电网吸收无功功率,即从电网上吸取滞后的无功电流 I_Q,此电流在正常工作范围内几乎不变,因此,它的功率因数 $\cos\varphi_2$ 恒小于1。

空载时,定子电流 $I_1 = I_0$,此时功率因数很低($\cos\varphi_1 \leqslant 0.1$)。

当负载增加时,转子有功电流增加,对应的定子有功电流也增加,功率因数 $\cos\varphi_1$ 上升。但负载增至一定程度后,由于转差率 s 增大,转子漏抗 sx_2 增大,转子电路的无功电流增加,相对的定子无功电流也增加,因此定子功率因数 $\cos\varphi_1$ 反而减小,通常在额定功率附近 $\cos\varphi_1$ 将达最大值。

4. 效率特性 $\eta = f(P_2)$

异步电动机的效率曲线和其它电机一样,其中有一最大值。根据效率的定义

$$\eta = \frac{P_2}{P_1} = \frac{P_1 - \sum p}{P_1}$$

式中,$\sum p$ 为异步电动机的总耗损,它和其他电机一样,计有铁耗,机耗,定、转子铜(铝)耗,以及杂耗。异步电动机的杂耗包括:

(1)由定子和转子绕组的高次谐波磁场引起的负载脉振损耗和表面损耗;

(2)由漏磁在导线、铁心或机座、端盖等结构件中产生的附加铜耗;

(3)鼠笼式转子斜槽时由于导条和铁心短路引起的横向电流损耗。

从理论上进行杂耗计算比较困难,通常是参考相似结构相近规格电机的杂耗实测值进行估算,一般对铜条转子 $p_s = 0.005P_N$,对铸铝转子 $p_s = (0.01 \sim 0.03)P_N$(极少数者取较大值)。

电动机的铁耗和主磁通有关,机械损耗和电动机转速有关,定、转子绕组铜耗则和电流平方成正比变化,附加损耗(杂耗)部分决定于电压,部分决定于电流。为简便起见,可以认为它们与电流的平方成比例地变化。

当负载变化时,由于电动机的主磁通和旋转速度变化不大,所以铁耗、机械损耗和杂耗之和可认为是不变的,故称之为不变损耗。定子和转子绕组铜(铝)耗与负载电流平方成正比,称为可变损耗。当可变损耗与不变损耗相等时,效率达到最大值。一般来说异步电动机在额定负载时的效率 $\eta_N = 74\% \sim 94\%$,最大效率发生在$(0.7 \sim 1.0)P_N$ 的范围内。

5. 转矩特性 $T = f(P_2)$

它近乎为一直线,因为在空载到满载运行范围内,速度近乎恒定,由公式 $T = T_2 + T_0 = \frac{P_2}{\Omega} + T_0$,异步电动机的转矩特性也和并励电动机一样,是略向上弯的曲线,因此曲线 $T = f(P_2)$ 较 $T_2 = f(P_2)$ 高出一空载转矩 T_0。

电动机的各项工作特性的指标在国标所规定的技术条件中都有规定,在设计和制造中都应得以保证。由于异步电动机的效率和功率都在额定负载时达到最大值,因此选用电动机时,应使电动机容量与负载尽可能相匹配,以使电动机经济、合理和安全地使用。

异步电动机的工作特性,可以通过直接的负载试验求得,但这个方法需要有一套相应的测试设备,而且试验时间长,耗电量大。因此,直接法主要适用于中、小型异步电动机。另外的方法是间接法,借助电机的圆图来求电动机的特性,这种方法是近似的,但一般说来,误差不大,对大中型电机是可以允许的,由于篇幅所限,读者在工作中,可参看有关书籍。

二、空载试验

空载实验的目的是确定励磁参数 r_m 和 x_m，以及铁耗 p_{Fe}和机耗 p_{Ω}。空载试验是在轴上不带任何负载，外施电压 $U_1=U_N$ 及频率 $f=f_N$ 的条件下进行。空载时电动机的速度将接近于同步速度，$s\approx0$。此时电动机的空载功率

$$p_0=3I_0^2r_1+p_{Fe}+p_{\Omega}+p_s \tag{16-42}$$

可由瓦特表直接读出。而空载时的功率因数为

$$\cos\varphi_0=\frac{p_0}{3U_1I_0}=\frac{p_0}{\sqrt{3}U_{11}I_{01}} \tag{16-43}$$

式中，U_1、U_{11}、I_0、I_{01}分别为三相异步电动机空载时的相或线的电压和电流。空载时的线电压 U_{11}和线电流 I_{01}可直接由电压表和电流表读出。通常 $I_0\approx(0.25\sim0.50)I_N$，而 $\cos\varphi_0\approx0.2\sim0.05$。为了避免大的误差，常用调压器改变外施电压 U_1，由 $0.5U_N$ 到 $1.2U_N$，读取电压 U_1、电流 I_0 以及功率 P_0 的数据，作出曲线 $I_0=f(U_1)$ 及 $p_0=f(U_1)$，如图 16－14 所示。这种方法可将铁耗 p_{Fe}和机耗 p_{Ω} 分开，以适应某些计算时的需要。因为空载时所需的功率 p_0 减去定子铜耗，就可得到铁耗和机械损耗二项之和

$$p_0-m_1I_0^2r_1=p_{Fe}+p_{\Omega}$$

由于铁耗的大小基本随电压的平方成正比，而机耗的大小仅与转速有关，而在空载试验时，转速基本不变，因此可认为机械损耗为一常数，因此把不同电压下的机耗和铁耗二项之和与端电压的平方值画成曲线 $p_{Fe}+p_{\Omega}=f(U_1^2)$，并把这一曲线延长到 $U_1=0$ 处（图 16－15 中虚线），则点线以下部分就表示为与电压大小无关的机械损耗，点线以上部分即为铁耗。当然在试验时电压降低过多，电机产生的转矩不足以克服摩擦，则将停转，电流将增大。所以取读数时，从$(1.1\sim1.3)U_{1N}$开始，逐渐降低电压，电流渐减，直到电流表将开始回升时为止。

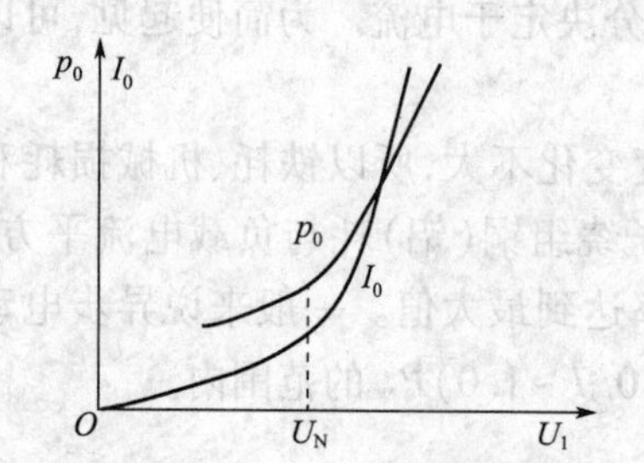

图 16－14 异步电动机的空载曲线

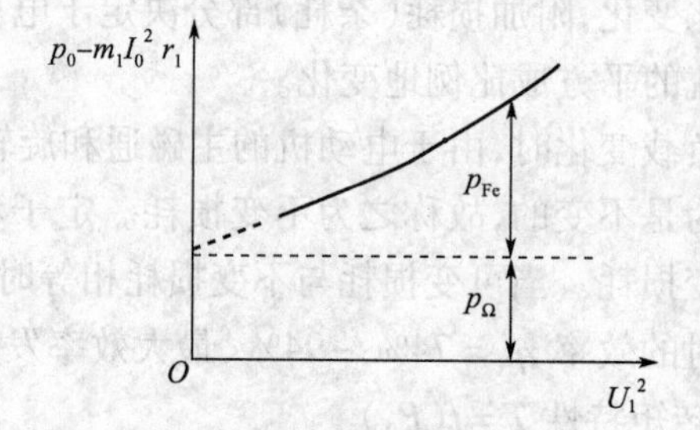

图 16－15 铁耗与机械损耗的分离

已知空载数据，还可以确定激磁参数。空载时 $s\approx0$，转子可认为是实际开路，此时的等效电路如图 16－16 所示。

根据等效电路，当 $U_1=U_{1N}$时，定子的总电抗 $x_d=x_1+x_m\approx\dfrac{U_{1N}}{I_0}$，于是励磁电抗为

$$x_m\approx\frac{U_1}{I_0}-x_1 \tag{16-44}$$

式中，定子漏抗可由短路试验确定。

励磁电阻为

$$r_m=\frac{p_{Fe}}{m_1I_0^2} \tag{16-45}$$

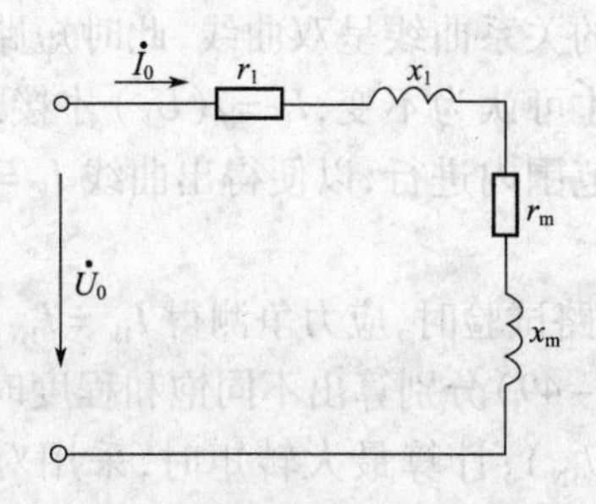

图 16－16　空载时异步电动机的等效电路

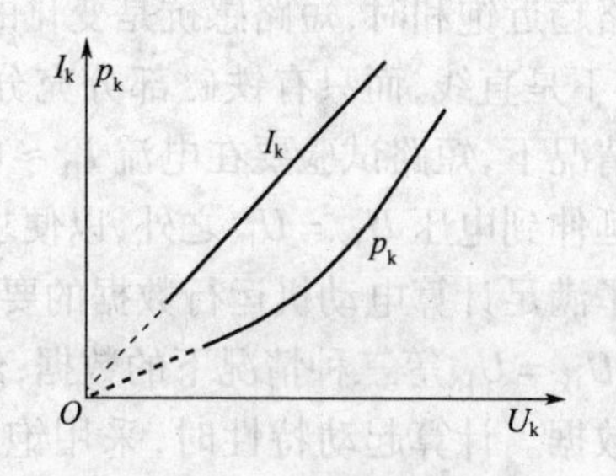

图 16－17　异步电动机短路特性

三、堵转试验

堵转(短路)试验的目的是确定异步电机的漏阻抗,同时检查电动机的起动性能。堵转(短路)试验是在转子堵转($s=1$)的情况下进行的。调节电源电压,使 $U_1=0.4U_{1N}$(对中、小型电机,如果条件具备,最好从 $U_1=(0.9\sim1.0)U_{1N}$开始),然后逐步降低电压,每次读取短路电压 U_k、短路电流 I_k和短路功率 p_k 的数据,作出短路特性 $I_k=f(U_k)$、$p_k=f(U_k)$,如图 16－17 所示。

由于短路试验时转子静止不动,不输出机械功率,由电源吸收的功率都用来补偿损耗;又因外加电压很低,此时铁耗可略去不计,所以短路功率 p_k 实际上可认为消耗在定子和转子的铜(铝)耗上,故

$$p_k = p_{Cu1} + p_{Cu2} = mI_k^2 r_k \tag{16-46}$$

短路时的功率因数

$$\cos\varphi_0 = \frac{p_k}{m_1 U_k I_k} = \frac{P_k}{\sqrt{3}U_{k1}I_{k1}} \tag{16-47}$$

式中,U_{k1}和 I_{k1} 为短路试验时的线电压和线电流。

异步电机短路时,有两种不同的基本情况:

(1)漏磁路不饱和　当定子和转子都是开口或半开口槽时,在这种电机中,漏磁通的路径中空隙很大,铁心部分的饱和对整个磁路磁阻影响不大,因此短路参数 x_k 和 z_k 可以认为是恒定的,此时短路特性 $I_k=f(U_k)$是一条直线。在这种情况下,短路数据可按下面的关系换算到额定电压 U_{1N}之下,即运行短路时的数据。

$$I_{kN} = I_{1k} \times \frac{U_{1N}}{U_{1k}}$$

$$p_{kN} \approx 3I_{kN}^2 r_k = p_k\left(\frac{U_{1N}}{U_{1k}}\right)^2 \tag{16-48}$$

式中　I_{1k}、U_{1k}——短路试验时加在定子上的相电流和电压;

　　I_{kN}——换算出的当假定定子加额定电压时定子的短路电流。

因为阻抗 r_k 和 x_k 是恒定的,故当 U_{1k}变化时 $\cos\varphi_k$ 值没有变化。

(2)漏磁路饱和　当定子槽为半开口形而转子槽为封闭时(转子铸铝的小容量电动机),这种电动机在正常负载时,定、转子漏抗可以认为是恒定的。但是起动(额定电压下的运行短路)时的定、转子电流远大于额定值,此时转子槽口处的齿顶尖将发生饱和,而使漏磁路磁阻变大,漏抗变小。因此起动时的漏抗将比正常运行时的漏抗小 15% ~25% 左右。由此可知,

当漏磁路趋近饱和时，短路感抗是变化的，$x_k=f(I_k)$的关系曲线呈双曲线，此时短路特性$I_k=f(U_k)$并不是直线，而只有铁磁部分充分饱和时，x_k才可认为不变，$I_k=f(U_k)$才接近于直线。在这种情况下，短路试验要在电流$I_{1k}\approx(2\sim3)I_{1N}$的范围内进行，以便得出曲线$I_k=f(U_k)$，然后把它延伸到电压$U_{1k}=U_{1N}$之外，以便求得$I_{kN}$。

为了满足计算电动机运行数据的要求，在进行短路试验时，应力争测得$I_{1k}=I_{1N}$、$I_{1k}=(2\sim3)I_{1N}$和$U_{1k}=U_{1N}$等三种情况下的数据，然后按式(16－49)分别算出不同饱和程度时的漏抗值和短路数据。计算起动特性时，采用饱和值($U_{1k}=U_{1N}$)；计算最大转矩时，采用对应于$I_k\approx(2\sim3)I_{1N}$时的漏抗值；而计算工作特性时，采用不饱和值$I_{1k}=I_{1N}$，这样可使计算结果接近于实际情况。

根据短路试验数据，依照图16－18(励磁回路中电流很小，常将其移除)，从而可求出异步电机的短路阻抗z_k、短路电阻r_k和短路电抗x_k

$$z_k=\frac{U_{1k}}{I_{1k}},\quad r_k=\frac{p_{1k}}{m_1I_{1k}},\quad x_k=\sqrt{z_k^2-r_k^2}\tag{16-49}$$

除p_{1k}外，式中的各值都为每相值。

定子绕组电阻r_1可用电桥测取，并设$x_1=x_2'$，则

$$r_2'=r_k-r_1\tag{16-50}$$

$$x_1=x_2'=\frac{x_k}{2}\tag{16-51}$$

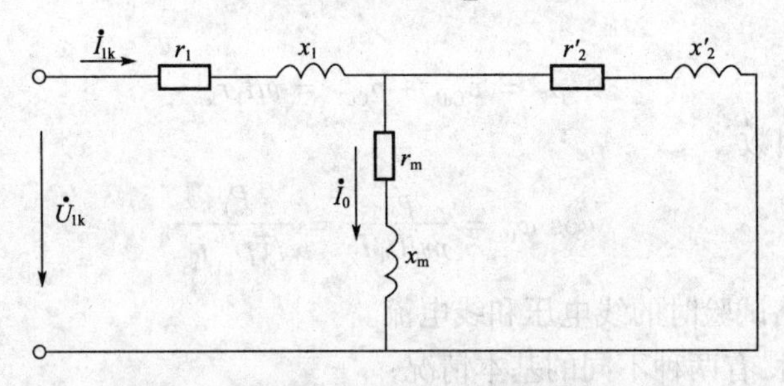

图16－18 堵转时异步电动机的等效电路

必须指出，对于大、中型异步电机，通常$z_m\gg z_2'$，短路时激磁电流可略去不计，因此短路时的阻抗可近似地等于定、转子漏阻抗之和，并可以直接采用上述方法确定r_2'、x_1、x_2。对于小型异步电动机，上述方法确定的参数误差较大。

第七节 单相异步电动机

单相异步电动机工作时只需单相交流电源供电，在日常生活、医疗及工业上得到广泛应用，如使用在电扇、鼓风机、吸尘器、电冰箱及医疗器械中。它与同容量的三相异步电动机相比较，体积较大，运行性能较差，一般只做成小容量的(0.6 kW以下)电机。

单相异步电动机的类型有多种，除凸极式罩极电动机的定子具有凸出的磁极外，其余各类的定子铁心和普通三相异步电动机相似。通常，在定子上有两个绕组，一个称为工作绕组(主绕组)，用以产生主磁场，另一个是起动绕组(辅助)绕组，用以起动电机。工作绕组在电机运行过程中总是接在电网上，而起动绕组只在起动时接入。当转速达到70%～80%同步转速时，由离心开关(或继电器触点)将起动绕组从电源断开。单相电动机的转子是普通的鼠笼式转子。

一、单相异步电动机的工作原理

当主绕组接通后，单相绕组就会产生一个脉振磁势。根据式(16－22)和图16－12的图解所表达的双旋转磁场原理可知，定子脉振磁势可以分解两个大小相等、转速相等、转向相反的旋转磁势。

设F_1和F_2表示正向和反向旋转磁势，它们将分别在气隙中产生正向和反向旋转磁场。当转子静止时，这两个大小相等、转向相反的旋转磁场，将在转子绕组中感应出同样的电势及电流。因此产生大小相等、方向相反的转矩，它们相互抵消。因此，当转子静止时，单相异步电机中合成转矩等于零，它没有起动转矩。如果借助外力使电动机的转子向任意方向转动，那么，其中一个与转子同向旋转的磁势，称为正向旋转磁势。这个磁场在空间旋转的速度决定于定子电流的频率，正向磁场对转子的转差率s_+为

$$s_+ = \frac{n_1 - n}{n_1} = s \tag{16-52}$$

因此，正向磁场对转子的作用和正常的三相电动机相同，它在转子感应的电势和电流的频率为

$$f_{2+} = s_+ f_1 = sf_1 \tag{16-53}$$

另一个与转子反向旋转的磁势，称为反向旋转磁势，它对转子的转差率

$$s_- = \frac{-n_1 - n}{-n_1} = 2 - s \tag{16-54}$$

此磁场在转子感应的电势和电流的频率为

$$f_{2-} = s_- f_1 = (2 - s)f_1 \tag{16-55}$$

如果外力拨动转子正向开始旋转，则T_+就大于T_-，合成转矩$T = T_+ + T_-$为正，转子速度逐渐增加，直到达到稳定转速。而此时反向磁场对转子作用与电磁制动状态相同，对应于较高的频率$(2-s)f_1$，转子漏抗增大，所产生的转矩T_-将减小，如图16－19所示。

如果开始所施加外力使电动机的转子向相反的方向旋转，那么各磁势的作用就彼此调换，这种情况相当于图16－19的左侧。合成转矩的方向为负，转子以反方向速度逐渐增加，直到达到稳定转速。

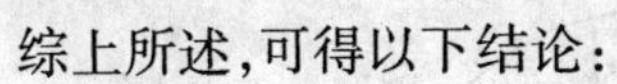

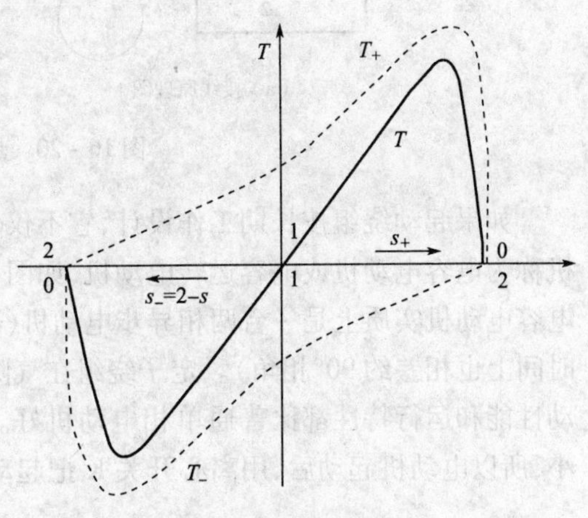

图16－19　单相异步电动机的T—S曲线

综上所述，可得以下结论：

(1)起动时，$s=1$，$T_+ = T_-$，$T=0$，所以起动转矩为零，单相电动机不能自行起动。

(2)如一旦启动，则以启动时的转向自行加速直到稳定运行状态。

(3)旋转方向完全取决于转子开始旋转的方向。

二、单相异步电动机的起动方法

单相异步电动机没有起动转矩。为了起动，需要特殊的装置，其目的就是发扬正向磁场，抑制反向磁场，使起动时气隙中能形成一个旋转磁场。单相电动机常用的起动方法有两种：分相起动和罩极起动。

1. 分相起动

应用分相起动时，如图 16－20(a)所示，在定子上另装一个起动绕组 2，它与工作绕组 1 在空间上互差 90°电角度。起动绕组回路串入适当的电容 C，通过离心开关或继电器触点 K，与工作绕组一起并接在同一电源上。

适当地选择电容器的电容，使起动绕组中的电流 $\dot{I}_{st}$ 比工作绕组中的电流 $\dot{I}_1$ 约越前 90°，如图 16－20(b)所示。那么，当通入单相交流电时，在空间上互差 90°的两相绕组中就产生在时间上相位相差近于 90°两相交流，合成的气隙磁场是一个旋转磁场，在该磁场作用下产生较大的起动转矩，使电动机转动起来。

起动绕组是按短时运行方式设计的，导线较细，如果长时间通电，会因过热而损坏，所以在起动绕组电路中串有离心开关 K，刚开始起动时电机转速较低，离心开关 K 是关闭的。当电机转速快接近于同步转速的 75% ～80% 时，由离心力作用自动地将开关 K 断开。此时起动绕组断电，电动机便作为单相电动机运行，这种电动机通常称为电容起动电动机。

如图 16－20(c)表示这种电机的转矩曲线，曲线 2 为起动时的转矩特性，曲线 1 表示离心开关 K 断开后，起动绕组被切除，电动机的转矩曲线，曲线上的 *A* 点表示开关 K 的动作点。

(a) 接线原理图　(b) 相量图　(c) 转矩图

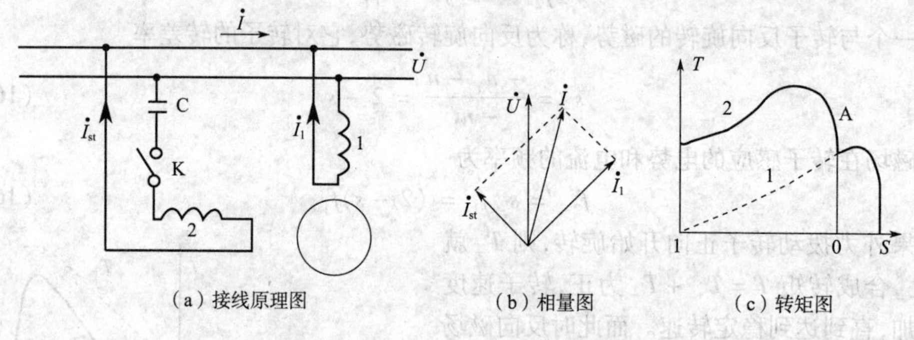

图 16－20　单相电容起动电动机

如果起动绕组按长期工作设计，它不仅供起动用，而且允许长期接在电源上工作，这种电机称为电容电动机或电容运转电动机，如图 16－21 所示，其中 C 为工作电容，C_{st} 为起动电容。电容电动机实质上是一台两相异步电动机(两个绕组在空间相隔 90°电角度，绕组中的电流在时间上也相差约 90°相角)。定子绕组在气隙中产生的磁场接近于圆形旋转磁场，使电机的起动性能和运行特性都比普通单相电动机好。但由于电动机在工作时所需要的电容比起动时小，所以电动机起动后，用离心开关 K 把起动电容 C_{st} 切除。

图 16－21　电容起动及运转电动机

(a) 结构简图　(b) 磁通相量图

图 16－22　凸极式罩极电动机

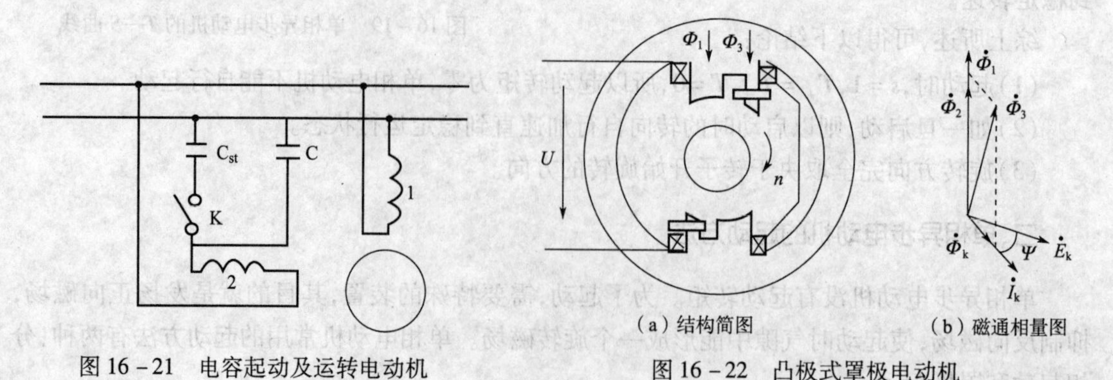

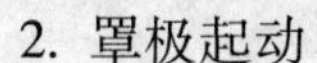

2. 罩极起动

罩极电动机的定子铁心多数是做成凸型，由硅钢片叠压而成。每个极上绕有工作绕组（主绕组），在磁极靴的一边有一个小槽，用短路钢环把部分磁极（约占1/3）圈起来，称为罩极线圈。转子为鼠笼式，其结构简图如图16－22(a)所示。

当工作绕组中通入单相交流电流后，磁极磁通 Φ 分为两部分，Φ_1 和 Φ_2，因磁极磁通 Φ 是脉振磁通，其中部分磁通 Φ_1 不穿过短路环，另一部分磁通 Φ_2 则穿过短路环，当 Φ_2 在短路环中脉振时，短路环中即感应电势 $\dot{E}_k$ 和电流 $\dot{I}_k$，$\dot{I}_k$ 比 $\dot{E}_k$ 滞后 ψ 角，$\dot{I}_k$ 在短路环中产生磁通 $\dot{\Phi}_k$，$\dot{\Phi}_k$ 与 $\dot{I}_k$ 同相。这样，磁极被罩部分的磁通 $\dot{\Phi}_3$ 是 $\dot{\Phi}_k$ 与 $\dot{\Phi}_2$ 的合成，短路环中的感应电势 $\dot{E}_k$ 滞后于 $\dot{\Phi}_3 90°$，相量图如图16－22(b)所示，这种在空间上相差一定角度，在时间上又有一定相位差的两部分磁通，其合成磁场是一个旋转磁场，且旋转方向总是从磁极的未罩部分移向被罩部分。在该磁场的作用下，电动机将产生一定的起动转矩，使电机旋转起来，电机的转向总是由磁极的未罩部分转向被罩部分。罩极法得到起动转矩较小，但由于其结构简单，制造方便，多用于小型电扇、电唱机和录音机中。

单相异步电动机能否互换两个接线柱实现反转呢？读者可自行分析。

例16－2　一台三相四极笼型异步电动机 $P_N=10$ kW，$U_N=380$ V，Y联结，$I_N=19.8$ A，测得电阻 $r_1=0.5\ \Omega$。空载实验数据如下：$U_1=380$ V，$I_0=5.4$ A，$P_0=0.425$ kW，$p_\Omega=0.08$ kW。短路实验数据如下：$U_k=130$ V，$I_k=19.8$ A，$p_k=1.1$ kW，求等效电路参数 r_1、r_2'、x_1、x_2'、r_m 和 x_m。

解　先根据空载实验数据求空载参数。根据题给数据算出每相的电压、电流和功率如下：

$$U_1=\frac{380}{\sqrt{3}}=220(\text{V})$$

$$I_0=5.4(\text{A})$$

$$p_0-p_\Omega=\frac{0.425-0.08}{3}=0.115(\text{kW})$$

$$z_0=\frac{U_1}{I_0}=\frac{220}{5.4}=40.7(\Omega)$$

$$r_0=\frac{p_0-p_\Omega}{I_0^2}=3.94(\Omega)$$

$$x_0=\sqrt{z_0^2-r_0^2}=\sqrt{40.7^2-3.94^2}=40.5(\Omega)$$

再求短路参数，还是先算出每相的电压、电流和功率：

$$U_k=\frac{130}{\sqrt{3}}=75.06(\text{V})$$

$$I_k=19.8(\text{A})$$

$$p_k=\frac{1.1}{3}=0.3667(\text{kW})$$

$$z_k=\frac{U_k}{I_k}=\frac{75.06}{19.8}=3.79(\Omega)$$

$$r_k=\frac{p_k}{I_k^2}=\frac{366.7}{19.8^2}=0.935(\Omega)$$

$$x_k=\sqrt{z_k^2-r_k^2}=\sqrt{3.79^2-0.935^2}=3.67(\Omega)$$

求 r_1、r_2'、x_1、x_2'：

已知 $r_1 = 0.5\ \Omega$

$$r_2' = r_k - r_1 = 0.935 - 0.5 = 0.435(\Omega)$$

$$x_2' = 0.67x_k = 2.46(\Omega)$$

$$x_1 = x_k - x_2' = 1.21(\Omega)$$

求励磁参数 r_m 和 x_m： $r_m = r_0 - r_1 = 3.94 - 0.5 = 3.44(\Omega)$

$$x_m = x_0 - x_1 = 40.5 - 1.12 = 39.38(\Omega)$$

例 16－3 一台三相鼠笼感应电动机，额定功率 3 kW，额定电压 380 V，额定转速 957 r/min，定子绕组 Y 形连接，电机参数如下：$r_1 = 2.08\ \Omega$，$r'_2 = 1.525\ \Omega$，$r_m = 4.12\ \Omega$，$x_1 = 3.12\ \Omega$，$x_2 = 4.25\ \Omega$，$x_m = 62\ \Omega$，试分别用 T 形等效电路和简化的 Γ 形简化等效电路求在额定转速时的定子电流、转子电流、功率因数及输入功率。

解 额定转速时的转差率 $s_N = \dfrac{1\,000 - 957}{1\,000} = 0.043$

因为绕组 Y 形连接，所以电压为

$$U_1 = \frac{380}{\sqrt{3}} = 220(\mathrm{V})$$

并取 $\dot{U}_1$ 为参考量，取 $\dot{U}_1 = 220\angle 0°$

（1）利用 T 形等效电路

定子电流

$$\dot{I}_1 = \frac{\dot{U}_1}{z_1 + \dfrac{z_2' z_m}{z_2' + z_m}} = \frac{220\angle 0°}{2.08 + \mathrm{j}3.12 + \dfrac{\left(\dfrac{1.525}{0.043} + \mathrm{j}4.25\right)(4.12 + \mathrm{j}62)}{\dfrac{1.525}{0.043} + \mathrm{j}4.25 + 4.12 + \mathrm{j}62}}$$

$$= 6.18\angle -36.4°(\mathrm{A})$$

转子电流

$$-\dot{I}_2 = \frac{\dot{I}_1 z_m}{z_2' + z_m} = \frac{6.18\angle -36.4° \times (4.12 + \mathrm{j}62)}{\dfrac{\left(\dfrac{1.525}{0.043} + \mathrm{j}4.25\right)(4.12 + \mathrm{j}62)}{\dfrac{1.525}{0.043} + \mathrm{j}4.25 + 4.12 + \mathrm{j}62}}$$

$$= 5.47\angle -9.5°(\mathrm{A})$$

功率因数 $\cos\varphi_1 = \cos 36.4° = 0.805$

输入功率 $P_1 = 3U_1 I_1 \cos\varphi_1 = 3 \times 220 \times 6.81 \times 0.805 = 3\,618(\mathrm{W})$

（2）利用 Γ 形简化等效电路

转子电流

$$-\dot{I}_2' \approx \frac{\dot{U}_1}{z_1 + z_m} = \frac{220\angle 0°}{2.08 + \mathrm{j}3.12 + 4.12 + \mathrm{j}62}$$

$$\approx 5.49\angle -10.9°(\mathrm{A})$$

激励电流

$$\dot{I}_0 \approx \frac{\dot{U}_1}{z_m + \frac{z_1}{z_2'}} = \frac{220\angle 0^\circ}{4.12 + j62 + \frac{2.08 + j3.12}{1.525 + j4.25}}$$

$$\approx 3.38\angle -84.55^\circ$$

定子电流

$$\dot{I}_1 = \dot{I}_0 - \dot{I}_2' = 3.38\angle -84.55^\circ + 5.49\angle -10.9^\circ$$
$$= 6.97\angle -38.55^\circ (\mathrm{A})$$

功率因数 $\cos\varphi_1 = \cos 38.55^\circ = 0.782$

输入功率 $P_1 = 3U_1 I_1 \cos\varphi_1 = 3\times 220\times 6.97\times 0.782 = 3\,597(\mathrm{W})$

从计算结果看出，两种等效电路计算的定、转子电流很接近，而后者计算要简便一些。

思考题与习题

1. 异步电机与同步电机的基本差别是什么？

2. 异步电动机的转子有哪两种类型？各有何特点？

3. 三相异步电动机的额定功率与额定电压、额定电流等有什么关系？

4. 怎样从异步电动机的额定值求出其额定运行时的输出转矩？

5. 在推导异步电动机等效电路过程中进行了哪些折算？折算依据的原则是什么？

6. 异步电动机额定运行时，由定子电流产生的旋转磁动势相对于定子的转速是多少？相对于转子的转速又是多少？由转子电流产生的旋转磁动势相对于转子的转速是多少？相对于定子的转速又是多少？

7. 异步电动机定子绕组与转子绕组在电路上没有直接联系，为什么输出功率增加时，定子电流和输入功率会自动随之增加？

8. 异步电动机T形等效电路中电阻$\frac{r_2'(1-s)}{s}$的含义如何？它是怎样得来的？能否用电感或电容代替？为什么？

9. 在三相异步电机的时空相矢量图上，为什么励磁电流和励磁磁动势F_0在同一位置上？如何确定电动势$\dot{E}_1$和$\dot{E}_2$的位置？

10. 试比较三相异步电机定子施加电压、转子绕组开路时的电磁关系与三相变压器空载运行时的电磁关系有何异同？二者的等效电路有何异同？

11. 一台三相、4极、50 Hz的绕线转子异步电机，电压变比$k_e = 10$，转子每相电阻$r_2 = 0.02\ \Omega$，转子不转时每相漏电抗$x_2 = 0.08\ \Omega$。当转子堵转、定子相电动势$E_1 = 200$ V时，求转子每相电动势E_2、相电流I_2以及转子功率因数$\cos\varphi_2$。（答案：$E_2 = 10$ V，$I_2 = 242.5$ A，$\cos\varphi_2 = 0.2425$）

12. 什么是转差率？如何计算转差率？对于转子绕组短路的异步电机，如何根据转差率的数值来判断它的三种运行状态？三种运行状态下电功率和机械功率的流向分别是怎样的？

13. 异步电动机和变压器在外施额定电压时的空载电流标幺值哪个大？为什么？

14. 异步电机运行时，为什么总要从电源吸收滞后性的无功电流，或者说定子功率因数总小于1？为什么异步电机的气隙很小？

15. 三相异步电动机，$P_N = 28$ kW，$U_N = 380$ V，$n_N = 950$ r/min，$\cos\varphi_N = 0.88$，$f_N = 50$ Hz。额定运行时，$p_{Fe} + p_{Cu1} = 2.2$ kW，$p_\Omega = 1.1$ kW，忽略 p_s，试求：

(1)额定转差率 s_N；

(2)总机械功率 P_Ω，电磁功率 P_{em} 和转子铜损耗 p_{Cu2}；

(3)输入功率 P_1 及功率 η_N；

(4)定子额定电流 I_{1N}。

(答案：$s_N = 0.05$，$P_\Omega = 29.1$ kW，$P_{em} = 30.63$ kW，$p_{Cu2} = 1.531$ kW，$P_1 = 32.831$ kW，$\eta_N = 0.85$，$I_{1N} = 56.88$ A)

16. 一台三相异步电动机额定运行时，输入功率 $P_1 =$ 为 3 600 W，转子铜耗 $P_{Cu2} = 100$ W，转差率为 0.03，机械损耗和附加损耗共为 $p_\Omega + p_s = 100$ W。求该电动机此时的电磁功率、定子总损耗和输出功率。

(答案：$P_{em} = 3\ 333$ W，$p_{Cu1} + p_{Fe} = 267$ W，$P_2 = 3\ 133$ W)

第十七章　三相异步电动机的电力拖动

第一节　异步电动机的机械特性

三相异步电动机的机械特性是指在定子电压、频率以及绕组参数一定的条件下，电动机电磁转矩与转速或转差率的关系，即 $n=f(T)$ 或 $s=f(T)$。三相异步电动机的机械特性可用函数表示，也可用曲线表示。用函数表示时，有三种表达式：物理表达式、参数表达式和实用表达式。

一、异步电动机机械特性的三种表达式

1. 物理表达式

由第十六章电磁转矩公式(16－36)可知

$$T=\frac{P_{em}}{\Omega_1}=\frac{m_1E_2'I_2'\cos\varphi_2}{\dfrac{2\pi n_1}{60}}=\frac{m_1(4.44f_1N_1k_{w1}\Phi_m)I_2'\cos\varphi_2}{\dfrac{2\pi f_1}{p}}=\frac{pm_1N_1k_{w1}}{\sqrt{2}}\Phi_mI_2'\cos\varphi_2$$

因此，异步电动机的物理表达式为

$$T=C_T'\Phi_mI_2'\cos\varphi_2 \tag{17-1}$$

式中　C_T'——异步电动机的转矩系数，$C_T'=\dfrac{pm_1N_1k_{w1}}{\sqrt{2}}$；

I_2'——转子电流折算值，$I_2'=\dfrac{E_2'}{\sqrt{\left(\dfrac{r_2'}{s}\right)^2+x_2'^2}}$；

$\cos\varphi_2$——转子功率因数，$\cos\varphi_2=\dfrac{\dfrac{r_2'}{s}}{\sqrt{\left(\dfrac{r_2'}{s}\right)^2+x_2'^2}}$。

物理表达式反映了不同转速时电磁转矩 T 与主磁通 Φ_m 以及转子电流有功 $I_2'\cos\varphi_2$ 分量之间的关系，该表达式一般用于定性分析在不同运行状态下的转矩大小和性质。

2. 参数表达式

由第十六章图(16－10)异步电动机的 Γ 形简化等效电路可得转子电流折算值为

$$I_2'=\frac{U_1}{\sqrt{\left(r_1+\dfrac{r_2'}{s}\right)^2+(x_1+x_2')^2}}$$

则电磁转矩参数表达式可写成

$$T=\frac{P_{em}}{\Omega_1}=\frac{m_1 I_2'^2\frac{r_2'}{s}}{\frac{2\pi f_1}{p}}=\frac{3pU_1^2\frac{r_2'}{s}}{2\pi f_1\left[\left(r_1+\frac{r_2'}{s}\right)^2+(x_1+x_2')^2\right]} \tag{17-2}$$

由式(17－2)可知，异步电动机的电磁转矩 T 与定子每相电压 U_1^2 成正比，即 $T\propto U_1^2$，若电源电压波动过大，则会对转矩造成很大影响。

在电压、频率及绕组参数一定的条件下，电磁转矩 T 与转差率 s 之间的关系可用曲线表示，如图 17－1(a)所示，下面对机械特性上的几个特殊点进行分析。

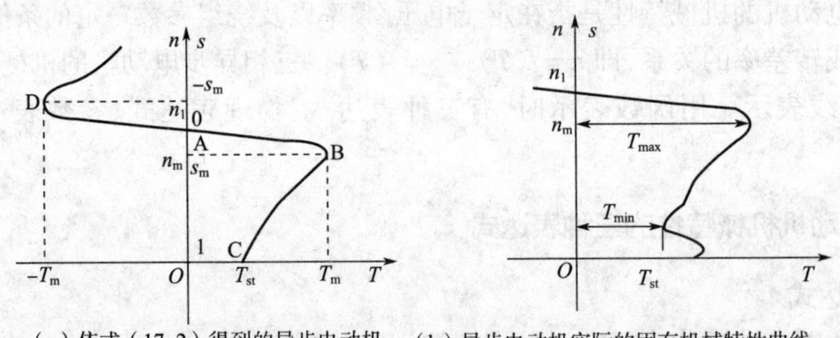

（a）依式（17-2）得到的异步电动机固有机械特性曲线　（b）异步电动机实际的固有机械特性曲线

图 17－1　三相异步电动机机械特性

(1)最大转矩 T_m　最大转矩 T_m 是 $T=f(s)$ 的极值点，为求极值，可对式(17－2)求导，并令 $\frac{dT}{ds}=0$，求得最大转矩对应的临界转差率为

$$s_m=\pm\frac{r_2'}{\sqrt{r_1^2+(x_1+x_2')^2}} \tag{17-3}$$

将 s_m 值代入式(17－2)得最大转矩为

$$T_m=\pm\frac{3pU_1^2}{4\pi f_1\left[\pm r_1+\sqrt{r_1^2+(x_1+x_2')^2}\right]} \tag{17-4}$$

式中，"＋"为电动状态(特性在第Ⅰ象限)；"－"为制动状态(特性在第Ⅱ象限)。

通常情况下 $r_1\ll x_1+x_2'$，可忽略 r_1，则有

$$s_m\approx\pm\frac{r_2'}{x_1+x_2'} \tag{17-5}$$

$$T_m\approx\pm\frac{3pU_1^2}{4\pi f_1(x_1+x_2')} \tag{17-6}$$

T_m 称为最大转矩，又称临界转矩，如果运行中的电动机突加负载，负载转矩超过临界转矩，将有可能迫使电动机堵转，时间一长，电动机会烧毁，因为电动机堵转相当于电动机起动瞬间，堵转电流为(4～7)倍的额定电流。最大转矩与额定转矩的比值称为过载倍数，其值的大小反映了电动机的过载能力，用 λ_m 表示，即

$$\lambda_m=\frac{T_m}{T_N} \tag{17-7}$$

一般异步电动机的过载倍数 $\lambda_m=1.5\sim2.2$。

(2)起动转矩 T_{st}　异步电动机起动瞬间，$n=0$ 或 $s=1$，电动机相当于堵转，该时刻的电磁

转矩称为起动转矩或堵转转矩,用 T_{st} 表示,则有

$$T_{st} = \frac{3pU_1^2 r_2'}{2\pi f_1[(r_1 + r_2')^2 + (x_1 + x_2')^2]} \tag{17-8}$$

异步电动机的起动转矩与额定转矩的比值称为起动转矩倍数或堵转转矩倍数,用 k_{st} 表示,则有

$$k_{st} = \frac{T_{st}}{T_N} \tag{17-9}$$

一般普通异步电动机的起动转矩倍数为0.8~1.2。

3. 实用表达式

异步电动机的参数铭牌上不标注,产品目录中也查不到,参数必须通过试验测取,所以实用表达式在应用上受到一定的限制。实际应用中,可根据产品目录中所给的数据利用实用表达式大致求出机械特性,下面推导实用表达式。

由式(17-2)和式(17-4)得

$$\frac{T}{T_m} = \frac{2r_2'[r_1 + \sqrt{r_1^2 + (x_1 + x_2')^2}]}{s\left[\left(r_1 + \frac{r_2'}{s}\right)^2 + (x_1 + x_2')^2\right]} \tag{17-10}$$

又由式(17-3)得

$$\sqrt{r_1^2 + (x_1 + x_2')^2} = \frac{r_2'}{s_m} \tag{17-11}$$

将式(17-10)代入式(17-11)中得

$$\frac{T}{T_m} = \frac{2r_2'\left(r_1 + \frac{r_2'}{s_m}\right)}{s\left(\frac{r_2'^2}{s_m^2} + 2r_1\frac{r_2'}{s} + \frac{r_2'^2}{s^2}\right)} = \frac{2\left(\frac{r_1 s_m}{r_2'} + 1\right)}{\frac{s}{s_m} + 2\frac{r_1 s_m}{r_2'} + \frac{s_m}{s}} \tag{17-12}$$

通常 $r_1 \approx r_2'$,一般异步电动机的 $s_m \approx 0.1 \sim 0.2$,$\frac{2r_1 s_m}{r_2'} \ll 2$,可以忽略,所以进一步简化得实用表达式为

$$T = \frac{2T_m}{\frac{s}{s_m} + \frac{s_m}{s}} \tag{17-13}$$

式中,$T_m = \lambda_m T_N$,此时临界转差率为

$$s_m = s\left[\lambda_m \frac{T_N}{T_L} + \sqrt{\left(\lambda_m \frac{T_N}{T_L}\right)^2 - 1}\right] \tag{17-14}$$

式中,T_L 为转矩负载,当拖动额定负载时,$T_L = T_N$,则临界转差率为

$$s_m = s_N(\lambda_m^2 + \sqrt{\lambda_m^2 - 1}) \tag{17-15}$$

额定转矩可由铭牌数据近似得出

$$T_N \approx T_{2N} = 9.55\frac{P_N}{n_N} \tag{17-16}$$

由上面公式推导过程可见,只要从产品目录查得该异步电动机的数据,应用实用表达式就可方便得出机械特性表达式。

二、固有机械特性

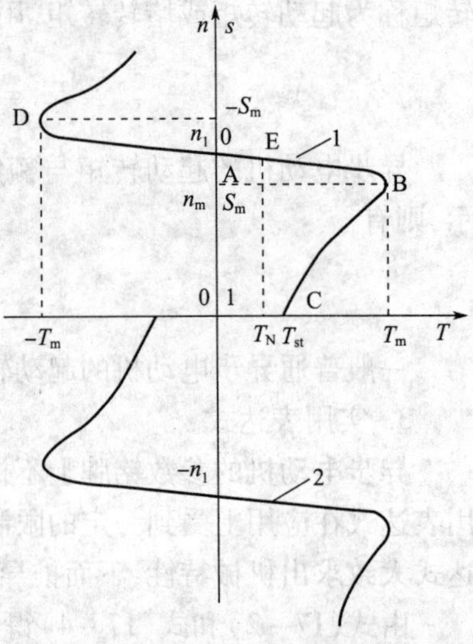

异步电动机的固有机械特性是 $U_1 = U_{1N}, f_1 = f_{1N}$，定子三相绕组按规定方式连接，定子和转子电路中不外接任何元件时测得的机械特性，即 $n = f(T)$ 或 $T = f(s)$ 曲线，如图 17－2 所示。对于同一台异步电动机有正转（曲线 1）和反转（曲线 2）两条固有机械特性。

图 17－2　三相异步电动机固有特性
1—正转特性；2—反转特性

现以正转固有机械特性（曲线 1）为例说明机械特性上各特殊点。

（1）同步转速点 A

同步转速点又称理想空载点，在该点处：$n = n_1, s = 0, T = 0, I_2 = 0, I_1 = I_0, E_{2s} = 0$，电动机处于理想空载状态。

（2）额定运行点 E

在额定运行点处：$n = n_N, T = T_N, I_1 = I_{1N}, I_2 = I_{2N}, P_2 = P_N$，电动机处于额定运行状态。

（3）临界点 B

在临界点处：$s = s_m, T = T_m$，对应的电磁转矩是电动机所能提供的最大转矩。图中，$-T_m$ 是异步电动机回馈制动状态所对应的最大转矩，由式（17－2）可知，若忽略 r_1 的影响，有 $-T_m = T_m$。

（4）起动点 C

在起动点处：$n = 0, s = 1, T = T_{st}, I = I_{st}$。

需要注意的是上述异步电动机的固有机械特性曲线是仅仅考虑了气隙基波旋转磁场得出的，而在实际的电机中，还有 5 次、7 次、11 次等谐波磁场；此外，由于定、转子铁心有齿和槽，产生了齿谐波，使气隙磁场变的不均匀，这些谐波磁场与转子电流作用将产生一系列谐波转矩，低速时，这些转矩可能达到较大的数值，结果使异步电动机的固有机械特性曲线变为如图 17－1(b)所示的形状。从图中可以看出，异步电动机的固有机械特性曲线除了最大转矩 T_{max} 和堵转转矩 T_{st} 外，还有最小转矩 T_{min}。这三个转矩对异步电动机的起动性能有很大影响。在国家标准中，对它们的最小值都有规定。Y 系列笼型异步电动机的最小转矩 T_{min} 不小于 $0.5T_N$。

例 17－1　一台三相异步电动机的主要技术数据：$P_N = 7.5$ kW，$U_{1N} = 380$ V，$I_{1N} = 14.9$ A，$n_N = 1\,450$ r/min，$\lambda_m = 2$。试用实用表达式求该电动机固有机械特性方程。

解　同步转速为 $n_1 = 1\,500$ r/min

额定转差率为
$$s_N = \frac{n_1 - n_N}{n_1} = 0.033$$

临界转矩为 $T_m = \lambda_m T_N = 9.55\dfrac{\lambda_m P_N}{n_N} = 9.55 \times \dfrac{2 \times 7.5 \times 10^3}{1\,450} = 98.8(\mathrm{N \cdot m})$

临界转差率为 $s_m = s_N(\lambda_m^2 + \sqrt{\lambda_m^2 - 1}) = 0.033 \times (2 + \sqrt{2^2 - 1}) = 0.123$

固有机械特性方程为
$$T = \frac{2T_m}{\dfrac{s}{s_m} + \dfrac{s_m}{s}} = \frac{197.6}{\dfrac{0.123}{s} + \dfrac{s}{0.123}}$$

注意:固有机械特性方程中只有 T 和 s 未知,只要给出一系列 s 值,就可求出相应的 T 值,逐点描绘即可绘出固有机械特性曲线。

三、异步电动机的人为机械特性

异步电动机的人为机械特性是指人为改变电动机的电气参数而得到的机械特性。由参数表达式可知,改变定子电压 U_1、定子频率 f_1、极对数 p、定子回路电阻 r_1 和电抗 x_1、转子回路电阻 r_2' 和电抗 x_2',都可得到不同的人为机械特性。下面讨论三种情况的人为机械特性。

1. 降低定子电压的人为机械特性

在参数表达式中,保持其他参数不变,只改变定子电压 U_1 的大小,可得改变定子电压的人为机械特性。由于异步电动机的磁路在额定电压下已接近饱和,又考虑到绕组绝缘,故电压不宜升高,下面只讨论电压在额定值以下范围调节的人为特性。

由于 $T_m \propto U_1^2$,$T_{st} \propto U_1^2$,n_1 和 s_m 与电压无关,所以当改变定子电压 U_1 时,就有图 17-3 所示的人为机械特性曲线。由特性曲线可见,定子电压 U_1 下降后,电动机的起动转矩和临界转矩都明显降低。对于恒转矩负载,如原先运行在 A 点,若电网电压由于某种原因降低,使负载运行至 B 点,电动机转速 n 下降,转差率 s 增大,转子阻抗角 $\varphi_2=\arctan\left(\frac{sx_2}{r_2}\right)$增大,则转子功率因数 $\cos\varphi_2$ 下降。由于负载转矩没变,在定子电压 U_1 降低后,φ_m 也降低,所以转子电流 I_2' 要随之增大,定子电流 I_1 也要增大,从而使定、转子的铜损都增大,导致绕组温度上升,若长期处于低压运行,会缩短电动机的使用寿命。若电动机轻载运行,当定子电压 U_1 降低后,φ_m 也降低,使铁损 p_{Fe}降低,定子电流 I_1 降低,则铜损 p_{Cu}降低,电动机效率 η 提高,具有节能效果。

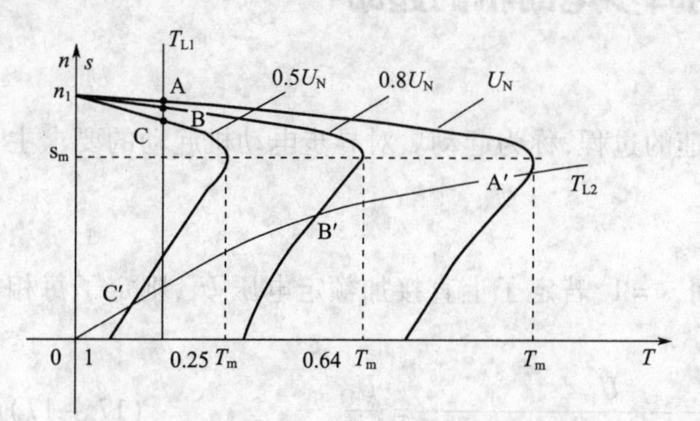

图 17-3 降低定子电压的人为机械特性

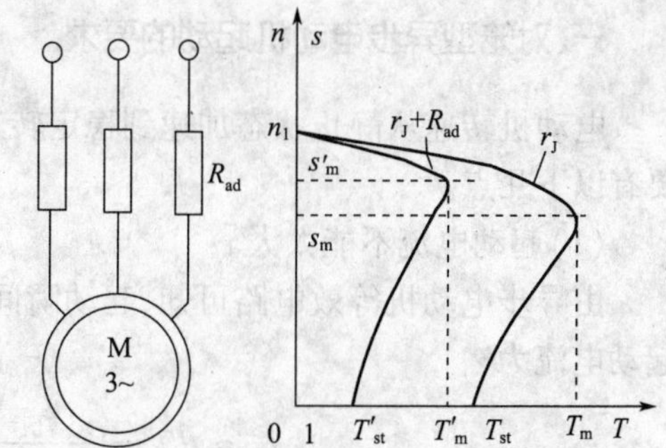

图 17-4 定子回路串入对称电阻的接线图和人为机械特性

2. 定子回路串入对称电阻或电抗的人为机械特性

图 17-4 为定子回路串入三相对称电阻 R_{ad}的接线图。当定子电阻增大时,同步转速 n_1 不变,但临界转矩 T_m、临界转差率 s_m 和起动转矩 T_{st}都变小。

如果定子回路串入对称的电抗,同步转速 n_1 仍不变,但临界转矩 T_m、临界转差率 s_m 及起动转矩 T_{st}也都变小,定子回路串入三相对称电抗 X_{ad}的接线图和人为机械特性如图 17-5 所示。

以上两种接线常应用于笼型异步电动机的起动,以限制起动电流。

3. 转子回路串入对称三相电阻的人为机械特性

对于绕线转子异步电动机可在转子回路串入三相对称电阻 R_{ad}，其接线如图 17-6(a)所示。当转子电阻 r_2 增大时，同步转速 n_1 和临界转矩 T_m 不变，但临界转差率 s_m 变大，起动转矩 T_{st} 随转子电阻 r_2 增大而增大，直至 $T_{st}=T_m$，但当转子电阻 r_2 再继续增大时，起动转矩 T_{st} 反而减小，其人为机械特性如图 17-6(b)所示。转子串入对称三相电阻的方法应用于绕线转子异步电动机的起动和调速。

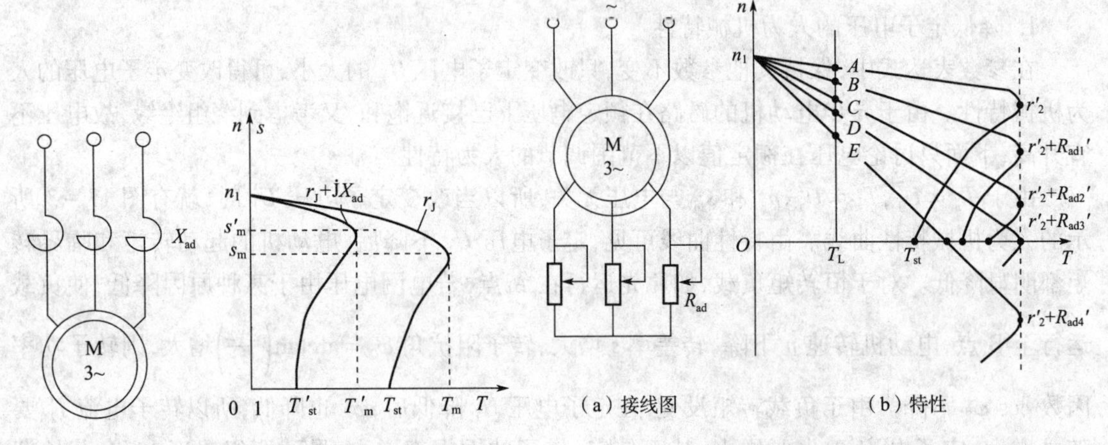

图 17-5　定子回路串入对称电抗的接线图和人为机械特性

图 17-6　转子回路串入三相对称电阻的接线图和人为机械特性

第二节　三相异步电动机的起动

一、对笼型异步电动机起动的要求

电动机转速从静止状态加速到稳定转速的过程，称为起动。对异步电动机起动的要求主要有以下几点。

(1)起动电流不能太大。

由异步电动机等效电路可知，起动瞬间，$s=1$，若定子上直接加额定电压 U_1，则定子每相起动电流为

$$I_{st} \approx I'_{2st} = \frac{U_1}{\sqrt{(r_1+r'_2)^2+(x_1+x'_2)^2}} = \frac{U_1}{z_k} \tag{17-17}$$

由于阻抗 z_k 很小，所以起动线电流很大，为额定电流的 4~7 倍。过大的起动漏阻抗压降 $I_{st}z_k$，使起动瞬间主磁通 Φ_m 约为额定值的一半，此时转子功率因数 $\cos\varphi_2$ 也很低，虽然起动电流很大，但起动转矩并不大，一般为额定转矩的 0.8~1.8 倍。

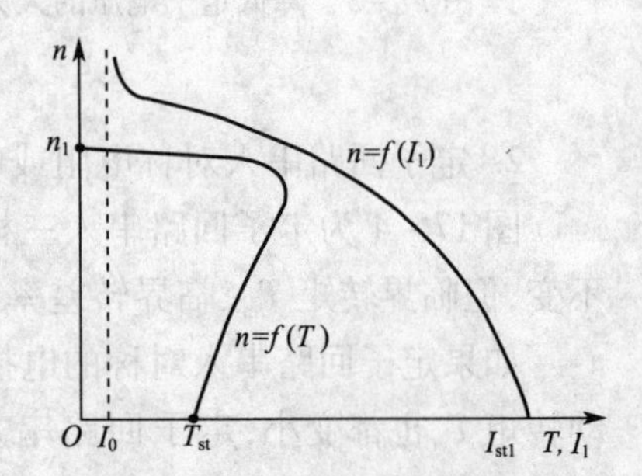

图 17-7　三相异步电动机直接起动时的机械特性和电流特性

由图 17-7 所示的三相异步电动机直接起动时的电流特性可以看出，起动时电流最大，由于起动电流大，当电网的变压器容量与异步电动机起动容量相比不足够大时，直接起动会使变压器输出电压下降，甚至使接在变压器上的

其他电器及电动机的正常工作受到影响。一般要求起动电流对电网造成的电压降 $\Delta U <$ 10%，偶尔起动时，不超过 15%。

(2) 足够的起动转矩。起动过程中，电磁转矩要大于负载转矩，并尽可能满足 $T_{st} > 1.1T_L$。

(3) 起动的设备要尽可能简单，操作方便，价格低廉和低起动损耗。

二、普通笼型异步电动机的起动

1. 直接起动

如果转子回路直接短接，定子回路接额定电压和额定频率的电源，使电动机起动，该起动方法称为直接起动。一般 7.5kW 以下的小容量笼型异步电动机都可以直接起动。如果变压器容量足够大，直接起动的容量还可相应增大，一般可按经验公式核定，即

$$k_1 = \frac{I_{st}}{I_N} \leqslant \frac{3}{4} + \frac{S_N}{4P_N} \qquad (17-18)$$

式中，k_1 为起动电流倍数；I_{st} 为电动机的起动电流（A）；I_N 为电动机的额定电流（A）；S_N 为电源变压器总容量（kVA）；P_N 为电动机的额定功率（kW）。

直接起动不需要专门的起动设备，操作简单，缺点是起动电流大。现代设计的笼型异步电动机都按直接启动时的电磁力和发热来考虑其机械强度和热稳定性，因此从电动机本身来讲，笼型异步电动机都允许直接起动，只要满足式（17-18），电动机应优先选用直接起动，图 17-8 所示为三相笼型异步电动机正反转直接起动接线图。

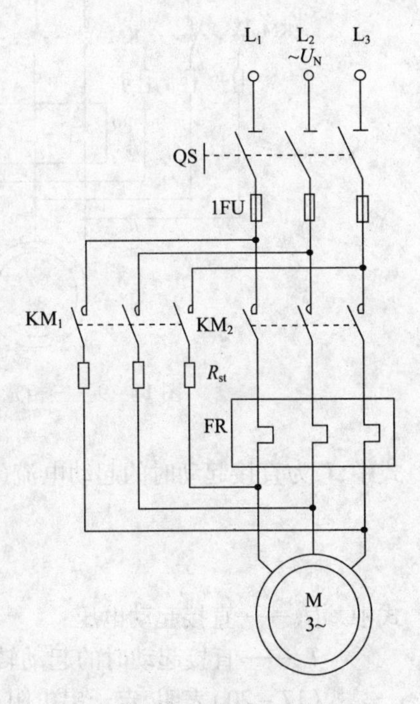

图 17-8　三相笼型异步电动机正反转直接起动接线图

2. 减压起动

当直接起动不能满足式（17-18）的要求时，则采用限制起动电流的方法进行起动，限制起动电流的方法有减压起动法，常用的减压起动法有以下几种。

(1) 定子回路串电阻或电抗减压起动

三相笼型异步电动机定子回路串电阻减压起动接线图如图 17-9 所示。起动时，按压起动按钮 SB_2，KM_1闭合，使定子回路串入起动电阻 R_{st}，经时间继电器 KT 延时后，中间继电器得电闭合，断开 KM_1，闭合 KM_2，将起动电阻从定子回路中切除，使电动机全压运行（图中 RR 为热保护继电器，当电机温度达到其保护温度时，控制回路中的 FR 断开，从而使 KM_2线圈失电，KM_2主触头断开，电机停转）。如果将图中的起动电阻换成电抗，便是定子回路串电抗减压起动接线图。

在定子回路串电阻或电抗起动时，由于起动电流在起动电阻或电抗上产生一定的压降，使真正加在电动机定子上的电压减小，从而限制了起动电流。

设起动电流需降低的倍数为 α，减压起动电流为 I'_{st}，则有

$$I'_{st} = \frac{I_{st}}{\alpha} \qquad (17-19)$$

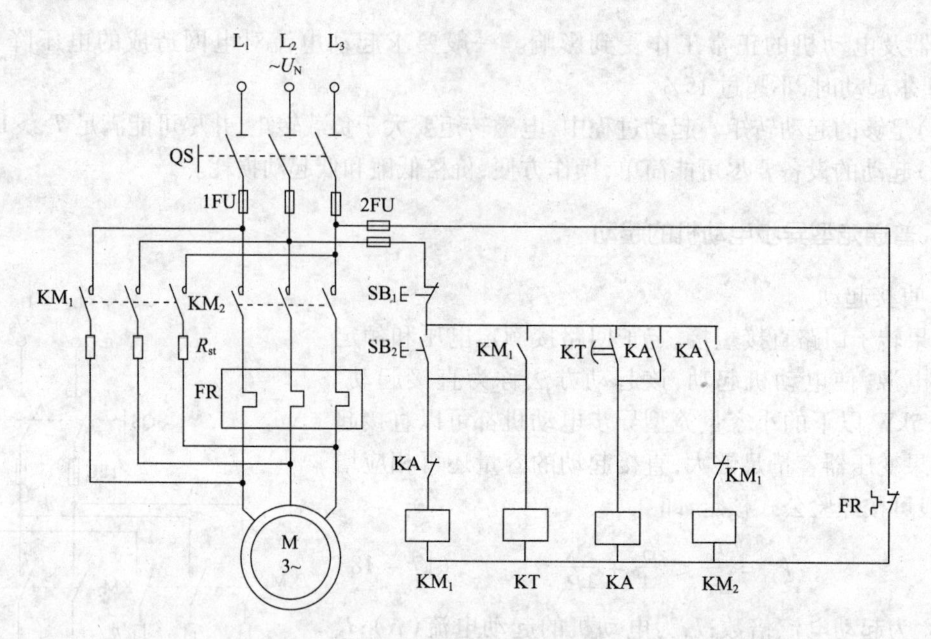

图 17－9　三相笼型异步电动机定子回路串电阻减压起动接线图

式中，I_{st}为直接起动时的起动电流（A）。又因为$\frac{U_N}{U_1'}=\frac{I_{st1}}{I_{st1}'}=\alpha$，$T_{st}\propto U_1^2$，所以减压起动转矩为

$$T_{st}'=\left(\frac{U_1'}{U_N}\right)^2T_{st}=\frac{T_{st}}{\alpha^2} \tag{17-20}$$

式中　U_N——直接起动电压；

T_{st}——直接起动时的起动转矩。

式（17－20）表明，定子串电阻或电抗起动的方法，虽能限制起动电流，但同时也使起动转矩显著减小，该方法只适用于空载或轻载起动，此时还应检验满足$T_{st}'\geqslant(1.1\sim1.2)T_L$条件。

由图 17－10 的等效电路可知，直接起动、串电阻起动或串电抗起动瞬间的短路阻抗为

$$\left.\begin{aligned}\frac{U_N}{I_{st}}&=z_k=\sqrt{r_k^2+x_k^2}\\\frac{U_N}{I_{st1}'}&=\sqrt{(R_{st}+r_k)^2+x_k^2}\\\frac{U_N}{I_{st1}'}&=\sqrt{(X_{st}+x_k)^2+r_k^2}\end{aligned}\right\} \tag{17-21}$$

由式（17－20）、（17－21）式可推出

$$\left.\begin{aligned}R_{st}&=\sqrt{\alpha^2r_k^2+(\alpha^2-1)x_k^2}-r_k\\X_{st}&=\sqrt{\alpha^2x_k^2+(\alpha^2-1)r_k^2}-x_k\end{aligned}\right\} \tag{17-22}$$

式中，短路阻抗可根据铭牌数据计算，即

$$\left.\begin{aligned}z_k&=\frac{U_{1N}}{\sqrt{3}k_1I_{1N}}\quad\text{定子 Y 联结}\\z_k&=\frac{\sqrt{3}U_{1N}}{k_1I_{1N}}\quad\text{定子 D 联结}\end{aligned}\right\} \tag{17-23}$$

式中　$k_1=\dfrac{I_{kN}}{I_N}$——电动机的堵转电流倍数，可在电动机的产品目录中查到。

设直接起动时的功率因数为 $\cos\varphi_{1st}$，一般为 $\cos\varphi_{1st}\approx 0.25$，所以有

$$\left.\begin{aligned} r_k &= z_k\cos\varphi_{1st} \\ x_k &= z_k\sin\varphi_{1st} \end{aligned}\right\} \tag{17-24}$$

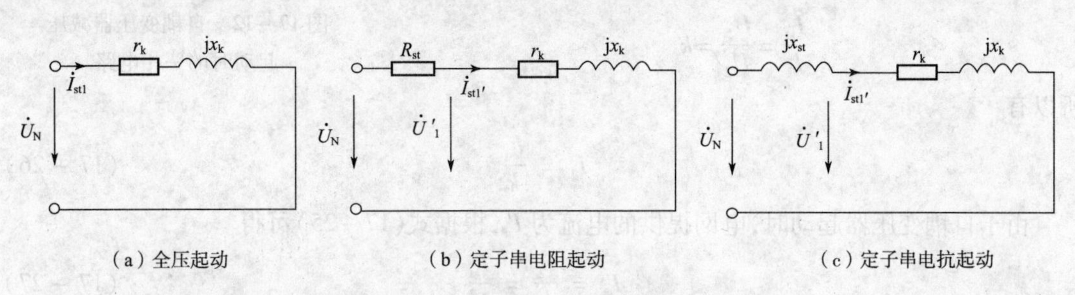

图 17-10　定子串电阻或电抗起动时的等效电路

定子回路串电阻减压起动时，电阻上要消耗电能，但该起动方法设备相对简单，适用于小容量的电动机；而定子回路串电抗减压起动不消耗电能，但电抗设备费较高，适用于较大容量的电动机的起动。

（2）定子回路串入自耦变压器减压起动

定子回路串入自耦变压器的减压起动接线如图 17-11 所示。起动时，按压起动按钮 SB_2，KM_1闭合，使定子回路串入自耦变压器，实现减压起动，随着起动的完成，经时间继电器 KT 延时后，中间继电器得电闭合，断开 KM_1，闭合 KM_2，将自耦变压器切除，使电动机全压运行。

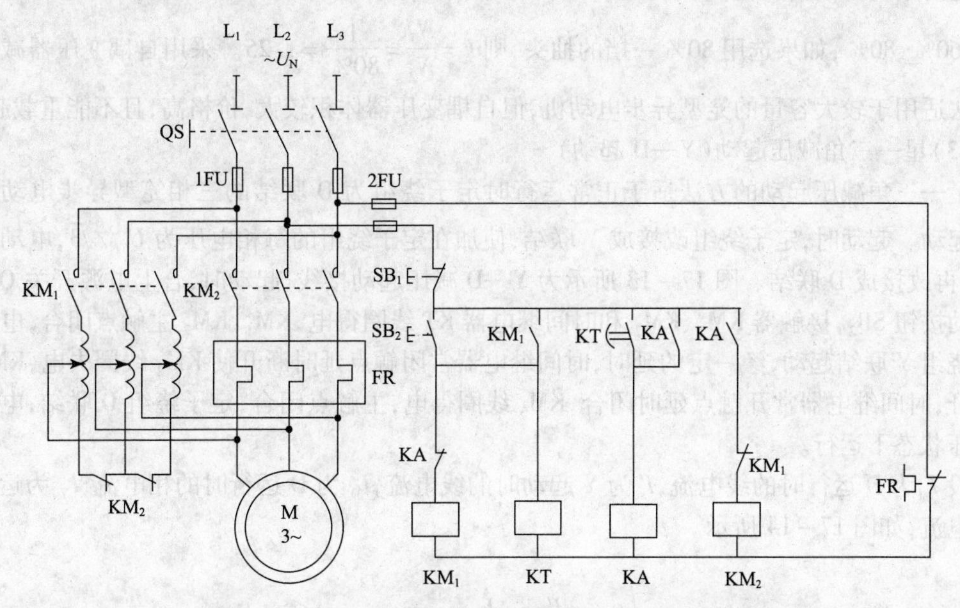

图 17-11　定子回路串入自耦变压器的减压起动接线图

设自耦变压器的电压比为 $k(k>1)$，根据图 17-12 所示自耦变压器减压起动时的一相电路可得

$$k=\frac{N_1}{N_2}=\frac{U_N}{U_2}=\frac{I_2}{I'_{st}} \tag{17-25}$$

式中，N_1、N_2 分别为自耦变压器一、二次绕组的匝数；U_2、I_2 分别为加在定子绕组上的降低了的电压和流入定子绕组的电流；U_N、I'_{st} 分别为电网电压和电网提供的电流。设直接起动时的起动电流为 I_{st}。而起动电流与起动时所加的电压成正比，则

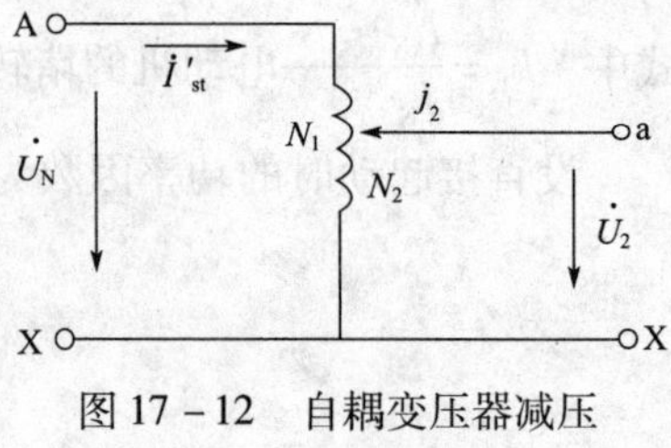

图 17－12　自耦变压器减压起动时的一相电路

$$\frac{I_{st}}{I_2}=\frac{U_N}{U_2}=k$$

所以有

$$I_2=\frac{I_{st}}{k} \tag{17-26}$$

由于自耦变压器起动时，电网提供的电流为 I'_{st}，根据式(17－25)可得

$$I'_{st}=\frac{I_2}{k}=\frac{I_{st}}{k^2} \tag{17-27}$$

又设直接起动时的启动转矩为 T_{st}，而异步电动机的转矩又与电压二次方成正比，则应有

$$T'_{st}=\left(\frac{U_2}{U_N}\right)^2 T_{st}=\frac{T_{st}}{k^2} \tag{17-28}$$

式(17－27)和式(17－28)说明，采用自耦变压器起动时，起动电流和起动转矩降低的程度相同。采用自耦变压器减压起动与直接起动方法相比电压降低至原来的 $1/k$，起动电流和起动转矩降低至原来的 $1/k^2$；与定子串电阻或电抗起动方法相比，在限制电流效果相同的条件下，可得到较大的起动转矩，从而可带较大的负载起动。

起动用的自耦变压器二次绕组一般有三个抽头可供选择，例如抽头分别为电源电压的 40%、60%、80%，如果选用 80% 一挡的抽头，则 $k=\frac{N_1}{N_2}=\frac{1}{80\%}=1.25$。采用自耦变压器减压起动方法适用于较大容量的笼型异步电动机，但自耦变压器体积较大，价格高，且不能重载起动。

(3) 星—三角减压起动(Y—D 起动)

星—三角减压起动的方法适于正常运行时定子绕组为 D 联结的三相笼型异步电动机的减压起动。起动时，定子绕组改接成 Y 联结，使加在定子绕组的每相电压为 $U_{1N}/\sqrt{3}$，电动机起动后，再改接成 D 联结。图 17－13 所示为 Y—D 减压起动接线，起动时，合上电源开关 QS，按下起动按钮 SB_2，接触器 KM_1、KM_2 和时间继电器 KT 线圈得电，KM_1、KM_2 主触点闭合，电动机定子绕组 Y 联结起动，经一定的延时，时间继电器常闭触点延时断开使 KM_2 线圈失电，KM_2 触点断开；时间继电器常开触点延时闭合，KM_3 线圈得电，主触点闭合，定子绕组 D 联结，电动机在全压状态下运行。

设 I_{st} 为 D 运行时的线电流，I'_{st} 为 Y 起动时的线电流，I_D 为 D 运行时的相电流，I_Y 为运行时的相电流，如图 17－14 所示。

$$\frac{I'_{st}}{I_{st}}=\frac{I_Y}{I_D}=\frac{1}{3} \tag{17-29}$$

又由于异步电动机转矩与电压成平方倍关系，所以有

$$\frac{T'_{st}}{T_{st}}=\left(\frac{\frac{U_N}{\sqrt{3}}}{U_N}\right)^2=\frac{1}{3} \tag{17-30}$$

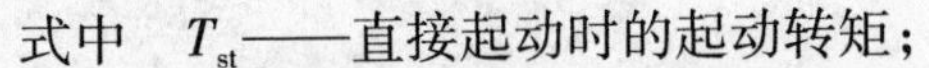

式中　T_{st}——直接起动时的起动转矩；

T'_{st}——Y—D 减压起动时的起动转矩。

由式(17－29)和式(17－30)可见，Y—D 减压起动时起动电流及起动转矩降低同样的程度，均为 1/3，所以也只适用于轻载起动场合。该起动方法设备简单，价格便宜。

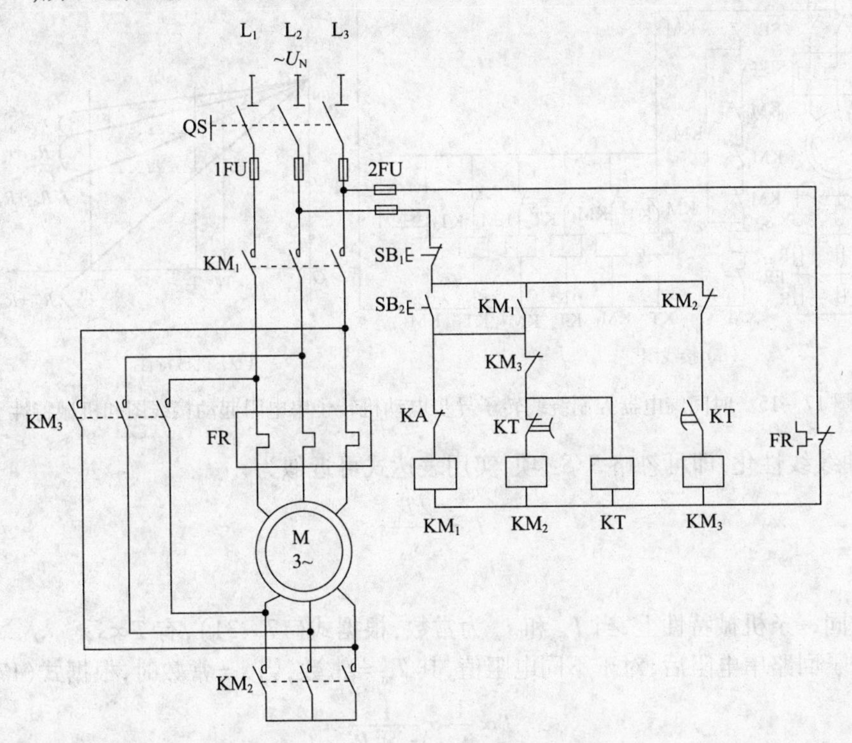

图 17－13　Y—D 减压起动接线图

三、绕线转子异步电动机的起动

三相绕线转子异步电动机转子三相对称绕组一般都为 Y 联结，三引线通过三个集电环和电刷引出，正常运行时转子三相绕组通过集电环短接。在转子回路中串入对称电阻或频敏变阻器可改善起动性能。

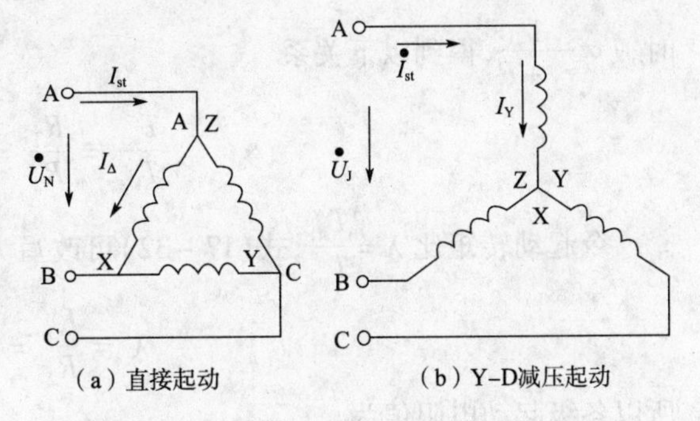

图 17－14　Y—D 减压起动的电流示意图

1. 转子回路串入三相对称电阻起动

绕线转子串入三相对称电阻接线如图 17－15所示。

电动机起动时，合上电源开关 QS，按下起动按钮 SB_2，KM 通电并自锁，时间继电器 KT_1 得电，在其常开延时闭合触点动作前，转子绕组串入全部起动电阻，当 KT_1 延时终了，KM_1 线圈得电动作，切除第一段起动电阻 R_{st1}，同时接通时间继电器 KT_2，经延时后，接触器 KM_2 得电动作，切除第二段起动电阻 R_{st2}，同时又接通时间继电器 KT_3，经延时后，接触器 KM_3 得电动作，切除第三段起动电阻 R_{st3}，KT_3 自锁，同时 KM_3 的另一常闭触点使 KT_1、KM_1、KT_2、KM_2、KT_3 依次断电释放，而 KM_3 常开触点保持闭合，电动机起动完毕。起动过程中，转子回路的起动电阻分三次切除，故又称三级起动。起动阻值可通过计算求得。为了使计算方便，可将异步电动机

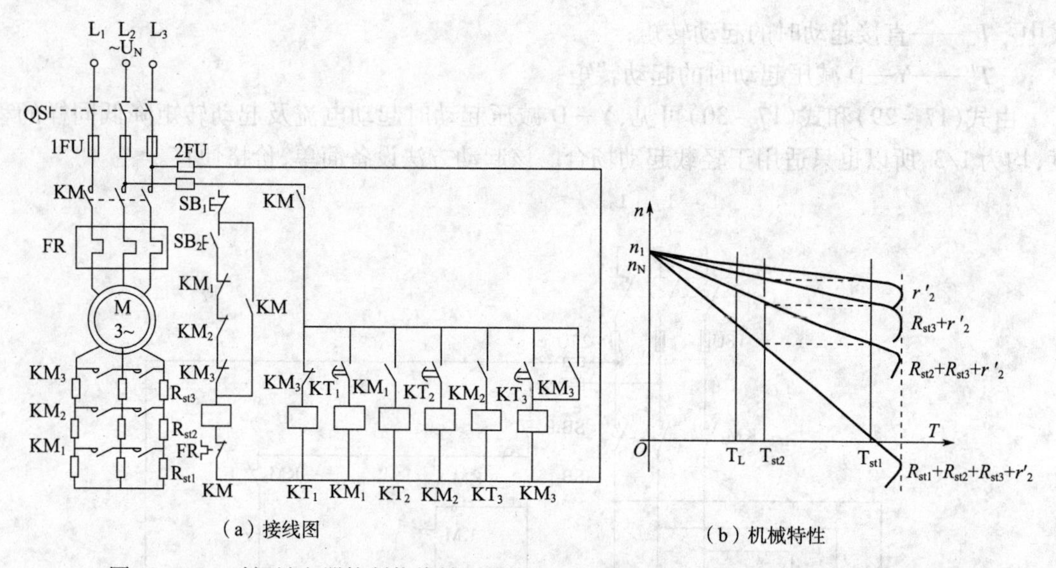

(a) 接线图
(b) 机械特性

图 17-15 时间继电器控制绕线转子异步电动机转子串电阻起动接线图和机械特性

机械特性曲线线性化，即可忽略 S/S_m 项，实用表达式可近似为

$$T=\frac{2T_m}{s_m}s \tag{17-31}$$

从而可得：

(1)在同一条机械特性上，当 T_m 和 s_m 为常数，根据式(17-31)，有 $T\propto s$；

(2)转子回路串电阻后，对于不同电阻值，其 T_m = 常数，当 s = 常数时，根据式(17-31)有

$$T\propto\frac{1}{s_m}\propto\frac{1}{r_2+R}$$

根据上述两个比例关系，如图 17-15(b)所示，在不同的串电阻机械特性上，当 s 为常数时，$T\propto\frac{1}{r_2+R}$，得到以下关系

$$\frac{T_{st1}}{T_{st2}}=\frac{R_3}{R_2}=\frac{R_2}{R_1}=\frac{R_1}{r_2} \tag{17-32}$$

令起动转矩比 $\lambda=\frac{T_{st1}}{T_{st2}}$，式(17-32)可改写为

$$\lambda=\frac{R_3}{R_2}=\frac{R_2}{R_1}=\frac{R_1}{r_2} \tag{17-33}$$

所以各级起动电阻值为

$$\left.\begin{aligned}R_1&=\lambda r_2\\R_2&=\lambda R_1=\lambda^2 r_2\\R_3&=\lambda R_2=\lambda^3 r_2\end{aligned}\right\} \tag{17-34}$$

各段起动电阻值为

$$\left.\begin{aligned}R_{st1}&=R_1-r_2\\R_{st2}&=R_2-R_1\\R_{st3}&=R_3-R_2\end{aligned}\right\} \tag{17-35}$$

式中，每相转子电阻 r_2 可根据铭牌数据近似求得，一般转子绕组为 Y 联结，转子阻抗为

$$z_{2s}=\frac{s_N E_{2N}}{\sqrt{3}I_{2N}}=r_2+\mathrm{j}s_N x_2\approx r_2$$

式中，因 s_N 很小，$r_2 \gg s_N x_2$，可忽略 $s_N x_2$。

对于三级起动，R_3 为起动时的转子最大电阻，虽然起动瞬间 $s=1$，仍可忽略电抗，有

$$R_3\approx\frac{E_{2N}}{\sqrt{3}I_{2st}} \tag{17-36}$$

式中　I_{2st}——起动转矩 T_{st1} 时的转子相电流。

根据式(17－33)，起动转矩比也可表示为

$$\lambda=\sqrt[3]{\frac{R_3}{r_2}}=\sqrt[3]{\frac{E_{2N}}{\sqrt{3}I_{2st}}\frac{\sqrt{3}I_{2N}}{s_N E_{2N}}}=\sqrt[3]{\frac{I_{2N}}{s_N I_{2st}}}=\sqrt[3]{\frac{T_N}{s_N T_{st1}}} \tag{17-37}$$

设起动级数为 m，则一般表达式为

$$\lambda=\sqrt[m]{\frac{T_N}{s_N T_{st1}}} \tag{17-38}$$

当级数未知时，可用下式求级数，即

$$m=\frac{\lg\left(\frac{T_N}{s_N T_{st1}}\right)}{\lg\lambda} \tag{17-39}$$

归纳计算起动电阻的步骤如下。

(1)当起动级数 m 为已知时：

第一步，预选起动转矩 T_{st1}，一般取 $T_{st1}\leqslant 0.85T_m=0.85\lambda_m T_N$，用式(17－38)计算出起动转矩比 λ；

第二步，校验切换转矩 $T_{st2}=\frac{T_{st1}}{\lambda}\geqslant 1.1T_L$，若不满足则需修改 T_{st1}，直至满足要求为止；

第三步，根据铭牌数据和公式计算转子电阻 r_2，再用 r_2 和 λ 值计算各级起动电阻值和各段起动电阻值。

(2)当起动级数 m 未知时：

第一步，预选起动转矩 T_{st1} 和 T_{st2}，使 $T_{st1}\leqslant 0.85T_m=0.85\lambda_m T_N$，$T_{st2}=(1.1\sim1.2)T_L$，求 λ。

第二步，用式(17－39)求起动级数 m，取整后修正 λ，再校验是否满足 $T_{st2}\geqslant 1.1T_L$，不满足要修正，直至满足为止。

第三步，计算 r_2，用 r_2 和 λ 值计算各级起动电阻值和各段起动电阻值。

例 17－2　某三相绕线转子异步电动机额定数据如下：额定功率 $p_N=30$ kW，额定转速 $n_N=1\,475$ r/min，最大转矩 $T_m=2.8T_N$，转子绕组额定电压 $E_{2N}=360$ V，转子额定电流 $I_{2N}=52$ A，电动机起动时的负载转矩 $T_L=0.7T_N$。试求采用转子串三级电阻起动时的起动电阻。

解　额定转差率为　$s_N=\frac{n_1-n_N}{n_1}=\frac{1\,500-1\,475}{1\,500}=0.0167$

转子每相电阻为　$r_2\approx\frac{s_N E_{2N}}{\sqrt{3}I_{2N}}=\frac{0.0167\times360}{\sqrt{3}\times52}=0.0668(\Omega)$

设最大起动转矩为　$T_1=0.85T_m=0.85\times2.8T_N=2.38T_N$

起动转矩比　$\lambda=\sqrt[3]{\frac{T_N}{s_N T_{st1}}}=\sqrt[3]{\frac{T_N}{0.0167\times2.38T_N}}=2.9302$

校验切换转矩为 $$T_2=\frac{T_1}{\lambda}=\frac{2.38T_N}{2.9302}=0.8122T_N$$

起动时负载转矩为 $1.1T_L=1.1\times0.7T_N=0.77T_N<T_L$，故满足起动要求。

各级起动转子回路总电阻分别为

$$R_1=\lambda r_2=2.9302\times0.0668\Omega=0.1957(\Omega)$$
$$R_2=\lambda^2r_2=2.9302^2\times0.0668\Omega=0.5735(\Omega)$$
$$R_3=\lambda^3r_2=2.9302^3\times0.0668\Omega=1.6806(\Omega)$$

各级起动时的外串起动电阻为

$$R_{st1}=R_1-r_2=(0.1957-0.0668)=0.1289(\Omega)$$
$$R_{st2}=R_2-R_1=(0.5735-0.1957)=0.3778(\Omega)$$
$$R_{st3}=R_3-R_2=(1.6806-0.5735)=1.1071(\Omega)$$

2. 转子回路串入频敏变阻器起动

三相绕线转子异步电动机采用转子串电阻起动的方法，在起动过程中逐级切除起动电阻，若起动级数较少，起动不平滑，切换电阻时会有较大冲击电流，造成电气和机械冲击；若起动级数较多，又会使设备体积大，线路复杂，维修不便，不经济。采用转子串入频敏变阻器的起动方法，可克服上述缺点。

频敏变阻器结构示意图如图 17－16 所示，图 17－17 是其主电路的接线图。频敏变阻器实际上是一个三相铁心线圈，铁心由厚度为 30～50 mm 的铁板或钢板叠成。频敏变阻器如同一台无二次侧的三相变压器，忽略频敏变阻器绕组的漏电抗，其一相等效电路如图 17－16(c)所示，R_m 为频敏变阻器铁损耗的等效电阻，X_m 为频敏变阻器绕组的励磁电抗。

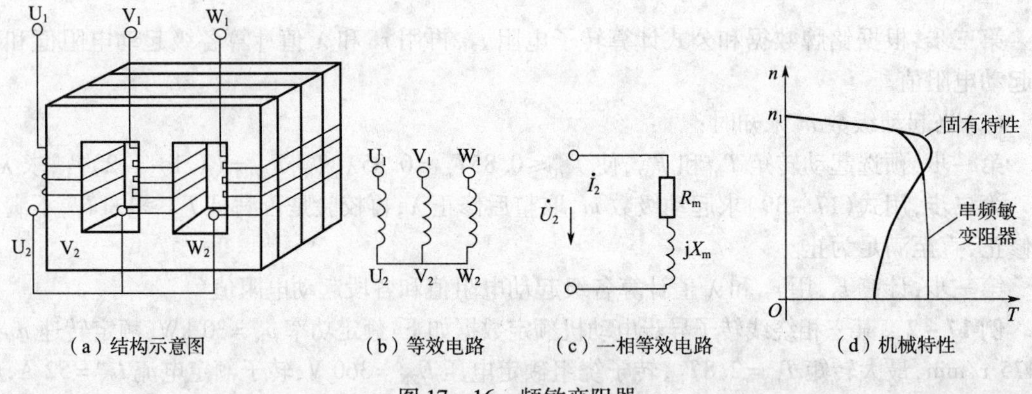

(a) 结构示意图　(b) 等效电路　(c) 一相等效电路　(d) 机械特性

图 17－16　频敏变阻器

当电动机起动时，KM_1 闭合，转子电流频率较大，$f_2\approx f_1$，且频敏变阻器 RF 的铁心叠片很厚，涡流损耗大，其等效电阻 R_m 也很大，而起动电流又使铁心更饱和，励磁电抗更小，励磁阻抗中等效电阻 R_m 起主要作用，相当于转子回路串入电阻起动，可以有效地限制起动电流，并且使起动转矩较大；起动过程中，随着转速上升，转差率 s 的下降，转子频率 $f_2=sf_1$ 也随之下降，频敏变阻器的涡流损耗与等效电阻 R_m 自动减小，励磁电抗与 f_2 成正比关系，因此也随频率的下降而减小。采用转子串频敏变阻器起动，起动转矩和起动电流的变化不存在突变现象，为了不影响电动机正常的运行性能，起动完毕应将频敏变阻器切除，即 KM_2 闭合。如果频敏变阻器的参数选取合适，可使电动机在起动过程中保持电磁转矩几乎不变，其机械特性如图 17－16(d)所示。

频敏变阻器结构简单，运行可靠，使用和维护方便，价格便宜，但与转子串电阻起动相比，起动转矩要小，因励磁电抗 X_m 的存在，最大转矩有所下降，该方法适用于需频繁起动但起动转矩又不是很大的场合。

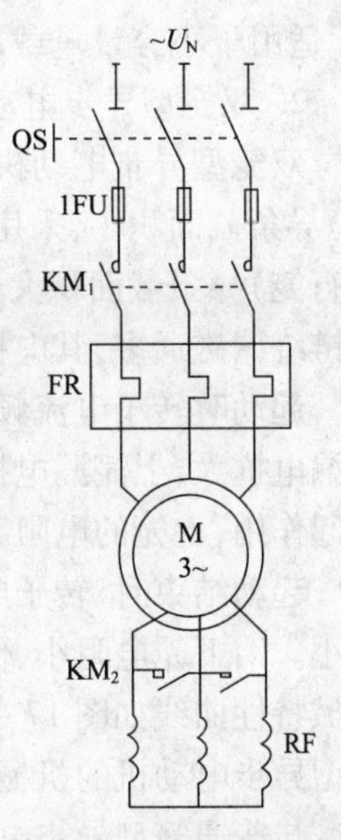

图 17－17　转子串频敏变阻器起动的接线图

四、高起动转矩笼型异步电动机

前面所介绍的普通笼型异步电动机起动方法只适用于空载或轻载起动的场合，对于要求重载起动的生产机械，既要限制起动电流对电网的冲击，又要有足够大的起动转矩使生产机械顺利起动，可采用特殊结构型式转子的笼型异步电动机。最常见的有深槽式异步电动机、双笼型异步电动机和高转差率异步电动机。

1. 深槽式异步电动机

深槽式异步电动机转子结构特点：槽深而窄，一般槽深 h 与槽宽 b 之比 h/b 为 10～12，当转子导条中有电流流过时，由于气隙和槽导条的磁阻大而转子铁心磁阻小，故漏磁通基本上只穿过一次槽导条，然后经槽底部铁心形成闭合回路，从而使槽底部的导条链绕磁通比槽口导条链绕的要多，槽中的磁通分布如图 17－18(a)所示。若将转子导条看成是由若干沿槽高排列的小导条并联而成，则越靠近槽底部的导条链绕的漏磁通越多，漏阻抗越大，越靠近槽口的导条链绕的漏磁通越小，漏阻抗越小。

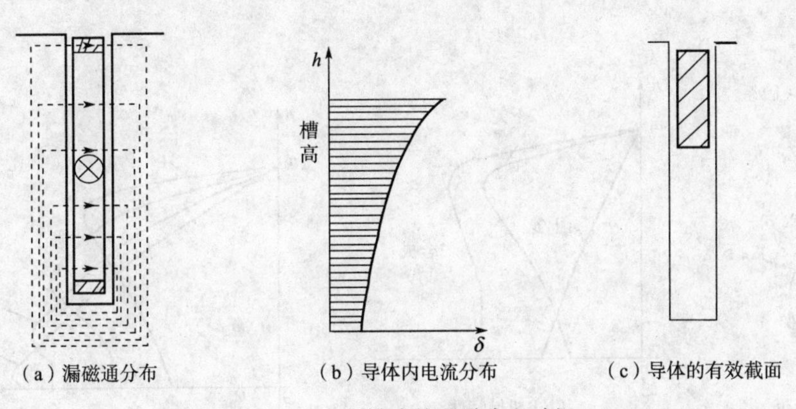

(a) 漏磁通分布　(b) 导体内电流分布　(c) 导体的有效截面

图 17－18　深槽式笼型异步电动机

起动时，转子电流频率最高，$f_2=f_1$，转子漏电抗大，各并联小导条的电流分配主要由电抗决定，所以槽导条中的电流分布极不均匀，电流被挤到槽口，电流密度沿槽高分布如图 17－18(b)所示，该现象称电流的"集肤效应"或称"趋表效应"。频率越高，槽越深，集肤效应越明显，导条中的电流越往槽口挤，可近似认为导条下部没有电流，相当于导条截面积减小，如图 17－18(c)所示，从而使转子电阻增大，起动转矩增大。

起动结束，转子电流频率 $f_2=sf_1$ 很低，集肤效应很弱，转子电流均匀分布在导条的整个截面，转子电阻自动减小到最小值。

由于深槽式转子漏磁通大，正常运行时漏电抗大，故电动机的功率因数和过载能力相对低些，适用于小容量重载起动的场合。

2. 双笼型异步电动机

双笼型异步电动机的特点：有两套笼型绕组，如图 17－19 所示，上笼（亦称外笼或起动笼）导条截面积小，采用黄铜或铝青铜等电阻系数较大的材料制成，电阻大；下笼（亦称内笼或运行笼）导条截面积大，采用电阻系数较小的紫铜材料制成，电阻小。与深槽式转子一样，下笼链绕漏磁通多，其电抗大，上笼链绕漏磁通少，其电抗小。

起动时转子电流频率最高，转子漏电抗大于电阻，电流的分配取决于漏电抗的大小。因下笼漏电抗大，上笼漏电抗小，转子电流被挤到上笼中，使上笼在起动时起主要作用，而下笼几乎不起作用，上笼的电阻大，电抗小，从而改善了起动特性，使起动电流较小，起动转矩较大。

起动结束时，转子电流频率 $f_2=sf_1$ 很低，转子漏电抗小于电阻，电流的分配取决于电阻的大小。因下笼电阻小，使转子电流大部分流入下笼，上笼几乎不起作用。上、下笼单独运行的机械特性曲线如图 17－19（b）中曲线 1、曲线 2 所示，曲线 3 是曲线 1 和曲线 2 的合成，亦即双笼型异步电动机的机械特性。

与普通笼型异步电动机相比，双笼型异步电动机转子漏电抗大，功率因数和最大转矩低些。深槽式和双笼型异步电动机适用于小容量重载起动的场合。

3. 高转差率异步电动机

高转差率异步电动机转子结构与普通笼型异步电动机完全一样，只是转子导条由高电阻系数的铝合金铸成，截面积较小，因而转子电阻大，以限制起动电流，增大起动转矩，其运行特性较软，额定转差率较大，转子铜损增大，效率降低。高转差率异步电动机适用于带冲击性负载的机械和频繁起动的生产机械。

图 17－20 所示为各种高起动转矩笼型异步电动机机械特性与普通异步电动机机械特性的比较。

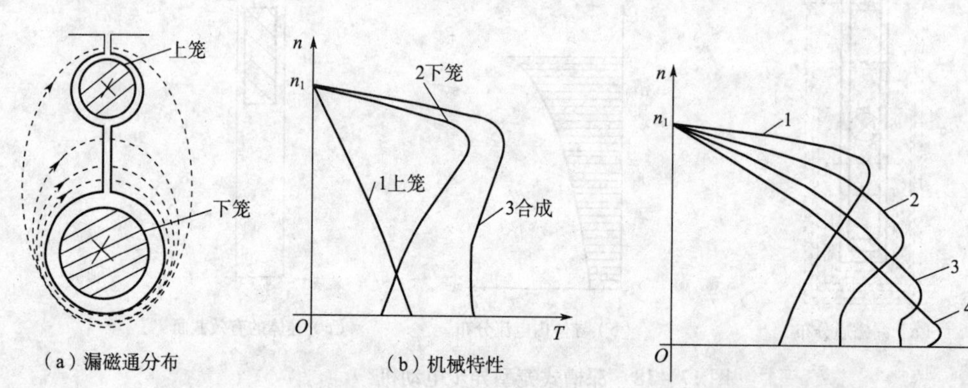

图 17－19 双笼型异步电动机漏磁通分布及机械特性

图 17－20 高起动转矩笼型异步电动机的机械特性
1—普通笼型电动机；2—深槽及双笼电动机；
3—高转差率笼型电动机；4—起重冶金用笼型电动机

五、异步电动机的软起动

1. 软起动原理

前面介绍的各种起动方法的起动设备都存在起动瞬间电流冲击大、起动设备的触点多、易出故障和维护量大等问题，而随着电力电子技术的发展，新型的起动设备即软起动器已在实际中推广应用。软起动器与传统的起动器相比具有：起动平稳，对电网冲击电流小，有过载和断相等保护，能实现软制动、软停车、轻载节能运行等特点。

软起动的方法有多种，下面分别进行介绍。

2. 软起动的方法

(1)斜坡电压软起动。斜坡电压软起动方法是以起动电压为控制对象，其特点是起动电压先以设定的变化率增大，然后再转为额定电压，起动过程中电压随时间的变化曲线如图17－21所示。

(2)恒流软起动。恒流软起动方法是以起动电流为控制对象，其特点是根据需要将起动电流 I_{stm} 限定在 $(1.5\sim4.5)I_N$ 之间，电流随时间变化的曲线如图17－22所示。目前软起动器大都采用恒流控制，适用于起动惯性大的场合。

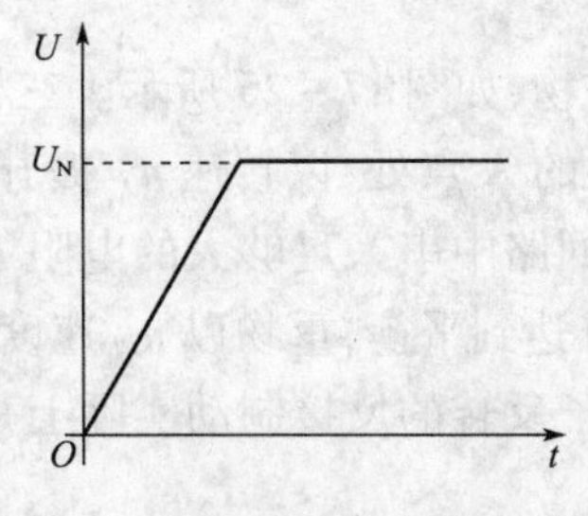

图17－21 斜坡电压软起动

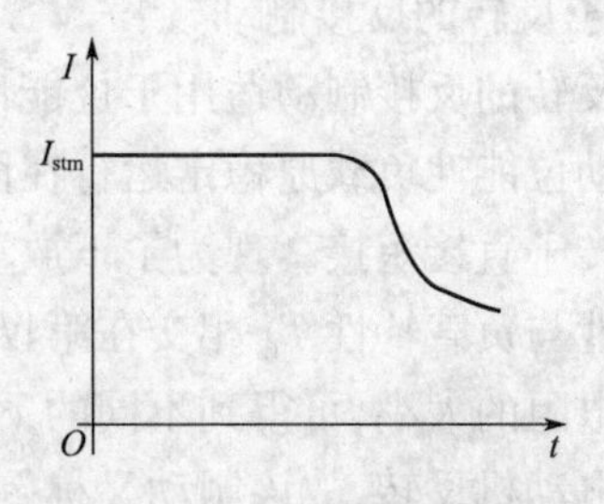

图17－22 恒流软起动

(3)斜坡恒流软起动。斜坡恒流软起动是将起动过程分两个阶段，第一阶段为斜坡起动阶段，在该阶段中控制起动电流以一定的变化率平稳增大；第二阶段为恒流起动阶段，在该阶段中电流保持恒值，直至起动结束。起动结束后，电流会自动降落。恒值电流 I_{stm} 的大小决定起动时间的长短。斜坡恒流软起动电流随时间的变化曲线如图17－23所示。该方法一般适用于空载或轻载起动。

(4)脉冲恒流软起动。脉冲恒流软起动是在起动瞬间有一大于设定恒值电流 I_{stm} 的起动冲击脉冲电流，可克服较大的静阻转矩，使电动机起动；之后进入恒流起动阶段直至起动结束，电流又会自动降落。脉冲恒流软起动电流随时间的变化曲线如图17－24所示，该方法一般适用于重载起动。

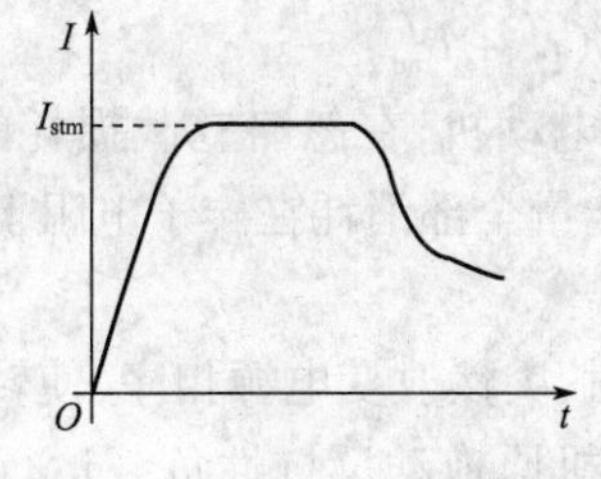

图17－23 斜坡恒流软起动

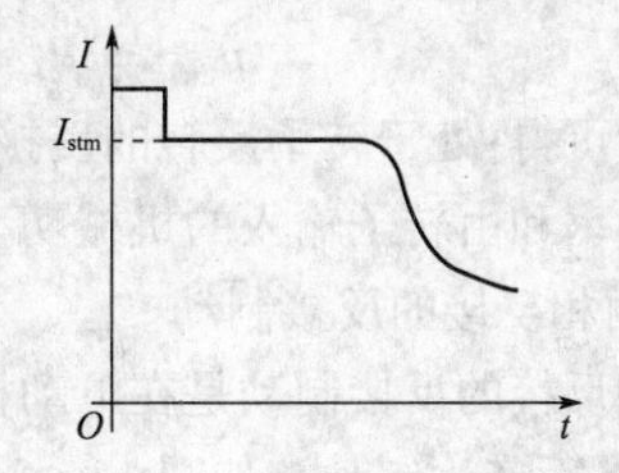

图17－24 脉冲恒流软起动

第三节 三相异步电动机的制动

制动是指通过某种方法产生一个与拖动系统转向相反的阻转矩，以阻止系统运动的过程。制动的目的：(1)使系统迅速减速或停车；(2)限制位能性负载的下放速度。电动机的制动有机械制动和电气制动。机械制动是靠摩擦力产生阻转矩实现制动，其特点：损耗大，多用于停车制动中,如起重机类机械的抱闸。电气制动是使作电动运行的电动机变为发电运行,将系统具有的机械能或位能转变为电能,消耗在转子回路的总电阻上或回馈电网。

三相异步电动机电动运行时,电磁转矩和转速方向一致,但如果一旦电磁转矩 T 与转速 n 方向相反,电动机即运行在制动状态。三相异步电动机的电气制动有:反接制动、能耗制动和回馈制动。

一、反接制动

反接制动是指异步电动机转子旋转方向与旋转磁场方向相反的运行,即转速 n 与同步转速 n_1 方向相反的运行。实际运行中反接制动又分转子反转的反接制动和定子两相反接的反接制动。

1. 转子反转的反接制动

转子反转的反接制动适用于位能性负载下放重物,如图 17-25 所示。三相绕线转子异步电动机拖动位能性负载原稳定运行在固有机械特性的 A 点处,以转速 n_A 提升重物,此时异步电动机的转子直接短接。现为了下放重物,在转子回路中串入足够大的电阻 R_{ad},使对应的人为机械特性与负载特性 T_L 相交在第Ⅳ象限,在 C 点达到平衡,重物以 n_C 速度下放,改变转子回路外串电阻的大小,可得到不同的下放速度。转子反转的反接制动实际上是位能性负载倒过来拉着电动机反转,故该制动又称倒拉反接制动。

由于机械特性在第Ⅳ象限,电磁转矩 $T>0$,转速 $n<0$,所以电动机处在制动状态,其转差率为

$$s = \frac{n_1 - n_C}{n_1} > 1$$

机械功率为

$$P_\Omega = 3I_2'^2 \times \frac{1-s}{s} \times (r_2' + R_{ad}') < 0$$

机械功率小于零说明电动机从转子输入机械功率,而此时的电磁功率为

$$P_{em} = 3I_2'^2 \times \frac{r_2' + R_{ad}'}{s} > 0$$

电磁功率大于零,说明电动机从定子输入功率,其转子铜耗为

$$p_{Cu2} = P_{em} - P_\Omega = 3I_2'^2 (r_2' + R_{ad}')$$

上述分析可得:处于转子反转的反接制动运行的电动机,在忽略空载损耗的情况下,由定子输入的电功率和由转子输入的机械功率这两部分能量全部消耗在转子电阻上。

2. 定子两相反接的反接制动

定子两相反接的反接制动是在电动机稳定运行时,突然改变电源相序,使转速 n 与同步转速方向相反,从而产生制动。如图 17-26 所示,电动机原拖动反抗性负载运行在固有机械特性曲线 1 的 A 点处,为了使电动机迅速反转,现将接入定子绕组的任意两相电源线突然对调,同时为限制电动机过热,在转子绕组中串入三相对称电阻 R_{ad}。制动瞬间,旋转磁场以 $-n_1$ 同步速度旋转,机械特性变为曲线 2,由于机械惯性,转速不能突变,电动机的运行点从 A 点过渡到 B 点,电动机的电磁转矩变负,即产生制动转矩,使电动机沿人为机械特性曲线 2 减速至 C 点,转速为零。如果需要停车应立即切除电源,否则在电动机的电磁转矩大于负载转矩的情况下,即 $|-T|>|-T_L|$ 时,电动机反向起动,加速直至 D 点稳定运行,电动机处于反向电动状态,特性在第Ⅲ象限。

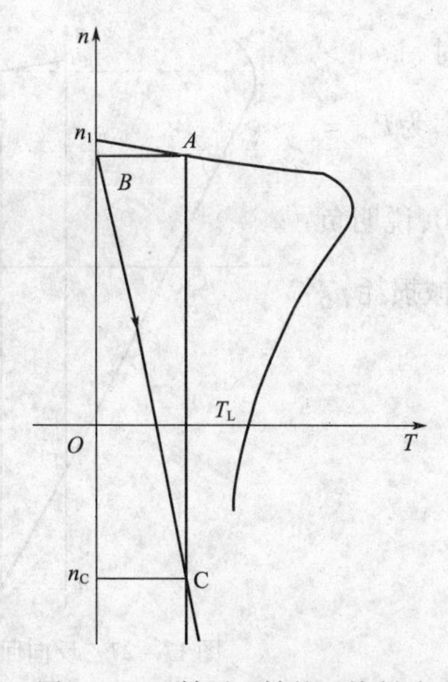

图 17－25　转子反转的反接制动

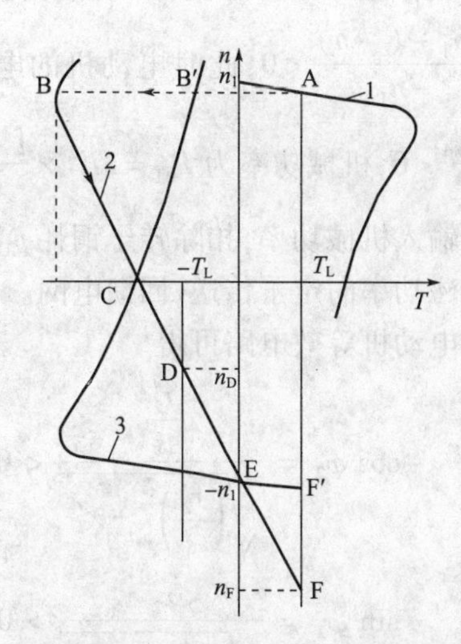

图 17－26　定子两相反接的反接制动

如果电动机拖动的是位能性负载，则在制动瞬间，电动机运行点从 A 点过渡到 B 点，并沿曲线 2 减速至 C 点，在位能性负载的拖动下，电动机一直反向加速至 F 点，此时电磁转矩与负载转矩平衡，即 $T=T_L$，电动机在新的平衡点稳定运行。电动机的转速 n_F 高于同步转速，特性在第Ⅳ象限，说明电动机处于反向回馈运行状态。

在第Ⅱ象限内，转速 $n>0$，电磁转矩 $T<0$，电动机处在制动状态，即定子两相反接的反接制动，此时电动机的转差率为

$$s=\frac{n_1-n_C}{n_1}>1$$

与转子反转的反接制动一样，其机械功率为

$$P_\Omega=3I_2'^2\times\frac{1-s}{s}\times(r_2'+R_{ad}')<0$$

机械功率小于零，说明电动机从转子输入机械功率，而电磁功率为

$$P_{em}=3I_2'^2\times\frac{r_2'+R_{ad}'}{s}>0$$

电磁功率大于零，说明电动机从定子输入电功率，其转子铜耗为

$$p_{Cu2}=P_{em}-P_\Omega=3I_2'^2(r_2'+R_{ad}')$$

上述分析说明，当忽略空载损耗时，由定子输入的电功率和由转子输入的机械功率这两部分能量全部消耗在转子电阻上。

图 17－26 所示人为机械特性曲线 2 的 BC 段是反接制动过程，CD 段或 CE 段是反向电动过程，EF 段是回馈制动过程。

二、回馈制动

1. 反向回馈制动

图 17－27 所示人为机械特性曲线 2 的 EF 段中，三相异步电动机的实际转速 n 高于同步转速 n_1，即有：$|n|>|n_1|$，又由于此时的转速 $n<0$，电动机的电磁转矩 $T>0$，所以异步电动机

处于反向回馈制动状态。

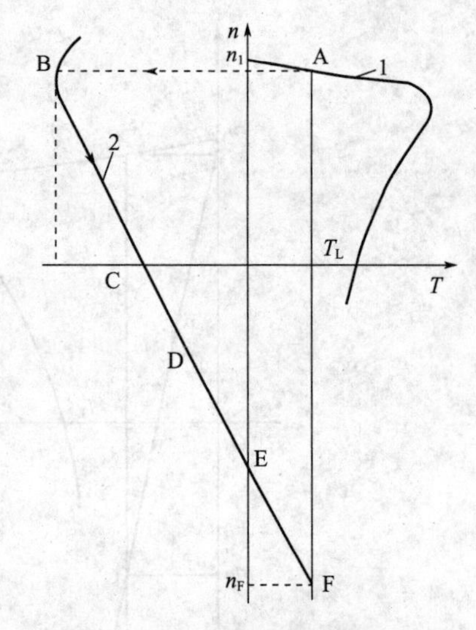

图 17－27　反向回馈制动

从能量关系上看，电动机在 F 点稳定运行时，$|n| > |n_1|$，$s = \dfrac{-n_1-(-n)}{-n_1} < 0$，此时电动机的电磁功率为 $P_{em} = 3I_2'^2 \times \dfrac{r_2' + R_{ad}'}{s} < 0$，机械功率为 $P_\Omega = 3I_2'^2 \times \dfrac{1-s}{s} r_2' < 0$，说明负载向电动机输入机械功率，扣除转子铜耗 p_{Cu2} 和机械损耗 p_Ω 后转变成电磁功率向定子传送，回馈电网。

由异步电动机等效电路可得

$$\cos\varphi_2 = \frac{\dfrac{r_2'}{s}}{\sqrt{\left(\dfrac{r_2'}{s}\right)^2 + x_2'^2}} < 0$$

$$\sin\varphi_2 = \frac{x_2'}{\sqrt{\left(\dfrac{r_2'}{s}\right)^2 + x_2'^2}} > 0$$

可见，$90° < \varphi_2 < 180°$。电动机的回馈制动状态相量图如图 17－28 所示，由相量图可见，因电流 $\dot{I}_0$ 很小，$\dot{I}_1$ 与 $-\dot{I}_2$ 的相位差不大，又因 $\dot{I}_1 z_1$ 很小，$\dot{U}_1$ 与 $-\dot{E}_1$ 相位差也不大，故有 $\varphi_1 \approx \varphi_2$，则 $90° < \varphi_1 < 180°$。

电动机输入的有功和无功功率分别为 $P_1 = 3U_1 I_1 \cos\varphi_1 < 0$，$Q_1 = 3U_1 I_1 \sin\varphi_1 > 0$，说明电动机向电网输送有功功率的同时也从电网吸收滞后的无功功率，用以建立磁场。

2. 正向回馈制动

如果满足 $n > n_1 > 0$，则电动机处于正向回馈制动，如图 17－29 所示。正向回馈制动发生在异步电动机变频调速或变极调速的降速过程中。

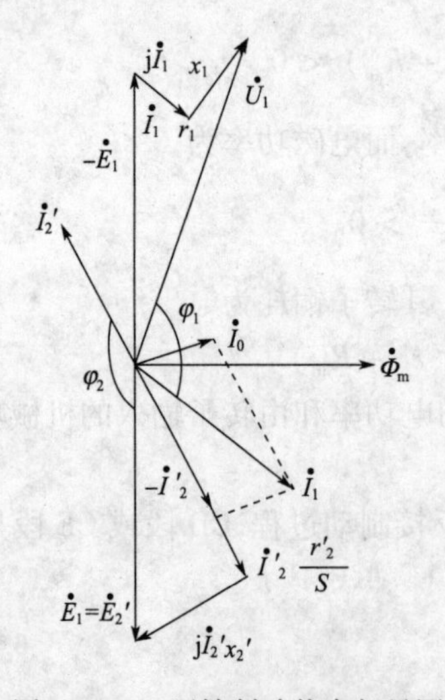

图 17－28　回馈制动状态相量图

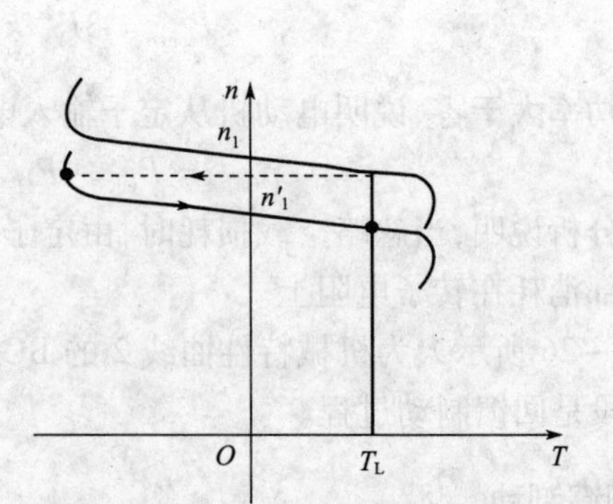

图 17－29　异步电动机正向回馈制动时的机械特性

三、能耗制动

图 17－30 所示为能耗制动接线图，能耗制动时，接触器 KM_1 断开而 KM_2 闭合，使定子绕组脱离电网同时定子两相绕组上通入直流电，以便在电动机内建立一恒定磁场。设电动机原运行在电动状态，转子逆时针旋转，如图 17－30(b)所示。能耗制动时，由于机械惯性，转子转向不变，逆时针切割磁场，用右手定则判定：N 极下的转子绕组中感应电动势和电流方向均为指出纸面；S 极下的转子绕组中感应电动势和电流方向均为指进纸面。又根据载流导体在磁场中受力的原理，用左手定则判定：电动机产生的电磁转矩为顺时针方向。可见，此时转速 n 与电磁转矩 T 的方向相反，故为制动状态。如果拖动反抗性负载，则当转速为零时，电磁转矩也为零，电动机停转；如果拖动位能性负载在转速为零时，若不切断电源，电动机在负载的拖动下反向起动，进入能耗运行状态，特性在第Ⅳ象限，所以能耗制动也可用于匀速下放重物。

制动过程中电动机转速不断下降，将系统储存的机械能转变成电能消耗在转子回路的电阻上，当转速 $n=0$ 时，转子感应电动势和电流均为零，制动过程结束。能耗制动产生的制动转矩不仅与直流励磁电流大小有关，也与转子回路中电阻的大小有关。

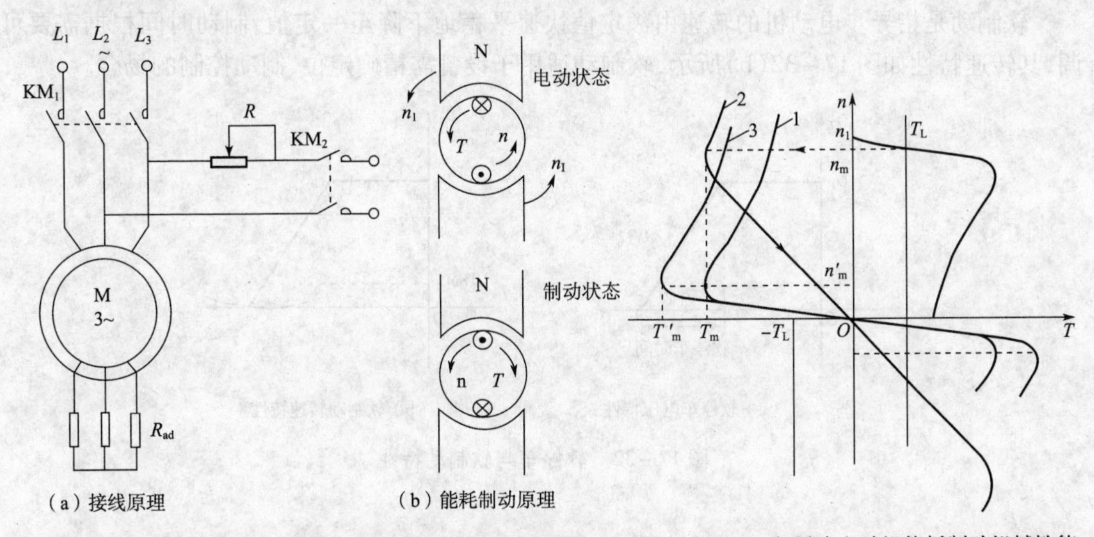

（a）接线原理　（b）能耗制动原理

图 17－30　三相异步电动机能耗制动接线图和原理图

图 17－31　三相异步电动机能耗制动机械性能

从上面制动原理的分析可知，处于能耗制动状态的异步电动机实质上是一台交流发电机，它的输入是系统储存的机械能，负载是转子回路中的电阻，它的机械特性与发电运行状态一样在第Ⅱ象限，且过原点。异步电动机的能耗制动机械特性方程式与电动机正常运行时的机械特性相似，如图 17－31 曲线 1 所示。当通入定子绕组的直流励磁电流 I_f 一定时，其最大转矩 T_m 的值也一定，若增大转子回路电阻，对应最大制动转矩的转速也增大，如图 17－31 曲线 2 所示，$n'_m < n_m$；当转子电阻一定时，增大直流励磁电流 I_f，最大制动转矩增大，而对应最大制动转矩的转速不变，如图 17－31 曲线 3 所示，$T'_m > T_m$。所以，如果既考虑制动电流不能过大，又考虑要有足够大的制动转矩，最大制动转矩按 $T_m=(1.25\sim2.2)T_N$ 考虑，直流励磁电流计算公式为

$$\left.\begin{aligned} I_f &= (3.5\sim4)I_0 \quad \text{笼型异步电动机} \\ I_f &= (2\sim3)I_0 \quad \text{绕线式异步电动机} \end{aligned}\right\} \tag{17-40}$$

式中 I_0——异步电动机空载电流，一般取 $I_0=(0.2\sim0.5)I_{1N}$

转子外串电阻的计算公式为

$$R_{ad}=(0.2\sim0.4)\times\frac{E_{2N}}{\sqrt{3}I_{2N}}-r_2 \tag{17-41}$$

式中 E_{2N}——转子不转时的开路线电动势；

I_{2N}——转子额定线电流；

r_2——转子每相绕组电阻。

四、异步电动机的软停车和软制动

1. 异步电动机的软停车

一般负载通常可采用自由停车，但对于泵类等高摩擦负载，为防止突然断电停止工作带来的冲击，损坏拖动设备，需采用平滑减速停车，即软停车。软停车是指异步电动机的工作电压从额定值逐渐减小至零的停车方法，软停车的电压特性如图 17－32(a)所示，用斜坡下降曲线控制电动机端电压，停车时间可根据需要设定。

2. 异步电动机的软制动

软制动是指异步电动机的转速由额定值快速平稳地下降至一定值，制动时间根据需要可调，其转速特性如图 17－32(b)所示，软制动适用于设备需精确定位、制动控制的场合。

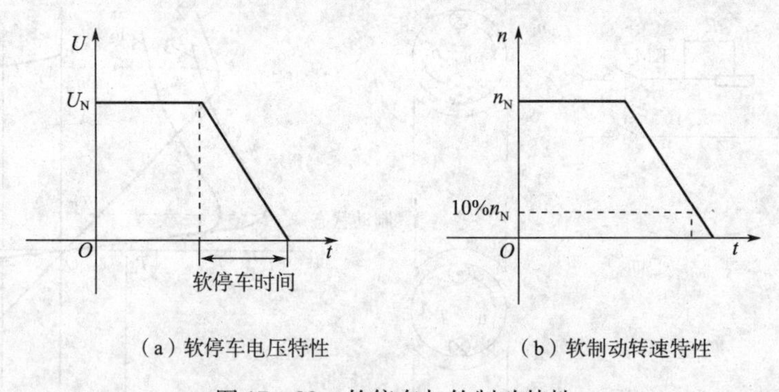

(a) 软停车电压特性　　(b) 软制动转速特性

图 17－32　软停车与软制动特性

第四节　三相异步电动机的调速

一、三相异步电动机调速方法概述

三相异步电动机具有结构简单、运行可靠、维修方便、价格低廉等一系列优点，因此在国民经济各部门得到广泛应用。但在变频调速大量应用之前，由于三相异步电动机调速性能差，要求调速性能高的生产机械不得不采用直流电动机。

直流电动机虽然调速性能好，但由于有换向器，且结构复杂，运行中有换向火花，造成维修保养要求高且多，特别是在有可燃气体的环境下不能使用。另外，直流电动机单位重量功率小，用铜多，单机功率不能做得太大，而异步电动机没有换向器，不存在直流电动机的这些缺点，原来调速性能差的缺点随着电力电子、微电子技术、计算机技术以及电机理论和自动控制理论及技术的发展，目前高性能的异步电动机调速系统的性能指标已达到了直流调速系统的水平，甚至可以说，异步电动机调速性能可与直流电动机调速性能相媲美。

从异步电动机转速公式 $n=(1-s)n_1=(1-s)\times 60\dfrac{f_1}{p}$ 可看出，异步电动机主要有三种基本调速方法：变极调速、改变转差率调速和改变同步转速调速（变频调速），下面分别进行介绍。

二、三相异步电动机的变极调速

1. 变极原理

同步转速 $n_1=60\dfrac{f_1}{p}$，当频率 f_1 一定时，$n_1\propto\dfrac{1}{p}$，改变异步电动机旋转磁场的极对数 p，可成倍地改变同步转速 n_1，又因为正常运行的转差率 s 很低，电动机转速 n 也近似成倍地变化。所以改变极对数可改变电动机的转速，该调速方法称为变极调速。由于只有当定、转子的极数相同时才能产生平均电磁转矩，而笼型转子的极对数能自动跟随定子极对数变化，故变极调速适用于笼型异步电动机。变极方法分为倍极比（如 2/4 极、4/8 极等）、非倍极比（4/6、6/8 等）以及三速（2/4/6、4/6/8 等）三种情况，下面简要介绍倍极比单绕组变极原理。

如图 17－33 所示，定子 U 相绕组由两部分 a_1x_1 和 a_2x_2 组成，每一部分称为半相绕组，改变其中一个半相绕组的电流方向，便可改变磁极的极对数。

如果将两个半相绕组正向串联如图 17－33(a)所示，用右手螺旋定则判定，当 U_1U_2 中通入电流时产生的磁场为四极，即极对数 $p=2$；如果将两个半相绕组反向串联或反向并联如图 17－33(b)所示，当 U_1U_2 中通入电流时产生的磁场为两极，即极对数 $p=1$。可见，通过改变一个半相绕组的电流方向，就可使电动机的极对数成倍地改变，从而改变同步转速，达到改变电动机转速的目的。

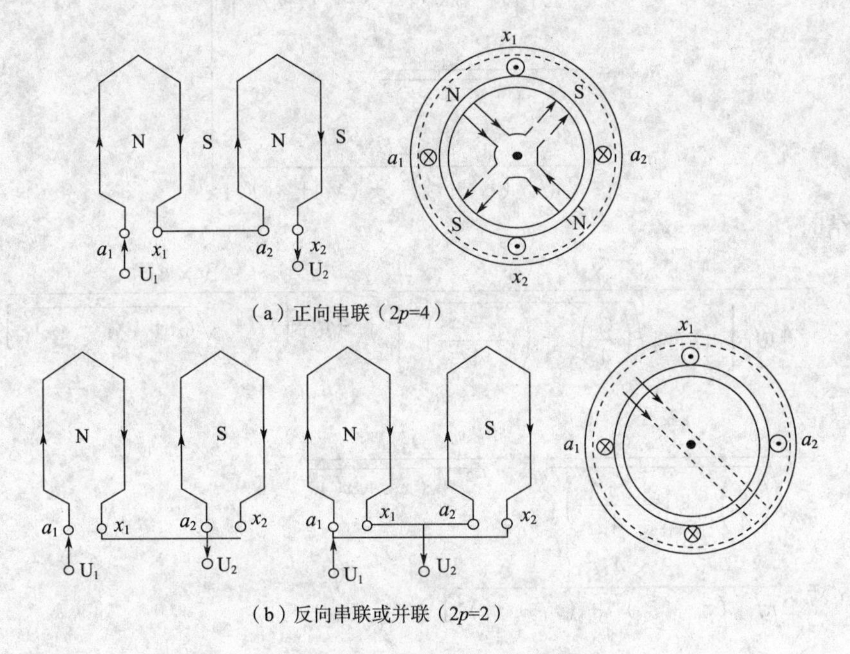

图 17－33　U 相绕组变极原理

变极后，为保持电机转向不变，必须倒换加在定子绕组上电源的相序，否则变极后电动机将反转。其原因是，当 $p=1$ 时，空间电角度与机械角度相等。如以 U 相绕组的空间位置为 0°

空间电角度，则 V、W 两相绕组分别在 120°和 240°空间电角度处。当 p = 2 时，仍以 U 相绕组的空间位置为0°空间电角度，则 V、W 两相绕组分别在 240°和 480°(120°)空间电角度处，由前述电机的转向总是由相位超前相向滞后相转动可知，电机将反转。故为保持电机转向不变，必须互换任意两相电源线，以改变加在定子绕组上电源的相序，以保持电机转向不变。

2. 常用的变极方法

专门用于变极调速的电动机，其三相绕组的每相绕组中点都有一个抽头引出，当这些抽头空着时，三相绕组与普通电动机一样可接成 Y 或 D。能够实现变极原理的接线有多种，下面只介绍两种典型的接线。

(1) Y - YY 变换。图 17 - 34(a)所示为 Y 联结，两个半相绕组正向串联，极对数 $p=2$，其同步转速为 $n_1=1\ 500$ r/min；图 17 - 34(b)所示为 YY 联结，此时两个半相绕组反向并联，极对数 $p=1$，其同步转速为 $2n_1=3\ 000$ r/min，变极调速的同时为保证磁场旋转方向不变需改变电源相序。

现设半相绕组的参数为$\frac{r_1}{2}$、$\frac{x_1}{2}$、$\frac{r_2'}{2}$、$\frac{x_2'}{2}$。当 Y 联结时每相绕组参数为 r_1、x_1、r_2'、x_2'；当 YY 联结时每相绕组参数为$\frac{r_1}{4}$、$\frac{x_1}{4}$、$\frac{r_2'}{4}$、$\frac{x_2'}{4}$。已知 Y 或 YY 联结的每相绕组电压相等，根据式(17 - 3)、式(17 - 4)、式(17 - 8)可得电动机最大转矩 T_m、最大转矩对应的转差率 s_m、起动转矩 T_{st} 分别为

Y 联结时：

$$\left.\begin{aligned} T_{mY} &= \frac{3\times 2U_1^2}{4\pi f_1\left[r_1+\sqrt{r_1^2+(x_1+x_2')^2}\right]} \\ s_{mY} &= \frac{r_2'}{\sqrt{r_1^2+(x_1+x_2')^2}} \\ T_{stY} &= \frac{3\times 2U_1^2 r_2'}{2\pi f_1[(r_1+r_2')^2+(x_1+x_2')^2]} \end{aligned}\right\} \tag{17-42}$$

YY 联结时：

$$\left.\begin{aligned} T_{mYY} &= \frac{3\times U_1^2}{4\pi f_1\left[\frac{r_1}{4}+\sqrt{\left(\frac{r_1}{4}\right)^2+\left(\frac{x_1+x_2'}{4}\right)^2}\right]} = \frac{3\times 4U_1^2}{4\pi f_1\left[r_1+\sqrt{r_2^2+(x_1+x_2')^2}\right]} \\ s_{mYY} &= \frac{\frac{r_2'}{4}}{\sqrt{\left(\frac{r_1}{4}\right)^2+\left(\frac{x_1+x_2'}{4}\right)^2}} = \frac{r_2'}{\sqrt{r_1^2+(x_1+x_2')^2}} \\ T_{stYY} &= \frac{3\times 4U_1^2 r_2'}{2\pi f_1[(r_1+r_2')^2+(x_1+x_2')^2]} \end{aligned}\right\} \tag{17-43}$$

由式(17 - 42)、式(17 - 43)可推出：$T_{mYY}=2T_{mY}$，$s_{mYY}=s_{mY}$，$T_{stYY}=2T_{stY}$，则 Y - YY 变换的机械特性如图 17 - 34(c)所示。

为了使电动机得到充分利用，设变极前后每半相绕组均流过额定电流 I_{1N}，每一相电压为

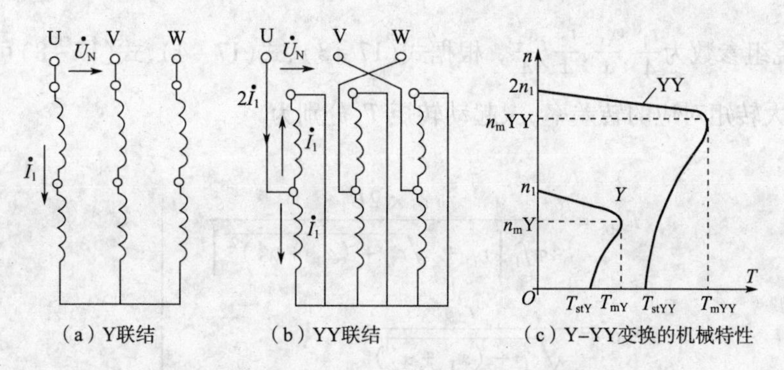

（a）Y联结　（b）YY联结　（c）Y–YY变换的机械特性

图 17－34　Y－YY 变极调速接线及机械特性

U_{1N}，则电动机 Y 联结时允许输出为

$$\left.\begin{aligned} P_Y &= \sqrt{3}U_{1N}I_{1N}\cos\varphi_1\eta_N \\ T_Y &= 9.55\times\frac{P_Y}{n_Y}\approx 9.55\times\frac{P_Y}{n_1} \end{aligned}\right\} \tag{17-44}$$

电动机 YY 联结时允许输出为

$$\left.\begin{aligned} P_{YY} &= \sqrt{3}U_{1N}2I_{1N}\cos\varphi_1\eta_N \\ T_{YY} &= 9.55\times\frac{P_{YY}}{n_{YY}}\approx 9.55\times\frac{P_{YY}}{2n_1} = 9.55\times\frac{P_Y}{n_1} \end{aligned}\right\} \tag{17-45}$$

从而可得出

$$\left.\begin{aligned} P_{YY} &= 2P_Y \\ T_{YY} &= T_Y \end{aligned}\right\} \tag{17-46}$$

式(17－46)表明，在变极前后如果保持功率因数和效率不变，则 Y－YY 变换的变极调速属于恒转矩调速方式。

(2)D－YY 变换。图 17－35(a)所示为 D 联结，两个半相绕组正向串联，极对数 $p=2$，其同步转速为 $n_1=1\ 500$ r/min；图 17－35(b)所示为 YY 联结，此时两个半相绕组反向并联，极对数 $p=1$，其同步转速为 $2n_1=3\ 000$ r/min，变极调速的同时为保证磁场旋转方向不变需改变电源相序。

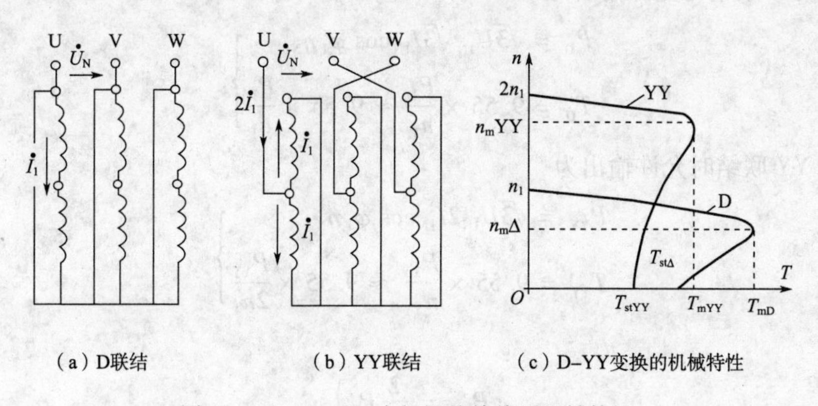

（a）D联结　（b）YY联结　（c）D–YY变换的机械特性

图 17－35　D－YY 变极调速接线及机械特性

现设半相绕组的参数为$\frac{r_1}{2}$、$\frac{x_1}{2}$、$\frac{r_2'}{2}$、$\frac{x_2'}{2}$。当 D 联结时，每相绕组参数为 r_1、x_1、r_2'、x_2'；当 YY

联结时，每相绕组参数为$\frac{r_1}{4}$、$\frac{x_1}{4}$、$\frac{r_2'}{4}$、$\frac{x_2'}{4}$。根据式(17－3)、式(17－4)、式(17－8)可得电动机最大转矩 T_m、最大转矩对应的转差率 s_m、起动转矩 T_{st} 分别为

D 联结时：

$$\left.\begin{aligned} T_{mD} &= \frac{3\times 2U_1^2}{4\pi f_1\left[r_1+\sqrt{r_1^2+(x_1+x_2')^2}\right]} \\ s_{mD} &= \frac{r_2'}{\sqrt{r_1^2+(x_1+x_2')^2}} \\ T_{stD} &= \frac{3\times 2U_1^2 r_2'}{2\pi f_1[(r_1++r_2')^2+(x_1+x_2')^2]} \end{aligned}\right\} \tag{17-47}$$

YY 联结时：

$$\left.\begin{aligned} T_{mYY} &= \frac{3\times\left(\frac{U_1}{\sqrt{3}}\right)^2}{4\pi f_1\left[\frac{r_1}{4}+\sqrt{\left(\frac{r_1}{4}\right)^2+\left(\frac{x_1+x_2'}{4}\right)^2}\right]} = \frac{3\times 4\times\frac{1}{3}U_1^2}{4\pi f_1\left[r_1+\sqrt{r_1^2+(x_1+x_2')^2}\right]} \\ s_{mYY} &= \frac{\frac{r_2'}{4}}{\sqrt{\left(\frac{r_1}{4}\right)^2+\left(\frac{x_1+x_2'}{4}\right)^2}} = \frac{r_2'}{\sqrt{r_1^2+(x_1+x_2')^2}} \\ T_{stY} &= \frac{3\times 4\times\frac{1}{3}U_1^2 r_2'}{2\pi f_1[(r_1++r_2')^2+(x_1+x_2')^2]} \end{aligned}\right\} \tag{17-48}$$

从式(17－47)和式(17－48)可推出：$T_{mYY}=\frac{2}{3}T_{mD}$，$s_{mYY}=s_{mD}$，$T_{stYY}=\frac{2}{3}T_{stD}$，则 D－YY 变换的机械特性如图 17－35(c)所示。

为了使电动机得到充分利用，设变极前后每半相绕组均流过额定电流 I_{1N}，每一相电压为 U_{1N}，则电动机 D 联结时允许输出为

$$\left.\begin{aligned} P_D &= \sqrt{3}U_{1N}\sqrt{3}I_{1N}\cos\varphi_1\eta_N \\ T_D &= 9.55\times\frac{P_D}{n_D}\approx 9.55\times\frac{P_D}{n_1} \end{aligned}\right\} \tag{17-49}$$

电动机 YY 联结时允许输出为

$$\left.\begin{aligned} P_{YY} &= \sqrt{3}U_{1N}2I_{1N}\cos\varphi_1\eta_N \\ T_{YY} &= 9.55\times\frac{P_{YY}}{n_{YY}}\approx 9.55\times\frac{P_{YY}}{2n_1} \end{aligned}\right\} \tag{17-50}$$

从而可得出

$$\left.\begin{aligned} P_{YY} &= \frac{2}{\sqrt{3}}P_D \\ T_{YY} &= \frac{1}{\sqrt{3}}T_D \end{aligned}\right\} \tag{17-51}$$

式(17－51)表明,在变极前后,如果保持功率因数和效率不变,则 D－YY 变换的变极调速属于近似恒功率调速方式。

变极调速具有设备简单,有较硬的机械特性,运行可靠,效率高,可适用于恒转矩调速,也可适用于近似恒功率调速等优点,其缺点是只能有级调速。

三、改变转差率调速

1. 降低定子电压的调速

由图 17－3 所示的降低定子电压的人为机械特性可看出,当电动机拖动恒转矩负载(T_{L1})时,降低定子电压,转速从 n_A 减到 n_B 或 n_C,虽然有 $n_C < n_B < n_A$,但转速变化范围非常有限,即调速范围很小,所以该调速方法不适合拖动恒转矩的负载。当电动机拖动风机类负载(T_{L2})时,降低定子电压,调速的范围较大,但存在低速时功率因数低,电流大的问题。所以降低定子电压调速只适用于高转差率笼型电动机和绕线转子异步电动机。高转差率笼型电动机特性软,拖动恒转矩负载时,可扩大调速范围,如图 17－36 所示,但运行铜损大,电动机发热严重;若拖动风机类负载,有较宽的调速范围,低速运行时负载轻,不易引起电动机过热。绕线转子异步电动机可在转子回路串电阻使机械特性变软,从而扩大调速范围。

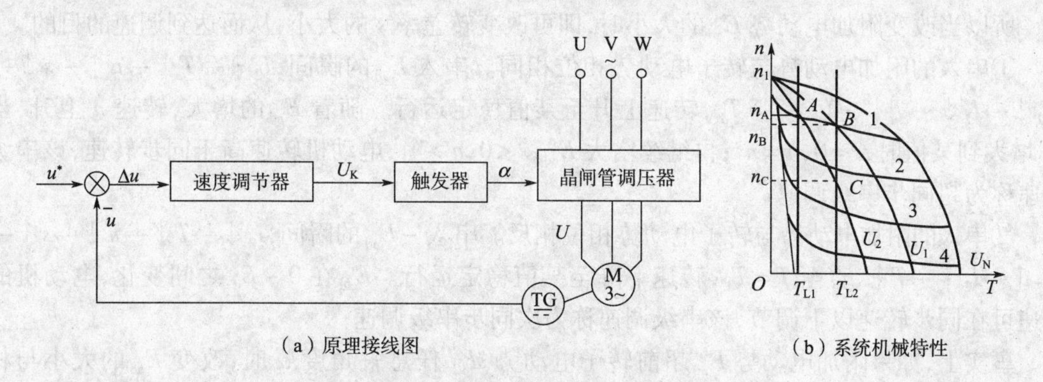

(a) 原理接线图　　(b) 系统机械特性

图 17－36 三相异步电动机转速反馈调压系统

现代调压调速系统通常采用转速反馈闭环控制。图 17－36(a)所示为三相异步电动机转速反馈调压调速系统原理接线图。系统工作时,速度给定值 u^* 与测速发电机 TG 反馈值 u 比较后经速度调节器输出控制电压 U_k,U_k 再经触发器输出为晶闸管的触发延迟角 α,形成一定相位的脉冲,则晶闸管调压器输出一定的电压,使电动机的转速与给定值相对应。改变晶闸管触发延迟角 α 的大小,可改变电动机定子电压的大小,从而达到调速的目的。

由图 17－36(b)可见,采用转速反馈闭环控制使机械特性硬度提高。例如,设电动机原负载转矩为 T_{L1},稳定运行在 A 点,当负载从 T_{L1} 突增到 T_{L2} 时,若是开环,则电压不变,转速从 A 点下降到 C 点;若是闭环,负载突增,转速下降经反馈使控制电压增大,触发延迟角 α 减小,则定子电压增大,使电动机稳定运行在 B 点。可见由于反馈控制的作用,虽然负载变大,但转速基本上保持不变,达到稳定转速的目的。

2. 绕线转子串电阻的调速

由图 17－6 可知,对于同一负载 T_L,当转子回路串不同电阻时可得到不同转速,如果保持调速前后电流不变,即 $I_2 = I_{2N}$,则 r_2/s 比值、电磁转矩 T、转子功率因数 $\cos\varphi_2$ 不变,此种调速方式属有级调速,低速时转子铜损大,效率低,电动机发热严重,机械特性软,稳定性差,但设备简单，初投资少，适用于对调速要求不高的生产机械。

3. 绕线转子异步电动机的串级调速

(1)串级调速原理

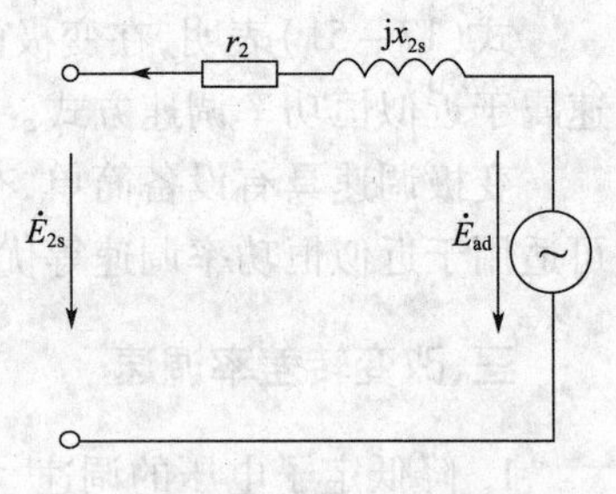

图 17－37　转子串入附加电动势的一相等效电路

串级调速是在异步电动机的转子回路中串入一个与转子电动势 E_{2s} 相同频率的附加电动势 E_{ad}，通过改变附加电动势的大小和相位来改变电动机转速的调速方法。图 17－37 所示为转子串入附加电动势的一相等效电路。设电网电压和频率保持不变，调速前后负载转矩不变。串入的附加电动势 E_{ad} 相位与转子电动势 E_{2s} 相位既可相同也可相反，此时转子电流的表达式为

$$I_2 = \frac{sE_2 \pm E_{ad}}{\sqrt{r_2^2 + (sx_2)^2}} \tag{17-52}$$

由于在电压和频率保持不变的前提下，转子电流 I_2 为常数，又因正常运行时转差率 s 很小，存在 $r_2 \gg sx_2$，则 sx_2 可忽略，上式可改写为

$$sE_2 \pm E_{ad} \approx 常数 \tag{17-53}$$

式中　E_2——转子开路时的感应电动势，为常数。

所以当改变附加电动势 E_{ad} 的大小时，即可改变转差率 s 的大小，从而达到调速的目的。

①串入的附加电动势与转子电动势相位相同。串入 E_{ad} 的瞬间，$I_2\uparrow \rightarrow T\uparrow \rightarrow n\uparrow \rightarrow s\downarrow \rightarrow sE_2\downarrow \rightarrow I_2\downarrow \rightarrow T\downarrow$，直至 $T=T_L$，转速上升至某值稳定运行。随着 E_{ad} 的增大，转速 n 上升，当 E_{ad} 增大到某值时，$s=0$，$n=n_1$；再继续增大 E_{ad}，$s<0$，$n>n_1$，电动机转速高于同步转速，该串级调速称为超同步串级调速。

②串入的附加电动势与转子电动势相位相反。串入 $-E_{ad}$ 的瞬间，$I_2\downarrow \rightarrow T\downarrow \rightarrow n\downarrow \rightarrow s\uparrow \rightarrow sE_2\uparrow \rightarrow I_2\uparrow \rightarrow T\uparrow$，直至 $T=T_L$，转速下降至某值稳定运行。E_{ad} 在 $0 \sim E_2$ 之间变化，电动机的转速可在同步转速以下调节，该串级调速称为次同步串级调速。

事实上，如果附加电动势 E_{ad} 超前转子电动势 sE_2 任意一角度 α 时，改变 E_{ad} 的大小与相位，可改变电动机的转速和功率因数，读者可自行推导。串级调速机械特性的推导较复杂，此处从略，读者可在需要时，参看有关书籍。

(2)实现方法

串级调速的难点在于转子回路串入的附加电动势大小可调，且频率随转速变化而变化，可用图 17－38 所示的晶闸管串级调速的方法实现。将转子电动势 sE_2 整流成直流，经滤波电抗器后加到晶闸管逆变器上，由逆变器将直流逆变成交流，通过变压器接至电网。

串级调速反相串入附加电动势的作用是将转差功率 sP_{em} 的大部分回馈给电网，而转子回路串电阻调速方法是将这部分功率消耗在转子外串电阻上，所以串级调速效率高，节约电能，其功率流程如图所示。

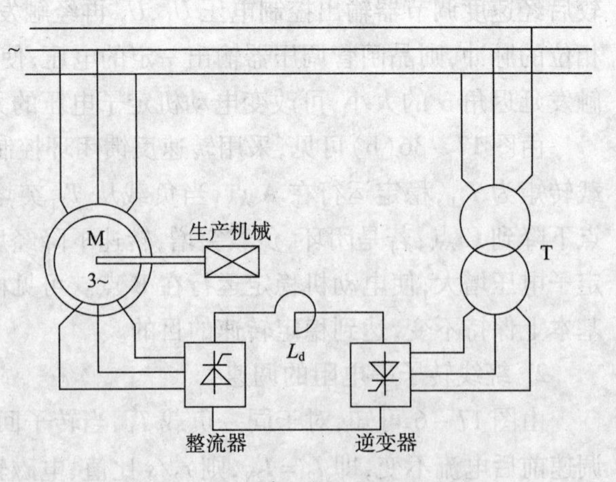

图 17－38　晶闸管串级调速系统

串级调速的特点：机械特性硬，调速平滑性好，可实现无级调速，效率高，但设备

复杂,成本高,适用于高电压、大容量的场合,如拖动风机类设备的场合。

4. 滑差电机调速

滑差电机由普通笼型异步电动机、电磁转差离合器和晶闸管整流电源等组成。图 17－39 是滑差电机的结构和工作原理示意图。电磁转差离合器由电枢和磁极两部分组成,电枢与电动机同轴,由电动机带动旋转,是主动部分,电动机轴又称为主动轴,主动轴的转速是不可调的;磁极由铁心和励磁绕组组成,晶闸管整流电源可通过集电环给励磁绕组供电,磁极与负载相连,属从动部分,与负载相连的轴又称从动轴,其转速可调,此外电枢与磁极之间有气隙。

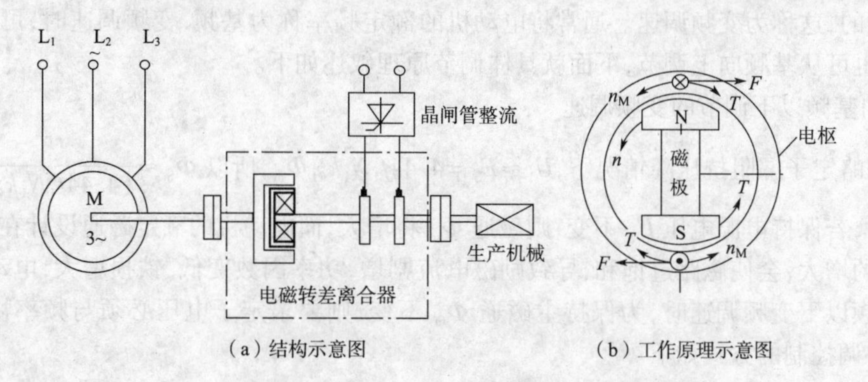

图 17－39　滑差电机的结构和原理示意图

滑差电机的工作原理:当异步电动机带动电枢以转速 n_M 旋转时,磁极上通入直流励磁电流就会产生固定磁极,电枢切割磁力线在电枢铁心中产生感应电动势和电流。如图 17－39(b)所示,设电枢由异步电动机拖动逆时针方向旋转,用右手定则可判别电枢中的电流,指向纸里用⊕表示,反之用⊙表示;又根据载流导体在磁场中要受力并产生转矩 T,用左手定则判别转矩 T 的方向为顺时针,此转矩与电动机转向相反,是主动轴的阻转矩,它同时又反作用于磁极,迫使磁极逆时针旋转,从而拖动负载以转速 n 旋转。与异步电动机工作原理相似,主动轴与从动轴之间也存在转速差 $\Delta n = n_M - n$,转速 n 始终低于异步电动机转速 n_M,这也是"电磁转差离合器"名称中"转差"二字的由来。当异步电动机带动电枢旋转时,若不通入直流励磁电流,则不会产生磁场,磁极也不会旋转,相当于将电枢和负载"分开";只要通入励磁电流,磁极就会旋转,相当于将电枢和负载"合上",电枢与负载的联系是通过电磁作用,因此,电磁转差离合器由此得名。

滑差电机的机械特性如图 17－40 所示,由于电枢由铸钢制成,电阻大,其机械特性比普通笼型异步电动机要软,励磁电流越小特性越软,励磁电流过小时,存在失控区。改变励磁电流的大小,可改变磁场的强弱,从而达到调速的目的。

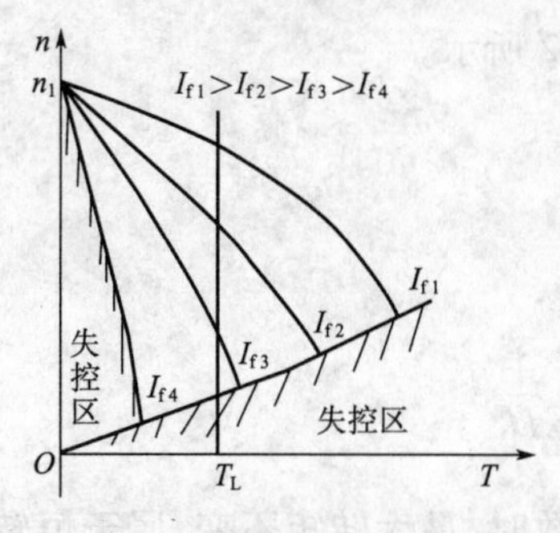

图 17－40　滑差电机的机械特性

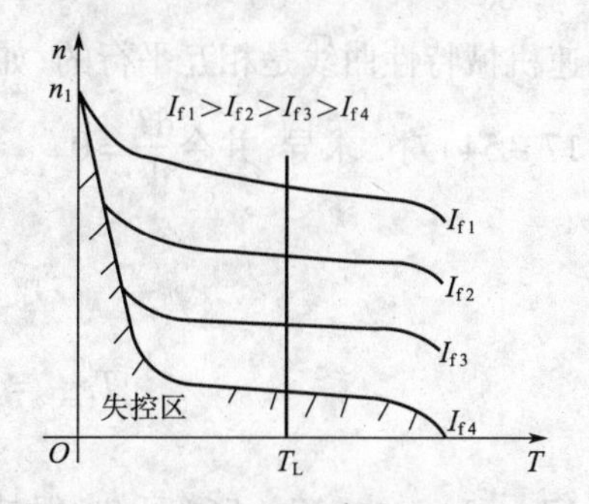

图 17－41　采用转速闭环控制后的机械特性

由于滑差电机的特性较软，对恒转矩负载，其调速范围不大，所以滑差电机还可采用闭环调速系统，以获得较硬的机械特性，如图 17－41 所示。

滑差电机的特点：结构简单，运行可靠，调速平滑性好，可实现无级调速，闭环控制的调速范围可扩大，但低速运行损耗大、效率低，适用于通风机类的设备。

四、三相异步电动机的变频调速

当极数一定，而改变三相异步电动机的电源频率，即改变旋转磁场的同步转速，可以达到调速的目的，这称为变频调速。通常将电动机的额定频率称为基频，变频调速时，可从基频向下调节，也可从基频向上调节，下面就具体调节原理叙述如下。

1. 向基频以下调节的变频调速

在忽略定子漏阻抗压降情况下，$U_1 \approx E_1 = 4.44 f_1 N_1 k_{w1} \Phi_m$，所以 $\Phi_m \approx \frac{U_1}{(4.44 f_1 N_1 k_{w1})}$。当频率减小时，若保持电源电压 U_1 不变，则磁通 Φ_m 将增大，而电动机的额定磁通设计在饱和点附近，磁通的增大，会使磁路过饱和，导致励磁电流剧增，功率因数变低，铁损增大，电动机过热。所以，基频以下变频调速时，为保持主磁通 Φ_m 不变，则要求定子电压必须与频率协调控制。常用的协调控制的方式如下。

（1）恒磁通控制方法，即保持$\frac{E_1}{f_1}$＝常数，此时，电动机的电磁转矩（由 T 形等效电路求得）为

$$T = \frac{P_{em}}{\Omega_1} = \frac{3I_2'^2 \frac{r_2'}{s}}{\frac{2\pi f_1}{p}} = \frac{3p}{2\pi f_1}\left(\frac{E_1}{\sqrt{\left(\frac{r_2'}{s}\right)^2 + x_2'^2}}\right)^2 \frac{r_2'}{s}$$

$$= \frac{3p}{2\pi}\left(\frac{E_1}{f_1}\right)^2 \frac{s f_1 r_2'}{r_2'^2 + (s x_2')^2}$$

$$= \frac{3p}{2\pi}\left(\frac{E_1}{f_1}\right)^2 \frac{s f_1 r_2'}{r_2'^2 + (2\pi)^2 (s f_1)^2 L_{l2}'^2} \tag{17-54}$$

式中 L_{l2}'——转子每相漏电感的折算值，$L_{l2}' = \frac{x_2'}{2\pi f_1}$。

式（17－54）的右边，除 $s f_1$ 外，其他都是常数，当电机拖动恒定负载在不同频率下稳定运行时，$s f_1 = f_2 = \frac{p}{60}(n_1 - n) = \frac{p}{60}\Delta n$＝常数，可见 Δn 仅由 T_L决定，与f_1 无关，因此，保持$\frac{E_1}{f_1}$＝常数时，变频调速机械特性曲线是相互平行的，如图 17－42 所示。

将式（17－54）对 s 求导，并令$\frac{dT}{ds} = 0$

$$s_m = \frac{r_2'}{2\pi f_1 L_{l2}'} \tag{17-55}$$

$$T_{max} = \frac{3p}{8\pi}\left(\frac{E_1}{f_1}\right)^2 \frac{1}{L_{l2}'} \tag{17-56}$$

由式（17－55）和式（17－56）可知，保持$\frac{E_1}{f_1}$＝常数时，最大转矩不变，属于恒转矩调速方

式，其机械特性如图 17－42 所示。

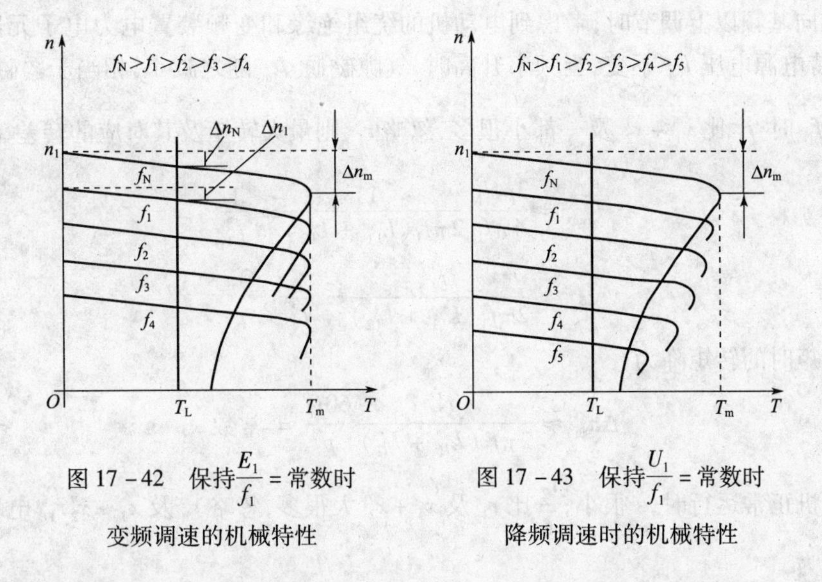

图 17－42　保持$\frac{E_1}{f_1}$= 常数时变频调速的机械特性

图 17－43　保持$\frac{U_1}{f_1}$= 常数时降频调速时的机械特性

（2）近似恒磁通控制方法，即保持$\frac{U_1}{f_1}$= 常数。

$\frac{U_1}{f_1}$称为压频比，是异步电动机变频调速常用的一种配合方式。此时，电动机的电磁转矩（由 Γ 形等效电路求得）为

$$T=\frac{P_{em}}{\Omega_1}=\frac{3I_2'^2\frac{r_2'}{s}}{\frac{2\pi f_1}{p}}=\frac{3pU_1^2\frac{r_2'}{s}}{2\pi f_1\left[\left(r_1+\frac{r_2'}{s}\right)^2+(x_1+x_2')^2\right]}$$

$$=\frac{3p}{2\pi}\left(\frac{U_1}{f_1}\right)^2\frac{sf_1r_2'}{[(sr_1+r_2')^2+(2\pi)^2(sf_1)^2(L_{l1}+L_{l2}')^2]} \tag{17-57}$$

其不同频率下的最大转矩为

$$T_{max}=\frac{3p}{4\pi}\left(\frac{U_1}{f_1}\right)^2\frac{1}{\frac{r_1}{f_1}+\sqrt{\left(\frac{r_1}{f_1}\right)^2+(2\pi)^2(L_{l1}+L_{l2}')^2}} \tag{17-58}$$

$$s_m=\frac{1}{\sqrt{r_1^2+(2\pi f_1)^2(L_{l1}+L_{l2}')^2}} \tag{17-59}$$

从上述公式中可以看出，当保持$\frac{U_1}{f_1}$= 常数，降低频率调速时，最大转矩 T_{max} 将随 f_1 的降低而减少。当 f_1 接近 f_N 时，$\frac{r_1}{f_1}$相对于 $L_{l1}+L_{l2}'$ 较小，对 T_{max} 影响不大，f_1 降低较多时，$\frac{r_1}{f_1}$相对于 $L_{l1}+L_{l2}'$来说变大了，对 T_{max} 影响较大，f_1 降低较多时，T_{max} 下降较多。机械特性曲线如图17－43所示。可以看出，当下降较多时，有可能带不动负载。由于$\frac{U_1}{f_1}$= 常数，磁通约等于常数，因此这种调速方法属于近似恒转矩调速方法。

2. 向基频以上调节的变频调速

频率在向基频以上调节时，考虑到电动机的绕组绝缘和变频装置电力电子元器件的耐压限制，应维持电源电压 U_1 不变，当频率升高时，气隙磁通 Φ_m 随之减小，相当于弱磁运行。

当 $f_1 > f_N$ 时，r_1 比 $x_1 + x_2'$ 及 $\frac{r_2'}{s}$ 都小很多，忽略 r_1，则最大转矩及其对应的转差率为

$$T_{max} \approx \frac{3pU_N^2}{4\pi f_1} \frac{1}{2\pi f_1 (L_{L1} + L_{L2}')} \propto \frac{1}{f_1^2} \tag{17-60}$$

$$s_m \approx \frac{r_2'}{2\pi f_1 (L_{L1} + L_{L2}')} \propto \frac{1}{f_1^2} \tag{17-61}$$

最大转矩时的转矩降为

$$\Delta n_m \approx \frac{r_2'}{2\pi f_1 (L_{l1} + L_{l2}')} \frac{60 f_1}{p} = 常数 \tag{17-62}$$

由于电机正常运行时，s 很小，$\frac{r_2'}{s}$ 比 r_1 及 $x_1 + x_2'$ 大很多，忽略 r_1 及 $x_1 + x_2' r_1$，电动机的电磁功率可近似为

$$P_{em} \approx \frac{3U_N^2}{r_2'} s \tag{17-63}$$

运行时，若保持 $U_1 = U_N$，则在不同频率下，s 变化不大，因此属于近似恒功率调速。向基频以上调节的变频调速的机械特性如图 17-44 所示。

除了上述恒转矩和恒功率变频调速方法外，还有常用的恒电流变频调速控制方法，它是在变频调速过程中保持定子电流 I_1 不变，优点是变频器的电流被控制在给定值上，使换流过程没有瞬间冲击电流，保证变频器和调速系统的安全。

变频调速方式特点：频率连续可调，能实现无级调速，调速范围大，机械特性硬，转速稳定性好，效率高等。随着电力电子技术和计算机控制技术的不断发展，目前，变频器在交流调速系统应用十分广泛。

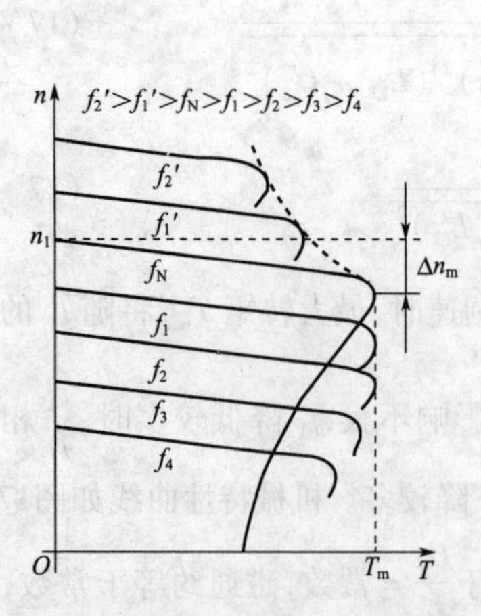

图 17-44 保持 $U_1 = U_N$ 时恒压升频调速时的机械特性

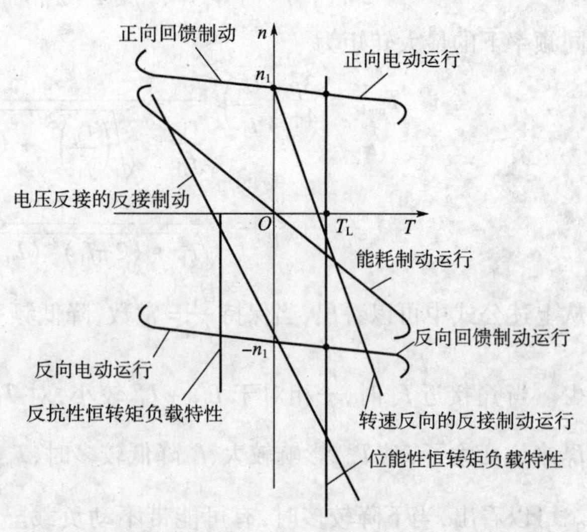

图 17-45 三相异步电动机各种运行状态示意图

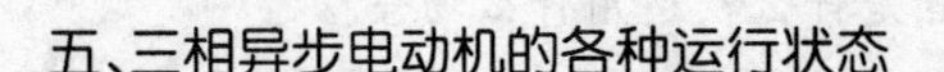

五、三相异步电动机的各种运行状态

三相异步电动机各种运行状态下的机械特性可在四个象限中表示，即所谓的通过控制，可使电动机四象限运行，其机械特性曲线如图 17－45 所示。从图中可见，在第Ⅰ象限，转速 n 与电磁转矩 T 均为正，为正向电动运行；在第Ⅲ象限，转速 n 与电磁转矩 T 均为负，为反向电动运行；第Ⅱ象限，转速 n 为正，电磁转矩 T 为负，第Ⅳ象限，转速 n 为负，电磁转矩 T 为正，所以第Ⅱ、第Ⅳ象限为制动运行状态。

实际的三相异步电动机根据生产机械的工艺需要，可通过控制使其运行在各种运行状态。

思考题与习题

1. 什么是异步电动机的固有机械特性？什么是异步电动机的人为机械特性？

2. 笼型异步电动机和绕线转子异步电动机各有哪些调速方法？这些方法的依据各是什么？各有何特点？

3. 三相异步电动机最大转矩的大小与定子电压有什么关系？与转子电阻有关吗？异步电动机可否在最大转矩下长期运行？为什么？

4. 判断以下各种说法是否正确。

(1) 额定运行时定子绕组为 Y 联结的三相异步电动机，不能采用星—三角起动。

(2) 三相笼型异步电动机全压起动时，堵转电流很大，为了避免起动中因过大的电流而烧毁电动机，轻载时需要采用降压起动方法。

(3) 电动机拖动的负载越大，电流就越大，因此，三相异步电动机只要是空载，就都可以全压起动。

(4) 三相绕线转子异步电动机，若在定子回路中串接电阻或电抗，则堵转时的电磁转矩和电流都会减小。若在转子回路中串接电阻或电抗，则都可以增大堵转时的电磁转矩和减小堵转时的电流。

5. 试分析和比较三相绕线转子异步电动机在转子串接电阻和不串接电阻起动时的 Φ_m、I_2、$\cos\varphi_2$ 和 I_1 有何不同。转子串接电阻起动时，为什么堵转电流不大但堵转转矩却很大？是否串接的电阻越大，堵转转矩也越大？

6. 为什么深槽和双笼异步电动机能减小堵转电流而同时增大堵转转矩，而且效率并不低？

7. 三相异步电动机拖动恒转矩负载运行在额定状态，$T_L = T_N$。如果电压突然降低，那么，电动机的机械特性以及转子电流将如何变化？

8. 为什么三相异步电动机定子回路串入三相电阻或电抗时最大转矩和临界转差率都要减小？

9. 容量为几千瓦时，为什么直流电动机不允许直接起动而三相笼型异步电动机却可以直接起动？

10. 笼型异步电动机起动电流大而起动转矩却不大，这是为什么？

11. 笼型异步电动机能否直接起动主要考虑哪些条件？不能能直接起动时为什么可以采用减压起动？减压起动时对起动转矩有什么要求？

12. 定子串电阻或电抗减压起动的主要优、缺点是什么？适用什么场合？

13. 三相笼型异步电动机的额定电压为380 V/220 V，电网电压为380 V时，能否采用Y–D空载起动？

14. 采用电抗器起动、星—三角起动和自耦变压器起动这几种降压起动方法时，与全压起动时相比，堵转时的电磁转矩和电网线电流会有什么变化？

15. 为什么深槽及双笼转子异步电动机的堵转转矩大？

16. 三相绕线转子异步电动机转子串频敏变阻器起动时，其机械特性有什么特点？为什么？频敏变阻器和铁心为什么用厚钢板而不用硅钢片？

17. 为什么变极调速适合于笼型异步电动机而不适合于绕线转子异步电动机？

18. 异步电动机拖动恒转矩负载运行，采用降压调速方法，在低速下运行时会有什么问题？

19. 异步电动机定子降压调速和转子串电阻调速同属消耗转差功率的调速方法，为什么在同一转矩下减压调速时转子电流增大，而转子串电阻调速时转子电流却不变？

20. 变频调速中，当变频器输出频率从额定频率降低时，其输出电压会如何变化？为什么？

21. 三相异步电动机基频以上变频调速，保持$U_1 = U_N$不变时，电动机的最大转矩将如何变化？能否拖动恒转矩负载？为什么？

22. 笼型异步电动机采用反接制动时为什么每小时的制动次数不能太多？

23. 一台三相四极绕线转子异步电动机，频率$f_1 = 50$ Hz，额定转速$n_N = 1\ 485$ r/min。已知转子每相电阻$r_2 = 0.02\ \Omega$，若电源电压和频率不变，电机的电磁转矩不变，那么需要在转子每相串接多大的电阻，才能使转速降至1 050 r/min？（答案：$R_c = 0.58\ \Omega$）

24. 一台三相四极、星形联结的异步电动机，额定值为$P_N = 1.7$ kW，$U_N = 380$ V，$I_N = 3.9$ A，$n_N = 1\ 405$ r/min。今拖动一恒转矩负载$T_L = 11.38$ N·m连续运行，此时定子绕组平均温升已达到绝缘材料允许的温度上限。若电网电压下降为300 V，在上述负载下电动机的转速为1 400 r/min，求此时电动机的铜耗为原来的多少倍？在此电网电压下该电动机能否长期运行下去（忽略励磁电流和机械损耗）？（答案：1.796，不能）

25. 一台三相笼型异步电动机的额定值为：$P_N = 60$ kW，$U_N = 380$ V（星形联结），$I_N = 136$ A，堵转转矩倍数$k_{st} = 1.1$，堵转电流倍数$k_1 = 6.5$。供电变压器要求起动电流不超过500 A。

(1) 电动机空载，采用电抗器起动，求每相串接的电抗最小值。

(2) 电动机拖动的恒转矩负载$T_L = 0.3T_N$时，是否可以采用电抗器起动？若可以，计算每相串接的电抗值的范围是多少？（答案：(1) 最小值$X = 0.190\ 6\ \Omega$ (2) 可以；范围为$0.190\ 6\ \Omega \sim 0.205\ \Omega$）

26. 一台三相四极异步电动机，定子绕组为三角形联结，$P_N = 28$ kW，$U_N = 380$ V，$\cos\varphi_N = 0.88$，$U_N = 380$ V，堵转电流倍数$k_1 = 5.6$。若采用星—三角起动，求堵转时的定子电流。（答案：100.3 A）

第五篇　同步电机

同步电机的特点是转子转速 n 与电枢电流的频率厂之间有严格不变的关系，即我国电网的标准频率 $f=50\text{Hz}$，因此极对数一定时，转速就有确定值，如二极电机 $p=1$，$n=3\ 000\ \text{r/min}$；四极电机 $p=2$，$n=1\ 500\ \text{r/min}$，依次类推，$n=\frac{60f}{p}$。

同步电机主要用作发电机，现代交流电能大都由同步发电机供给。

同步电机亦可作电动机，因其结构复杂，故远不如感应电动机应用广泛，一般用于转速不随负载变化的大型电力拖动系统，然而同步电动机可以改善电网的功率因数，这是它优于感应电动机之处。

同步电机还可用作调相机，作为电网无功功率调节手段，以改善电网的电压质量。

第十八章　同步电机的结构及运行原理

第一节　同步电机的基本结构和额定值

同步电机的主磁场是由直流励磁产生，电枢是三相交流绕组。现代同步电机基本上都将磁极放在转子上，在定子上嵌放三相交流绕组。因为励磁容量 P_B 比电机的额定容量 S_N 小得多，通常 P_B 仅为 S_N 的 1% 左右，而转子上电功率的导入或引出大多通过滑动接触，因而磁极放在转子上制造起来容易得多。

一、定　子

同步电机的定子结构与感应电机相似，由铁心、三相绕组、机座及固定这些部分的其他结构件组成。对大容量电机，由于电压高、电流大、几何尺寸大，各部件实际结构不完全相同。

定子铁心外径超过 1 m 时，每层硅钢片采用扇形片组合而成。铁心长度分段，每叠 3 ~6 cm为一段，相邻两段之间有 10 mm 的径向风道，整个定子铁心靠拉紧螺杆和非磁性端压板压紧，固定在机座上。

机座为钢板焊接结构，其作用除支撑定子铁心外，还要构成所需的通风路径。

定子绕组由扁铜线做成成型线圈。内燃机车同步发电机的定子绕组就由扁铜线做成成型线圈。对大容量水轮发电机，由于直径很大，为便于运输，常将定子分成 2、4 或 6 瓣，运到水电站再拼装成整体。

二、转　子

同步电机根据转子转速不同，磁极结构分为隐极式和凸极式两类，如图 18 -1 所示。

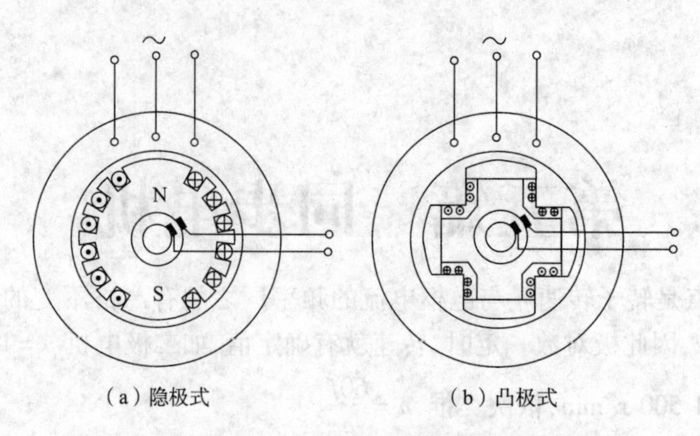

图 18－1　同步电机的主要形式

隐极式转子为圆柱形，气隙均匀，且机械强度好，故多用于高速同步电机。由于汽轮发电机组在高速运行时较经济，因此汽轮发电机均采用隐极式。凸极式转子气隙不均匀，极弧下空间较小，极间较大，适于做成多极数。由于水轮机转速依水头及流量而定，是低速机械，因此水轮发电机均采用凸极式。铁路内燃机车同步发电机的转子采用凸极式。

三、同步电机的励磁方式

同步电机由励磁绕组通入直流建立励磁磁场，供给直流励磁电流的装置称为励磁系统。按直流电流产生及进入励磁绕组的方式不同，可分为以下几类。

1. 直流发电机励磁系统

如图 18－2 所示，直流励磁发电机 L 常与同步电机 F 装在同一轴，通过改变直流励磁机励磁回路电阻 R_f，调节其输出电压，从而改变同步电机的励磁电流 I_f。由于同步电机容量越做越大，相应的励磁机容量也要增加，而大容量直流机在制造和运行维护上都存在一些问题，故在大容量同步电机上已不采用直流机励磁。

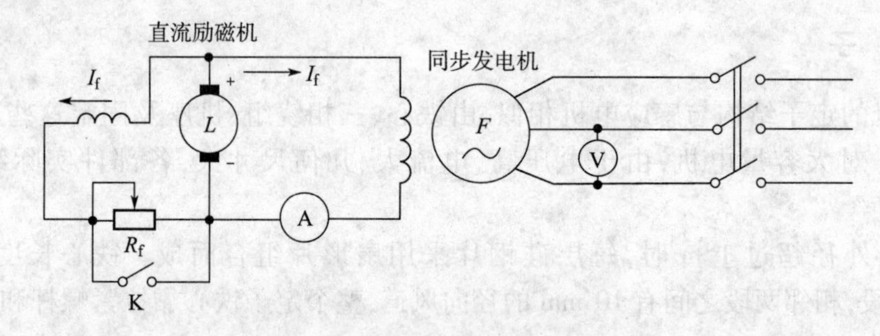

图 18－2　直流发电机励磁系统

2. 交流励磁机整流励磁系统

（1）静止半导体励磁系统

如图 18－3 所示，同步电机轴上连接有一台交流主励磁机和一台副励磁机，通常交流主励磁机为 100Hz 的交流发电机，它的输出经静止的三相桥式不可控整流器整流后，由电刷滑环装置供给同步电机励磁。主励磁机的励磁电流又由交流副励磁机经三相可控硅整流后供给。副励磁机是三相中频发电机或永磁发电机，副励磁机输出的一小部分经单相整流后供给它本身的励磁（若副励磁机是中频发电机，启动时闭合 K1，断开 K2，启动完毕后闭合 K2，断开 K1）。

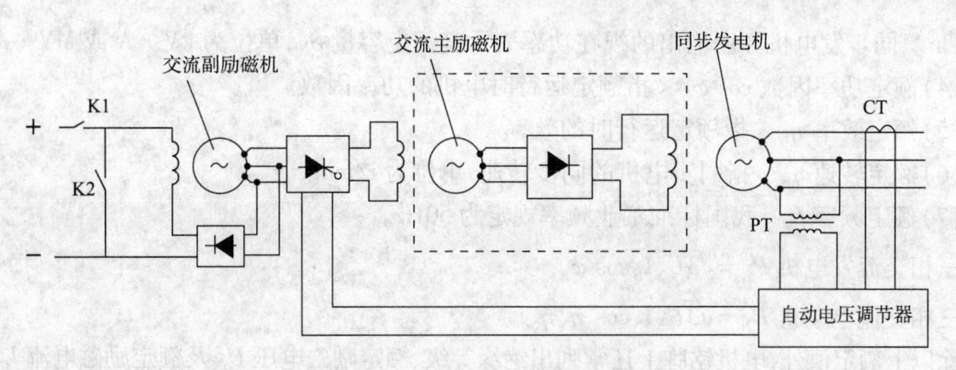

图 18－3　交流励磁机整流励磁系统

为保证负载时电压恒定,由电流互感器 CT 和电压互感器 PT 将同步机电流、电压信号送入自动电压调整器,以控制主励磁机励磁电流,从而控制同步电机励磁电流的大小。

(2)旋转半导体励磁系统

交流励磁机静止半导体励磁系统解决了直流励磁机换向器火花问题,但仍存在滑环和电刷。当电机容量增大后,励磁容量也增加,滑动接触引导电流可靠性较差,影响电机运行的可靠性。为此,可将交流励磁机做成旋转电枢式,即三相绕组放在转子上,定子上安放磁极。整流器与交流励磁机的电枢、同步电机转子磁极一起旋转,使交流励磁机的三相电流整流后直接送入同步电机励磁绕组,不需再经电刷和滑环,成为无刷励磁系统。其原理为将图 18－3 中虚线方框部分变为旋转体。该系统运行可靠,维护简单。缺点是转子绕组保护比较困难。

(3)内燃机车恒功励磁系统

由于内燃机车柴油机的调速手柄在一定级位时要求发电机要跟随柴油机保持一定的功率,即恒功率,所以内燃机车的励磁系统称之为恒功率励磁系统,它是通过调节励磁电流实现的,调节的方法有计算机控制的恒功率励磁系统、液压控制的恒功率励磁系统、机械控制的恒功率励磁系统等,图 18－4 为液压联合调节器控制的 DF_4 内燃机车发电机恒功率励磁系统。图中 R_{gt} 称为功率调节电阻,由液压联合调节器控制,U_C 为控制电压,U 为三相整流后供给直流电动机的输出电压。

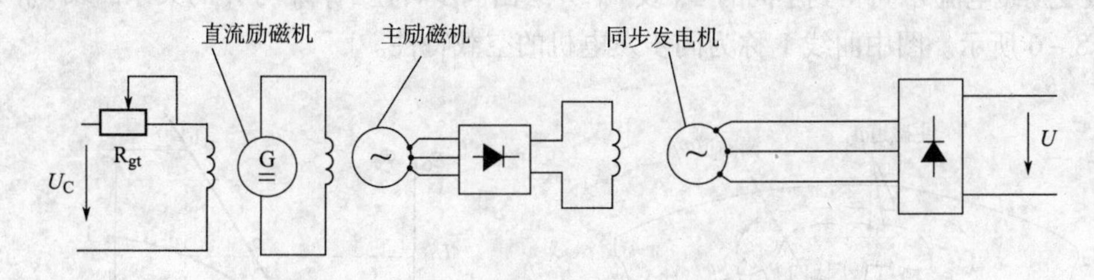

图 18－4　DF_4 内燃机车主发电机恒功励磁系统

四、同步电机的额定值

(1)额定电压 U_N　指在制造厂规定的额定运行情况下,定子三相绕组上的额定线电压,单位为 V 或 kV。

(2)额定电流 I_N　指额定运行时,流过定子绕组的线电流,单位为 A。

(3)额定功率 P_N　指额定运行时,电机的输出功率。对于发电机指输出的电功率,对于电动机指输出的机械功率,单位为 kW 或 MW,对于调相机则指出线端的无功功率,单位为 kVar

或 MVar。同步发电机亦用输出的视在功率表示其额定容量 S_N,单位为 kV·A 或 MV·A。

(4)额定功率因数 $\cos\varphi_N$　指额定运行时电机的功率因数。

(5)额定效率 η_N　指额定运行时的效率。

(6)额定转速 n_N　指同步电机的同步转速,单位为 r/min。

(7)额定频率 f_N　我国标准工业频率规定为 50Hz。

三相交流发电机 $P_N=\sqrt{3}U_N I_N\cos\varphi_N$

三相交流电动机 $P_N=\sqrt{3}U_N I_N\cos\eta_N\eta_N$

除以上额定值外,电机铭牌上还常列出绝缘等级、额定励磁电压 U_{fN} 及额定励磁电流 I_{fN} 等。

第二节　同步发电机的运行原理及运行特性

本节研究同步发电机对称负载下稳定运行时的内部电磁关系及外部运行特性。通过对电机气隙磁场的分析导出基本方程式和相量图,并运用它们去分析运行特性,提出参数的测定方法。本节是本章的重点和理论基础。

一、同步发电机的空载运行

同步发电机被原动机拖动到同步转速,转子绕组通入直流励磁电流,定子绕组开路(定子电流为零),称空载运行。此时电机气隙中只有励磁电流 I_f 所产生的励磁磁动势 $\dot{F}_f$ 建立的励磁磁场,如图 18-5 所示。图中主磁通通过气隙,与定、转子绕组都交链,随转子以同步转速旋转,在定子绕组中感应三相交流电动势,从而实现定、转子间的机电能量转换。漏磁通只与励磁绕组交链,不参与定、转子间的能量转换。

电机结构应使气隙磁场的分布尽量接近正弦波。若基波分量的每极磁通量为 Φ_0,则空载时定子绕组每相感应电动势的有效值为

$$E_0=4.44fN_1k_{w1}\Phi_0 \tag{18-1}$$

改变励磁电流 I_f,可得到不同的 Φ_0 及 E_0,并绘出同步转速下,E_0 与 I_f 的关系曲线 $E_0=f(I_f)$,如图 18-6 所示。图中曲线 1 称为同步发电机的空载特性。

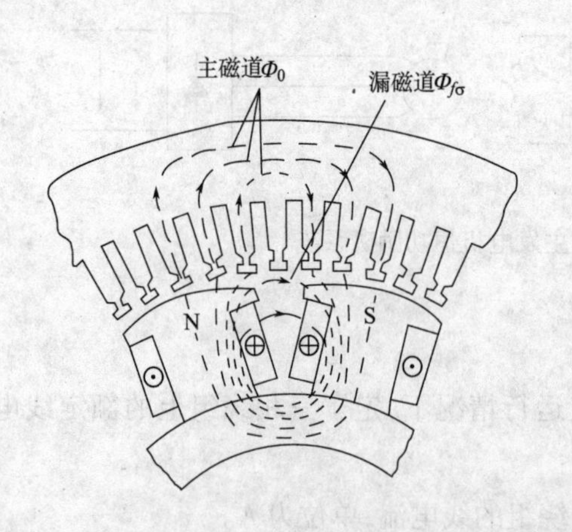

图 18-5　凸极式同步发电机的空载磁场

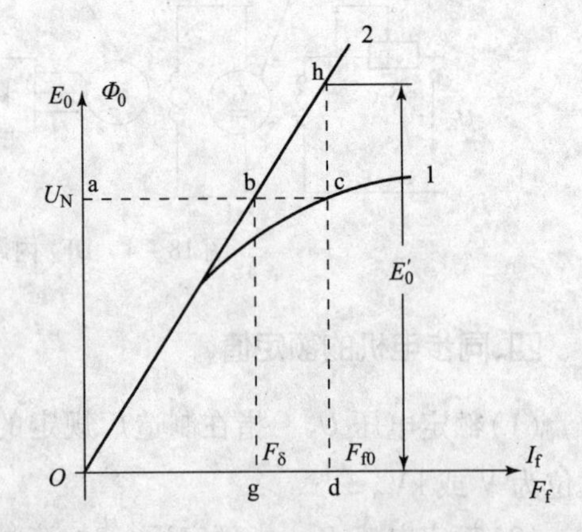

图 18-6　同步发电机空载特性

由于 $E_0\propto\Phi_0$,$F_f\propto I_f$,因此换以适当的比例尺后,$E_0=f(I_f)$ 可以表示电机的磁化曲线 $\Phi_0=$

$f(F_f)$，当 Φ_0 较小时，铁心不饱和，磁路的磁动势大都消耗在气隙上，磁化曲线为直线，随着 Φ_0 增大，铁心开始饱和，曲线弯曲。该曲线直线段的延长线 2，称为气隙线，它也代表不考虑磁路饱和影响时的空载特性。

由图 18－6 可见，对应于 $E_0=U_N$ 时，空载磁动势 $F_{f0}=\overline{ac}$，消耗于气隙部分的磁动势 $F_\delta=\overline{ab}$此时，电机磁路的饱和系数 k_μ，

$$k_\mu=\frac{\overline{ac}}{\overline{ab}}=\frac{\overline{od}}{\overline{og}}=\frac{\overline{dh}}{\overline{dc}}=\frac{E'_0}{U_N} \tag{18-2}$$

式中，E'_0为磁路不饱和时的空载电动势；通常同步电机的 k_μ 约在 1.1～1.25 之间。

二、对称负载时的电枢反应

同步发电机定子接上三相对称负载后，定子绕组中就有三相对称电流，该电流产生的电枢磁动势基波 $\dot{F}_a$ 为旋转磁动势。其转速 n_1 决定于电流频率 f 及电机极对数 p，而定子电流的频率又取决于转子的转速 n 及电机极对数 p，由 $n_1=\frac{60f}{p}=\frac{60}{p}\times\frac{pn}{60}=n$ 可知，$\dot{F}_a$ 的转速与励磁磁动势基波 $\dot{F}_{f1}$的转速（即转子转速）相同。$\dot{F}_a$ 的转向决定于电枢三相电流的相序，而该相序又与转子磁极转向一致，因而 $\dot{F}_a$ 与 $\dot{F}_{f1}$也同转向，在空间相对静止。负载时，$\dot{F}_a$ 与 $\dot{F}_{f1}$同时作用在电机主磁路上，共同建立负载时的气隙磁场。显然 $\dot{F}_a$ 的存在使气隙磁场与空载时有所不同，对称负载时电枢磁动势基波对主极磁场基波的影响称为电枢反应。

电枢反应的性质与负载的性质和大小及电机的参数有关，主要决定于 $\dot{F}_a$ 与 $\dot{F}_{f1}$的空间相对位置。绘同步电机的时—空矢量图，则有 $\dot{F}_a$ 和定子电流 $\dot{I}$ 同相，$\dot{F}_{f1}$和 $\dot{\Phi}_0$ 同相，$\dot{E}_0$ 滞后于 $\dot{\Phi}_0 90°$，故 $\dot{F}_a$ 与 $\dot{F}_{f1}$的相对位置与 $\dot{E}_0$ 和 $\dot{I}$ 之间的相角差 ψ（称为内功率因数）有关，下面分成几种情况来分析。

1. $\dot{I}$ 和 $\dot{E}_0$ 同相（$\psi=0$）时的电枢反应

图 18－7(a) 为 $\dot{I}$ 和 $\dot{E}_0$ 同相位时的时间相量图。图 18－7(b) 为三相同步发电机的示意图，为清晰起见，定子上只画了 U 相绕组 U_1-U_2。转子在图示位置时，U 相励磁电动势 $\dot{E}_0$ 为最大值。由于 $\psi=0$，此时 U 相电流 $\dot{I}$ 也为最大值，故三相绕组产生的磁动势 $\dot{F}_a$ 在 U 相绕组轴线上，即 $\dot{F}_a$ 滞后于励磁磁动势 $\dot{F}_{f1}=90°$，位于转子相邻磁极间的中线上。通常转子磁极轴线称为直轴（d 轴），极间轴线称为交轴（q 轴）。$\psi=0$ 时，$\dot{F}_a$ 作用于 q 轴，称为交轴电枢磁动势 $\dot{F}_{aq}$。负载时气隙合成磁动势 $\dot{F}_\delta=\dot{F}_{f1}+\dot{F}_a$。若不考虑磁路饱和，并认为气隙是均匀的，则可得 $\dot{F}_{f1}\to\dot{B}_{f1}\to\dot{\Phi}_0\to\dot{E}_0$，$\dot{F}_a\to\dot{B}_a\to\dot{\Phi}_0\to\dot{E}_a$，$\dot{F}_\delta\to\dot{B}_\delta\to\dot{\Phi}_\delta\to\dot{E}_\delta$。且

$$\dot{\Phi}_0+\dot{\Phi}_a=\dot{\Phi}_\delta \quad \dot{E}_0+\dot{E}_a=\dot{E}_\delta$$

式中 $\dot{F}_{f1}$、$\dot{B}_{f1}$是空间矢量，由于其在空间依正弦（或余弦）分布，故能用相量计算，在表示上与时间相量 $\dot{\Phi}$、$\dot{E}$a 和 $\dot{E}_0$ 一致。

可绘出图 18－7(c) 所示的时—空矢量图。

$\dot{F}_{aq}$产生的交轴电枢反应，使气隙合成磁场（$\dot{B}_\delta$）与励磁磁场（$\dot{B}_{f1}$）在空间形成一定的相角差。对发电机而言，励磁磁场超前于气隙合成磁场，于是转子上将受到一个制动性质的电磁转矩，所以交轴电枢磁动势与产生电磁转矩及电机的能量转换直接相关。

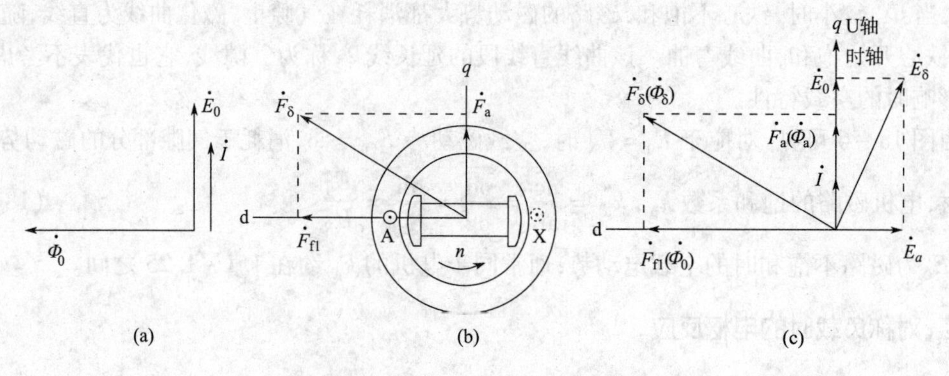

图 18－7　$\psi=0$ 时的电枢反应

2. $\dot{I}$ 滞后 $\dot{E}_0 90°(\psi=90°)$ 时的电枢反应

图 18－8 表示 $\dot{I}$ 滞后 $\dot{E}_0 90°(\psi=90°)$ 时的时—空矢量图。此时 $\dot{F}_a$ 滞后 $\dot{F}_{f1}$180°电角度，位于 d 轴反方向，气隙合成磁动势 $\dot{F}_\delta$ 为 $\dot{F}_a$ 与 $\dot{F}_{f1}$之差，$\dot{F}_a$ 称为直轴电枢磁动势 $\dot{F}_{ad}$，其性质是纯粹去磁的。

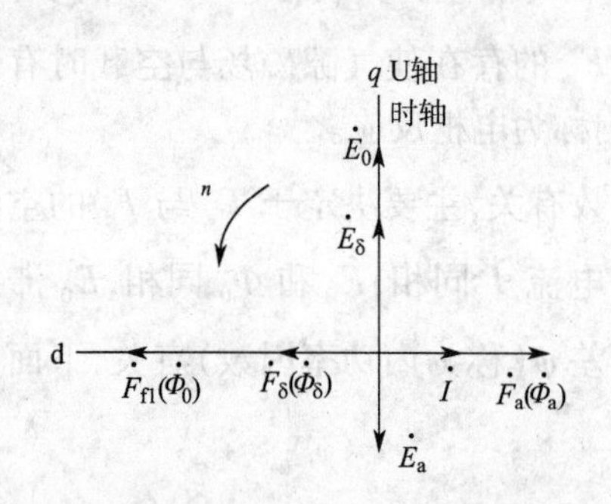

图 18－8　$\psi=90°$时的电枢反应

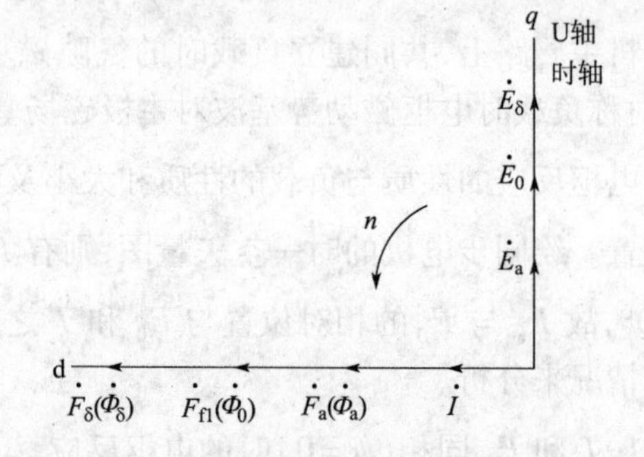

图 18－9　$\psi=-90°$时的电枢反应

3. $\dot{I}$ 超前 $\dot{E}_0 90°(\psi=-90°)$ 时的电枢反应

图 18－9 表示，$\dot{I}$ 超前 $\dot{E}_0 90°(\psi=-90°)$ 的时—空矢量图。此时 $\dot{F}_a$ 与 $\dot{F}_{f1}$同相，仍位于 d 轴，气隙合成磁动势 $\dot{F}_\delta=\dot{F}_{f1}+\dot{F}_a$，同样 $\dot{F}_a$ 称为直轴电枢磁动势 $\dot{F}_{ad}$，其性质是纯粹助磁的。

$\dot{F}_{ad}$产生的直轴电枢反应直接影响气隙合成磁场的大小。若发电机单机运行，则负载时端电压将发生变化。若并网运行，则影响其输出的无功功率的性质及大小。

4. $\dot{I}$ 滞后 $\dot{E}_0$ 一个锐角 ψ 时的电枢反应

在常用负载情况下，$0°<\psi<90°$即，$\dot{I}$ 滞后 $\dot{E}_0$ 一个锐角。由图 18－10 的时—空矢量图可见，$\dot{F}_a$ 滞后 $\dot{F}_{f1}$的空间电角度为$(90°+\psi)$。可将 $\dot{F}_a$ 分成直轴和交轴两个分量，即

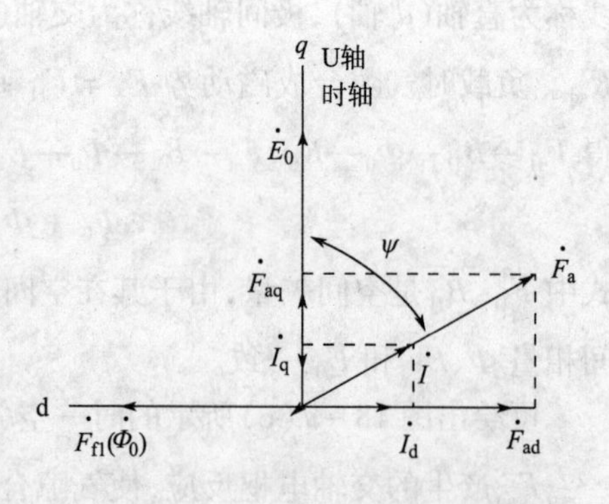

图 18－10　$0°<\psi<90°$时的电枢反应

$$\dot{F}_{a} = \dot{F}_{ad} + \dot{F}_{aq} \quad (18-3)$$

式中，

$$\left.\begin{aligned} F_{ad} &= F_{a}\sin\psi \\ F_{aq} &= F_{a}\cos\psi \end{aligned}\right\} \quad (18-4)$$

也可将每相电流 $\dot{I}$ 分解为直轴和交轴分量 $\dot{I}_{d}$ 和 $\dot{I}_{q}$，即

$$\left.\begin{aligned} \dot{I} &= \dot{I}_{q} + \dot{I}_{d} \\ I_{d} &= I\sin\psi \\ I_{q} &= I\cos\psi \end{aligned}\right\} \quad (18-5)$$

式中，$\dot{I}_{q}$ 与 $\dot{E}_{0}$ 同相位，三相 $\dot{I}_{q}$ 系统产生交轴电枢磁动势 $\dot{F}_{aq}$，对 $\dot{F}_{f1}$起交磁作用；三相系统 $\dot{I}_{d}$ 产生直轴电枢磁动势 $\dot{F}_{ad}$，对 $\dot{F}_{f1}$起去磁作用。

按照上述方法，由时—空矢量图可以分析 ψ 角为任意值时的电枢反应。画时—空矢量图时应注意以下几点：(1)取每相的相轴与时轴重合；(2)相电流相量，与该电流系统产生的合成磁动势矢量 F_{a} 重合；(3) $\dot{F}_{a}$ 与 $\dot{F}_{f1}$的空间相角差等于 $\dot{\Phi}_{0}$ 与 $\dot{I}$ 的时间相角差，或等于 $\dot{E}_{0}$ 与 $\dot{I}$ 的时间相角 ψ 加 90°；(4) $\psi=0$ 时，$\dot{F}_{a}=\dot{F}_{aq}$；$\psi=\pm 90°$ 时，$\dot{F}_{a}=\pm\dot{F}_{aq}$；$\psi$ 为任意角，$\dot{F}_{a}=\dot{F}_{aq}+\dot{F}_{ad}$。

三、同步电抗的概念

同步电抗是同步电机中一个极为重要的参数，它的大小对同步电机的性能影响很大，为此，先介绍其物理意义。

1. 隐极同步电机

隐极同步电机的气隙均匀，气隙中各点磁阻相同。当同步发电机接上三相对称负载后，三相电枢电流 $\dot{I}$ 产生旋转磁动势 $\dot{F}_{a}$ 及电枢反应磁通 $\dot{\Phi}_{a}$，该旋转磁场以同步速度切割定子绕组，在定子绕组中感应三相对称电动势 $\dot{E}_{a}$，$\dot{E}_{a}$ 称为电枢反应电动势。由于 $E_{a}\propto\Phi_{a}$，不考虑磁路饱和时 $\Phi_{a}\propto F_{a}$，而 $F_{a}\propto I$，因此 $E_{a}\propto I$。因为 $\dot{E}_{a}$ 滞后 $\dot{\Phi}_{a}$90°，亦滞后 $\dot{I}$90°，所以电动势 $\dot{E}_{a}$ 可以写成负的电抗压降，即

$$\dot{E}_{a} = -\mathrm{j}\dot{I}x_{a} \quad (18-6)$$

x_{a} 称为电枢反应电抗，它代表对称负载下单位电枢电流所产生的电枢反应磁场在一相绕组中所感应的电动势。其大小代表了电枢反应磁通所经磁路磁导的大小，也可以说明电枢反应的强弱。在物理本质上，x_{a} 相当于感应电机中的激磁电抗 x_{m}。

电枢电流 $\dot{I}$ 除产生电枢反应磁通 $\dot{\Phi}_{a}$ 外，还产生漏磁通 $\dot{\Phi}_{\sigma}$，$\dot{\Phi}_{\sigma}$ 与电枢绕组交链在绕组中感应漏电动势 E_{σ}。由于 $E_{\sigma}\propto\Phi_{\sigma}\propto I$，同样，$\dot{E}_{\sigma}$ 也可以写成负的电抗压降，即

$$\dot{E}_{\sigma} = -\mathrm{j}\dot{I}x_{\sigma} \quad (18-7)$$

式中　x_{σ}——定子绕组漏电抗，与感应电机定子漏抗含意相同。

在三相对称电流流过电枢绕组后，产生与定子绕组交链的总磁通为($\dot{\Phi}_{a}+\dot{\Phi}_{\sigma}$)，在定子绕组中产生的总电动势为

$$\dot{E}_{a} + \dot{E}_{\sigma} = -(\mathrm{j}\dot{I}x_{a} + \mathrm{j}\dot{I}x_{\sigma}) = -\mathrm{j}I(x_{a} + x_{\sigma}) = -\mathrm{j}\dot{I}x_{t} \quad (18-8)$$

$x_t = x_a + x_\sigma$ 称为隐极同步电机的同步电抗，它是表征对称稳态运行时，电枢旋转磁场和漏磁场总效应的一个综合参数。不计饱和时，x_t 是一个常量；考虑饱和时，由于主磁路的磁阻随饱和程度增加而增大，使相应的 x_a 和 x_t 随磁路饱和度增加而减小，从而 x_t 不是常量。

2. 凸极同步电机

凸极同步电机中，气隙不均匀，但沿直轴两侧和沿交轴两侧是对称的。直轴上气隙较小，交轴上气隙较大，因此直轴上磁阻比交轴上磁阻小。若同样大小的电枢磁动势作用在直轴磁路上与作用在交轴磁路上产生的磁通显然大小不同。从上节的分析可知，随着负载性质不同，$\dot{F}_a$ 作用在不同的空间位置，在凸极电机中，随 $\dot{F}_a$ 的位置不同将有不同磁阻的磁路，因此有不同的电抗，若按隐极电机的方法分析，x_a 将是一个随负载变化而变的量，这使分析计算很困难。为此，在分析凸极电机时，可将 $\dot{F}_a$ 分解成 $\dot{F}_{ad}$ 和 $\dot{F}_{aq}$ 两个分量，$\dot{F}_{ad}$ 固定地作用在直轴磁路上，$\dot{F}_{aq}$ 固定地作用在交轴磁路上，分别对应着对称的气隙分布，不考虑饱和影响时，各有着确定的磁阻，分别研究 $\dot{F}_{ad}$ 和 $\dot{F}_{aq}$ 的作用，再进行叠加得出 $\dot{F}_a$ 的作用，这种分析方法称为双反应理论。

由于不计饱和影响时，$I_d \propto F_{ad} \propto E_{ad}$，$I_q \propto F_{aq} \propto E_{aq}$ 因此可以用两个电抗来表示电枢反应电动势与电流的关系，它们分别称为直轴电枢反应电抗 x_{ad} 和交轴电枢反应电抗 x_{aq}，这样 E_{ad} 和 E_{aq} 可以写成下列负的电抗压降，即

$$\left.\begin{aligned}\dot{E}_{ad} &= -\mathrm{j}\dot{I}_d x_{ad}\\ \dot{E}_{aq} &= -\mathrm{j}\dot{I}_d x_{aq}\end{aligned}\right\} \tag{18-9}$$

和隐极电机一样，直轴和交轴电枢反应电抗和定子漏抗相加，便得到直轴和交轴同步电抗，即

$$\left.\begin{aligned}x_d &= x_{ad} + x_\sigma\\ x_q &= x_{aq} + x_\sigma\end{aligned}\right\} \tag{18-10}$$

从图 18－11 可见，Φ_{ad} 比 Φ_{aq} 所经路径上磁阻小，所以 $x_{ad} > x_{aq}$，因而 $x_d > x_q$。隐机电机中，气隙均匀，故 $x_d = x_q = x_t$。

四、同步发电机的电动势方程式和相量图

1. 隐极同步发电机的电动势方程式和相量图

同步发电机在对称负载下运行时，气隙中存在着两种磁动势，即转子上 I_f 产生的 $\dot{F}_f$ 和定子上 $\dot{I}$ 系统产生的 $\dot{F}_a$。若不考虑磁路饱和，可以应用叠加原理，即各个磁动势分别产生磁通，并在定子绕组中感应电动势，其关系如下：

$$I_f \rightarrow \dot{F}_f \rightarrow \dot{F}_{f1} \rightarrow \dot{\Phi}_0 \rightarrow \dot{E}_0$$

$$\dot{I}\ \text{系统} \rightarrow \dot{F}_a \rightarrow \dot{\Phi}_a \rightarrow \dot{E}_a$$

$$\downarrow \rightarrow\ \dot{\Phi}_\sigma \rightarrow \dot{E}_\sigma$$

若按图 18－12 规定正方向，根据基尔霍夫第二定律，可写出电枢任一相的电动势方程式为

$$\sum \dot{E} = \dot{E}_0 + \dot{E}_a + \dot{E}_\sigma = \dot{U} + \dot{I}r_a \tag{18-11}$$

将式(18－8)代入式(18－11)，可得

$$\dot{E}_0 = \dot{U} + \dot{I}r_a + \mathrm{j}\dot{I}x_t \tag{18-12}$$

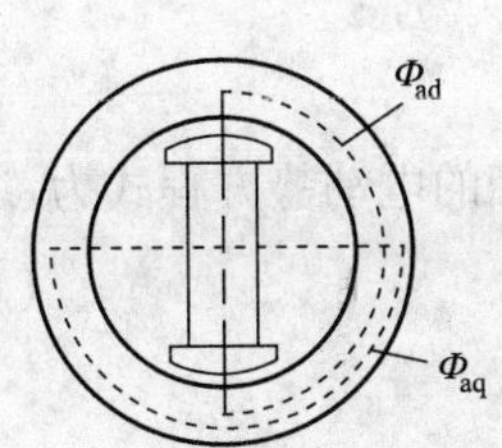

图 18－11　凸极式同步发电机的磁路

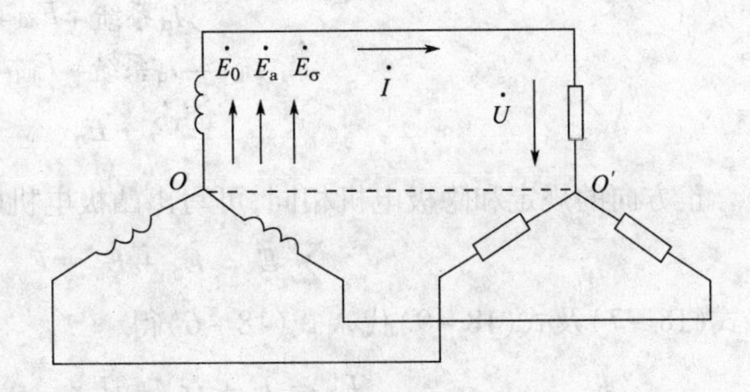

图 18－12　同步发电机各物理量正方向的规定

根据式(18－12)可画出隐极同步发电机的等效电路及相量图如图 18－13 所示。隐极同步发电机相当于具有内阻抗 r_a+jx_t，电动势 $\dot{E}_0$ 的电源。

相量图的作图步骤如下：

(1)以 $\dot{U}$ 为参考相量；

(2)根据负载的功率因数 $\cos\varphi$ 确定 φ 角，画出 $\dot{I}$；

(3)$\dot{U}$ 的末端加上电阻压降 $\dot{I}r_a$，它平行于 $\dot{I}$，在 $\dot{I}r_a$ 的末端加上同步电抗压降 $j\dot{I}x_t$，它超前 $\dot{I}$ 90°；

(4)连接原点及 $j\dot{I}x_t$ 的末端即得出 $\dot{E}_0$。

在图 18－13(b)中，ψ 表示 $\dot{E}_0$ 与 $\dot{I}$ 的夹角，θ 表示 $\dot{E}_0$ 与 $\dot{U}$ 的夹角(称为功角)，φ 表示 $\dot{U}$ 与 $\dot{I}$ 的夹角，三者存在下列关系：

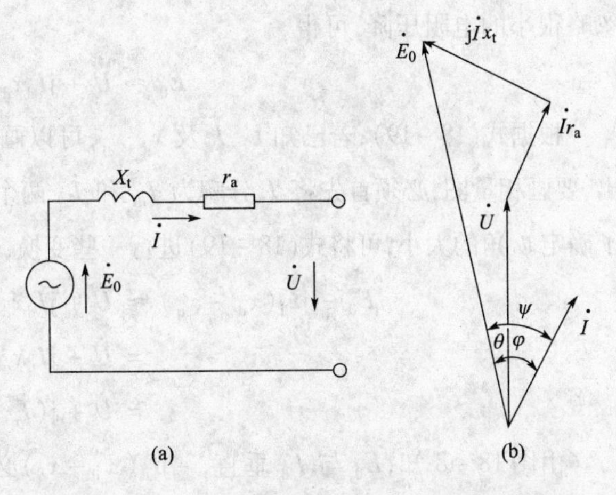

图 18－13　隐极同步发电机的等效电路及相量图

$$\psi=\theta+\varphi \tag{18-13}$$

根据图 18－13(b)的相量关系，将 $\dot{U}$ 按 φ 角分解为 $U\cos\varphi$ 及 $U\sin\varphi$ 后，可得 ψ 及 E_0 的计算式

$$\psi=\arctan\frac{Ix_t+U\sin\varphi}{Ir_a+U\cos\varphi} \tag{18-14}$$

$$E_0=\sqrt{(Ir_a+U\cos\varphi)^2+(Ix_t+U\sin\varphi)^2} \tag{18-15}$$

若忽略很小的电枢电阻 r_a，则相量图及 ψ 及 E_0 的计算式可以更简化。式(18－15)是将式(18－12)的复数运算变成了代数运算，在实用上更方便。

2. 凸极同步发电机的电动势方程式和相量图

凸极同步发电机在对称负载下运行时，气隙中也存在 $\dot{F}_f$ 和 $\dot{F}_a$ 两种磁动势，由于凸极电机气隙不均匀，必须将 $\dot{F}_a$ 分解成 $\dot{F}_{ad}$ 和 $\dot{F}_{aq}$ 两个分量，不计磁路饱和时，可以和隐极电机一样应用叠加原理。其关系如下：

$$I_f\rightarrow\dot{F}_f\rightarrow\dot{F}_{f1}\rightarrow\dot{\Phi}_0\rightarrow\dot{E}_0$$

$$\dot{I}\text{系统}\begin{cases}\dot{I}_d\text{系统}\to\dot{F}_{ad}\to\dot{\Phi}_{ad}\to\dot{E}_{ad}\\ \dot{I}_q\text{系统}\to\dot{F}_{aq}\to\dot{\Phi}_{aq}\to\dot{E}_{aq}\\ \dot{\Phi}_\sigma\to\dot{E}_\sigma\end{cases}$$

正方向的规定和隐极电机相同,可写出凸极电机电枢任一相的电动势方程式为

$$\sum\dot{E} = \dot{E}_0 + \dot{E}_a + \dot{E}_\sigma = \dot{U} + \dot{I}r_a \tag{18-16}$$

将式(18-7)及式(18-9)代入式(18-6)得

$$\dot{E}_0 = \dot{U} + \dot{I}r_a + j\dot{I}_dx_{ad} + j\dot{I}_qx_{aq} + j\dot{I}x_\sigma \tag{18-17}$$

若把上式的漏抗压降用 $\dot{I}_d$、$\dot{I}_q$ 表示成直轴和交轴两个分量,代入式(18-17)可得

$$\begin{aligned}\dot{E}_0 &= \dot{U} + \dot{I}r_a + j\dot{I}_d(x_{ad} + x_\sigma) + j\dot{I}(x_{aq} + x_\sigma)\\ &= \dot{U} + \dot{I}r_a + j\dot{I}_dx_d + j\dot{I}_qx_q\end{aligned} \tag{18-18}$$

忽略很小的电阻压降,可得

$$\dot{E}_0 \approx \dot{U} + j\dot{I}_dx_d + j\dot{I}_qx_q \tag{18-19}$$

根据式(18-19),若已知 $\dot{U}$、$\dot{I}$ 及 x_d、x_q,可以画出相应的相量图。但从式(18-19)可以看出,要画相量图,必须首先将 $\dot{I}$ 分解为 $\dot{I}_d$ 和 $\dot{I}_q$ 两个分量,也就是要知道 $\dot{E}_0$ 与 $\dot{I}$ 的夹角 ψ。为了确定 ψ 角的大小,可将式(18-19)进行一些变换,若在该式的两边都减去 $-j\dot{I}_d(x_d-x_q)$,可得

$$\begin{aligned}\dot{E}_0 - j\dot{I}_d(x_d - x_q) &\approx \dot{U} + j\dot{I}_dx_d + j\dot{I}_qx_q - j\dot{I}_d(x_d - x_q)\\ &= \dot{U} + j\dot{I}_qx_q + j\dot{I}_dx_q\\ &= \dot{U} + j(\dot{I}_q + \dot{I}_d)x_q = \dot{U} + j\dot{I}x_q\end{aligned} \tag{18-20}$$

由图 18-8 知,$\dot{E}_0$ 与 $\dot{I}_d$ 垂直,$-j\dot{I}_d(x_d-x_q)$ 必与 $\dot{E}_0$ 在同一方向。因此,作出 $\dot{U}+j\dot{I}x_q$ 就能确定 $\dot{E}_0$ 的方向,从而定出 ψ 角。

根据以上分析,由式(18-20)及式(18-19)可作出凸极同步发电机的相量图,如图 18-14 所示。作图步骤如下:

(1)以 $\dot{U}$ 为参考相量;

(2)根据 φ 角画出 $\dot{I}$;

(3)在 $\dot{U}$ 的末端加 $j\dot{I}x_q$,确定 $\dot{E}_0$ 的方向,得出 ψ 角;

(4)按 ψ 角将 $\dot{I}$ 分解为 $\dot{I}_d$ 和 $\dot{I}_q$;

(5)在 $\dot{U}$ 的末端加上 $j\dot{I}x_q$ 及 $j\dot{I}x_d$,得出 $\dot{E}_0$。

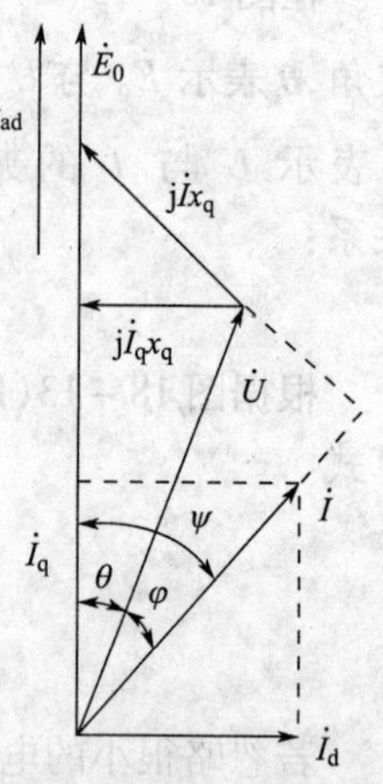

图 18-14 凸极式同步发电机相量图

在图 18-14 中,将 $\dot{U}$ 按 φ 角分解成 $U\sin\varphi$ 及 $U\cos\varphi$,可得

$$\psi = \arctan\frac{Ix_q + U\sin\varphi}{U\cos\varphi} \tag{18-21}$$

$$E_0 = U\cos(\psi - \varphi) + I_dx_d = U\cos\theta + Ix_d\sin\psi \tag{18-22}$$

五、同步发电机的空载、短路、零功率因数特性及电抗测定

同步发电机在对称负载下稳定运行时,n = 常数,$\cos\varphi$ = 常数,I_f、U、I 三个量保持 1 个不

变，另两者之间的关系即表示一种特性。其中，空载、短路及零功率因数负载特性是其基本特性，通过它们可以求出同步电机稳态运行时的同步电抗和漏抗，并可确定同步发电机的其他特性。

同步电机的各物理量及参数常用标幺值表示。和变压器类似，用额定相电压、相电流作为电压、电流的基值；它们的乘积再乘上相数作为容量、功率的基值；额定相电压和额定相电流的商作为阻抗的基值。稳态运行时，转子电路是一个独立回路，故转子各量的基值可任意选取，通常取空载电动势等于额定电压时的励磁电流为转子励磁电流的基值。

1. 空载特性

前述已知同步发电机在 $n=n_N$，$I=0$ 的运行状态下，测得的 $E_0=f(I_f)$，即空载特性，如图 18－6 所示，它也可以代表电机的磁化曲线 $\Phi_0=f(F_f)$。

空载特性主要有两个用途：(1) 确定电机的饱和系数，判断电机磁路设计是否合理；(2) 与短路特性、零功率因数负载特性配合，确定同步电机的参数。

2. 短路特性

当同步发电机运行于 $n=n_N$，$U=0$ 即电枢三相绕组持续稳定短路时，测得短路电流 I_k 随励磁电流 I_f 变化的关系曲线 $I_k=f(I_f)$，称为短路特性。

图 18－15(b) 为同步发电机三相稳态短路时的矢量图。因为 $U=0$，限制 I_k 的仅是发电机的内部阻抗，即同步阻抗，而电阻很小，可忽略不计，故基本上是纯感性的，即 $\dot{I}_k$ 滞后 $\dot{E}_0 90°$，电枢磁动势为直轴去磁磁动势，即 $\dot{F}_a=\dot{F}_{ad}$，合成磁动势 $\dot{F}_\delta=\dot{F}_{f1}-\dot{F}_{ad}$ 很小，产生的磁通亦很小，电机磁路不饱和。空载特性可以用气隙线，即 $E_0\propto I_f$，且 $\dot{E}_0=j\dot{I}_k x_d$，式中，x_d 为常量，$E_0\propto I_k$。因此存在 $I_k\propto I_f$，短路特性为一条直线，如图 18－15(a) 中直线 2 所示。

同步发电机在三相稳态短路时，由于短路电流所产生的电枢磁动势对主磁极去磁，使气隙合成磁动势 $\dot{F}_\delta$ 很小，它产生的气隙磁通 Φ_δ 及感应电动势 E_δ 均很小，短路电流 $I_k=\dfrac{E_\delta}{x_\sigma}$ 不致过大，所以三相稳态短路没有危险。

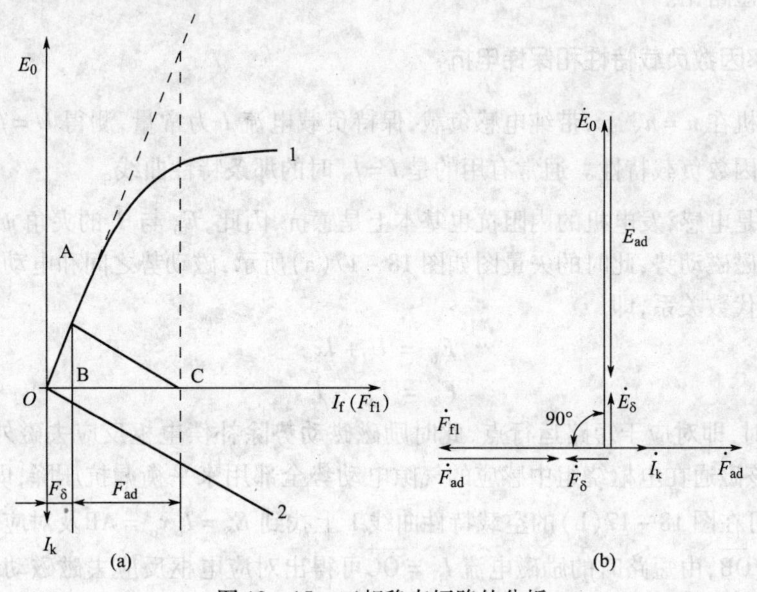

图 18－15　三相稳态短路的分析

3. 由空载及短路特性求 x_d 的不饱和值和短路比

(1)由空载和短路特性求 x_d 的不饱和值

前面已说明,短路时磁路不饱和,且 $U=0,I_k=I_d$,电动势方程式为

$$\dot{E}'_0 = \mathrm{j}\dot{I}_d x_d \qquad x_d = \frac{E'_0}{I_k} \qquad (18-23)$$

在图 18-16 中,对于某一励磁电流 I_f,从空载特性的气隙线上查 $\dot{E}'_0$,从短路特性上查 I_k,二者的比值即 x_d 的不饱和值。

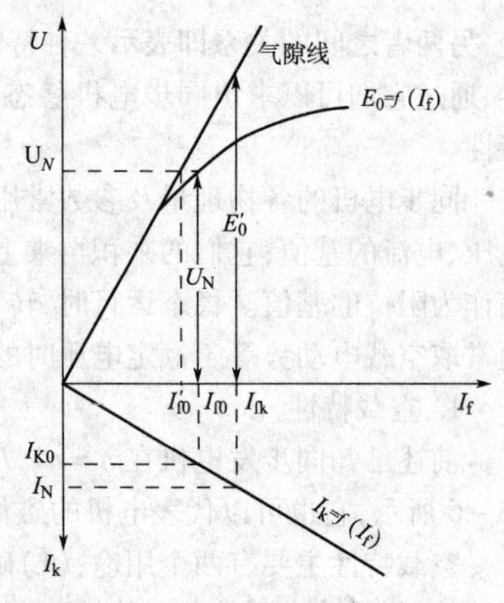

图 18-16 利用空载和短路特性确定 x_d 及短路比

(2)同步发电机的短路比

短路比 k_c 是指在空载产生额定电压的励磁电流 I_{f0} 下发生三相稳态短路时的短路电流 I_{k0} 与额定电流 I_N 之比。由图 18-16 可得

$$k_c = \frac{I_{k0}}{I_N} = \frac{I_{f0}(U_0=U_N)}{I_{fk}(I_k=I_N)} = \frac{I_{f0}}{I'_{f0}} \times \frac{I'_{f0}}{I_{fk}}$$

$$= k_\mu \frac{U_N}{E'_0} = k_\mu \frac{U_N}{I_N x_d} = k_\mu \frac{1}{x_d^*} \qquad (18-24)$$

因此,短路比也等于直轴同步电抗标幺值的倒数乘以空载额定电压时主磁路的饱和系数,也就是说,k_c 是一个计及饱和影响的电机参数。

k_c 的数值影响电机的性能和成本。k_c 小,意味着同步电抗大,发电机负载运行时电枢反应的作用强,电压变化大,短路运行时短路电流较小,并网运行时稳定性较差,但励磁磁动势和转子绕组用铜可以较少,电机成本降低;k_c 大,情况则相反。

近年来,随着单机容量的增大,为提高材料利用率,k_c 值有降低的趋向。一般汽轮发电机取 $k_c=0.4\sim1.0$,水轮发电机取 $k_c=0.8\sim1.8$,因水电站输电距离较长,稳定性问题较严重,故要求有较大的短路比。

六、零功率因数负载特性和保梯电抗

同步发电机在 $n=n_N$ 下,带纯电感负载,保持负载电流 I 为常量,测得 $U=f(I_f)$ 的关系曲线称为零功率因数负载特性。通常有用的是 $I=I_N$ 时的那条特性曲线。

由于负载是电感,发电机的内阻抗也基本上是感抗,因此,$\dot{E}_0$ 与 $\dot{I}$ 的夹角 $\psi\approx90°$,电枢反应为纯直轴去磁磁动势,此时的矢量图如图 18-17(a)所示,磁动势之间和电动势之间的矢量关系均简化为代数关系,即

$$E_\delta = U + Ix_\sigma$$

$$F_\delta = F_{f1} - F_a$$

当 $U=0$ 时,即对应于短路运行点,此时励磁磁动势除补偿电枢反应去磁外,剩余部分产生气隙磁通,该磁通在电枢绕组中感应的气隙电动势全部用来平衡漏抗压降,即 $E_\delta=Ix_\sigma$。若已知漏抗,便可在图 18-17(b)的空载特性曲线 1 上找到 $E_\delta=I_N x_\sigma=\overline{AB}$ 及对应气隙磁动势的励磁电流 $I_{f\sigma}=\overline{OB}$,由短路时的励磁电流 $I_{fk}=\overline{OC}$ 可得出对应电枢反应去磁磁动势的励磁电流 $I_{fa}=I_{fk}-I_{f\sigma}=\overline{BC}$,ΔABC 的两个直角边分别代表漏抗压降和电枢反应去磁磁动势对应的励磁

电流，其长度均正比于电枢电流，该三角形称为特性三角形。

当 U 增大时，E_δ 增大，I_f 增大。由于 I 一定，漏抗压降和去磁磁动势也一定，特性三角形大小不变，因此当特性三角形的 A 点在空载特性曲线 1 上移动时，C 点的轨迹曲线 2 就代表零功率因数负载特性曲线，如图 18－17(b) 所示。

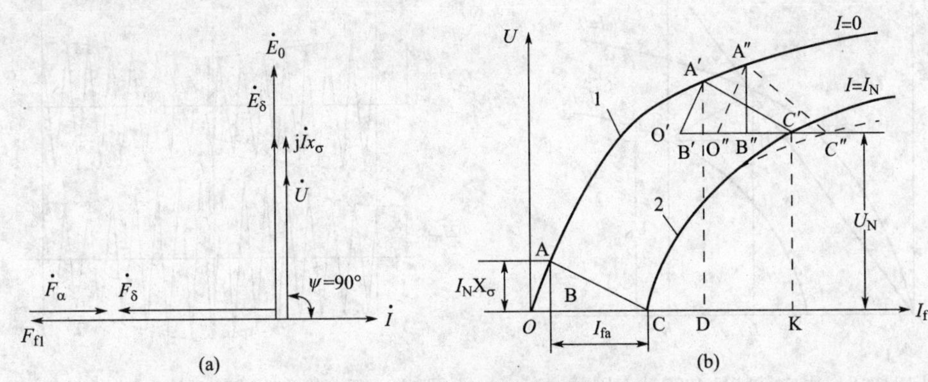

图 18－17　零功率因数负载特性分析

由上述分析可知，随着 U 增大，E_δ 增大，但与空载时相比，产生同样大小的气隙电动势 $E_\delta=\overline{A'D}$，负载时需要的励磁电流，$I_f=\overline{OK}$ 比空载时需要的励磁电流 $I_{f0}=\overline{OD}$ 要大。因此主磁极的漏磁通也要大些，使得负载时主磁极铁心的饱和程度比空载时高，因而磁路的磁阻有所加大。实际上，在负载时的气隙合成磁动势与空载时的气隙磁动势相同的情况下，负载时所产生的气隙磁通 Φ_δ 及气隙电动势 E_δ 将比空载时要小，所以实测的零功率因数特性曲线为图 18－17(b) 中的虚线所示。

由实测的零功率因数负载特性，对应 $U=U_N$ 点 C″作特性三角形 ΔA″B″C″，作法是取 $\overline{O''C''}=\overline{OC}$，过 O″点作 $\overline{OA}$ 的平行线 $\overline{O''A''}$，交空载特性于 A″点，作 $\overline{A''B''}$ 垂直 $\overline{O''C''}$，得漏抗压降 $\overline{A''B''}$。显然，$\overline{A''B''}>\overline{A'B'}=\overline{AB}=I_Nx_\sigma$。由 $\overline{A''B''}$ 求得的漏抗称为保梯(Potier)电抗 x_p，即

$$x_p=\frac{\overline{A''B''}}{I_N} \tag{18－25}$$

在隐极电机中，极间漏磁较小，$x_p=(1.05\sim1.10)\ x_\sigma$，而在凸极电机中，极间漏磁较大，故 $x_p=(1.1\sim1.3)x_\sigma$

七、由空载特性和零功率因数负载特性求 x_d 的饱和值

当电机在额定电压下负载运行时，磁路已处于饱和状态。严格地说应由合成磁动势求磁通及气隙电动势，不能再用叠加原理。但为了分析和计算方便，在磁路饱和时仍希望采用由叠加原理导出的电动势方程式，则必须根据电机运行时的气隙电动势 E_δ，在空载特性上找到对应点，将该点与原点连接并延长，以此直线作为该饱和度下的线性化空载特性，并求出相应的 x_a 及 x_t 饱和值。显然，合成磁动势 F_δ 不同，按此法求得的参数值也不同。由于发电机总是在额定电压下运行，而 $\dot{E}_\delta=\dot{U}_N+j\dot{I}x_\sigma$ 中漏抗压降总是远小于 U_N，因此不同负载下 E_δ 值相差并不大。为简化分析，通常取零功率因数负载特性上 $I=I_N$ 和 $U=U_N$ 运行状态下的气隙电动势 $E_\delta=\overline{AL}$ 作为考虑发电机额定运行时饱和程度的依据，见图 18－18，过 O、A 点作直线，并将 $\overline{KC}$ 延长得出交点 T，则 $\overline{CT}=I_Nx_d$，于是

$$x^*_{d饱和值}=\frac{\overline{CT}}{\overline{KC}} \tag{18－26}$$

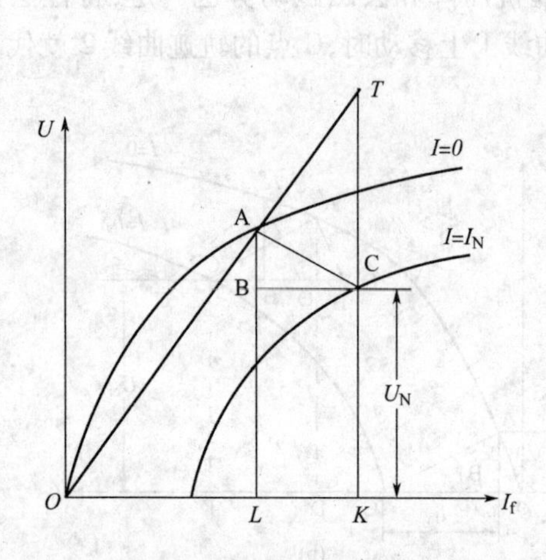

图 18－18 由空载特性和零功率因数负载特性求 x_d 的饱和值

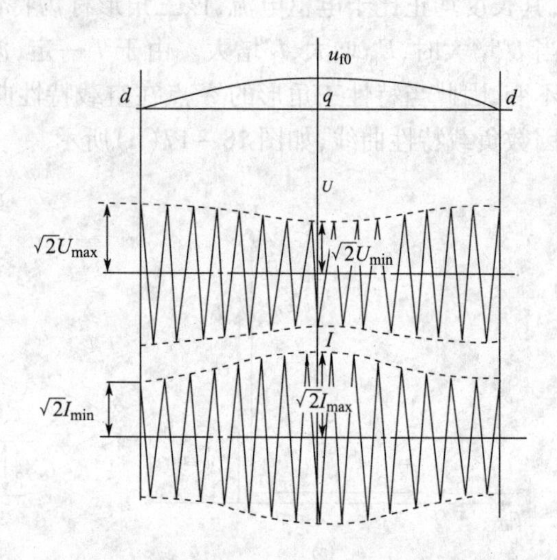

图 18－19 转差法试验时的电压、电流波形

八、用转差法求稳态 x_q 和 x_d 的不饱和值

将同步电机转子拖到接近同步转速（转差率小于0.01），转子绕组开路，然后在定子绕组加额定频率的三相对称低电压，其值为$(0.05\sim0.15)U_N$，使其产生的旋转磁场转向与转子转向一致，并保证转子不被牵入同步。

用示波器同时拍摄转子励磁绕组感应电压 u_{f0}、电枢电压 U 及电枢电流 I 的波形如图18－19所示。由于转子无励磁电流，$E=0$，故电枢的电动势方程式为

$$\dot{U}=-\mathrm{j}\dot{I}_d x_d-\mathrm{j}\dot{I}_q x_q$$

上式是对应于同步转速的。现在实际转速略低于同步转速，故电枢旋转磁动势 $\dot{F}_a$ 将以转差速率 s_{n1} 掠过转子表面。当 $\dot{F}_a$ 对准转子直轴时，磁路的磁阻小，相应的电抗大，为 x_d，而 $I=I_d=I_{min}$，由于供电线路压降小，使电枢端电压 $U=U_{max}$，此时励磁绕组交链的磁通为最大，其变化率为零，转子绕组感应电压，故得

$$x_d=\frac{U_{max}}{I_{min}} \tag{18－27}$$

当 $\dot{F}_a$ 对准转子交轴时，磁路的磁阻大，相应的电抗小，为 x_q，而 $I=I_q=I_{max}$，此时励磁绕组交链磁通为零，变化率最大，$u_{f0}=u_{f0max}$，故得

$$x_q=\frac{U_{min}}{I_{max}} \tag{18－28}$$

由于试验所加电压很低，电机磁路不饱和，因此测得的 x_d 和 x_q 均为不饱和值。

九、同步发电机的外特性和电压变化率

1. 外特性

外特性是指发电机在 $n=n_N$，$I_f=$常数，$\cos\varphi=$常数时，端电压 U 随负载电流 I 变化而变化的关系曲线，即 $U=f(I)$ 曲线。它可用直接负载法测出，也可用作图法间接求出。

图 18－20 表示不同功率因数时发电机的外特性。在感性负载和纯电阻负载时，电枢反应均有去磁作用，且定子漏阻抗压降也使端电压降低，所以外特性是下降的。在容性负载且 ψ 角达到 $\dot{I}$ 超前 $\dot{E}_0$ 时，由于电枢反应的增磁作用和容性电流的漏抗压降使端电压上升，因此外特性是上升的。图 18－21 表示发电机在 $I=I_N$，$U=U_N$，有不同功率因数时的相量图。从图可见，感性负载时比容性负载时的 E_0 大，即需较大的励磁电流 I_f。

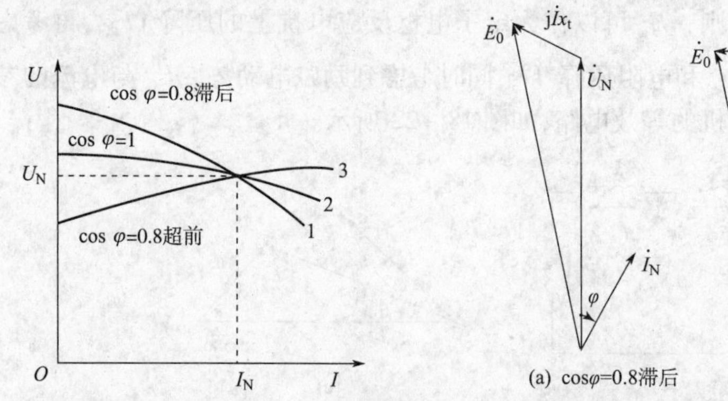

图 18－20　同步发电机的外特性曲线

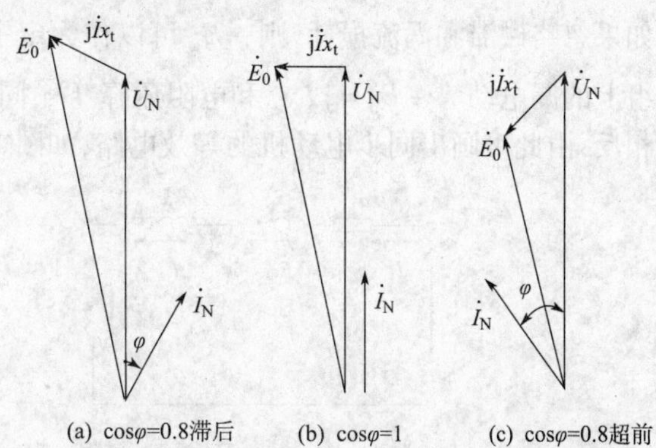

图 18－21　不同 cos φ 时同步发电机的向量图

2. 电压变化率

发电机在额定负载（即 $I=I_N$，$\cos\varphi=\cos\varphi_N$）时得到额定电压所需的励磁电流称为额定励磁电流 I_{fN}。若保持 I_{fN} 不变，转速 n_N 不变，卸去负载，即得到外特性上 $I=0$ 对应的电压 E_0，这一过程中端电压升高的百分值，就称为发电机的电压变化率，即

$$\Delta U=\frac{E_0-U_N}{U_N}\times 100\% \qquad (18-29)$$

ΔU 是表征发电机运行性能的重要数据之一。由于现代同步发电机都装有快速自动调压装置，对 ΔU 的限制已大为放宽，只是为了防止因故障跳闸切断负载时电压上升太多而击穿绝缘，要求 $\Delta U<50\%$。近代凸极同步发电机 $\Delta U=18\%\sim30\%$，汽轮发电机 $\Delta U=30\%\sim48\%$（均指 $\cos\varphi=0.8$ 滞后）。

同步发电机与大电网的并联运行、功角特性、不对称运行、突然短路等内容，限于篇幅读者可参看有关书籍。

第三节　同步电动机的运行原理及运行特性

一、同步电动机的基本方程和相量图

三相同步电动机定子接上三相对称电源后，定子绕组中就有三相对称电流，该电流产生的电枢磁动势基波 $\dot{F}_a$ 为旋转磁动势。其转速 n_1 决定于电流频率 f 及电机极对数 p，而定子电流的频率又取决于转子的转速 n 及电机极对数 p。由 $n_1=\frac{60f}{p}=\frac{60}{p}\times\frac{pn}{60}$可知，$\dot{F}_a$ 的转速与励磁磁动势基波 $\dot{F}_{f1}$ 的转速（即转子转速）相同。$\dot{F}_a$ 的转向决定于电枢三相电流的相序，而该相序又与转子磁极转向一致，因而 $\dot{F}_a$ 与 $\dot{F}_{f1}$ 也同转向，在空间上相对静止。负载时，$\dot{F}_a$ 与 $\dot{F}_{f1}$ 同时作用在电机主磁路上共同建立负载时的气隙磁场。为明了期间，只分析转子隐极结构（即不计

凸极效应)，且不考虑电机主磁路的饱和现象，则作用于电机主磁路上的两个磁动势可以认为它们在主磁路里单独产生自己的磁通，每一磁通与定子绕组交链，单独产生相电动势，然后把相绕组里的各电动势相加。据此，励磁磁动势 $\dot{F}_{f1}$ 建立的励磁磁通 Φ_0，在定子绕组中感应电动势 $\dot{E}_0$，电枢磁动势 $\dot{F}_a$ 建立的磁通 Φ_a，在定子绕组中感应电动势 $\dot{E}_a$ 称为电枢反应电动势。

如果忽略磁滞和涡流损耗，则 $-\dot{E}_a$ 可以作为定子电枢反应电抗上的压降 $j\dot{I}x_a$，再考虑定子绕组上的漏电动势 $-\dot{E}_\sigma = j\dot{I}x_\sigma$ 和电阻压降 $\dot{I}r_a$，同时考虑到励磁电动势 $-\dot{E}_0$ 与电流的参考方向相反，由此可画出同步电动机的等效电路，如图 18－22 所示。

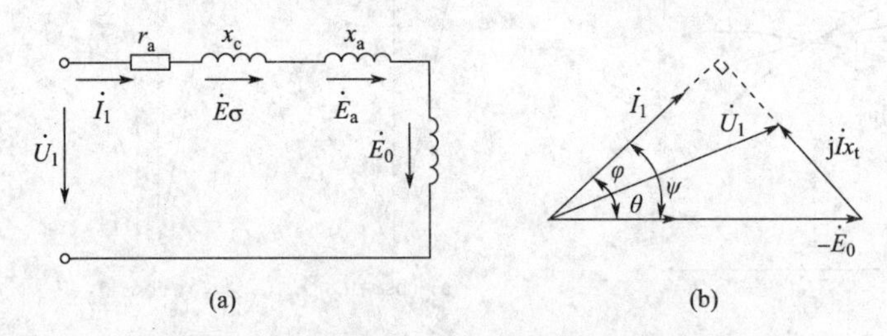

图 18－22 隐极同步电动机的等效电路或相量图

根据等效电路，可以得到定子一相绕组的电动势平衡方程为

$$\begin{aligned}\dot{U}_1 &= -\dot{E}_0 - \dot{E}_a - \dot{E}_\sigma + \dot{I}r_a = -\dot{E}_0 + j\dot{I}x_a + j\dot{I}x_\sigma + \dot{I}r_a \\ &= -\dot{E}_0 + \dot{I}(jx_a + jx_\sigma + r_a) = -\dot{E}_0 + \dot{I}(r_a + x_t)\end{aligned} \quad (18-30)$$

式中，$x_t = x_a + x_\sigma$ 为同步电抗，在磁路线性时为常数，x_a 为电枢反应电抗，x_σ 为定子绕组漏电抗。

因为 $x_t \gg r_a$，所以忽略 r_a，则上式变为

$$\dot{U}_1 = -\dot{E}_0 + j\dot{I}x_t$$

图 18－22 是假设电动机是在超前的 $\cos\varphi$ 下运行，且不计凸极效应和定子电阻。图中 θ 称为功率角或功角，ψ 称为内功率因数角，φ 称为功率因数角。

由相量图可见，如果 I_f 一定，则励磁磁场在定子中感应的电动势 $\dot{E}_0$ 也是一个定值，而同步电抗 x_t 在磁路线性时为常数，当负载增大时，同步电抗压降也增加，但电压 $\dot{U}$ 是一个定值，其结果只能使三个相位角(θ、ψ 和 φ)都变化，也就是说，三个相位角与负载大小有关，这与异步电动机不同。

二、同步电动机的功率和转矩方程

1. 功率平衡方程

同步电动机的功率平衡方程为

$$\left.\begin{aligned}P_1 &= 3U_1I_1\cos\varphi \\ P_{em} &= P_1 - P_{cua} = P_1 - 3I_1^2r_a \\ P_2 &= P_{em} - p_0 = P_{em} - (p_\Omega + p_{Fe} + p_s)\end{aligned}\right\} \quad (18-31)$$

式中，P_1 为同步电动机从电网吸收的有功功率；P_{cua} 为定子铜损；P_{em} 为同步电动机的电磁功率；P_2 为电动机的输出功率；p_0 为同步电动机的空载损耗；p_Ω 为机械损耗；p_{Fe} 为铁损耗；p_s 为

附加损耗。

2. 转矩平衡方程

由式(18－31)功率平衡方程可推出同步电动机的转矩平衡方程为

$$T = T_2 + T_0 \tag{18-32}$$

式中,T为电磁转矩;T_2为输出转矩;T_0为空载转矩。其中各转矩计算公式为

$$\left.\begin{aligned} T &= 9.55\frac{P_{em}}{n_1} \\ T_2 &= 9.55\frac{P_2}{n_1} \\ T_0 &= 9.55\frac{p_0}{n_1} \end{aligned}\right\} \tag{18-33}$$

三、同步电动机的功角特性和矩角特性

同步电动机以同步转速n_1旋转,转速不随转矩变化,机械特性$n=f(T)$为一条直线,而其功率或转矩是随功角θ变化的,因此下面讨论功角特性$P_{em}=f(\theta)$和矩角特性$T=f(\theta)$。

1. 功角特性

同步电动机的功角特性是指在外加电源电压和励磁电流不变的条件下电磁功率P_{em}和功角θ之间的关系曲线,即$P_{em}=f(\theta)$。

从电源输入的功率除了一小部分变成电枢绕组的铜耗外,大部分转化为电磁功率,即

$$P_1 = P_{em} + P_{Cua}$$

同时还有定子铁耗p_{Fe},转子转动时的机械损耗p_{Ω}及附加损耗p_s,电磁功率中的大部分转化成轴上输出的机械功率P_2,即

$$P_{em} = P_2 + (p_{Fe} + p_{\Omega} + p_s)$$

通常,同步电动机的$x_t \gg r_a$,所以可忽略定子的铜损p_{Cua},则有

$$P_{em} \approx P_1 = 3U_1I_1\cos\varphi \tag{18-34}$$

由图18－22中相量图可推出

$E_0\sin\theta = I_1x_t\cos\varphi$,从而得出

$$I_1\cos\varphi = \frac{E_0\sin\theta}{x_t} \tag{18-35}$$

把式(18－35)代入式(18－34)得隐极式同步电动机电磁功率表达式为

$$P_{em} = 3\times\frac{U_1E_0}{x_t}\sin\theta \tag{18-36}$$

2. 同步电动机的矩角特性

将功角特性表达式两边同除以同步角速度Ω_1可得隐极同步电动机的矩角特性,即$T_{em}=f(\theta)$

$$T_{em} = 3\times\frac{U_1E_0}{x_t\Omega_1}\sin\theta \tag{18-37}$$

从此可以看出,当$U_1=U_N$,I_f常数,即$E_0=$常数时,电磁功率P_{em}及电磁转矩T_{em}仅为功率角θ的函数。$P_{em}=f(\theta)$称为同步电动机的功角特性,$T_{em}=f(\theta)$称为同步电动机的矩角特性,其特性曲线如图18－23所示。

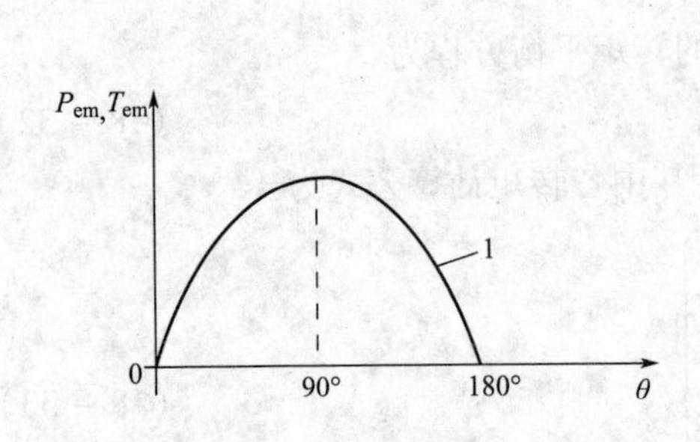

图 18－23 功角特性和矩角特性

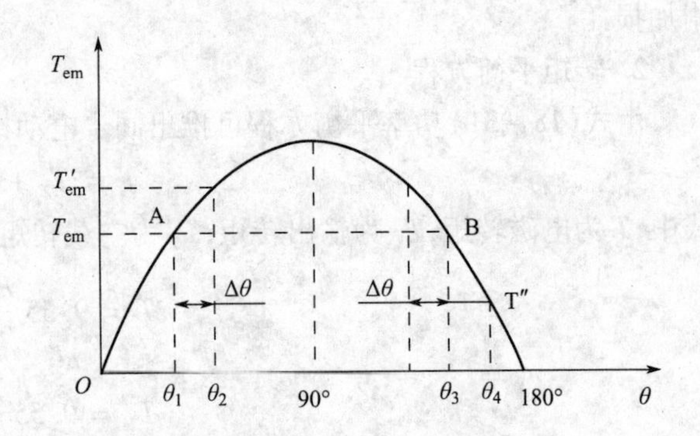

图 18－24 隐极同步电动机稳定运行分析

3. 同步电动机的稳定运行

以图 18－24 所示的隐极同步电动机为例进行讨论。

(1)在 $0<\theta\leqslant 90°$ 范围内,同步电动机原运行在 A 点,对应的功角为 θ_1,$T_{em}=T_L$,如图 18－24所示。若电动机所带负载出现扰动,假设负载增大到 T'_L,此时转子减速使功角增大至 θ_2,产生新的电磁转矩 T'_{em} 与负载转矩平衡,即 $T'_{em}=T'_L$ 使电动机继续同步运行。同理,若负载扰动消失,电动机要加速使功角恢复至 θ_1,所以电动机能稳定运行。

(2)在 $90°<\theta\leqslant 180°$ 范围内,同步电动机运行在 B 点,对应的功角为 θ_3,$T_{em}=T_L$。若电动机出现扰动,假设负载增大到 T'_L,转子减速使功角增大至 θ_4,此时对应的转矩为 T''_{em},$T''_{em}<T'_L$,则功角继续增大,随着功角的增大,对应的电磁转矩更小,无法达到新的平衡,电动机会出现失步。

上述分析可见,在 $0<\theta\leqslant 90°$ 范围内,同步电动机能稳定运行;在 $90°<\theta\leqslant 180°$ 范围内,同步电动机不能稳定运行。$\theta=90°$,$\sin\theta=1$ 时,电磁功率和电磁转矩为最大值($P_{em\,max}=3\dfrac{U_1E_0}{x_t}$,$T_{em\,max}=3\dfrac{U_1E_0}{x_t\Omega_1}$)是稳定运行和非稳定运行之间的转折点。实际应用中,还需考虑同步电动机应具有一定的过载能力,过载能力为

$$\lambda_m=\frac{T_{max}}{T_N}=\frac{1}{\sin\theta_N}$$

一般过载系数 $\lambda_m=2\sim3$,隐极同步电动机的额定功角 $\lambda_N=20°\sim30°$,凸极同步电动机的额定功角则更小一些。

θ 大约等于励磁磁场的轴线与电枢磁场轴线的夹角这里定同步电动机的 θ 为正电枢磁两轴超前于励磁磁场轴线,则同步发电机的 θ 为负(励磁磁场轴线超前于电枢磁场轴线),可以证明当 $180°<\theta\leqslant 270°$,同步发电机能稳定运行;$270°<\theta\leqslant 360°$,同步发电机不能运行。

四、同步电动机的励磁调节和 V 形曲线

1. 励磁调节

电力网的主要负载是变压器和三相异步电动机,均是感性负载,不仅要消耗有功功率,还要从电网中吸取滞后的无功功率,使电网功率因数下降。由于同步电动机是双边励磁机,可通过调节励磁电流,调节同步电动机的无功电流和功率因数,从而提高电网的功率因数。

现仍以隐极同步电动机为例研究励磁调节问题。设忽略定子绕组损耗,在拖动恒转矩负

载运行时,有 $T=3\dfrac{U_1E_0}{x_t}\sin\theta=$常数,$P_{em}\approx P_1=3U_1I_1\cos\varphi=$常数,在磁路不饱和情况下有 $E_0\propto F_f\propto I_f$,电网电压 U_1 为常数,同步电抗 x_t 为常数,则 $E_0\sin\theta$ 的值和 $I_1\cos\varphi$ 的值均是常数,于是改变励磁时,$-\dot{E}_0$ 的端点在图 18－25 中所示的右侧虚线上上下移动,$\dot{I}_1$ 的端点在图 18－25 中所示的横向虚线上左右移动。

根据这些条件可绘制同步电动机的励磁调节相量图如图 18－25 所示。由图可见,改变励磁电流,可改变功率因数。图中画出了三种不同励磁电流情况下的相量,现分析如下。

(1)当正常励磁时,励磁电流为 I_f,对应的感应电动势为 E_0,电枢相电流 I_1 和定子相电压 U_1 同相位,电动机的功率因数 $\cos\varphi_1=1$,无功功率为零,说明电动机只消耗有功功率,不消耗无功功率,电动机对电网呈纯电阻性负载。

(2)当减小励磁电流到 $I_f'(I_f'<I_f)$时,对应的感应电动势为 E_0',电枢相电流 I_1'滞后定子相电压 $U_1\varphi'$相位角,电动机的功率因数 $\cos\varphi'<1$,此时电动机不仅消耗有功功率,还要从电网吸收滞后的无功功率,电动机对电网呈感性负载,该励磁方式称欠励,加重了电网的负担,一般不采用这种运行方式。

(3)当增大励磁电流到 $I''_f(I''_f>I_f)$时,对应的感应电动势为 E''_0,电枢相电流 I''_1 超前定子相电压 $U_1\varphi''$相位角,电动机的功率因数 $\cos\varphi>1$,此时电动机除从电网吸收有功功率,同时也从电网吸收超前的无功功率,电动机对电网呈容性负载,该励磁方式称过励,能提高电网的功率因数。

2. V 形曲线

同步电动机的 V 形曲线指在保持电压 U_1 和负载 T_L 不变的条件下,电枢电流 I_1 与励磁电流 I_f 之间的关系曲线,即 $I_1=f(I_f)$。V 形曲线可通过试验测得,如图 18－26 所示。由图可见,不同的负载对应一条 V 形曲线,对于每条 V 形曲线,电枢电流 I_1 都有一最小值,曲线最低点的功率因数 $\cos\varphi=1$,是正常励磁点,以此点为界,左边是欠励,右边是过励。V 形曲线的左上半部分,其功率因数已超出对应于稳定极限的数值,所以为不稳定区。

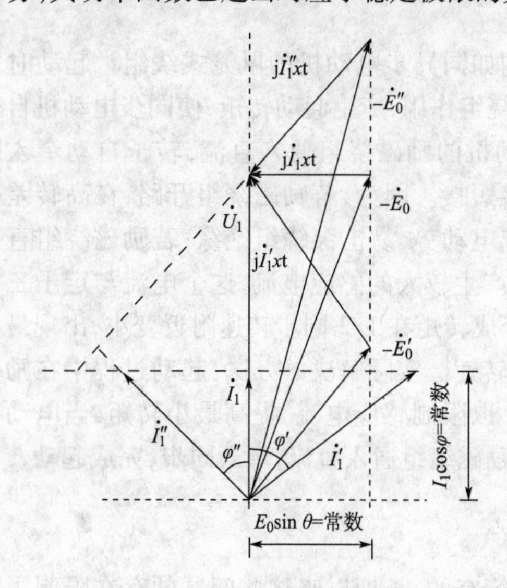

图 18－25　同步电动机的励磁调节相量图

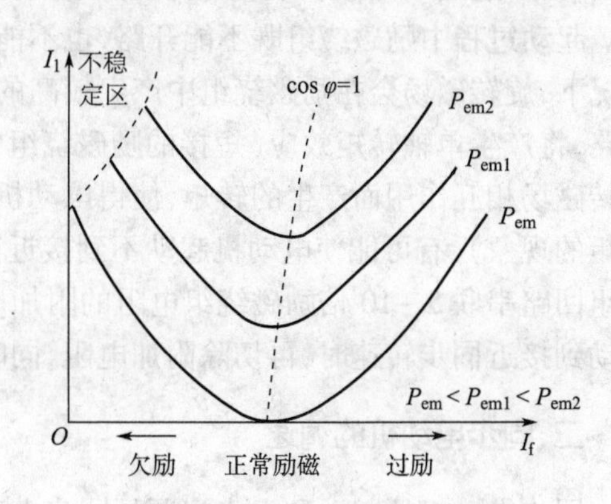

图 18－26　同步电动机的 V 形曲线

同步电动机的励磁电流如何调节要视电动机运行时电网的实际情况而定,若电网功率因数未达到要求，需要同步电动机提供无功功率，则电动机应工作在过励状态(但应以电枢电流不超过额定值为极限)，以提高电网的功率因数；若电网功率因数已达要求，则同步电动机应工作在正常励磁状态，电动机功率因数为1，电枢电流最小，铜耗最小，效率最高。当同步电动机不带负载运行时，电磁功率很小，几乎为零，在图18－26中最下面的一条曲线，在过励时，只从电网吸取电容性无功功率，相当于一只三相电容器，在这种状态下运行的同步电动机，称为同步补偿机。

第四节 三相同步电动机的电力拖动

一、同步电动机的起动

由同步电动机基本工作原理可知，若将同步电动机同时双边励磁，由于定子旋转磁场转速为同步转速 n_1，而起动瞬间转子处于静止，气隙磁场与转子磁极之间存在相对运动，不能产生平均的同步电磁转矩，即同步电动机本身没有起动转矩，使电动机不能自行起动。为了解决起动问题，必须采取其他方法，常用的方法有辅助电动机起动法、变频起动法和异步起动法。

(1)辅助电动机起动法

辅助电动机起动法，是选用一台与同步电动机极数相同的小型异步电动机作为辅助电动机。起动时，先起动辅助电动机将同步电动机拖动到异步转速，然后将同步电动机投入电网，加入励磁，利用同步转矩把同步电动机转子牵入同步，同时切除辅助电动机电源，该方法适用于同步电动机的空载启动。

(2)变频起动法

由于恒频起动时，作用在转子上的平均转矩为零，使电动机无法自行起动。变频起动法是在起动前将转子加入直流，利用变频电源使频率从零缓慢升高，旋转磁场牵引转子缓慢同步加速，直至达到额定转速，该方法多用于大型同步电动机的起动。

(3)异步起动法

异步起动法是在转子上加装起动绕组，其结构如同异步电动机的鼠笼式绕组。起动时先不给励磁，同步电动机定子绕组接电源，通过起动绕组作用，产生起动转矩，使同步电动机自行起动，当转速达95%同步转速左右后，给同步电动机的励磁绕组通入直流，转子自动牵入同步。起动过程中励磁绕组既不能开路，也不能直接短接。因为，若励磁绕组开路，在高转差率情况下，旋转磁场会在励磁绕组中产生较高的感应电动势，易击穿绕组绝缘；若励磁绕组直接短路，将产生单轴转矩效应(短接的励磁绕组中会产生较大的感应电流，这个电流与定子三相旋转磁场相互作用而产生的转矩，使得电动机的合成转矩在1/2同步转速附近变小，出现最小转矩的现象)，有可能使电动机起动不到接近同步转速。实际解决的办法：起动过程中在励磁绕组回路串联5～10倍励磁绕组电阻的附加电阻，以限制感应电流，提高最小转矩，当电动机起动到接近同步转速时，再切除附加电阻，同时给励磁绕组通入直流，牵入同步，完成起动。

二、同步电动机的调速

同步电动机的起动和失步问题是同步电动机特有的，长期以来这些问题的存在限制了同步电动机的使用场合和应用范围，如今变频技术的发展和广泛应用，不仅解决了同步电动机的调速问题，也解决了起动和失步难题。

同步电动机转速与电源频率之间有着严格的同步关系，即有 $n_1=60\dfrac{f_1}{p}$，因此三相同步电动机的调速通常采用变频调速。与异步电动机变频调速相似，同步电动机调速也以基频划分，基频以上采用恒功率控制，基频以下采用恒转矩控制，但由于同步电动机是双边励磁，其励磁方式有别于异步电动机，因此其变频调速控制与异步电动机的变频控制有所不同，同步电动机基本调速系统分他控和自控两种。

（1）他控式同步电动机调速系统

他控式同步电动机调速系统是用独立的变频器给同步电动机定子三相绕组供电，达到调速的目的。在基频以下调速时，保持压频比 U_1/f_1 为常数，由于电动机运行在高速，定子绕组内阻可忽略不计，电动机的过载能力保持不变；在基频以上调速时，与异步电动机相似，定子绕组内阻不可忽略，此时应适当增加压频比，以补偿定子绕组内阻的作用使电动机过载能力下降。该调速方法频率属开环控制，调速时应注意加速和减速不能过快，否则会使同步电动机不稳定甚至失步。

（2）自控式同步电动机调速系

自控式调速除了与他控式一样，也用独立的变频器给同步电动机定子三相绕组供电外，同时转子上装有转子位置检测器，根据转子位置和转速控制变频器输出电压的频率和定子电流的大小。因此，自控式同步电动机调速系统是由同步电动机、变频器、磁极位置检测器及控制器等组成的。根据所用变频器不同，自控式同步电动机调速系统又有交—直—交电流型、交—直—交电压型和交—交电压型三种基本类型。

自控式同步电动机调速系统可用于拖动轧钢机、造纸机等要求精度高、性能好的场合，也适用于需节能但对调速性能要求不高的风机、泵类负荷。

思考题与习题

1. 同步电机与异步电机的励磁方式有何不同？什么叫同步电机的电枢反应？电枢反应的性质是由什么决定的？

2. 在凸极同步电机的电枢电流一定时，若 ψ 在 $0°$ 与 $90°$ 间变化，其电枢反应电动势 E_a 是否为恒值？若是隐极同步电机，情况又如何？

3. 同步电抗的物理意义是什么？它和哪些因素有关？隐极机和凸极机的同步电抗有何异同？

4. 同步电机对称负载运行时有多少种电抗？从影响电抗值的各种因素分析它们的相对大小，并按从大到小的顺序将它们排列出来。

5. 一台同步电机定子绕组上加一定大小的三相对称电压，试问：在抽出转子和转子不加励磁但以同步转速顺定子旋转磁场方向旋转这两种情况下，哪种情况定子电流更大？为什么？

6. 为什么同步发电机的对称稳态短路电流值不大，而变压器的对称稳态短路电流值却很大？

7. 由同步发电机的空载特性和短路特性可以求出什么参数？由空载特性和零功率因数负载特性可以求出什么参数？

第十九章　电动机的选择

第一节　电动机选择的主要内容

正确选择电动机是电力拖动系统经济可靠运行的重要前提。电动机选择的主要内容包括电动机种类、型式、额定电压、额定转速、额定功率(容量)等的确定,其中容量的选择是最重要的,因为容量选得偏小,会使电动机拖动不了负载或使电动机长期工作在过载情况,电动机过热,绝缘过早老化,缩短电动机的使用寿命,造成浪费;而容量选得偏大,电动机虽不会因过热而损坏,但电动机的容量不能得到充分利用,功率因数低,造成“大马拉小车”的现象,也将造成浪费,经济性不高。除此之外,正确选择类型、额定电压、额定转速、结构形式等对节省一次投资、节约运行费用等综合经济效益十分重要,与当前国家大力倡导的节能减排政策相符。

正确选择电动机的原则:在电动机满足生产机械负载要求的前提下,尽量选择容量小一些的电动机,使电动机在运行中既能够被充分利用,又使其温升不超过但接近国家标准规定的温升。电动机在运行过程中必然会产生损耗并导致机体温度升高,运行中电动机最热部位是绕组,而耐热最差的部位是绕组的绝缘。当温度升高超过绝缘材料允许的限度时,则会使绝缘过早老化,缩短电动机的使用寿命。通常电动机容量是按周围环境温度为40℃时设计的,所以各级绝缘材料的最高允许温升比其最高允许温度低40℃。

实际运行的电动机温升取决于发热和散热情况,若不超过绝缘材料允许的最高温度,电动机可长期运行;反之,若超过最高允许温度,则会加速绝缘材料的老化,缩短电动机寿命,甚至造成绝缘材料的炭化,损坏电动机。可见,电动机的带载能力取决于绝缘材料的最高允许温度。

由于电动机的负载多数情况下是变化的,有时甚至是冲击性的,所以在决定电动机容量时,需校验过载能力,即应使所选的电动机承受短时最大负载转矩小于电动机的最大转矩。电动机的过载能力可在产品样本中查到。由于异步电动机的电磁转矩与电压的二次方成正比,选择时,还要考虑电网波动的影响,并留有一定容量。而对于直流电动机,其短时过载能力主要受换向器过电流的限制,应使所选电动机承受的最大负载电流小于电动机的最大电流。对于笼型电动机,由于起动转矩较小,同时又要考虑电网波动的影响,还需要进行起动能力的校验。

总之,电动机容量主要由允许温升、过载能力以及起动能力三要素决定。

第二节　电动机容量的选择

一、连续工作制电动机容量选择

连续工作制电动机的负载分恒定负载和变化负载,其中恒定负载是指长时间不变或变化不大的负载,如空气压缩机、风机、泵类等;变化负载是指长期施加的但大小变化的负载,如输送量变化的连续运输机、恒速轧钢机等，这类负载的变化一般具有周期性或在统计的规律下具有周期性。

1. 连续恒定负载的电动机容量选择

连续恒定工作制的电动机由于带额定负载工作时，其稳定温升在电动机绝缘允许的最高温升内，只要使电动机的额定容量略大于负载所需的容量，即可满足发热条件。根据负载转矩和转速，可计算所需的负载功率，使选择的电动机功率略大于负载功率，即

$$P_N \geqslant P_L = \frac{T_L n_N}{9\ 550} \tag{19-1}$$

式中，T_L 为折算到电动机轴上的负载转矩（N·m），n_N 为电动机的转速（r/min）。转速的确定应根据电动机和传动机构两方面的因素综合考虑，因为相同功率条件下，额定转速越高则电动机尺寸、重量和成本越小；但如果生产机械要求的转速一定，选用的电动机转速越高，传动机构的传动比越大、机构越复杂，价格也越高。通常电动机转速不低于 500 r/min。

如果负载恒定，但运行过程中需在基速以上调速时，选择额定功率应按最高转速计算，即

$$P_N \geqslant P_L = \frac{T_L n_{max}}{9\ 550} \tag{19-2}$$

式中　n_{max}——电动机的最高工作转速（r/min）。

对于选用笼型异步电动机、同步电动机传动或带载起动的情况，还需校验电动机的起动能力，电动机的最小起动转矩为

$$T_{smin} \geqslant P_L = \frac{T_{Lmax} k_s}{k_u^2} \tag{19-3}$$

式中　T_{Lmax}——起动过程中负载的最大转矩（N·m）；

k_s——保证可靠起动的可靠系数，一般取 1.15～1.25；

k_u——电压波动系数，一般取 0.85。

对于有冲击性的生产机械，还应校验电动机的过载能力，即应满足

$$T_{Lmax} \leqslant \lambda_m T_N \tag{19-4}$$

式中　λ_m——电动机的过载倍数。

2. 连续周期变化负载的电动机容量选择

工程上对于连续周期变化负载的电动机容量的选择一般可按平均损耗法或等效法进行发热校验，其中等效法又包括等效电流法、等效转矩法和等效功率法，下面分别进行介绍。

（1）平均损耗法

图 19－1 所示为连续周期变化负载图，其特点是变化周期比较短，经过一段较长时间后，电动机温升达到热稳定状态，这时，每个周期温升的变化规律都相同，在稳态循环过程中温升曲线上下波动不大，即周期开始时刻的温升与周期终止时刻的温升相等，温升在一个最大值 τ_{max} 和一个最小值 τ_{min} 之间波动，如图 19－1 所示。当发热时间常数 T_θ 比较大，变化周期 $t_c <$ 10min，而发热时间常数 $T_\theta \gg t_c$ 时，可近似用平均损耗代替平均温升。该方法的基本思想是将对发热的校验转为对单个循环周期内电动机平均损耗的校验。

具体方法：先计算出生产机械所需功率，并画出生产机械负载图；然后预选电动机额定功率并画出电动机的功率图；再进行发热、过载、起动能力的校验，直至校验通过，否则重复上述过程，直到通过为止。

按平均损耗法选择电动机的具体步骤如下：

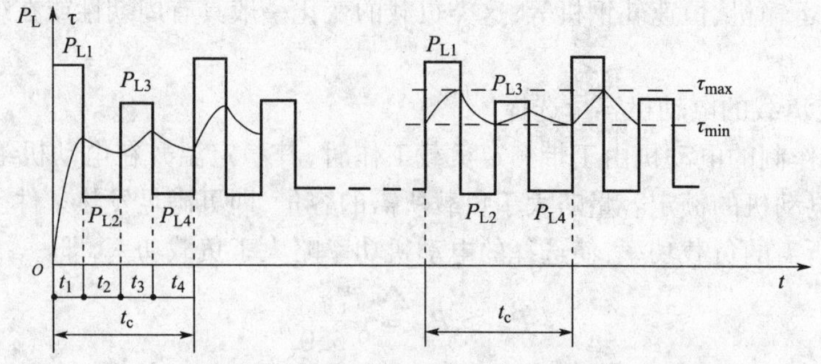

图 19－1 连续周期变化负载下电动机的负载图及温升曲线

第一步，预选电动机。

预选电动机的额定功率，应根据生产机械折算到电动机轴上的功率负载图 $P_L=f(t)$ 或转矩负载图 $T_L=f(t)$，求平均负载功率 P_{Lav} 或平均负载转矩 T_{Lav}。设变化负载如图 19－1 所示（$i=4$），则平均负载功率计算公式为

$$P_{Lav}=\frac{P_{L1}t_1+P_{L2}t_2+P_{L3}t_3+P_{L4}t_4+\cdots}{t_1+t_2+t_3+t_4+\cdots}=\frac{\sum_{t=1}^{n}P_{Li}t_i}{t_c} \tag{19-5}$$

平均负载转矩计算公式为

$$T_{Lav}=\frac{\sum_{i=1}^{n}T_{Li}t_i}{t_c} \tag{19-6}$$

式中，P_{Li} 和 T_{Li} 分别为对应 t_i 段的负载功率和负载转矩；t_c 为一个周期。

根据经验公式预选电动机额定功率为

$$P_N=(1.1\sim1.6)P_{Lav} \tag{19-7}$$

或

$$P_N=(1.1\sim1.6)\frac{T_{Lav}n_N}{9\ 550} \tag{19-8}$$

式（19－7）和式（19－8）中给出的系数是一个范围，如果实际电动机的过渡过程在整个工作时间中占较大比重，则系数应取偏大些。

第二步，计算平均损耗。

若不考虑过渡过程，则电动机的输出功率即为负载功率 P_L，设生产机械负载图如图 19－1 所示（$i=4$），图中各时间段内电动机的损耗为

$$\Delta p_i=\frac{P_i}{\eta_i}-p_i \tag{19-9}$$

式中 P_i——各段电动机的输出功率，亦是负载功率；

η_i——各时间段内电动机的效率。

所以平均损耗为

$$\Delta P_{av}=\frac{\Delta p_1t_1+\Delta p_2t_2+\Delta p_3t_3+\Delta p_4t_4+\cdots}{t_1+t_2+t_3+t_4+\cdots}=\frac{\sum_{t=1}^{n}\Delta P_it_i}{t_c} \tag{19-10}$$

式中 ΔP_i——各段内电动机的损耗。

第三步，计算额定损耗功率。

额定损耗功率为

$$\Delta p_N = \frac{P_N}{\eta_N} - P_N \tag{19-11}$$

式中　P_N——电动机的额定功率。

设预选电动机的额定损耗为 Δp_N，则当满足 $\Delta p_{av} \leqslant \Delta p_N$ 时，说明预选的电动机额定功率能满足发热条件。否则，应重选一台电动机，并重新进行发热校验，直至满足发热条件为止。

平均损耗法直接反映了电动机的平均温升，所以该方法适用于各种电动机的选择，且准确度高，但因计算较复杂，在缺少电动机效率曲线时，无法使用该方法。

(2)等效法

1)等效电流法。等效电流法是用一恒值电流来代替变化负载下的变化电流，并使恒值电流产生的热效应与变化电流产生的热效应相等，该恒值电流称为等效电流，用 I_{eq} 表示。

电动机的总损耗应为不变损耗(铁损)与可变损耗(铜损)之和，因不变损耗是不随负载电流变化而变化的，而在第 i 段时间内电动机的铜损为 $I_i^2 r$，按热效应相等原则，等效电流的计算公式为

$$I_{eq} = \sqrt{\frac{\sum_{i=1}^{n} I_i^2 t_i}{t_c}} \tag{19-12}$$

若满足 $I_{eq} \leqslant I_N$，则发热校验通过；否则，应重新选择电动机。

等效电流公式是在铁损和电阻不变的条件下推导而得的，如果电动机在运行过程中铁损和电阻变化较大，如经常起、制动的电动机或双笼型和深槽异步电动机，绕组电阻及铁损耗都有较大变化，因此不宜采用等效电流法，否则将引起较大的误差。

2)等效转矩法。等效转矩法是用一恒值转矩来代替变化负载下的变化转矩，并使恒值转矩产生的热效应与变化转矩产生的热效应相等，该恒值转矩称为等效转矩，用 T_{eq} 表示。

如果电动机的电流与转矩成正比(例如他励直流电动机在磁通不变时)，则等效转矩为

$$T_{eq} = \sqrt{\frac{\sum_{i=1}^{n} T_i^2 t_i}{t_c}} \tag{19-13}$$

若满足 $T_{eq} \leqslant T_N$，则发热条件通过；否则，应重新选择电动机。

等效转矩法的应用条件：铁损和电阻为常数，并且 $T \propto I$，即主磁通 Φ 常数，该方法只适用于恒励磁的他励直流电动机或负载接近额定运行且功率因数变化不大的异步电动机。

3)等效功率法。等效功率法是用一恒值功率来代替变化负载下的变化功率，并使恒值功率产生的热效应与变化功率产生的热效应相等，该恒值功率称为等效功率，用 P_{eq} 表示。

如果电动机的转速基本为常数，功率与转矩成正比，即 $P \propto T$，则等效功率法计算公式为

$$P_{eq} = \sqrt{\frac{\sum_{i=1}^{n} P_i^2 t_i}{t_c}} \tag{19-14}$$

若满足 $P_{ed} \leqslant P_N$，则发热条件通过；否则，应重新选择电动机。

等效功率法的应用条件很窄，凡是不能用等效转矩法的情况都不能用等效功率法，在铁损、电阻和主磁通为常数，且转速也基本为常数的情况下使用。

(3)考虑起动、制动、停歇过程对等效法的修正

1)他励直流电动机减弱磁通调速时对转矩的修正。

等效转矩法要求主磁通为常数,但有时对于负载图上弱磁段的转矩经过修正后,仍可采用等效转矩法,其修正公式为

$$T'_{\mathrm{i}} = \frac{\Phi_{\mathrm{N}}}{\Phi}T_{\mathrm{i}} \tag{19-15}$$

式中 T'_{i}——修正转矩;

T_{i}——弱磁段的转矩;

Φ_{N}——额定磁通;

Φ——弱磁段的磁通。

2)转速变化时对功率的修正。

等效功率法要求转速基本为常数,如果电动机运行过程中,个别段不满足 $P\propto T$,可对这些段的功率进行修正后,仍能应用等效功率法,其修正公式为

$$P'_{\mathrm{i}} = \frac{n_{\mathrm{N}}}{n}P_{\mathrm{i}} \tag{19-16}$$

式中 P'_{i}——修正功率;

P_{i}——与转速 n 对应的功率;

n_{N}——额定转速。

当在第 i 段时 $n<n_{\mathrm{N}}$,利用式(19-16)对功率进行修正,但是对直流电动机因弱磁升速使 $n>n_{\mathrm{N}}$,则不需进行修正,因此时存在 $P\propto T$。

3)对于负载图存在非恒值段时的等效值的修正。

若电流负载图是不规则的,如图 19-2 所示,图中 t_1、t_3 时间段中的电流 I_1、I_3 非恒值,在应用等效电流法时,首先要把这两段时间段内的电流分别等效为常数,然后再求出一个周期内的等效电流。

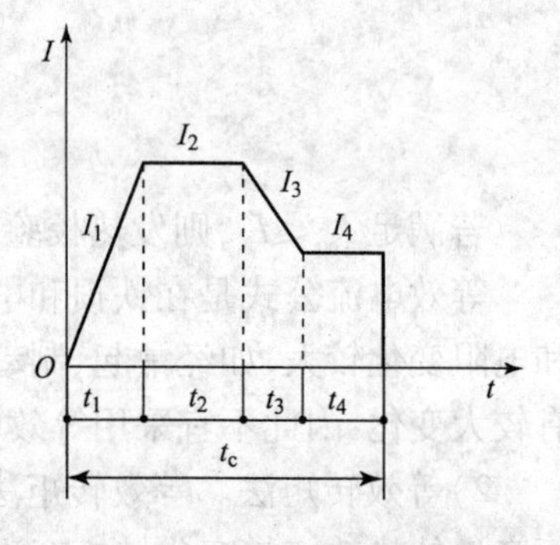

图 19-2 各段负载不全为常值的负载图

在图 19-2 中。t_1 段的电流按直线变化,即

$$I_1 = \frac{I_2}{t_1}t \quad (0<t<t_1) \tag{19-17}$$

这时可用等效电流法的积分形式求出与 I_1 等效的恒值电流 I'_1,即

$$I'_1 = \sqrt{\frac{1}{t_1}\int_0^{t_1}\left(\frac{I_2}{t_1}\right)^2 t^2 \mathrm{d}t} = \frac{1}{\sqrt{3}}I_2 \tag{19-18}$$

同理,可得 t_3 段中的折算值为

$$I'_3 = \sqrt{\frac{I_2^2 + I_4^2 + I_2 I_4}{3}} \tag{19-19}$$

最后的等效电流为

$$I_{\mathrm{eq}} = \sqrt{\frac{1}{t_{\mathrm{c}}}(I'^2_1 t_1 + I'^2_2 t_2 + I'^2_3 t_3 + I'^2_4 t_4)} \tag{19-20}$$

若具有非恒值段的负载图为功率或转矩,折算的方法与上述相同。

4)散热条件恶化时对等效值的修正。

自冷式电动机轴上带有电风扇,运行时能自行冷却,但在起、制动及短时停车时,电动机散热条件恶化,在发热校验时应考虑这些因素。为此分别引入起、制动散热恶化系数 α 和短时

停车散热恶化系数β,α和β均为小于1的系数。现假设一个周期T内,t_1为起动时间,t_2为恒值稳定运行时间,t_3为制动时间,t_4为短时停车时间,则修正公式为

$$T_{ed} = \sqrt{\frac{T_1^2 t_1 + T_2^2 t_2 + T_3^2 t_3}{\alpha t_1 + t_2 + \alpha t_3 + \beta t_4}} \qquad (19-21)$$

一般工程中,直流电动机取$\alpha=0.75$,$\beta=0.5$;异步电动机取$\alpha=0.5$,$\beta=0.25$。

5)非标准环境温度时的修正。

电动机是按国家标准环境温度40℃设计的,电动机工作时的环境温度直接影响电动机的实际输出。绝缘材料的允许温升是指绝缘材料的允许温度与周围环境温度之差,而电动机额定容量所对应的最高允许温升是按绝缘材料允许最高温度减去40℃设计的。如果电动机运行的实际环境温度不是标准环境温度,则允许温升就不同,电动机所带负载的能力也就不同,为此应加以修正。修正的方法是将额定电流I_N、额定转矩T_N、额定功率P_N均乘以修正系数X,其计算公式为

$$X = \sqrt{\frac{\theta_m - \theta_0}{\theta_m - 40}(1+k) - k} \qquad (19-22)$$

式中　θ_m——电动机允许温度;

θ_0——实际环境温度;

k——额定情况下,不变损耗与可变损耗的比例系数,一般电动机取$k=0.6$。

值得一提的是,电动机制造厂在规定绝缘材料的最高允许温度时,已将自然气候变化因素考虑在内,故当环境温度因季节变化而低于40℃时,不应进行修正。

二、短时工作制电动机容量的选择

短时工作制的特点为:工作时间短,停歇时间长,在工作时间内电动机的温升达不到稳态值,而在停歇时间内电动机的温升可降至周围环境温度。短时工作制下电动机的选择,应优先选择专用的短时工作制电动机,在无专用短时工作制电动机的情况下,亦可选用连续工作制电动机或周期断续工作制的电动机。

1. 选用短时工作制电动机

国产的短时工作制电动机的标准工作时间有:10min、30min、60min和90min四种。如果实际工作时间与标准工作时间一致或与之接近,可按对应的工作时间和功率直接选择,满足$P_L \leqslant P_N$即可。若负载功率是变化的,可按计算出的等效功率选择电动机,满足$P_{eq} \leqslant P_N$。预选电动机后,还应校验电动机的过载能力,对笼型异步电动机还应校验起动能力。

如果实际工作时间与标准工作时间不一致,则要进行功率折算。把实际工作时间t_r对应的负载功率P_r折算成标准工作时间t_s对应的等效功率P_s,折算的原则是实际时间内的损耗与标准工作时间内的损耗相等,则有

$$I_r^2 t_r = I_s^2 t_s \qquad (19-23)$$

电流折算公式为

$$I_s = I_r \sqrt{\frac{t_r}{t_s}} \qquad (19-24)$$

同理,可得转矩和功率分别为

$$T_s = T_r \sqrt{\frac{t_r}{t_s}} \qquad (19-25)$$

$$P_s = P_r\sqrt{\frac{t_r}{t_s}} \tag{19-26}$$

应用上述折算公式折算时，应选取与实际时间 t_r 最接近的标准时间 t_s 值，经折算后求出的折算值应能满足 $P_s \leqslant P_N$。

2. 选用连续工作制电动机

选用连续工作制电动机用于短时工作制时，从发热角度看，电动机的容量是留有一定裕量的，为了能充分利用电动机，应使实际短时工作时间 t_r 内电动机的温升 τ_r 正好达到电动机带额定负载连续工作时的稳定温升 τ_{max}，电动机短时工作时所带的负载功率折算到连续工作制下的负载功率的公式为

$$P'_L = P_L\sqrt{\frac{1-e^{-\frac{t_r}{T_\theta}}}{1+\alpha e^{-\frac{t_r}{T_\theta}}}} \tag{19-27}$$

式中 P_L——电动机短时工作时所带负载的功率；

P'_L——电动机折算到连续工作制下的负载功率；

T_θ——电动机发热时间常数；

α——电动机在额定负载下不变损耗与可变损耗的比值。

式(19-27)即为短时工作负载选择连续工作制电动机时额定功率的计算值。

当工作时间 $t_r<(0.3\sim0.4)T_\theta$ 时，按上述公式计算的 P'_L 将比 P_L 小很多，因此发热问题不大。这时决定电动机额定功率的主要问题是电动机的过载能力和起动能力（对笼型异步电动机），往往只要过载能力和起动能力足够大，就不必考虑发热问题。在这种情况下，连续工作制电动机额定功率可按下式确定：

$$P_N \geqslant \frac{P_L}{\lambda_m} \tag{19-28}$$

最后校验电动机起动能力。

3. 选用周期断续工作制电动机

在没有合适的短时工作制电动机可选择的情况下，也可选用周期断续工作制电动机，专用周期断续工作制电动机具有较大的过载能力，可以用来拖动短时工作制负载，负载持续率 FS 与短时负载的实际工作时间 t_r 之间的对应关系为：$t_r=30$ min 相当于 $FS15\%$；$t_r=60$ min 相当于 $FS25\%$；$t_r=90$ min 相当于 $FS40\%$。

三、周期断续工作制电动机容量的选择

与短时工作制电动机类似，周期断续工作制电动机的额定功率与其铭牌标注的标准负载持续率 $FS\%$ 值相对应，一般周期断续工作制负载持续率在 $10\% \leqslant FS\% \leqslant 70\%$ 之间，若周期断续工作制电动机的 $FS\% < 10\%$，应按短时工作制选择电动机。

1. 选用周期断续工作制电动机

(1)实际负载持续率与标准的相同

周期断续工作制电动机的特点：电动机起、制动频繁，机械强度高等，针对这些特点专门设计的周期断续工作制电动机，其标准负载持续率有 15%、25%、40% 和 60% 四种。

若负载恒定，实际负载持续率又与标准的相同或接近，则可根据负载功率 P_L 的大小选择电动机的额定功率。

若在工作时间内负载变化，可按前面介绍的平均损耗等方法来校验电动机的发热和过载能力。

(2)实际负载持续率与标准的不相同

将实际的负载持续率 $FS_r\%$ 下的实际功率 P_r 换算成标准负载持续率 $FS\%$ 下的功率 P，即有

$$P = P_r\sqrt{\frac{FS_r\%}{FS\%}} \tag{19-29}$$

式中　P_r 和 $FS_r\%$——实际功率和实际负载持续率；

P 和 $FS\%$——折算成标准负载持续率下的功率和标准负载持续率。

然后按 P 选择对应标准持续率下的额定功率，使其满足 $P_N \geqslant P$。

2. 选用连续工作制电动机

周期断续工作制生产机械选用连续工作制电动机时，可认为连续工作制电动机的负载持续率为 $FS_x\% = 100\%$，再满足 $P_N \geqslant P$ 进行选择。

3. 选用短时工作制电动机

若无现成的周期断续工作制电动机，亦可选用短时工作制电动机，两者之间的关系与短时工作制选用周期断续工作制电动机的关系一致。

第三节　电动机类型、额定电压、额定转速及外部结构形式的选择

电动机的选择，除了确定额定功率外，还需根据生产机械的技术要求、运行地点的环境条件、供电电源以及传动机构的情况，合理选择电动机类型、额定电压、额定转速及外部结构形式。

一、电动机类型的选择

选择电动机类型的原则是在满足生产机械对过载能力、起动能力、调速性能指标及运行状态等各方面要求的前提下，优先选用结构简单、运行可靠、维护方便、价格便宜的电动机。

对起动、制动及调速无特殊要求的一般生产机械，如机床、水泵、风机等，应选用笼型异步电动机；如果要求高起动转矩，例如带式运输机、压缩机等，可选用深槽式或双笼型异步电动机；对需要分级调速的生产机械，如某些机床、电梯等，可选用多速异步电动机。

起动、制动比较频繁，要求起动、制动转矩大，但对调速性能要求不高，调速范围不宽的生产机械，如起重机、矿井提升机、轧钢机辅助设备等，可选用绕线转子异步电动机，它可用转子回路串电阻来起动和调速。

当生产机械的功率较大又不需要调速时，如球磨机、破碎机、矿用通风机、空气压缩机等，多采用同步电动机。这时，通过调节同步电动机的励磁电流可以改善电网的功率因数。

要求调速范围宽、调速平滑、对拖动系统过渡过程有特殊要求的生产机械，如高精度数控机床、龙门刨床、可逆轧钢机、造纸机等，可选用他励直流电动机。目前交流电动机变频调速技术发展很快，高性能的交流电动机变频调速系统的技术经济指标已达到直流电动机调速系统的水平。因此，当生产机械对起动、制动及调速有特殊要求时，应进行经济技术比较，以便合理地选择电动机的类型及其调速方法。

二、电动机额定电压的选择

电动机的额定电压应根据其额定功率和所在系统的配电电压及配电方式综合考虑。

中、小型三相异步电动机的额定电压通常为220 V、380 V、660 V、3 000 V和6 000 V。电动机额定功率$P_N > 200$ kW时，选用6 000 V；$P_N < 200$ kW时，选用380 V或3 000 V；$P_N < 100$ kW时，选用380 V；$P_N > 1\,000$ kW时，可选用10 kV。煤矿用的生产机械常采用380/660 V的电动机。

直流电动机的额定电压一般为110 V、220 V和440 V。

三、电动机额定转速的选择

额定功率相同的电动机，额定转速高时，其体积小，重量轻，价格低，效率和功率因数（对异步电动机）也较高。但由于生产机械转速有一定的要求，电动机转速越高，传动机构的传动比就越大，导致传动机构复杂，传动效率降低，增加了设备成本和维修费用。因此，应综合考虑电动机和生产机械两方面的各种因素后再确定较为合理的电动机的额定转速。

对连续运转的生产机械，可从设备初投资、占地面积和运行维护费用等方面考虑，确定几个不同的额定转速，进行比较，最后选定合适的传动比和电动机的额定转速。

经常起动、制动和反转，但过渡过程时间对生产率影响不大的生产机械，主要根据过渡过程能量最小的条件来选择电动机的额定转速。

电动机经常起动、制动和反转，且过渡过程持续时间对生产率影响较大，则主要根据过渡过程时间最短的条件来选择电动机的额定转速。

四、电动机外部结构形式的选择

电动机的安装形式有卧式和立式两种。一般情况下用卧式，特殊情况用立式，按轴伸个数分，有单轴伸和双轴伸两种。多数情况下采用单轴伸。

电动机的外壳防护形式有开启式、防护式、封闭式及防爆式四种。

开启式电动机，在定子两侧与端盖上都有很大的通风口，散热好、价格低，但容易进灰尘、水滴、铁屑等杂物，只能在清洁、干燥的环境中使用。

防护式电动机在机座下面有通风口，散热好，能防止水滴、铁屑等从上方落入电动机内，但潮气及灰尘仍可进入。一般在较干燥、清洁的环境都可使用防护式电动机。

封闭式电动机有两种：一种是机座及端盖上均无通风孔，外部空气不能进入电动机，这种电动机散热不好，仅靠机座表面散热，多用于灰尘多、潮湿、有腐蚀性气体、易引起火灾等较恶劣的环境；另一种是密封式电动机，外部的气体或液体都不能进入电动机内部，如潜水电动机等。

防爆式电动机适用于有易燃、易爆气体的场所，如有瓦斯的煤矿井下，油库或煤气站等。

例19－1 一台35 kW，工作时限为30 min的短时工作制电动机，突然发生故障，现有一台20 kW连续工作制电动机，其发热时间常数为$T_\theta = 90$ min，损耗系数$\alpha = 0.7$，短时过载能力$\lambda = 2$。试问这台电动机能否临时代用？

解
$$P_L' = P_L\sqrt{\frac{1 - e^{-\frac{t_r}{T_\theta}}}{1 + \alpha e^{-\frac{t_r}{T_\theta}}}} = 35 \times \sqrt{\frac{1 - e^{-\frac{30}{90}}}{1 + 0.7 \times e^{-\frac{30}{90}}}} = 15.2(\text{kW}) < 20(\text{kW})$$

可以。

例 19－2　短时生产机械负载功率 $P_N = 18$ kW，拟采用短时工作制电动机拖动，现有两台电动机可供选择，试确定选用哪台电动机。两台电动机数据如下：

电动机Ⅰ数据：$P_{N1} = 10$ kW，$n_{N1} = 1\ 460$ r/min，过载倍数 $\lambda_{m1} = 2.5$，起动转矩倍数 $k_{Tst1} = 1.2$；

电动机Ⅱ数据：$P_{N2} = 14$ kW，$n_{N2} = 1\ 460$ r/min，过载倍数 $\lambda_{m2} = 2.8$，起动转矩倍数 $k_{Tst2} = 2$。

解　由于 $T \propto U_1^2$，考虑电网电压可能降低10%，过载倍数和起动转矩倍数均与 U_1^2 成正比，则 T 降低为原值的0.81。

（1）对于电动机Ⅰ，$\lambda'_{m1} = 0.81\lambda_{m1} = 2.025$，$k'_{Tst1} = 0.81k_{Tst1} = 0.972$

过载能力校验：$\lambda'_{m1}P_{N1} = 2.025 \times 10 = 20.25$ kW > 18 kW，过载校验通过

起动能力校验：$P_{st1} = k'_{Tst1}P_{N1} = 9.72$ kW < 18 kW，起动能力校验未通过

故不能选用电动机Ⅰ。

（2）对于电动机Ⅱ，$\lambda'_{m2} = 0.81\lambda_{m2} = 2.268$，$k'_{Tst2} = 0.81k_{Tst2} = 1.62$

过载能力校验：$\lambda'_{m2}P_{N2} = 2.268 \times 14 = 31.752$ kW > 18 kW，过载校验通过

起动能力校验：$P_{st2} = k'_{Tst2}P_{N2} = 22.68$ kW > 18 kW，起动能力校验通过

故可以选用电动机Ⅱ。

通过以上的例题可以看出，异步电动机机械特性参数表达式表明转矩与电源电压二次方成正比，即 $T \propto U_1^2$，因此在选择电动机时，不仅要校验发热、过载能力、起动能力，同时还应考虑电网电压波动因素，通常按电网电压降低10%考虑。

思考题与习题

1. 电动机的选择主要应包括哪些内容？

2. 电动机运行时热量的来源是什么？电动机的温升受到哪些方面的影响？

3. 为什么选择电动机容量时需着重考虑电动机的发热？

4. 电动机运行时温升按什么规律变化？发热时间常数的物理意义是什么？

5. 两台同型号电动机，在下列条件下拖动负载运行时的起始温升、稳定温升、发热时间常数是否相同？

（1）相同负载，电动机Ⅰ运行环境稳度为一般室温，电动机Ⅱ运行环境为高温环境；

（2）相同负载，相同环境，电动机Ⅰ原来未运行，电动机Ⅱ刚停下来后又接着运行；

（3）相同环境，电动机Ⅰ半载，电动机Ⅱ满载；

（4）相同环境，相同负载，电动机Ⅰ自然冷却，电动机Ⅱ采用风吹冷却。

6. 国标GB 755—2008《旋转电机定额和性能》将电动机的工作制分为几种？其中s1～s3的三种工作制如何划分？负载持续率 $FS\%$ 如何定义？

7. 如何选择电动机额定容量？电动机容量选择的原则是什么？

8. 试说明等效电流、等效转矩、等效功率法和平均损耗法的异同点以及各方法的适用场合。

9. 一台连续工作制电动机的额定功率为 P_N，如果在短时工作方式下运行，其额定功率该怎样变化？

10. 同一台电动机分别工作在连续工作制、短时工作制、周期断续工作制下时，试分析电

动机的发热情况。

11. 一台电动机绝缘材料等级为B级，额定功率为P_N，若把绝缘材料改为E级，该电动机额定功率将如何变化？

12. 有一抽水站的水泵向高度$H = 100$ m处送水，排水量$Q = 500\ m^3/h$，水泵的效率$\eta_1 = 95\%$，传动装置的效率$\eta_2 = 78\%$，水的比重$\rho = 1\ 000\ kg/m^3$，试选择一台异步电动机。

13. 有一生产机械的实际负载转矩曲线如图19－3所示，生产机械要求的转速1 450 r/min，试选择一台容量合适的交流电动机来拖动此生产机械。

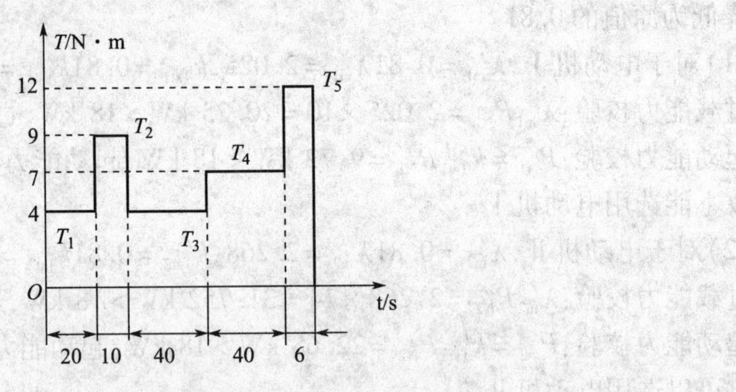

图19－3　负载转矩曲线

第二十章　铁路牵引电动机简介

第一节　牵引电动机

牵引电动机有直流(脉流)牵引电动机和交流牵引电动机两种,在变频技术及其控制技术不成熟的时代,前者由于其良好的调速性能,在铁路牵引电机中,得到了广泛应用,但异步电动机在变频技术及其控制技术已成熟的今天,也就是其原来调速性能差的缺点已成为过去的今天,由于异步电动机具有结构简单、运行可靠、特性硬、几乎免维护及单位重量大等特点,在铁路牵引电机方面已经开始全面取代只具有调速性能好,但结构复杂、有换向火花、维护保养要求高、单位重量小等特点的直流(脉流)牵引电动机,鉴于实际工作中还有许多直流传动的机车在使用,所以下面就将两者做一简介。

一、直流牵引电动机(脉流牵引电动机)的工作特点

在直流传动的内燃机车上使用直流牵引电动机,在直流传动的电力机车上使用脉流牵引电动机(因整流电压的波形脉动大,故称脉流牵引电动机),他们的工作原理和普通直流电动机是一致的,其基本结构也相似。在交流传动机车上采用三相异步电动机,其工作原理也和普通异步电动机是一致的,其基本结构也相似。但是,牵引电动机的工作条件与一般交直流电动机相比则有很大区别,因此牵引电动机在设计、结构、材料、绝缘、工艺等方面都要特别慎重。牵引电动机工作的主要特点是:

(1)使用环境恶劣

牵引电动机安装在车体下面,直接受到雨、雪、潮气的影响,机车运行中掀起的尘土也容易侵入电机内部。此外,由于季节和负载的变化,还经常受到温度和湿度变化的影响。因此,电机绝缘容易受潮、受污,对其性能和寿命产生极为不良的影响。所以,牵引电动机的绝缘材料和绝缘结构应具有较好的防潮、防尘性能及良好的通风、散热条件。

(2)外形尺寸受限制

牵引电动机悬挂在车体下面,其安装空间受到很大限制,轴向尺寸受轨距限制,径向尺寸受动轮直径的限制。为了获得尽可能大的功率,要求牵引电动机结构必须紧凑,并采用较高等级的绝缘材料和性能较好的导电、导磁材料。

(3)动力作用大

机车运行通过钢轨不平处(如钢轨接缝、道岔等),因撞击而产生的动力作用会传递给牵引电动机,使牵引电动机承受很大的冲击和振动。试验表明:当机车速度达到120 km/h时,轴式悬挂的牵引电动机,垂直加速度可达15 g;横向加速度可达7 g;电枢表面的动力加速度可达25 g。这样大的动力作用常常造成牵引电动机磁极螺栓松动、线圈连线断裂、零部件损坏等故障。同时,由于电刷的振动影响了电刷和换向器的正常接触,导致换向恶化。

当牵引电动机采用架承式悬挂时,动力作用大大减小,垂直加速度为0.5 g,横向加速度为0.35 g,这充分说明采用架承式悬挂对发展高速铁路运输具有重要的意义。

(4)换向困难

在直流传动中所使用的直流牵引电动机换向困难的原因除了受机械动力方面的影响外，还有电气方面的原因，如牵引电动机经常起动、制动，此时电流可达额定电流的两倍；当机车在长大坡道上运行时，电机将长时间处于过电流状态；当机车高速运行时，采用深的磁场削弱使气隙磁场畸变增大；电网电压波动使电动机端电压升高等，这些都将造成牵引电动机换向困难。

在直流传动中所使用的脉流牵引电动机的电流为脉动电流，除了直流分量外，还有一定的交流分量，电磁交流分量的存在将使电机换向更为困难，致使换向火花增大甚至环火。因此，在设计直、脉流牵引电动机时，必须对换向问题给予特别注意。

(5)负载分配不均匀

牵引电动机和普通电动机的另一不同之处是：在同一机车上的数台牵引电动机，不论在电的方面还是在机械方面都是连接在一起的。在电的方面，各电机之间是并联连接；在机械方面，各电机通过动轮与钢轨间的粘着作用而互相耦合在一起。因此，由于同一台机车上牵引电动机特性有差异，各动轮直径不等或个别轮对发生"空转"、"滑行"等原因，都有可能造成各电机的负载分配不均，有的电机处于过载运行，有的电机处于欠载运行，从而使机车牵引力不能充分发挥作用。

(6)其额定值有持续功率、小时功率以及持续电流和小时电流

图 20－1、图 20－2、图20－3为 SS_{7E}电力机车的 ZD120A 牵引电动机的结构图。

图 20－1　ZD120A 型牵引电动机机座外形

图 20－2　ZD120A 型牵引电动机电枢

图 20－3　ZD120A 型牵引电动机刷架

二、交流异步牵引电动机的工作特点

交流异步电动机的工作特点除了具有直流（脉流）牵引电动机的工作特点（但无换向火花），还具有以下特点。

1. 变频供电

由于电力机车（EMU）、内燃机车、城轨列车所使用的是变频供电，所以由逆变器供电的牵引电动机，其电源中存在的高次谐波对电动机的性能影响较大；设计时须对高次谐波、供电方式和轮径差异等特殊运行条件加以考虑，满足、适应特殊的运行环境条件，使牵引电动机能够发挥更佳效能。

目前，交流传动电力机车、电动车组及内燃机车大都采用 PWM 电压型逆变器为牵引电动机供电，它对牵引电动机性能产生诸多影响主要表现在。

（1）对绝缘结构的影响

交流牵引电动机运行于逆变器供电环境下，介电强度远高于正弦电压供电系统，绝缘系统不仅承受着运行电压，而且还要承受逆变器换向时产生的尖峰电压，其实际承受电压应为运行电压和逆变器换向尖峰电压的叠加值。换向尖峰值电压数值较高时，将导致线圈绝缘层发生局部放电，所产生的能量及生成物将逐渐腐蚀绝缘层。PWM 电压波形中含有谐波分量，产生的附加损耗转化为热能后又加速了电动机绝缘结构的热老化，甚至产生电晕。因此，牵引电动机必须要提高介电强度，采用耐电晕绝缘系统，选择耐电晕性能优良的绝缘材料。

（2）对效率及功率因数的影响

由于采用逆变器供电，电源中存在着大量高次谐波，普通电动机在启动时才考虑的挤流效应（集肤效应）问题，在异步牵引电动机正常运行时就已经出现。挤流效应使电动机转子电阻增加、漏电抗减小，相应增大了谐波电流的幅值，致使牵引电动机定子绕组电流增大，增加了电动机的损耗及温升，降低了电动机的效率和功率因数。

（3）对轴承的影响

电压型逆变器供电时，由于非正弦波电源供电和制造中电动机内部结构误差引起磁场的不对称，致使牵引电动机会同时产生轴电压和轴承电压，将有电流通过轴承产生轴承电流，对轴承滚道产生电腐蚀，损伤轴承。轴电压和轴承电压是产生轴承电流的根源，必须采取措施应对。

2. 集中供电

在内燃、电力机车，特别是电动车组中，一台逆变器可能同时给两台或若干台并联运行的牵引电动机供电。在动轮直径相同的情况下，并联工作的各台电动机应当具有相同的转矩－转速特性和转差率。若各电动机的特性或转差率不一致，将引起各电动机电流分配不均匀。特性方面存在的偏差越大，各电动机负载分配的不均匀状况越严重，可能出现有的电动机电流很大，而有的电流很小。这不仅容易使个别电动机严重过载、过热甚至出现空转，还会使列车的平均输出功率显著减小，严重时将影响列车的正常运行。

三、牵引电动机必须满足的要求

为了保证牵引电动机在上述条件下可靠工作，并且能适应机车运行的需要，牵引电动机必须满足下列要求。

（1）应有足够大的起动牵引力和较强的过载能力。

（2）具有良好的调速性能。保证机车在不同行驶条件下，有宽广的速度调节范围，并在速度变化范围内，充分发挥牵引电动机的功率。在正、反方向运行时，其特性尽可能相同。

（3）各部件应具有足够的机械强度，以保证电机在最恶劣的运行条件下可靠工作。

（4）牵引电动机的绝缘必须具有很高的电气强度，并具有良好的防潮和耐热性能，以保证电机有足够的过载能力，并在其寿命期限内可靠工作。

（5）牵引电动机的结构应充分适应机车运行和检修的需要。如电机的传动与悬挂应使机车与钢轨间的动力作用尽量减小；对灰尘、潮气及雨雪的侵入有良好的防护；便于检修和更换电刷等。

（6）必须尽可能地降低牵引电动机单位功率的重量，使电磁材料和结构材料得到充分利用。

（7）牵引电动机负载的性质是断续的。在机车牵引和电气制动时，电机的电流较大，使电机迅速发热；在机车惰行和停站时，电机断电，是电机的散热间隙。独立通风可以充分利用断电间隙使电机冷却，为下一区间电机运行创造很好的条件。

(8)牵引电动机的轴向长度受轨距的限制,采用径向通风会增加电机的轴向长度。近年来,在干线电力机车上,采用自通风的牵引电动机也引起了人们的关注。因为根据机车的运行特点,牵引电动机的实际温度达不到极限温度,满风量并不是长期需要的。另外,随着绝缘材料等级的提高及绝缘结构的不断完善、换向器升高片采用氩弧焊工艺等,使电机承受热过载能力有所提高。所以,干线电力机车的牵引电动机采用自通风方式并非不可行。图 20－4 和图 20－5 为异步牵引电动机的结构示意图。

图 20－4　异步牵引电动机机座及定子结构

四、为满足要求所采取的措施

1. 直流(脉流)牵引电动机

主要要从换向可靠,在大电流、高电压、高转速及磁场削弱条件下运行时,换向火花不应超过规定的火花等级以及可能提高单位重量功率方面采取措施,具体如下。

(1)选择较大的线负荷和较小的每极磁通量。这样一方面可以减少电机的体积和重量,另一方面,由于每极磁通量较小,可以较为合理地选择磁密,电机的磁路饱和度较低,因而牵引电动机的牵引特性较好(即深磁场削弱下的功率利用和恒功率调速比均较好)。

图 20－5　异步牵引电动机转子结构
1—端环;2—通风孔;3—转轴;
4—导条;5—叠片;6—护环

(2)合理地选择换向极气隙、槽尺寸和刷盖系数,达到限制直流电抗电势,改善换向性能。

(3)采用补偿绕组,并选用较大的补偿度,降低最大片间电压,提高了换向的稳定性。

(4)采用导磁性能良好的铁磁材料(如冷轧硅钢片)和较高等级的绝缘材料。

(5)新结构和新工艺的采用(如采用真空压力浸漆、电枢绕组和换向片间采用氩弧焊工艺、电枢导体在槽内采用平放布置、采用异槽式绕组和半叠片或全叠片式机座)等。

2. 交流异步牵引电动机

在变频供电的交流异步电动机在设计和制造时,主要采用以下措施。

(1)采用高性能绝缘材料

普通民用异步电动机一般选用的绝缘材料耐热等级为 B 级,要求高一些的选 F 级,而目前国内牵引电动机所用的绝缘材料耐热等级至少为 H 级以上,已大量采用 200 级。据有关报道,国外已有采用 220 级耐热等级的绝缘材料。一般民用异步电动机设计寿命可达 30 年,异步牵引电动机的设计寿命一般为 10～20 年。异步牵引电动机就是依靠选用高性能的材料和短的寿命期限来换取有限时间、空间下的大功率和高性能,即以高定额、高成本换取有限时空下的高性能和高可靠性。

(2)采用全叠片式无机座结构

异步电动机定子采用有机座式和无机座两种不同的结构形式。列车牵引电动机为满足重量及散热要求,在设计中均采用无专门机座的轻量化结构,定子铁心用铁心冲片和二端压圈通过中间拉板焊接而成,通过选择合适的极数来控制电动机的重量。由于在运行时要承受来自线路的强烈振动,因此需采用比普通异步电动机较大的气隙(通常为1.5~2.5 mm)。

(3)采用高性能的转子材料

牵引电动机为满足更高的电磁参数要求,转子采用由专用铜合金导条和专用铜合金端环焊接而成的鼠笼,铜合金相对铝材具有导电率高、耐温高等特点,在有限的结构尺寸内可承载更大的转子电流。导磁材料都采用高牌号的冷轧硅钢片。

(4)提高低速转矩特性和扩大高速恒功率范围

变频异步电动机经常采用低频启动,如果系统用于恒转矩负载,则电动机在低速区要求有100% 的输出转矩。另外,变频调速电动机调速范围很宽,为了在高速范围内使电动机恒功率运行,并保证运行的稳定性,则要求电动机在最高速度点应具有一定的过载能力。因此,从快速启动、低速恒转矩运行、高速恒功率运行等方面来看,变频电动机都要求有较高的转矩特性。

(5)在设计中要与逆变器一起综合考虑,以实现减小谐波分量,降低附加损耗,提高绝缘结构的抗电晕能力,以保障电动机性能的发挥。

(6)合理设计定、转子电阻与电抗等参数

根据选用逆变器类型的不同,异步牵引电动机定转子参数的设计可采用不同的方案。

对于采用电压型逆变器供电的牵引电动机,为减少谐波电流,设计应选取较大的漏电抗,但增大漏电抗,电动机在高速时的过载能力将有所降低,因此,应合理地选择漏电抗值,在满足恒功率运行的前提下,尽可能增大定、转子漏抗。牵引电动机低频运行时,谐波转矩会产生剧烈的脉动,为了减小转矩脉动,在电动机设计时应适当增大转子漏电感和减小转子电阻。

对于采用电流型逆变器供电的牵引电动机,设计时应减小电动机的漏电抗,以抑制逆变器换流时产生的尖峰电压。

(7)合理选择定、转子槽形

为增大定子漏电抗,定子槽形通常选用窄而深的矩形槽。异步牵引电动机按照恒电流控制,实现恒转矩启动,转子槽形结构设计与普通异步电动机不同,优化转子槽形开口,以减小集肤效应(挤流效应)的影响,一般采用如图20-6所示槽形,可适当增加不受挤流效应影响的槽口漏电抗。

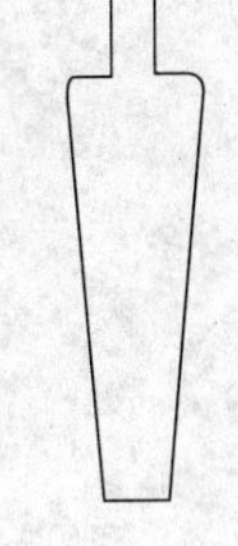

图20-6　转子槽形

(8)优化电磁设计,采用耐电晕绝缘结构

采用耐电晕性能好的绝缘结构,提高牵引电动机的介电强度。定子绕组采用具有良好的耐冲击电压性能、耐局部放电性能、耐热和耐老化性能、耐电晕性能的薄膜导线。

(9)采用绝缘轴承,防止轴承电流产生

轴电压和轴承电压是轴承电流产生的根源,加强轴承的绝缘能力及采用优良的绝缘轴承,是防止轴承电流的主要措施。预防轴承电流的措施有:两端采用绝缘轴承;非传动端轴承绝缘,传动端用接地电刷;非传动端用两电刷接地,轴承不绝缘。

(10)改善铁心加工工艺,减小涡流损耗

为防止高次谐波在转子铁心表面产生涡流损耗,铁心叠片采用冲制工艺,转子铁心表面不加工,可避免转子铁心叠片的片间短路。采用更薄的定、转子铁心叠片,以减少涡流损耗。

(11)采用合适的转差率

当一台逆变器供电给几台牵引电动机时,为避免转矩不平衡,其额定转差率设计的比普通电机大,以减少因转向架集中供电、轮径差以及牵引电动机特性差异而产生的负荷分布不均的影响。转子电阻对转差率的影响很大,合理选择性能稳定的转子材料,对保证牵引电动机的运行性能具有重要意义,因此,转子导条应采用特定电阻率、具有优异高温机械性能的铜合金导条。

(12)为配合变频调速系统对电动机进行控制,在电机内部一般装设非接触式转速检测器,并在定子铁心中安装温度传感器,用于监控定子绕组的温度,一方面保证电机安全运行,同时作为运行中修正控制参数之用。

(13)在设计异步牵引电动机时,仅限于计算一个工作状态是不够的。因为当变频调节时,电机的机械特性、功率因数以及过载能力都会发生变化。

图 20－7 和图 20－8 为 HXD_2 电力机车所用的 JY90A 牵引电动机的牵引和制动特性曲线,从中可以看出其工作中电压、电流以及频率的变化,了解其工作特点。

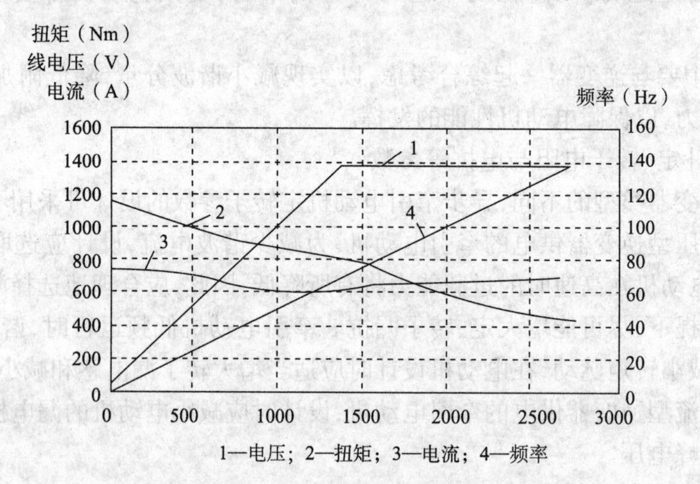

1—电压;2—扭矩;3—电流;4—频率

图 20－7　JY90A 电机牵引特性曲线

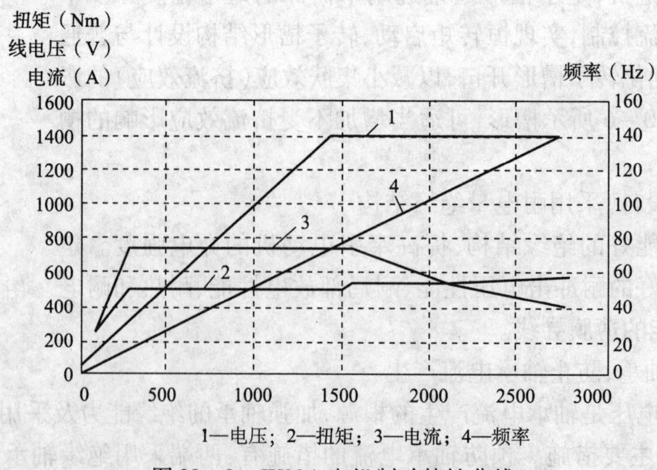

1—电压;2—扭矩;3—电流;4—频率

图 20－8　JY90A 电机制动特性曲线

五、牵引电动机的通风结构

图 20－9 所示为直流(脉流)牵引电动机的通风系统。冷却空气由换向器端上部进风口进入换向器室,然后分成两路:一路经换向器表面,电枢和磁极之间空气隙及主极、换向器之间的间隙,到非换向器端;另一路经换向器套筒的内孔道、电枢铁心内部通风孔道和电枢后支架到非换向器端。两路汇合后,由后端盖的排风孔排出。

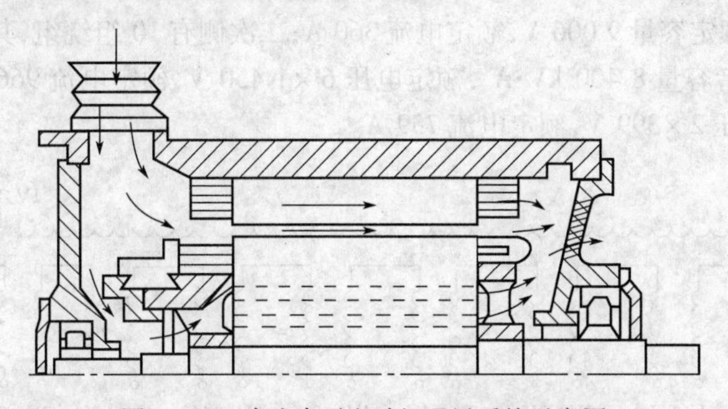

图 20－9　直流牵引电动机通风系统示意图

这种通风结构,进风口开在换向器端,以利用换向器处的空间,使进入电机内部的平行气流分布均匀。但是,由电刷磨下的碳粉容易堆积在电机各线圈的缝隙里,使线圈的绝缘电阻降低。采用强迫式独立通风的牵引电动机,内部的空气压力一般是大于大气压力的。电机工作时,电枢绕组后端接的“鼻部”起到了自通风的风扇作用,在靠近后端盖部轴承室附近的局部空间内的气压低于大气压,形成负压,此负压与转速的平方成正比。负压的产生可能使齿轮箱的润滑油吸入电机轴承室,并进一步窜入电机内部,损害电机绝缘并使轴承发热。为此,ZD105 型牵引电动机除在后端盖外加装外油封外,并在后端盖上设有 8 个通气孔,将产生负压的空间和大气相通,防止了窜油,提高了电机运行的可靠性。

牵引电动机采用强迫式独立通风时,为了使电机温升不超过允许值,必须引进一定的风量对电机进行冷却。引进风量太多,将大大增加通风辅助设备的容量;引进风量过小,又达不到预期的效果。冷却空气通过电机内各个风道时,均遇到阻力,要使一定的风量以一定的速度吹拂发热体的表面,必须在入风口处建立一定的风压,用来补偿电机内部风道中风阻引起的风压降。因此,风量、风压是牵引电动机的主要通风参数。

牵引电动机的通风风量和进风口风压,常常以制成的实际电机的风量和风压为参考加以确定。一般持续容量为 600 ~ 800 kW 的牵引电动机,所需风量大致在 105 ~ 120 m^3/min 范围内,进风口压力约为 1 100 Pa。

异步牵引电动机的通风系统与上述通风系统相类似。

第二节　牵引变压器

牵引变压器（又称为主变压器),是电力机车中的重要电器设备,用来将接触网上取得的单相工频交流 25 kV 高压电降为机车各电路所需的电压。主变压器的工作原理与普通单相降压电力变压器基本相同,但由于其工作条件特殊,特别是为了满足机车调压、整流电路的特殊要求,故在主变压器的设计及结构型式上均有自身的特点。其特点大致可归纳如下。

一、为单相多绕组

为满足机车调压及辅助设备用电的需要，主变压器除网侧高压绕组外，二次侧低压绕组有：牵引绕组、辅助绕组、励磁绕组及采暖绕组等多个绕组，有的绕组还有多个抽头。为保证各绕组之间耦合程度适当，有些绕组还需交叉布置，这就给绕组的绕制和装配带来一定的难度。如 HXD3 电力机车用的 TQFP2 －9006/25 牵引变压器绕组，如图 20－10 所示，连接组别为 I. I0，高压侧绕组额定容量 9 006 V，额定电流 360 A；二次侧有 10 组绕组，其中牵引绕组 6 组，辅助绕组 2 组，前者容量 8 400 kV·A ，额定电压 6 ×1 450 V，额定电流 966 A，后者额定容量 606 kV·A，额定电压 2 ×399 V，额定电流 759 A。

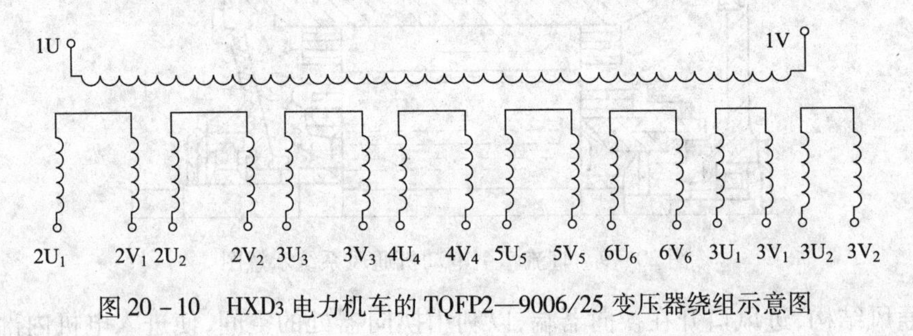

图 20－10 HXD3 电力机车的 TQFP2—9006/25 变压器绕组示意图

二、电压波动范围大

我国干线电气化铁道接触网的额定电压为 25 kV，如 HXD3 电力机车用的 TQFP2—9006/25 牵引变压器允许电网电压在 17. 3 ~31. 3 kV 范围内波动，这就要求主变压器的铁心和绕组绝缘结构设计应留有足够的富裕量，磁路的磁通密度不能过高，以满足高网压下正常工作的要求。

三、负载变化大

随着机车运行条件的变化，主变压器的负载变化范围很大，这就要求主变压器应能承受较大的负载变化，并具有一定的过载能力，以保证机车可靠运行。

四、振　　动

机车运行中产生的冲击和振动将不可避免地传给主变压器，这就要求主变压器各部件应具有足够的机械强度，所有连接紧固件应有防松装置。

五、对阻抗电压要求高

因主变压器二次侧绕组有较高的短路故障机率，故绕组抽头间的阻抗电压不能太小，以满足机车对调压整流电路和短路保护的要求。

六、重量轻，体积小，用铜多

为满足机车总体布置及减轻自重的需要，主变压器与同容量的电力变压器相比，应具有较轻的重量和较小的体积。这就要求主变压器在设计上采用铜导线、高导磁率的冷轧电工钢片，强迫油循环冷却；工艺上采用真空干燥、真空注油等措施，来减轻重量和缩小体积，如 HXD3 电力机车用的 TQFP2—9006/25 牵引变压器总重为 13 000 kg。

七、采用强迫油循环风冷

图 20－11 为 SS_4 改电力机车 TBQ9 变压器冷却系统示意图。

牵引电动机的详细知识，读者可参看中国铁道出版社 2010 年出版，由沈本荫主编的《牵引电机》教材。

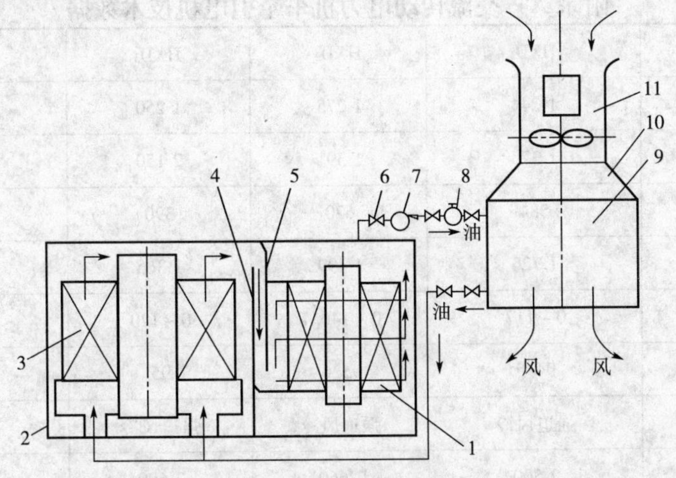

图 20－11　TBQ9 型主变压器的冷却系统示意图

1—平波电抗器；2—下油箱；3—主变压器器身；4—屏蔽板；5—油道隔板；6—蝶阀；7—潜油泵；8—油流继电器；9—冷却柜；10—过滤风道；11—通风机

思考题与习题

1. 铁路牵引电机与一般用途的电机在工作环境上有何特点？

2. 在交流传动机车上使用的异步牵引电动机大都采用 PWM 电压型逆变器供电，这对电机产生哪些不利影响？采取了哪些措施减少这些不利影响？

3. 试分析交流异步电动机轴电流产生的原因以及如何减少和防止轴电流？

4. 内燃机车和电力机车牵引电动机的机械特性曲线是怎样的人为机械特性曲线？为何要有这样的特性曲线？

5. SS 系列直流传动电力机车，为减少换向火花，在主极绕组中并联一个固定分路电阻，试分析其工作原理。

6. 牵引电动机为何要采取强迫循环冷却？

7. 我国机车的发展为何要从直流传动向交流传动转变？

附 录

附录 A 交流传动电力机车牵引电机技术数据

机车型号	HXD_1	HXD_2	HXD_3	CRH_2
额定功率(kW)	1 244	1 275	1 250	300
额定电压(V)	1 375	1 391	2 150	200
额定电流(A)	584	620	390	106
额定转速(r/min)	1 726	1 499	1 365	4 140
工作频率(Hz)	0 ~ 117	0 ~ 140.7	0 ~ 120	0 ~ 140
额定效率(%)	94.5	95.6	95	94
冷却方式	强迫风冷	强迫风冷	强迫风冷	强迫风冷
重量(kg)	2 500	2 660	2 600	440

附录 B 部分直流传动电力机车牵引电机技术数据

型号	ZD105A	ZD115	ZD120A
安装车型	SS_4、SS_4改型电力机车	SS_9、SS_8型电力机车	SS_{7E}型电力机车
最高恒功电压(V)	1 020	1 100	1 030
额定功率(kW)	800	800	850
持续功率(kW)	800	800	800
额定电压(V)	1 020	990	910(1 030)
额定电流(A)	840	870	940(1 320)
额定转速(r/min)	960	1 081	995
最高转速(r/min)	1 850	1 945	1 840(1 665)
励磁方式	串励	串励	他复励、无级磁削
冷却方式	强迫风冷	强迫风冷	强迫外通风
起动电流(A)	1 200	1 305	1 320
重量(kg)	3 970	3 550	3 400

附录C　部分Y3系列三相异步电动机的技术数据

一、两极电机(同步转速3 000r/min,额定电压为380V,50Hz)

型号	额定功率(kW)	额定转速(r/min)	额定电流(A)	效率(%)	功率因数(cosφ)	堵转电流倍数	堵转转矩倍数	过载倍数
Y3-63M1-2	0.18	2 800	0.53	65.0	0.80	5.5	2.3	2.2
Y3-63M2-2	0.35		0.69	68.0	0.81			
Y3-71M1-2	0.37		1.01	69	0.81	6.1		
Y3-71M2-2	0.55		1.38	74	0.82			2.3
Y3-80M1-2	0.75	2 825	1.83	75.0	0.83		2.2	
Y3-80M2-2	1.1		2.61	76.2	0.84	6.9		
Y3-90S-2	1.5	2 840	3.46	78.5		7.0		
Y3-90L-2	2.2		4.85	81.0	0.85			
Y3-100L-2	3.0	2 880	6.34	82.6	0.87	7.5		
Y3-112M-2	4.0	2 890	8.20	84.2	0.88			
Y3-132S1-2	5.5	2 890	11.1	85.7				
Y3-132S2-2	7.5		14.9	87.0				
Y3-160M1-2	11	2 930	21.2	88.4	0.89			
Y3-160M2-2	15		28.6	89.4				
Y3-160L-2	18.5		34.7	90.0	0.90			
Y3-180M-2	22	2 940	41.0	90.5			2.0	
Y3-200L1-2	30	2 950	55.4	91.4				
Y3-200L2-2	37		67.9	92.0				
Y3-225M-2	45	2 970	82.1	92.5				
Y3-250M-2	55		99.8	93.0				
Y3-280S-2	75		135.3	93.6		7.0		
Y3-280M-2	90		160.0	93.9	0.91	7.1		
Y3-315S-2	110	2 980	195.4	94.0			1.8	2.2
Y3-315M-2	132		233.2	94.5				
Y3-315L1-2	160		282.4	94.6				
Y3-315L2-2	200		348.4	94.8	0.92			
Y3-355M-2	250	2 985	433.7	95.2			1.6	
Y3-355L-2	315		545.3	95.4				

二、四极电机(同步转速1 500r/min,额定电压为380V,50Hz)

<table>
<tr><th>型号</th><th>额定功率(kW)</th><th>额定转速(r/min)</th><th>额定电流(A)</th><th>效率(%)</th><th>功率因数(cosφ)</th><th>堵转电流倍数</th><th>堵转转距倍数</th><th>过载倍数</th></tr>
<tr><td>Y3-63M1-4</td><td>0.12</td><td rowspan="4">1 400</td><td>0.44</td><td>57.0</td><td>0.72</td><td rowspan="2">4.4</td><td rowspan="4">2.1</td><td rowspan="4">2.2</td></tr>
<tr><td>Y3-63M2-4</td><td>0.18</td><td>0.62</td><td>60.0</td><td>0.73</td></tr>
<tr><td>Y3-71M1-4</td><td>0.25</td><td>0.79</td><td>65.0</td><td>0.74</td><td rowspan="3">5.2</td></tr>
<tr><td>Y3-71M2-4</td><td>0.37</td><td>1.12</td><td>67.0</td><td rowspan="2">0.75</td></tr>
<tr><td>Y3-80M1-4</td><td>0.55</td><td rowspan="2">1 390</td><td>1.57</td><td>71.0</td><td>2.4</td><td rowspan="19">2.3</td></tr>
<tr><td>Y3-80M2-4</td><td>0.75</td><td>2.05</td><td>73.0</td><td>0.76</td><td rowspan="3">6.0</td><td rowspan="8">2.3</td></tr>
<tr><td>Y3-90S-4</td><td>1.1</td><td rowspan="2">1 400</td><td>2.85</td><td>76.2</td><td>0.77</td></tr>
<tr><td>Y3-90L-4</td><td>1.5</td><td>3.72</td><td>78.5</td><td>0.78</td></tr>
<tr><td>Y3-100L1-4</td><td>2.2</td><td rowspan="2">1 420</td><td>5.09</td><td>81.0</td><td>0.81</td><td rowspan="6">7.0</td></tr>
<tr><td>Y3-100L2-4</td><td>3.0</td><td>6.73</td><td>82.6</td><td rowspan="2">0.82</td></tr>
<tr><td>Y3-112M-4</td><td>4.0</td><td rowspan="3">1 440</td><td>8.80</td><td>84.2</td></tr>
<tr><td>Y3-132S-4</td><td>5.5</td><td>11.7</td><td>85.7</td><td>0.83</td></tr>
<tr><td>Y3-132M-4</td><td>7.5</td><td>15.6</td><td>87.0</td><td rowspan="2">0.84</td></tr>
<tr><td>Y3-160M-4</td><td>11</td><td rowspan="2">1 460</td><td>22.5</td><td>88.4</td><td rowspan="10">2.2</td></tr>
<tr><td>Y3-160L-4</td><td>15</td><td>30.0</td><td>89.4</td><td>0.85</td><td rowspan="3">7.5</td></tr>
<tr><td>Y3-180M-4</td><td>18.5</td><td rowspan="2">1 470</td><td>36.3</td><td>90.0</td><td rowspan="3">0.86</td></tr>
<tr><td>Y3-180L-4</td><td>22</td><td>42.9</td><td>90.5</td></tr>
<tr><td>Y3-200L-4</td><td>30</td><td rowspan="5">1 480</td><td>58.0</td><td>91.4</td><td rowspan="4">7.2</td></tr>
<tr><td>Y3-225S-4</td><td>37</td><td>70.2</td><td>92.0</td><td rowspan="3">0.87</td></tr>
<tr><td>Y3-225M-4</td><td>45</td><td>85.0</td><td>92.5</td></tr>
<tr><td>Y3-250M-4</td><td>55</td><td>103.3</td><td>93.0</td></tr>
<tr><td>Y3-280S-4</td><td>75</td><td>138.3</td><td>93.6</td><td rowspan="4">0.88</td><td rowspan="2">6.8</td></tr>
<tr><td>Y3-280M-4</td><td>90</td><td rowspan="5">1 485</td><td>165.5</td><td>93.9</td></tr>
<tr><td>Y3-315S-4</td><td>110</td><td>201.0</td><td>94.5</td><td rowspan="4">6.9</td><td rowspan="4">2.1</td><td rowspan="4">2.2</td></tr>
<tr><td>Y3-315M-4</td><td>132</td><td>240.4</td><td>94.8</td></tr>
<tr><td>Y3-315L1-4</td><td>160</td><td>287.8</td><td>94.9</td><td rowspan="2">0.89</td></tr>
<tr><td>Y3-315L2-4</td><td>200</td><td>359.8</td><td>94.9</td></tr>
</table>

附录 D　部分 Z4 系列直流电动机的技术数据

型号	额定功率（kW）	额定转速/弱磁调速（r/min）	额定电流（A）	效率（%）	励磁功率（W）	电枢回路电阻（Ω）
Z4－100－1	4.0	3 000/4 000	10.7	80.1	315	2.85
	2.2	1 500/3 000	6.5	70.6		9.23
	1.5	1 000/2 000	4.8	63.2		16.8
Z4－112/2－1	5.5	3 000/4 000	14.7	81.1	335	2.02
	3.0	1 500/3 000	8.7	72.8		6.26
	2.2	1 000/2 000	7.1	63.5		11.7
Z4－112/2－2	7.5	3 000/4 000	19.6	83.5	390	1.29
	4.0	1 500/3 000	11.3	76		4.45
	3.0	1 010/2 000	9.3	67.3		7.94
Z4－112/4－1	11	3 000/3 500	28.9	83.3	510	0.939
	5.5	1 500/1 800	15.6	75.7		3.28
	4.0	1 000/1 100	12.3	68.7		5.95
Z4－112/4－2	15	3 035/3 600	38.6	85.4	640	0.565
	7.5	1 500/1 800	20.6	78.4		2.2
	5.5	1 025/1 200	16.1	71.9		4.0
Z4－132－1	18.5	3 000/4 000	47.4	85.9	650	0.409
	11	1 500/2 200	29.6	80.9		1.31
	7.5	1 000/1 600	21.4	74.5		2.56
Z4－132－2	22	3 093/3 600	55.3	88.3	730	0.223
	15	1 510/2 500	39.3	83.4		0.806
	11	1 000/1 400	30.7	77.7		1.62
Z4－132－3	30	3 000/3 600	75.0	88.6	815	0.168
	18.5	1 540/2 200	48.0	84.7		0.558
	15	1 050/1 600	41.0	80.5		1.02
Z4－160－11	37	3 000/3 500	93.4	88.5	820	0.183
	22	1 500/3 000	58.8	82.6		0.62
Z4－160－21	18.5	1 000/2 000	51.1	79.4	920	0.915

参考文献

[1] 彭鸿才. 电机原理及拖动[M]. 北京:机械工业出版社,2007.
[2] 邱阿瑞. 电机与拖动基础(少学时)[M]. 北京:高等教育出版社,2006.
[3] 沈本荫. 牵引电机[M]. 北京:中国铁道出版社,2010.
[4] 谢明琛. 电机学[M].2 版. 重庆:重庆大学出版社,2005.
[5] 陈亚爱,周京华. 电机与拖动基础及 MATLAB 仿真[M]. 北京:机械工业出版社,2011.
[6] 徐虎. 电机原理[M]. 北京:机械工业出版社,2002.
[7] 顾绳谷. 电机与拖动基础[M].3 版. 北京:机械工业出版社,2005.
[8] 汤蕴缪. 电机学[M]. 西安:西安交通大学出版社,1993.
[9] 张龙. 牵引电机[M]. 北京:中国铁道出版社,2006.